Bernhard Maidl · Tunnelbau im Sprengvortrieb

Bernhard Maidl · Tunnelbau im Sprengvortrieb

Springer-Verlag Berlin Heidelberg GmbH

Bernhard Maidl

Tunnelbau im Sprengvortrieb

Autoren:
o. Prof. Dr.-Ing. habil. Dr. h. c. B. Maidl
o. Univ. Prof. Dipl.-Ing. Dr. techn. H. G. Jodl
Dipl.-Ing. L. R. Schmid
Dipl.-Ing. Dr. techn. P. Petri

Gesamtkoordination:
Dipl.-Ing. F. Heimbecher

Springer

Prof. Dr.-Ing. Dr. h. c. Bernhard Maidl
Ruhr-Universität Bochum
Lehrstuhl für Bauverfahrenstechnik,
Tunnelbau und Baubetrieb
Universitätsstraße 150
D-44801 Bochum

Dipl.-Ing. Leonhard R. Schmid
smh Tunnelbau AG
Obere Bahnhofsstraße 58
CH-8640 Rapperswil

Prof. Dipl.-Ing. Dr. techn. Hans G. Jodl
Technische Universität Wien
Institut für Baubetrieb und Bauwirtschaft
Karlsplatz 13
A-1040 Wien

Dipl.-Ing. Dr. techn. Peter Petri
Arbeitsinspektorat für Bauarbeiten
Fichtegasse 11
A-1010 Wien

ISBN 978-3-642-64526-6   ISBN 978-3-642-60723-3 (eBook)
DOI 10.1007/978-3-642-60723-3

Die Deutsche Bibliothek – CIP Einheitsaufnahme

Tunnelbau im Sprengvortrieb / von Bernhard Maidl ... unter Mitarb.
von H. G. Jodl ... – Berlin ; Heidelberg ; New York ; Barcelona ;
Budapest ; Hongkong ; London ; Mailand ; Paris ; Santa Clara ;
Singapur ; Tokio : Springer, 1997

Einbandentwurf: Struve & Partner, Heidelberg
Satz: Fotosatz-Service Köhler OHG, Würzburg
SPIN 10498598   68/3020 – 5 4 3 2 1 0 – Gedruckt auf säurefreiem Papier

Vorwort

> *Anno 1643 wurden die Löcher im Freiberger Re-*
> *viere meist 40 Zoll tief und nicht unter 2 bis 2 $^{1}/_{2}$*
> *Zoll Durchmesser gebohrt. Jedes Loch wurde mit*
> *ca. 2 Pfd. Pulver geladen und kostete im Abboh-*
> *ren 16 gGr. 3 Pf. Einen Schuss anzustecken wurde*
> *mit 3 gGr. bezahlt. Eine achtstündige Schicht*
> *wurde mit 4 $^{2}/_{5}$ gGr. gelohnt. Ein Leipziger Pfund*
> *Pulver kostete in Freiberg 8 bis 9 gGr.*
>
> *Aus „Tunnelbaukunst"*
> *von Franz Rziha, 1867*

Der Sprengvortrieb, der aus der Entdeckung und Weiterentwicklung des Schwarzpulvers und dessen Schießwirkung hervorgegangen ist, stellt bis heute das bedeutendste Verfahren zum Ausbrechen von Gesteinen dar. Der obige Auszug aus Rzihas Buch „Tunnelbaukunst" zeigt uns heute, daß die Grundlagen dieses Verfahrens mehr als 350 Jahre alt sind, aber auch, daß die Einzelabläufe mit den wirtschaftlichen Gesichtspunkten gleichgeblieben sind und daß die Einzelkomponenten, wie das Bohren, Zünden und Sprengen, in diesem und im letzten Jahrhundert erheblich weiterentwickelt wurden. Aufbauend auf frühere theoretische Grundlagen der Sprengstoffentwicklung und deren Wirkung wurden in den letzten Jahren mit Neuentwicklungen an Zündern und verschiedenen anwendungsbezogenen Sprengstoffarten die Einsatzmöglichkeiten erweitert. Das Bohren von Sprenglöchern hat mit Neuerungen bei Bohrmaschinen und Werkzeugen Wege der Automatisierung beschritten. Das Schuttern wird diese Entwicklung nachvollziehen.

Das vorliegende Buch „Tunnelbau im Sprengvortrieb" geht als eigenständiges Werk auf alle mit dem Sprengverfahren im Zusammenhang stehenden Haupt- und Zusatzleistungen ein. Im Zuge der Spezialisierung können die Teilgebiete in der erforderlichen Tiefe nicht mehr von einem Autor umfassend bearbeitet werden. Herrn Kollegen H.G. Jodl von der TU Wien konnte ich schwerpunktartig für den maschinentechnischen Bereich Bohren und Schuttern gewinnen, Herr Dipl.-Ing. L.R. Schmid von der smh Tunnelbau AG, Rapperswil, half sehr umfassend bei den Kapiteln Bauhilfsmaßnahmen, Sicherheit und Automatisierung, Herr Hofrat Dipl.-Ing. Dr. techn. P. Petri vom Arbeitsinspektorat Wien übernahm den Sprengbetrieb mit den Sicherheitsanforderungen. Die Bereiche Bauverfahren, Gebirgsklassifizierung, Sicherung, Statische Berechnung und Messungen sowie Wasserhaltung lagen schwerpunktmäßig in meinem Arbeitsbereich. Die Gesamtkoordination hatte Herr Dipl.-Ing. F. Heimbecher von meinem Lehrstuhl in der Hand. Mit dieser Zusammensetzung ist ein kompetentes Team von Tunnelbauern angetreten, den heutigen Stand im Sprengvortrieb länderübergreifend von Österreich, Schweiz und Deutschland für den Sprengvortrieb darzustellen und Weiterentwicklungen aufzuzeigen.

Ein Ziel konnte nicht ganz erfüllt werden, nämlich eine zusammenfassende Darstellung der Gesamtzeitermittlung für einen gesamten Abschlag eines Sprengvortriebes. Die im Handbuch für den Tunnelbau von Maidl sicher veralteten Gerätedaten aus den sechziger Jahren waren nicht einfach durch neue Werte zu ersetzen, so daß wir erkannten, daß neue Grundlagen zu erarbeiten sind. In einer nächsten Auflage kann dieses ergänzt werden.

Für die anstehenden gewaltigen Aufgaben im Tunnelbau wird dieses Buch als eigenständiges Werk für Auftraggeber und Unternehmer in den Bereichen Planung, Bauüberwachung und Bauausführung eine Lücke schließen, aber auch für die Lehre und Weiterbildung interessant sein.

Den Autoren, o. Univ. Prof. Dipl.-Ing. Dr. techn. H.G. Jodl, Dipl.-Ing. L.R. Schmid und Hofrat Dipl.-Ing. Dr. techn. P. Petri danke ich für die kollegiale Zusammenarbeit. Besonderer Dank gilt Herrn Dipl.-Ing. F. Heimbecher für die Gesamtkoordination und die Mitarbeit an den Kapiteln Geschichte, Gebirgsklassifizierung und Wasserhaltung. Herrn Dr.-Ing. B. Feyerabend sei für die Mitarbeit an den Kapiteln Statik und Messung, Bauverfahren und Sicherung gedankt. Auch Herrn Helmut Schmidt ist für die Zeichenarbeit zu danken. Dem Springer-Verlag, vertreten durch Herrn Dipl.-Ing. Th. Lehnert, sei für die kooperative Zusammenarbeit gedankt.

Bochum, im Januar 1997   *Bernhard Maidl*

Zuordnung der Autoren und Mitarbeiter

1. Geschichte — B. Maidl, F. Heimbecher

2. Bauverfahren für den Sprengvortrieb — B. Maidl, B. Feyerabend

3. Bohrbetrieb — H. G. Jodl

4. Sprengbetrieb — P. Petri

5. Schutterbetrieb — H. G. Jodl, R. Kolater

6. Sicherung — B. Maidl, B. Feyerabend

7. Wasserhaltung während der Bauzeit — B. Maidl, F. Heimbecher, H. G. Jodl, R. Stempkowski

8. Bauhilfsmaßnahmen — L. R. Schmid

9. Sicherheit und Sicherheitsplanung im Sprengvortrieb — L. R. Schmid, P. Petri

10. Mechanisierung und Automatisierung — L. R. Schmid, P. Meili, B. Maidl, F. Heimbecher

11. Grundzüge der statischen Nachweise und der geotechnischen Messungen — B. Maidl, B. Feyerabend

12. Klassifizierung des Gebirges — B. Maidl, F. Heimbecher, H. G. Jodl, A. Wersonig

Inhaltsverzeichnis

KAPITEL 1

Geschichte

Die Entwicklung des Tunnelbaus im Sprengvortrieb wurde maßgeblich von der jeweiligen Entstehungsgeschichte seiner beiden wichtigsten Komponenten geprägt. Sowohl die Entdeckung und Weiterentwicklung der Explosivstoffe und deren Sprengwirkung als auch die ständige Verbesserung der Gerätetechnik, insbesondere für das Bohren, verhalfen dem Sprengverfahren zu einem bedeutenden Stellenwert, welcher beim Bau von Straßen- und Eisenbahntunneln bis in die heutige Zeit andauert.

Unter dem Begriff „Sprengen" ist im allgemeinen Sprachgebrauch das gewaltsame Lockern oder Zerstören eines natürlichen oder künstlichen Zusammenhalts gemeint. So wurde die Eigenschaft des „Sprengens" bereits im Jahre 2100 v. Chr. (Tabelle 1.1) von den alten Ägyptern erkannt, die zur Sprengung die quellende und treibende Eigenschaft von trockenem Holz oder Hülsenfrüchten nutzten [184]. Diese antiken Quellsprengmittel können jedoch nicht als Vorläufer der seit einigen Jahrhunderten im Berg- und Tunnelbau eingesetzten Explosivstoffe bezeichnet werden, da diese sich durch eine explodierende und meistens auch detonierende Wirkung auszeichnen.

Erste explosive Pulvermischungen auf der Basis von Salpeter kannte man wahrscheinlich schon in der alten Kultur Chinas. Diese „Brandmassen" wurden im Jahre 1232 während der Belagerung der Stadt Kai-Fung Fu eingesetzt und anschließend lediglich auf dem Gebiet der Lustfeuerwerkerei weiterentwickelt. Die explodierende Wirkung dieser „Brandmassen" steht jedoch im starken Kontrast zu ersten Schwarzpulverrezepten, die in Europa zwischen 1257 und 1280 erschienen und die typischen Eigenschaften eines Explosivstoffes beinhalten. Mehr zufällig entwickelten sowohl der englische Mönch und frühe Naturwissenschaftler Roger Bacon als auch der deutsche Kirchenfürst und Universalgelehrte Albertus Magnus erste Schwarzpulverrezepte, die der heute üblichen Rezeptur (75 % Salpeter, 15 % Kohle, 10 % Schwefel) sehr nahe kommen. Berthold Schwarz, der mancherorts irrtümlich als Erfinder dieses Pulvers bezeichnet wird, war der erste, der das Schwarzpulver zu Schießzwecken (ca. 1330) einsetzte und somit als erster Büchsenmacher und Entdecker des Schießpulvers angesehen werden kann.

Die größtenteils vorhandene Unkenntnis bezüglich der Gefährlichkeit dieses Pulvers blieb nicht ohne Folgen. So geschah um 1360 ein aufsehenerregendes Schwarzpulverunglück in Lübeck, als das Rathaus explodierte, das als Pulverlager diente.

Tabelle 1.1. Zeittafel zur Geschichte der Explosivstoffe

Zeit	Ereignis
2100 v. Chr.	Feuersetzen im Bergbau in Spanien; Quellsprengmittel in Ägypten
1800 v. Chr.	Feuersetzen im Bergbau in Österreich
552 n. Chr.	Zum Feuersetzen wurde in Italien das „Schwarze Sprengpulver" eingesetzt: feinzerkleinerte Holzkohle mit Explosionserscheinungen
1232	Salpeterhaltige „Brandmassen", erste Explosivstoffe in Handbomben in China
um 1250	Schwarzpulverrezepte (salpeterhaltige Brandmassen) in Europa
1330	Anwendung des Schwarzpulvers zu Schießzwecken durch Berthold Schwarz
1360	Schwarzpulverunglück: Explosion des Lübecker Rathauses
ab 1430	Anwendung des Schwarzpulvers in Sprengminen und Unterwassersprengungen durch das Militär
1533	Staatliche Unfallverhütungsvorschrift für die Pulverherstellung
1573	Sprengung im Bergbau mit Schwarzpulver durch den italienischen Bergmann G.-B. Martinengo bei Vicenza in Friaul (Oberitalien)
1627	Dokumentierte und urkundlich nachgewiesene untertägige Sprengung im Bergbau mit Schwarzpulver durch Kaspar Weindl im heutigen slowakischen Erzgebirge
1790	Einführung des Hohlraumsprengens
1844	Elektrische Zündung in Form der Batteriezündung
1845	Ch. Fr. Schönbein erfindet die Schießbaumwolle (Nitrozellulose)
1846	A. Sobrero erfindet das Nitroglyzerin
1863	A. Nobel erfindet seinen „Patentzünder" auf Schwarzpulverbasis
1867	A. Nobel erfindet das Dynamit, bestehend aus Nitroglyzerin und Kieselgur
1893	Gelatinöse Wettersprengstoffe der Klasse I
1938	Ummantelte Wettersprengstoffe der Klasse II
um 1950	Beginn der Entwicklung von Wettersprengstoffen der Klasse III
1954	Entscheidende Versuche mit Ammonium-Nitrat-Kohlenstoffträger-Sprengstoffen (ANC-Sprengstoffe) in den USA
1969	Beginn der Entwicklung von Emulsionssprengstoffen in den USA
1986	Elektronische Zündung

Zu Beginn des 15. Jahrhunderts ist die Entwicklung des Schwarzpulvers größtenteils abgeschlossen, was die militärische Anwendung des Pulvers ab ca. 1430 in Sprengminen und Unterwassersprengungen (Abb. 1.1) ermöglichte.

Der damalige Universalgelehrte Georgius Agricola (1494–1555) muß von der Wirkung des Schießpulvers sehr beeindruckt gewesen sein, denn er schrieb [2]:

„... eine eiserne Kugel einer Donnerbüchse ... kann, herausgeschossen, durch viele Menschen Körper gehen, und kein Marmor oder Fels, der entgegenstehet, ist so hart, daß sie ihn mit ihrem Stoß und ihrer Kraft nicht durchdringe. Darum macht sie die höchsten Türme dem Boden gleich und spaltet die festesten Mauern, durchbricht sie und wirft sie nieder".

Auch die Gewinnung und Aufbereitung des Salpeters wurde von Agricola in seinem Buch ausführlich beschrieben, doch die Sprengarbeit im Bergbau kannte man zu seiner Zeit noch nicht.

Abb. 1.1. Sprengmine, ab 1430 [188]

Um Unfällen bei der Herstellung des Schießpulvers vorzubeugen, führte Kaiser Karl V (Regierungszeit 1519–1556) aus dem Hause Habsburg 1533 die erste staatliche Unfallverhütungsvorschrift ein.

Die alleinige Nutzung des Schwarzpulvers zu Schießzwecken durch das Militär endete vermutlich Ende des 16. Jahrhunderts durch erste Anwendungen in der Gesteinssprengung. So wurde im Bergbau bis zu dieser Zeit ausschließlich mit Hilfe des Feuersetzens und der Schlägel- und Eisenarbeit das Gestein gewonnen. Die Anwendung des Feuersetzens, bei dem durch eine unterschiedliche Wärmeausdehnung der einzelnen Mineralkomponenten eines Erzganges eine Verbandlockerung herbeigeführt wird, ist von frühester Zeit an (Tabelle 1.1) bis in die Neuzeit vielfach belegt. Aus dem 16. und 17. Jahrhundert sind mehrfach auch bildliche Darstellungen erhalten (Abb. 1.2).

Trotz der großen Haufwerksmengen, die durch das Feuersetzen erzielt werden konnten, gerieten die genannten Abbauverfahren ab dem Jahre 1573 langsam in Vergessenheit. Ein italienischer Bergmann namens Giovanni Battista Martinengo führte zu dieser Zeit die wahrscheinlich erste Sprengung im europäischen Bergbau bei Vicenza in Friaul (Oberitalien) durch, um leichter sein Blei-Silbererz-Haufwerk gewinnen zu können [67]. Diese in Vergessenheit geratene Anwendung des Pulvers fand in der ersten dokumentierten und urkundlich nachgewiesenen untertägigen Sprengung mit Schwarzpulver am 8. Februar 1627 durch den Tiroler Bergmann Kasper Weindl ihren Durchbruch und verbreitete sich anschließend rasch in sämtliche Bergbauregionen (Abb. 1.3).

Die für alle Anwender überraschend positive Nutzung der untertägigen Sprengung im Bergbau führte im Jahre 1679 zum Bau des ersten mit Sprengarbeit aufgefahrenen Verkehrstunnels, des Malpas-Tunnels (Bauzeit 1679–1681). Dieser wurde notwendig, da der in Südfrankreich gelegene Canal du Midi, der das Mittelmeer mit dem Atlantischen Ozean verbindet, auf einer Länge von 157 m durch den Berg Malpas geführt werden mußte [184].

Weitere Tunnelbauten folgten. So waren die Alpen ein bevorzugtes Einsatzgebiet, da sie das größte natürliche „Hindernis" für die europäischen Hauptverkehrsströme darstellten. Mit dem Einsatz der ersten druckluftbetriebenen Bohrmaschine von Sommeiller [133] beim Bau des zweigleisigen Mont-Cenis-Eisenbahntunnels (1857–1870) erlebte der Tunnelbau im Sprengvortrieb seinen endgültigen Durchbruch. Die durchschnittliche Vortriebsleistung konnte

Abb. 1.2. Feuersetzen zum Lockern des Erzes in Stollen [2]

Abb. 1.3. Darstellung der ersten Sprengung im europäischen Bergbau durch K. Weindl [193]

von 0,75 m/d bei Anwendung traditioneller Technologien wie Handbohrer oder Hammer und Meißel bis auf letztendlich 3,0 m/d bei Anwendung der Sommeillerschen Bohrmaschine erhöht werden. Die nötige Druckluft zum Antrieb der pneumatischen Bohrer wurde mit Hilfe von Gebirgswasser, welches reichlich und mit großem Druckgefälle vorhanden war, jeweils am Nord- und Südportal des Tunnels erzeugt. Darüber hinaus konnten durch die Bewetterung des Tunnels die Arbeitsverhältnisse entscheidend verbessert werden und daher zusätzlich zu einem schnelleren Vortrieb beitragen [134].

Die Erfindung des Dynamits durch den Schweden Alfred Nobel im Jahre 1867 gab dem Tunnelbau im Sprengvortrieb einen zusätzlichen bedeutenden Aufschwung. So übertraf dieser Explosivstoff das bis dahin ausschließlich angewandte Schwarzpulver durch eine fünfmal größere Sprengkraft sowie eine relativ ungefährliche Transportfähigkeit und war außerdem im Gegensatz zum Schwarzpulver bei Wasserandrang einsetzbar. Die Bauzeit des St.-Gotthard-Eisenbahntunnels (Tabelle 1.2) konnte mit Hilfe des Dynamits auf einen sowohl für damalige als auch für heutige Verhältnisse kurzen Zeitraum von ca. 10 Jahren reduziert werden (1872–1882). Einen wahren Entwicklungsschub erlebten zu dieser Zeit die Bohrgeräte auf Druckluftbasis. So wurden im St.-Gotthard-Tunnel Bohrmaschinen von Sommeiller, Ferroux, Turrettini und Colladon, McKean sowie Dubois und Francois verwendet [42]. Zu Beginn der Vortriebsarbeiten wurden zwar unter Anwendung der Sommeillerschen Bohrmaschinen und trotz des Einsatzes von Dynamit Vortriebsgeschwindigkeiten von lediglich 0,7–0,8 m/d erreicht, diese konnten jedoch auf 4,3 m/d im Durchschnitt gesteigert werden. Wassermassen von 200 l/min, Temperaturen von 33 °C und stark wechselnde Gebirgsdruckfestigkeiten erschwerten den Vortrieb zusätzlich und forderten letztendlich eine hohe Zahl an Unfalltoten (ca. 177) [134]. In diesem Zusammenhang muß der ähnlich betroffene Brandleitetunnel erwähnt werden, der in den Jahren 1881–1884 in Thüringen erbaut wurde. Der Westabschnitt des Tunnels wurde durch einfallende Wassermassen von 250 l/s monatelang stillgelegt und trotz erfahrener Bauarbeiter, die zum Teil direkt vom eben fertiggestellten St.-Gotthard-Tunnel kamen, forderte dieses Projekt vier Tote.

Abb. 1.4. Anordnung der Sommeillerschen Bohrmaschinen bei der Auffahrung des Mont-Cenis-Tunnels [133]

Tabelle 1.2. Geschichtlicher Überblick älterer im Sprengvortrieb aufgefahrener Tunnelbauprojekte (Auswahl)

Tunnel	Bauzeit	Länge (m)	beteiligte Persönlichkeiten	Bemerkungen
Malpas-Tunnel, Kanal du Midi (Frankreich)	1679–1681	157	Jean-Paul Riquet	Erster mit Sprengarbeit aufgefahrener Verkehrstunnel [184]
Semmeringtunnel	1848–1853	1434	Franz von Rziha	Erster Großtunnel der Alpen mit bis zu 20000 Arbeitern
Mont-Cenis-Eisenbahntunnel	1857–1870	12200	Sommeiller, Grattoni, Grandis	Einsatz der ersten druckluftbetriebenen Bohrmaschine
St.-Gotthard-Eisenbahntunnel	1872–1882	14912	Louis Favre	Auffahrung unter Anwendung des Dynamits
Arlberg-Eisenbahntunnel	1880–1884	10250	Alfred Brandt	Einsatz der von Brandt entwickelten hydraulischen Drehbohrmaschine
Brandleitetunnel	1881–1884	3040	Alfred Brandt/ Karl Brandau	Auffahrung in Belgischer und Österreichischer Bauweise
Simplontunnel I Simplontunnel II	1898–1905/ 1912–1921	19770	Alfred Brandt/ Karl Brandau	Überwindung großer ingenieurtechnischer und -geologischer Schwierigkeiten
Lötschbergtunnel	1906–1913	14610	Moreau, Rothpletz	Schlamm- und Geröllmassen erschwerten den planmäßigen Vortrieb

Der Ehrgeiz der Tunnelbauer, die Alpenregion verkehrstechnisch zu bewältigen, wurde jedoch durch die zum Teil schwierigen Arbeitsverhältnisse beim Bau des St.-Gotthard-Tunnels und des Brandleitetunnels keineswegs beeinträchtigt. Im Gegenteil, über den Mont-Cenis-Tunnel war zwar die Verbindung zwischen Mailand und Südfrankreich und über den St.-Gotthard-Tunnel die Verbindung zwischen Mailand und Deutschland gegeben, aber dennoch sollte ein zusätzliches Großprojekt, der Bau des Simplontunnels, zur direkten Verbindung Italiens mit Nordfrankreich, England und Belgien in Angriff genommen werden. Zu den bedeutenden Ingenieurpersönlichkeiten dieser Zeit zählt wohl der in Hamburg geborene Alfred Brandt (1846–1899). Durch die Erfindung der ersten hydraulischen Drehbohrmaschine, die Brandt für die Maschinenfabrik Gebr. Sulzer entwickelte und am 5. Februar 1878 in den USA patentieren ließ [162], konnte beim Bau des Simplontunnels eine maximale Vortriebsgeschwindigkeit von 6,2 m/d erreicht werden (Abb. 1.5).

Abb. 1.5. Hydraulische Drehbohrmaschine von A. Brandt [107]

Für die damaligen Bauverhältnisse mit Temperaturen bis 54 °C und Wassereinbrüchen von 10000 l/min war dies eine bedeutende Leistung. Karl Brandau, der im Jahre 1879 zusammen mit seinem Freund Alfred Brandt eine Tunnelbaufirma gründete, war als Bauleiter beim Bau des Simplontunnels tätig. Durch die Bewältigung sämtlicher ingenieurtechnischer und geologischer Schwierigkeiten, insbesondere der Wassereinbrüche, machte er sich unter den Tunnelbauingenieuren einen Namen und wird wie auch A. Brandt in der Reihe der bedeutenden Persönlichkeiten der Geschichte des Tunnelbaus gewürdigt [81].

Mit der Eröffnung des zweiten Simplontunnels wurde ein vorläufiger Schlußstrich unter den Großtunnelbau gezogen, da die großen Eisenbahnmagistralen die jeweils kürzeste Trasse erhalten hatten und die Länder nördlich und südlich der Alpen miteinander verbunden waren. Die rasante Entwicklung des Automobils forderte nach den Kriegen weitere Alpendurchstiche, die ausschließlich im Sprengvortrieb aufgefahren wurden, wie der Arlberg-Straßentunnel (Bauzeit 1974–1978) oder der St.-Gotthard-Straßentunnel (Bauzeit 1969–1980). Die in heutiger Zeit erzielten Fortschritte bezüglich der Mechanisierung und Leistungsfähigkeit der Gerätetechnik führten zu einer Perfektionierung des Tunnelbaus im Sprengvortrieb. Waren im Jahre 1940 noch 10 h zum Bohren der Sprenglöcher für einen Tunnelquerschnitt von 20 m² in schwer lösbarem Gebirge notwendig, so werden heutzutage lediglich 3 h für Querschnitte von ca. 100 m² bei Einsatz von Bohrjumbos benötigt. Ein Beispiel auf dem Weg der Bohrtechnikentwicklung zeigt der in Abb. 1.6 dargestellte Bohrwagen, der beim Bau des 12800 m langen Frejus-Autobahntunnels durch den Mont-Cenis (Bauzeit 1975–1981) zum Einsatz kam.

Abb. 1.6. 90 t schwerer sechsarmiger Bohrwagen „Frejus-Jumbo" der Atlas Copco GmbH

Auch der in den achtziger Jahren erstellte Landrückentunnel (Bauzeit 1983–1986) [84], der im Zuge der Neubaustrecke Hannover–Würzburg der Deutschen Bundesbahn entstand, zeigt den technologischen Fortschritt sehr deutlich. Dieser mit 10710 m derzeit längste Tunnel Deutschlands wurde von drei Angriffsstellen im Sprengvortrieb mit Spritzbetonsicherung vorgetrieben, da das maschinelle Auffahren mit Vollschnittmaschinen wegen geologischer und zeitlicher Unsicherheiten und aus wirtschaftlichen Gründen ausschied. Mit Hilfe modernster Bohrgeräte, die eine Durchschnittsbohrgeschwindigkeit von 2–4 m/min erlaubten, konnten durchschnittliche Vortriebsleistungen von 6 m/d erreicht werden, die eine fristgerechte Fertigstellung des Tunnels ermöglichten. Die maximale Vortriebsleistung lag bei 9 m in 24 Stunden. Die hergestellten Ausbruchflächen variierten je nach Gebirgsqualität und Profiltyp zwischen 102 m^2 und 141 m^2 und zählen damit zu den größeren Querschnitten, die im Verkehrswegebau aufgefahren wurden.

Diese Entwicklung des Sprengvortriebs macht den zur Zeit laufenden und in Zukunft anstehenden Großtunnelbau zu einer selbstverständlichen Technologie für den Bau neuer Verkehrswege. Wenn auch der maschinelle Vortrieb weiter an Bedeutung gewinnen wird, so muß dennoch der Sprengvortrieb aufgrund seiner Anpassungsfähigkeit und Wirtschaftlichkeit seinen Stellenwert nicht aufgeben.

KAPITEL 2

Bauverfahren für den Sprengvortrieb

2.1
Allgemeines

Für den Tunnelbau hat die Bauverfahrenstechnik mit der Auswahl des geeigneten Bauverfahrens eine herausragende Bedeutung. Der wirtschaftliche Erfolg eines Tunnelvortriebs wird in Verbindung mit den geologischen und hydrologischen Bedingungen beeinflußt durch

- eine geeignete Bauweise und
- eine geeignete Betriebsweise.

Die einzelnen Teilabschnitte der Betriebsweise werden detailliert in Kap. 3 „Bohrbetrieb", 4 „Sprengbetrieb" und 5 „Schutterbetrieb" behandelt. In diesem Kapitel sollen vorrangig die Bauverfahren unter Anwendung von Spritzbeton und die entsprechenden Bauweisen erläutert werden.

Das Ausbrechen des Gesteins im Tunnelbau mit Hilfe des Sprengens ist bereits sehr lange bekannt. Aus diesem Grund wird der Sprengvortrieb häufig als die „konventionelle" Ausbruchsart oder, z.B. im Schachtbau, als das „Gewöhnliche Abteufverfahren" bezeichnet [128]. Trotz der intensiven maschinentechnischen Entwicklung im Tunnelbau hat der Sprengvortrieb seine Bedeutung in Festgesteinen als wirtschaftliche Ausbruchsart behauptet. Auch für Teilschnittmaschinen-, Bagger-, Reißzahnabbau etc. werden, vom Grundprinzip her betrachtet, die gleichen Bauweisen genutzt.

Die klassischen Bauweisen unterscheiden sich von den modernen keineswegs in ihrer Kühnheit oder gar in geringerer Erfahrung der Ingenieure. Holz und Bruchsteinmauerwerk waren seinerzeit für diese Bauweisen die vorhandenen Sicherungsstoffe. Stahl und Beton kamen erst später hinzu. Das Studium der Fachliteratur vor der Jahrhundertwende zeigt sehr deutlich, daß die Grundsätze des heutigen Tunnelbaus bereits damals schon klar erkannt wurden. Wer sich mit dem Lebenswerk Rzihas befaßt, wird bestätigen müssen, daß die meisten und wichtigsten der von L. Müller [106] angegebenen 21 Punkte zur NÖT bereits von Rziha [133] und später von Heim, Andreae und anderen in die Kunst des Tunnelbaus einbezogen worden waren [21], [52], [147], [196].

Die klassischen Bauweisen im Zusammenhang mit einer Mauerung besaßen einen sehr schwerwiegenden Nachteil bezüglich des Gebirgskontaktes.

Nach oder mit dem Mauern des Gewölbes wurde der Hohlraum zwischen Mauerung und Gebirge mehr oder weniger „vollkommen" verfüllt. Diese Arbeiten mußten unter schwierigsten räumlichen Arbeitsbedingungen ausgeführt werden. Vielfach war es dabei gar nicht möglich, die als vorübergehende Sicherung vorhandene Zimmerung zu rauben. Daß derartige Hohlräume wie Dränagen das Wasser sammelten und Feinteile aus den Klüften mitführten, war nicht zu umgehen und führte zu Nachbrüchen. Zusätzliche, noch langfristig sich aufbauende Auflockerungen und damit verbundene hohe Gebirgsdrücke waren die Folge. Dies drückte sich auch in den damals gültigen Berechnungsgrundlagen aus. Ende des 19. Jahrhunderts setzte sich der Beton als Sicherungsmaterial durch. Bei sorgsamem Einbau mit einer Firsthohlraumverfüllung der Innenschale war jene Schadensursache zumindest im Ansatz weitgehend behoben.

Auch die Weiterentwicklungen der Einrichtungen zum Bohren, Sprengen, Schuttern und Vermessen verringerten die erforderlichen Betriebszeiten und ermöglichten es, Bewegungen im Gebirge klein zu halten. Dadurch konnte auch die Sicherung leichter und kostengünstiger ausgeführt werden.

Mit dem Spritzbeton als Sicherungsmaterial wurde ein grundlegendes Verfahren eingeführt, das den Kontakt der vorübergehenden Sicherung direkt mit dem Gebirge herzustellen vermag. Der Einflußfaktor Zeit, der für Gebirgsbewegung und Druckentwicklung im Zusammenhang mit der Standzeit des Gebirges maßgebend ist, konnte wesentlich herabgesetzt werden. Auch für schwierige Gebirgsarten wurden dadurch Ausbruchsverfahren sogar im Vollausbruch wieder möglich. Gegenüber den vorher angewandten, konventionellen Verfahren war dies ein gewaltiger Fortschritt. Allerdings zeigen die Arbeitsgänge des Sicherungseinbaus, wie Vorversiegelung, Einbau der ersten Mattenlage, Stahlbogeneinbau, Spritzen, Einbau der zweiten Mattenlage und Spritzen, daß dieses Verfahren auch heute noch Möglichkeiten birgt, den Faktor Zeit zu vermindern. Dazu kommt noch die verhältnismäßig lange Abbindefrist des Betons. Selbst mit Erstarrungsbeschleunigern ist erst nach 6 bis 8 h eine Frühfestigkeit von etwa 5 N/mm^2 gewährleistet. Mit Stahlfaserspritzbeton kann der Faktor Zeit, kombiniert mit einem hohen frühzeitigen Widerstand der Sicherung, günstig beeinflußt werden. Stahlfaserbeton hat für die Weiterentwicklung der Tunnelbauverfahren zusätzlich nutzbare Eigenschaften (vgl. Kap. 6 „Sicherung").

Im folgenden werden die wichtigsten Grundprinzipien der klassischen Bauweisen erläutert. Außerdem wird die Weiterentwicklung bis in die heutige Zeit belegt.

Bei der Darstellung der einzelnen Bauweisen wird vor allem bei der Benennung als Grundlage einer Definition besonderer Wert auf die technischen Grundprinzipien gelegt. Die gebräuchliche Bezeichnung nach Ländern wird jeweils zwar aus Gründen der Vollständigkeit ergänzt, jedoch sind die technischen Bezeichnungen in der Regel derart selbsterklärend, daß aus der jeweiligen Bezeichnung die Ausbruchsreihenfolge abgeleitet werden kann.

Die Ordnung beginnt mit dem Vollausbruch. Der Ausbruch des gesamten Querschnitts ist sicher das älteste Verfahren. Hohlraumgröße und -form, Gebirgsverhalten und Abbaumethoden standen früher und stehen heute noch in enger Abhängigkeit. Sind diese optimal aufeinander abgestimmt, so bleibt heutzutage noch die weitere Entscheidung über die kostengünstigste Betriebsweise im Zusammenhang mit modernen maschinellen Ausrüstungen.

2.2
Der Vollausbruch

Maßgebend für die Entscheidung über einen Vollausbruch (Abb. 2.1) sind drei Gründe:

1. Die Standzeit des anstehenden Gebirges in Abhängigkeit von Querschnittsgröße und -form muß ausreichend groß sein.
2. Der Zeitbedarf für das Tragen einer vorübergehenden Sicherung muß derart zur Standzeit des Gebirges passen, daß ein Vortrieb nach den Grundsätzen des modernen Tunnelbaus möglich ist. Steht ein Gebirge mit langer Standzeit bzw. ein standfestes Gebirge an, so kann auch auf eine Sicherung verzichtet werden. Für Kopfschutz zur Sicherheit der Mannschaft ist allerdings immer zu sorgen.
3. Die eingesetzten Einrichtungen, wie Bohrwagen oder Bühnen, Teilschnittmaschinen, Ausbruchgeräte, aber auch die Schuttereinrichtungen müssen derart ausgelegt sein bzw. ein so großes Fassungsvermögen aufweisen, daß ein den gegebenen Randbedingungen angepaßter Taktplan für den Vortrieb eingehalten werden kann. Das Mindestprofil für ein wirtschaftliches

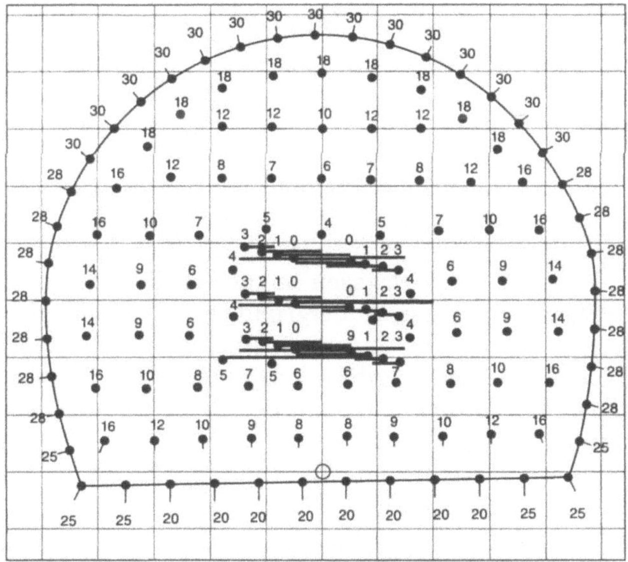

Abb. 2.1. Vollausbruch. Sprengbild mit Zeitstufenverteilung der Zünder beim Vortrieb des Mitholzfensterstollens im Zuge des Lötschbergprojektes in der Schweiz, Querschnitt 66 m², Bauzeit 1995–1997, [169]

Auffahren liegt bei über 5 m². Kleinere Querschnitte behindern Personal und Gerät, so daß die Kosten trotz geringeren Ausbruchs und weniger Sicherungsmaterialien steigen.

Die Vorteile eines Vollausbruchs können wie folgt zusammengefaßt werden:

- Da für einen gesamten Abschlag nur ein Arbeitsgang benötigt wird, sind keine mehrmaligen Spannungsumlagerungen erforderlich. Damit ist der Vollausbruch sehr gebirgsschonend.
- An der Ortsbrust ist ein freier Arbeitsraum gegeben, der einen höheren Mechanisierungsgrad für den Sprengbetrieb zuläßt.
- Der höhere Mechanisierungsgrad erlaubt die Annäherung an eine Fließfertigung, die kürzere Bauzeiten und einen gebirgsschonenden Vortrieb durch die verbesserte Berücksichtigung des Zeitfaktors für die Sicherung zur Folge hat.
- Durch den Vollausbruch gibt es keine Interaktionen zwischen den einzelnen Betriebspunkten. Dadurch ist eine gute Organisation möglich, die zur Wirtschaftlichkeit des Vortriebs beiträgt.

Neben diesen Vorteilen müssen jedoch einige Nachteile in Betracht gezogen werden:

- Durch die Öffnung eines verhältnismäßig großen, ungesicherten Bereiches ist ein Gefahrenpotential bei schnell wechselnder bzw. schlechter werdender Geologie und bei plötzlichem Wasseranfall gegeben.
- Ist beim Vollausbruch ein hoher Mechanisierungsgrad erreicht, zieht dies in der Regel eine hohe Inflexibilität nach sich, weil dann nur noch sehr schlecht auf einen Ausbruch in Teilen gewechselt werden kann.

2.3
Der Ausbruch in Teilen

Das Aufteilen großer Querschnitte hatte früher den vorwiegenden Grund in der Beherrschbarkeit des Gebirges. Mit den damaligen Sicherungsmaterialien, die vorwiegend aus Türstöcken mit Holzverzug bestanden, waren nur kleine Teilausbrüche möglich. Heute dagegen ist anstelle einer Aufteilung der wirtschaftliche Geräteeinsatz in den Vordergrund gerückt. Es gilt aber insgesamt, daß beim Ausbruch in Teilen die vorübergehende Sicherung jeweils anschließend folgt. Dies führt zu Mehraufwendungen, Beeinflussungen des Gebirges, ständigen Umsteifungen und in der Regel zu Auflockerungen und Druckanstiegen im Gebirge.

Maßgebend für die Entscheidung über einen Ausbruch in Teilen sind drei Gründe:

1. Die Standzeit des Gebirges reicht für das Auffahren des Gesamtquerschnitts nicht aus.
2. Der Zeitbedarf für das Tragen einer vorübergehenden Sicherung reicht nicht aus, um den gesamten ausgebrochenen Hohlraum zu sichern.

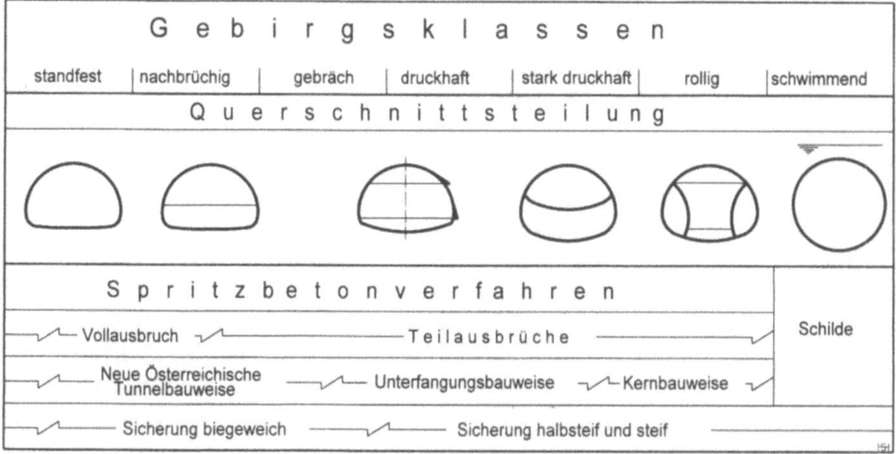

Abb. 2.2. Einordnung der Spritzbetonverfahren und Bauweisen in die Gebirgsklassen

3. Die Vortriebseinrichtungen, wie Bohrwagen oder Bühnen, Teilschnittmaschinen und Ausbruchgeräte, erfassen nicht den ganzen Querschnitt,
   Schuttereinrichtungen erfassen nicht den gesamten Abschlag und werden
   deshalb auf Teilquerschnitte abgestimmt.

Die Aufteilung des Gesamtquerschnitts in Teilquerschnitte erfolgt im wesentlichen nach den geologischen Randbedingungen. Dabei kann als grober Leitfaden die in Abb. 2.2 dargestellte Ordnung in Abhängigkeit vom Gebirge
festgelegt werden.

2.3.1
Die Aufbruchbauweise oder Österreichische Tunnelbauweise

Beginnend im Übergangsbereich vom Vollausbruch zu den Teilausbrüchen ist
die sog. Neue Österreichische Tunnelbauweise (NÖT), heute meist Neue Österreichische Tunnelbaumethode genannt, angesiedelt. In den letzten Jahren ist
Kritik an der Eigenständigkeit dieser Bauweise entstanden, da es eine Vielzahl
von Bauverfahren gibt, die als Sicherungsmaterial Spritzbeton mit Ankern
verwenden. Diese sind in der Vergangenheit häufig von Österreich ausgehend
in die NÖT einbezogen worden. Es handelte sich jedoch dabei um weiterent-
wickelte klassische Bauweisen, die als eigenständig gelten. Aus der geschichtlichen Entwicklung hat die NÖT durchaus als Verfahren dennoch eine Eigenständigkeit, da sie sich aus der früheren Aufbruchbauweise entwickelt hat.
   Kennzeichnend für alle „Österreichischen Bauweisen" (davon gibt es vier
Entwicklungsstufen [84]) ist, daß der ganze Querschnitt scheibenförmig von
der Firste zur Sohle – in wenigen oder vielen Teilquerschnitten – ausgebrochen
und abschnittsweise vorübergehend gesichert wird, bis dann der gesamte
Querschnitt ausgebrochen und gesichert ist. Dies wird mit der etwas veralteten

Bezeichnung „Aufbruchbauweisen" dargestellt. Danach wird die endgültige Sicherung (früher Mauerung) von unten, also von den Sohlwiderlagern nach oben zur Firste eingebracht. Das Sohlgewölbe wurde früher meist gar nicht oder erst später nachgezogen [84].

Erstmals angewendet wurde die Aufbruchbauweise beim Bau des Tunnels Oberau an der Eisenbahnstrecke Leipzig–Dresden im Jahre 1837. Auf eine detaillierte Beschreibung der NÖT wird an dieser Stelle verzichtet, da zu dieser Thematik umfangreiche Literatur vorhanden ist [84], [106].

Interessant in diesem Zusammenhang ist der Vortrag von Kovári [71] anläßlich des XLII. Geomechanik-Kolloquiums 1993 in Salzburg. Im Gegensatz zu der Einordnung der NÖT aufgrund der geschichtlichen Entwicklung der Bauweise nach Maidl behandelt Kovári Grundsätze aus der Tragwirkung und kommt zu dem Schluß, daß das über lange Jahre gepflegte „Gedankengebäude der NÖT" als Begründung für ein neues, eigenständiges Bauverfahren einer kritischen, wissenschaftlichen Betrachtung nicht standhalten kann.

Abbildung 2.3 zeigt am Beispiel des im Sprengvortrieb aufgefahrenen Tunnels Oerlinghausen (s.a. Kap. 12.4) einen typischen Arbeitsablauf mit Kalotten-, Strossen- und Sohlausbruch.

2.3.2
Die Unterfangungsbauweise oder Belgische Bauweise

Wenn das Gebirge als gebräch bis druckhaft klassifiziert wird, muß die Spritzbetonsicherung in der Kalotte stärker, d.h. in der Regel steifer dimensioniert werden. Dieses wird dann unterfangen und definitionsgemäß als Unterfangungsbauweise oder Belgische Bauweise bezeichnet [84].

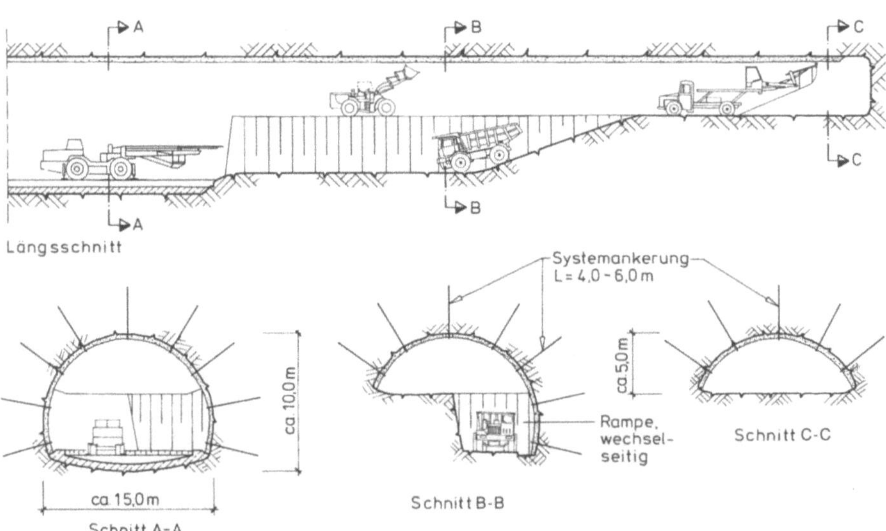

Abb. 2.3. Arbeitsablauf beim Tunnel Oerlinghausen, Bauzeit 1994–1996

Die Unterfangungsbauweise wurde 1828 zum ersten Mal beim Kanaltunnel Charleroy in Belgien angewandt; später wurden mit dieser Bauweise eine große Anzahl bedeutender Alpentunnel, wie Mont-Cenis (12,5 km) und Alter St.-Gotthard (15 km) mit Erfolg aufgefahren.

Der Ausbruch beginnt mit der Kalotte. Danach wird die Sicherung (früher Gewölbe als endgültige Sicherung) von den Kämpfern (bzw. Kalottenfüßen) ausgehend erstellt. Ist dies geschehen, gibt es für die Unterfangung eine Reihe von Varianten. Meistens wird der Kernschlitz ausgebrochen und die Ulmensicherung abschnittsweise mit dem Vortrieb wechselseitig unterfangen bzw. an das Kalottengewölbe angeschlossen. Das Kalottengewölbe wurde früher auch, ausgehend von einem durchgehenden Längsschlitz, mit Querschlitzen durch Abteufen einzelner Schächte oder durch Nachtrieb der halben oder ganzen Strosse freigelegt und mit Widerlagern unterfangen.

Als Vorteile der Unterfangungsbauweise können die folgenden Punkte aufgezählt werden:

- Die frühzeitige Sicherung der Firste verhindert Auflockerungen.
- Es ist eine Anpassung an wechselnde Gebirgsverhältnisse möglich.
- Es ist eine kontinuierliche Betriebsweise durchführbar. Eine Fließfertigung und Taktplanung kann vorgesehen werden. Dadurch wird durchaus eine Kombination mit der NÖT, je nach Gebirgsbedingungen, möglich.

Nachteile:

- Es herrschen hohe Auflagerpressungen im Kämpferbereich, dadurch ergibt sich eine hohe Setzungsempfindlichkeit beim Unterfangen, insbesondere bei rolligen und plastischen Gebirgen.
- Die Unterfangungsbauweise ist sehr empfindlich gegen Seitendruck.
- Der Sohlschluß erfolgt sehr spät.
- Es besteht die Gefahr einer Beschädigung der Kalotte bei Ausbruch der Strossen im Sprengverfahren.

Neueste Entwicklungen im Zusammenhang mit Spritzbeton und Ankersicherung schalten frühere Nachteile zum Teil aus. Jeder vorgezogene Kalottenvortrieb mit einer nicht mehr biegeweichen Sicherung ist prinzipiell der Unterfangungsbauweise zuzuordnen. Wegen der Verwendung von Spritzbeton, Stahlbögen und Ankern werden diese Verfahren allerdings fälschlich vielfach der NÖT zugeordnet. Aus diesem Grund soll an dieser Stelle eine Grenze zwischen diesen beiden Bauweisen bei gleicher Einteilung der Teilquerschnitte in Kalotten- und Strossenausbruch erläutert werden.

Wie die Abb. 2.2 und 2.4 zeigen, gibt es unterschiedliche Möglichkeiten, bei gebrächem bis druckhaftem Gebirge einer größeren Gebirgsentfestigung zu begegnen. Wenn es darum geht, den Ausbauwiderstand in Abstimmung mit dem Vortrieb rechtzeitig wirksam werden zu lassen, können grundsätzlich folgende unterschiedliche Richtungen eingeschlagen werden:

1. Der Vortrieb kann auf eine möglichst geringe Schalenstärke mit biegeweichem Verhalten abgestimmt werden (Abb. 2.4a). Gegebenenfalls ist eine Kalottensohle erforderlich. Größere Deformationen müssen zur Ausbil-

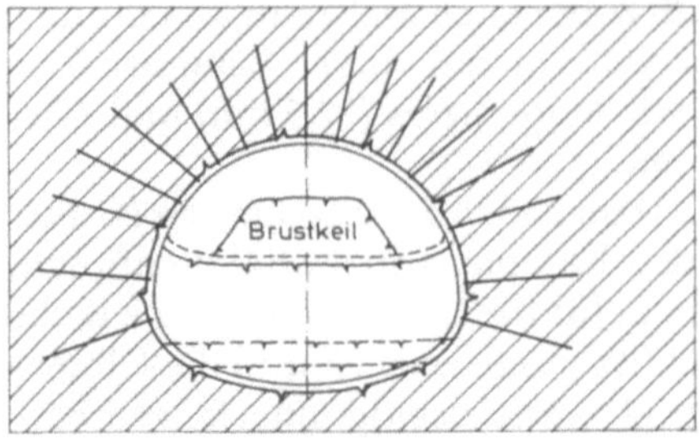

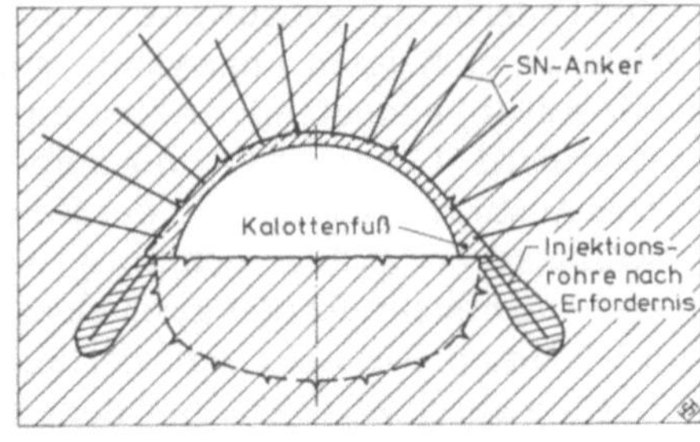

Abb. 2.4. Schalendicke in Abhängigkeit von der statisch erforderlichen Sicherung [86]

dung eines Gebirgstragrings zugelassen werden. Die Größe der Tunnelausbrüche steht in engem Zusammenhang mit der Dimensionierung der vorübergehenden Sicherung und der Vortriebsgeschwindigkeit, die wiederum von der Standzeit des Gebirges abhängt. Eine gut geschulte Mannschaft und Aufsicht sowie eine ständige Information durch Messungen sind erforderlich. Das Risiko bei Störungen aller Art ist groß. Die Materialeigenschaften des Spritzbetons sind bezüglich der Homogenität und Qualität zu garantieren. Arbeitspausen können negative Auswirkungen haben. Auf einen schnellen Ringschluß, ggf. auch schon bei der Kalottensohle, ist entweder über das Gebirge selbst oder über ein Spritzbetonsohlgewölbe zu achten. Ringschlußzeit und Ringschlußdistanz gehen in die Sicherheitsbetrachtung ein. In der Regel ist diese Vorgehensweise mit geringeren Vortriebsgeschwindigkeiten verbunden. Das Beseitigen einer eingespritzten Kalottensohle bedarf zusätzlicher Zeit und birgt zusätzliche Risiken.

2. Erhöhte Vortriebsgeschwindigkeiten und damit geringe Deformationsforderungen machen erhöhte Materialansätze mit größeren Schalendicken, Fußauflagern (Kalottenfüße), Ankerung und ggf. Injektionen notwendig (Abb. 2.4b). Dies entspricht dem heutigen Stand und dem Bedarf nach größerer Sicherheit, aber auch dem Preisgefüge bei erforderlichen erhöhten Vortriebsgeschwindigkeiten. Im Zuge des Ausbruchs wird die Kalottenschale nach tunnelstatischen Nachweisen unterfangen, so daß es sich hier nicht mehr um die NÖT mit biegeweicher Schale, sondern um die Unterfangungsbauweise handelt.

Beispiele für die Anwendung der Unterfangungsbauweise sind die Eisenbahntunnel im Zuge der Neubaustrecke Hannover – Würzburg, Abschnitt Süd, beim Auffahren von Störungszonen. Folgende Sicherungsmaßnahmen, die die Unterfangungsbauweise charakterisieren, sind dabei aus Erfahrungen beim Bau des Landrückentunnels (Gesamtbauzeit 1983–1986) empfohlen und umgesetzt worden (Abb. 2.5) [65]:

- Verstärkung der Ankerung im Kämpferbereich mit 8 m langen Ankern
- Kalottenfußverbreiterung mit Längsbewehrung
- Setzen von geeigneten Injektionsrohren (L = 4 m) unterhalb der Kalottenfüße.

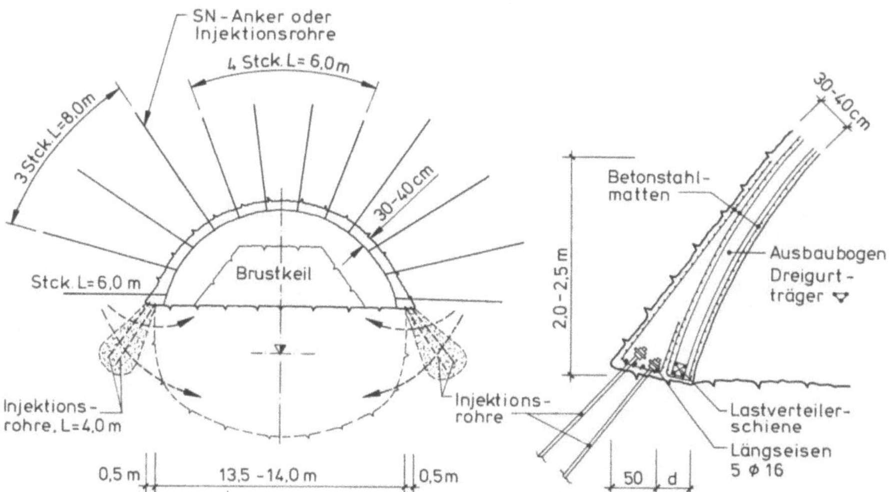

Abb. 2.5. Sicherungsmaßnahmen – Kalotte und Kalottenfußverbreiterung für Störungszonen beim Bau des Landrückentunnels, Baulos Mitte (Gesamtbauzeit: 1983–1986) [65]

Der Einbau eines Kalottensohlgewölbes soll auf Ausnahmefälle bei besonderer Erfordernis beschränkt werden, z.B. zur Überbrückung kurzer Abschnitte oder als Sofortmaßnahme bei überraschend auftretenden ungünstigen Verhältnissen.

Die am Kalottenfuß einzubauenden Injektionsrohre (Abb. 2.5) wirken wie Minipfähle. Dazu wird der Kopf mit untenliegender Mutter und Ankerplatte versehen, um Druckkräfte übertragen zu können. Die schräg nach unten versetzten Rohre reduzieren die Verformungstendenzen in Richtung Kalottensohle und wirken der Ausbildung von Gleitflächen beim Strossenabbau entgegen. Der Ankerring sollte nicht unterbrochen werden, auch wenn aufgrund von stärkeren Setzungen die Wirkung der Anker im Firstbereich nicht gesichert ist. Sie gleichen Inhomogenitäten im Gebirge aus, erhöhen die Sicherheit hinsichtlich schwer erkennbarer Faktoren und tragen zum Herstellen eines Gebirgstragrings bei. Im Kämpferbereich sollte die Ankerlänge erhöht werden, um Kräfte ins Gebirge abzutragen und damit die Setzungstendenzen zu verringern. Sofern diese Maßnahmen nicht ausreichen, kann der Kalotten- und Strossenvortrieb mit dem Einbau des Sohlgewölbes in kurzem Abstand ablaufen [65]. Diese Maßnahmen verringern die Vortriebsgeschwindigkeiten erheblich.

2.3.3
Die Kernbauweise oder Deutsche Bauweise

Ab dem Übergang der Gebirgsklasse „druckhaft" zu „stark druckhaft" wird in Abhängigkeit der Querschnittsgröße die Kernbauweise, auch Deutsche Bauweise genannt, interessant.

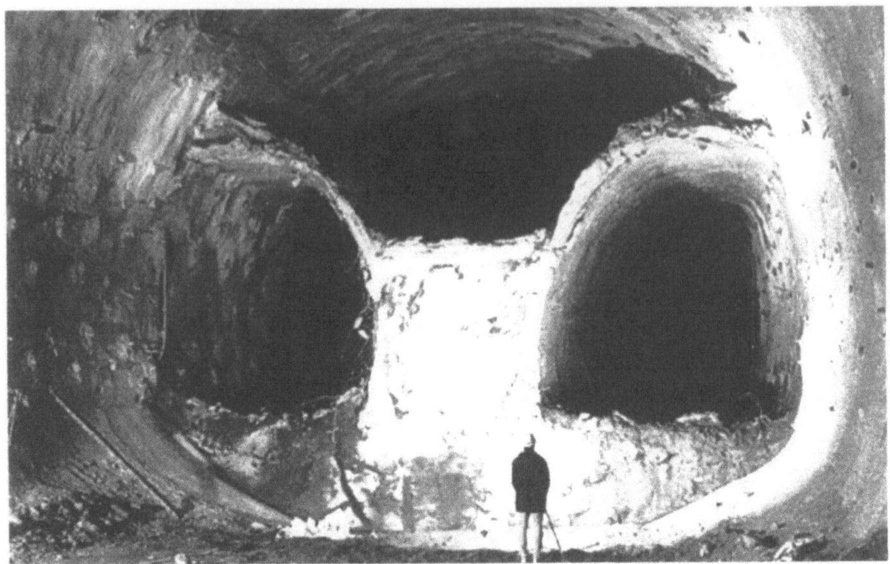

Abb. 2.6. Anwendung der Kernbauweise beim Kriebergtunnel, Bauzeit 1984–1987 [DB]

Als älteste Bauweise in die Literatur eingegangen, wurde die Deutsche Bauweise ursprünglich in Frankreich beim Bau der Tunnel Tronquoy 1803 und Pouilly 1824 mit einem stehengebliebenen Kern entwickelt. Mit dem Bau des Königsdorfer Tunnels 1837 und des Triebitzer Tunnels 1842 wurde das Bauverfahren in äußerst schwierigen Gebirgsverhältnissen vervollkommnet.

Entlang des Ausbruchrandes werden kleine, beherrschbare Querschnitte aufgefahren, in der Regel unten beginnend und nach oben weiterführend. In diesen Querschnitten wird die endgültige Sicherung nachgezogen. So entsteht ein in diesen Teilbereichen hergestelltes, später zusammenhängendes Gewölbe. Der Kern bleibt stehen, bis das Gewölbe trägt und dient als Ortsbrustsicherung, da er die Brustfläche erheblich verkleinert und dadurch besser stützt. Es sind viele Variationen auch mit vorgezogenem Erkundungsstollen in der Sohle oder Firste bekannt.

Die Vorteile der Kernbauweise sind:

- Die Ulmenstollen werden als Erkundungsstollen für den Gebirgsaufschluß genutzt. Gleichzeitig sorgen diese für Entlastung des Wasserandrangs beim Vortrieb der weiteren Teilquerschnitte.
- Sie gilt als setzungsarm und weniger seitendruckanfällig durch die Abstützungsmöglichkeit auf den Kern.
- Die Ortsbrust wird durch den Kern gestützt.
- Das Kalottengewölbe wird auf feste Widerlager aufgesetzt. Dies trägt zur Verminderung von Setzungen bei.
- Da das Gewölbe nach Auffahren der Kalotte verhältnismäßig standfest ist, kann der Kernausbruch sehr schnell und damit wirtschaftlich erfolgen.

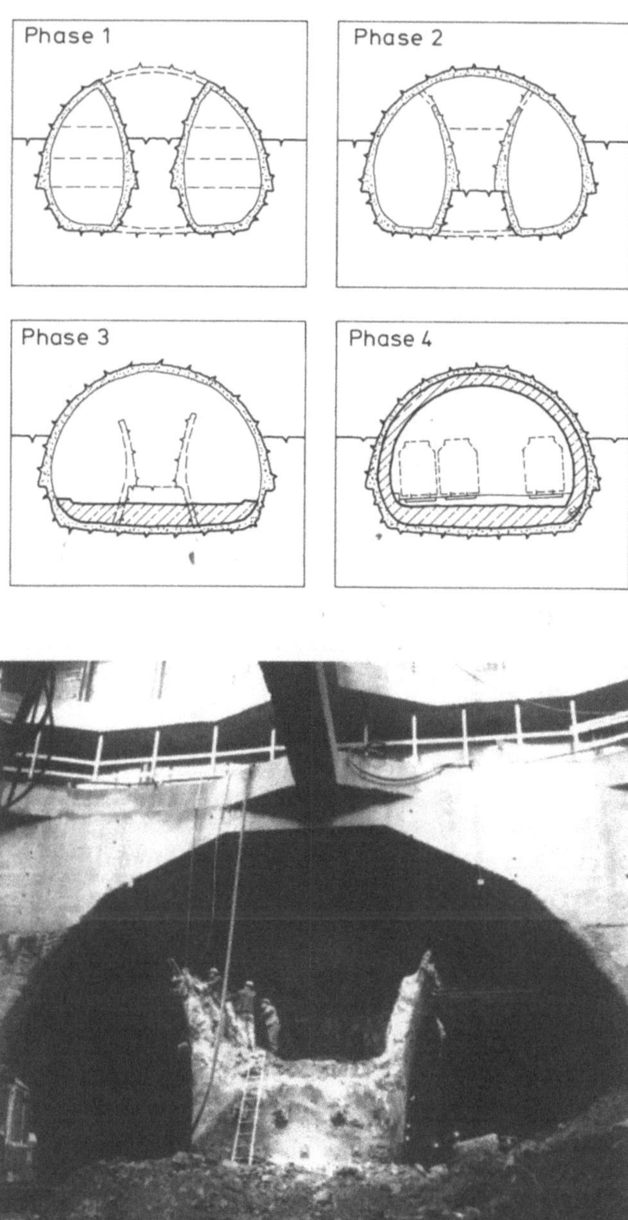

Abb. 2.7. Kernbauweise beim Vortrieb der Großhalle „Weichenstraße" beim U-Bahnbau in Mülheim an der Ruhr (1988–1994) (oben: Ausbruchsphasen; unten: Phase 2 – Abbruch der Innenulmen)

Die Kernbauweise birgt die folgenden Nachteile:

- Die Anordnung der Teilquerschnitte führt zu Spannungsüberlagerungen im Gebirge und zu Gebirgsauflockerungen, da sich die im Gebirge bildenden Schutzhüllen überschneiden.
- Es besteht ein erhöhtes Verbruchsrisiko durch das häufige Umsteifen. Hinzu kommt ein später Sohlschluß.
- Sie ist verhältnismäßig teuer aufgrund der Anordnung der Teilquerschnitte und der zum Teil beengten Verhältnisse beim Einbringen der Sicherung.

Anwendungen mit Spritzbeton, die eine große Reihe sehr erfolgreicher Ausführungsbeispiele vorweisen können und aus dem modernen oberflächennahen Tunnelbau nicht mehr wegzudenken sind, werden fälschlich ebenfalls der Neuen Österreichischen Tunnelbauweise zugeschrieben.

Ein Beispiel für die Anwendung der Kernbauweise unter Verwendung des Sprengvortriebs ist das Auffahren einer 57 m langen Weichenhalle beim Baulos TA 8 der U-Stadtbahn Mülheim an der Ruhr, Bauzeit 1988–1994. Der Vortrieb des Großquerschnitts von 170 bis 210 m² im innerstädtischen Gebiet fand in fünf Teilausbrüchen mit folgender Reihenfolge (Abb. 2.7 a, b) statt:

- Vortrieb von zwei Ulmenstollen, deren Firste sich z.T. im Lockergestein befanden; die abgestufte Ortsbrust wurde dabei in eine Kalotte und zwei Strossenabschnitte unterteilt,
- Sprengvortrieb des Sohlausbruchs in den beiden Ulmenstollen auf gesamter Länge,
- Sprengvortrieb der Kernkalotte im Mittelbereich, übergehend in Vortrieb der Kernstrosse auf gesamter Länge und
- Restaushub im Kernbereich bis auf Endteufe und Schließen des Sohlgewölbes.

2.3.4
Firstbalkenverfahren

Der Einsatz des Firstbalkens ist bei der Unterfangungsbauweise oder auch bei der Kernbauweise im Bereich der Kalotte möglich. Diese Zusatzmaßnahme dient vornehmlich der Setzungsbegrenzung beim Ausbruch der Kalotte. Am Beispiel des Tunnels an der Westtangente in Bochum wird die Wirkungsweise dargestellt.

Der Bauablauf stellt sich für die vorübergehende Sicherung entsprechend Abb. 2.8 wie folgt dar:

- Ausbruch und Sicherung des Firststollens je nach Gebirgsverhältnissen mit vollflächiger oder abgestufter Ortsbrust (1),
- Herstellen des längsbewehrten Firstbalkens aus Spritzbeton,
- Ausbruch und Sicherung der Aufweitung nacheinander (2a), (2b),
- Ausbruch und Sicherung der Strosse (3),
- Ausbruch und Sicherung der Sohle (4).

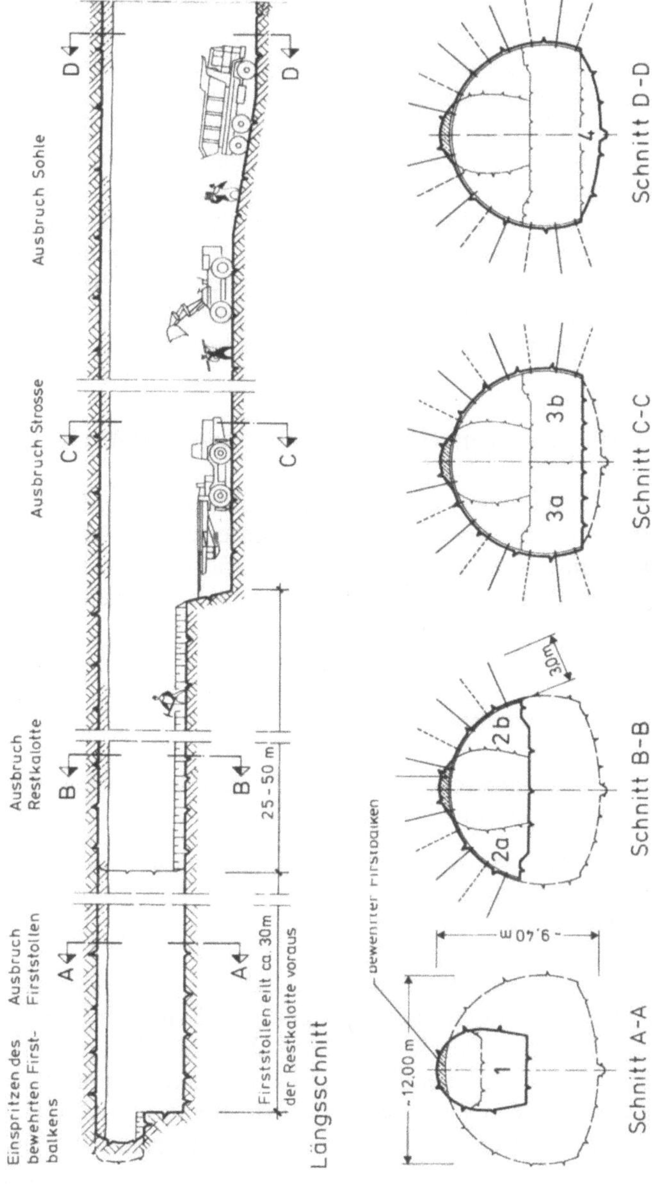

Abb. 2.8. Anwendung des Firstbalkenverfahrens beim Bau des Tunnels der Westtagente Bochum, 1982 [166]

Der Firstbalken erfüllt den Zweck einer Verformungsbremse beim Aufweiten der Kalotte. Nachweislich hat diese Aufweitung den größten Anteil an der Gesamtverformung. Die Verformung wird durch den Firstbalken verringert, da der Firstbalken wandernd einen Längstrageausgleich im ungesicherten Bereich (Schnitt B–B) liefert. Auflager für den Firstbalken bildet im vorderen Bereich der rohrartige Querschnitt des Firststollens (Schnitt A–A), im nachlaufenden Bereich die gesicherte Kalotte mit dem tragfähigen Spritzbeton. Zur weiteren Verformungsverminderung kann der Strossenausbruch mit Sicherung ebenfalls abschnittsweise wechselseitig als Unterfangungsbauweise ausgeführt werden. Dieses Verfahren ist insbesondere bei der Unterfahrung verformungssensibler Gebäude interessant, da es zusätzlich auch eine erhebliche Verbesserung der Sicherheit gegen Verbrüche bietet.

2.4
Kombination des Sprengvortriebs mit maschinellen Tunnelbauverfahren

Die Vorteile von Pilotstollen, wie eine gute geologische Vorerkundung, Dränage des Gebirges, Lüftung und gebirgsschonender Ausbruch, haben bei größeren Querschnitten zu Kombinationen des Sprengvortriebs mit maschinellen Vortriebsverfahren geführt. Im folgenden sollen grundsätzliche Möglichkeiten gezeigt werden.

2.4.1
Kombinationen mit Teilschnittmaschinen

Für die Kombination einer Teilschnittmaschine mit dem Sprengvortrieb ergeben sich drei Möglichkeiten:

- Fräsen eines Einbruchs zur Schaffung freier Flächen,
- Fräsen eines Pilotstollens,
- Profilierungsarbeiten.

Fräsen eines Einbruchs bzw. Pilotstollens. Zur Schaffung freier Flächen werden beim untertägigen Sprengen zuerst sogenannte Einbrüche gesprengt (vgl. Kap. 4 „Sprengbetrieb"), durch den dann die Folgeschüsse eine größere Wirkung haben. Der Anteil des Einbruchsprengens an den auftretenden Erschütterungen ist in der Regel hoch. Dieser Anteil kann durch das Fräsen des Einbruchs mit einer Teilschnittmaschine erheblich vermindert werden.

Ein Beispiel für einen derartigen Vortrieb ist der Altstadt-Tunnel in Arnsberg. Bei einer Überdeckung von ca. 20 m wurden ein Straßentunnel mit einem Ausbruchquerschnitt von ca. 80 m^2 unter der Altstadt von Arnsberg mit einer z.T. denkmalgeschützten Bebauung durch festen bis harten Kalkstein vorgetrieben. Daher waren die Erschütterungen auf ein Minimum zu begrenzen. Das Sprengschema mit der Lage des vorgefrästen Einbruchs ist in Abb. 2.9 dargestellt.

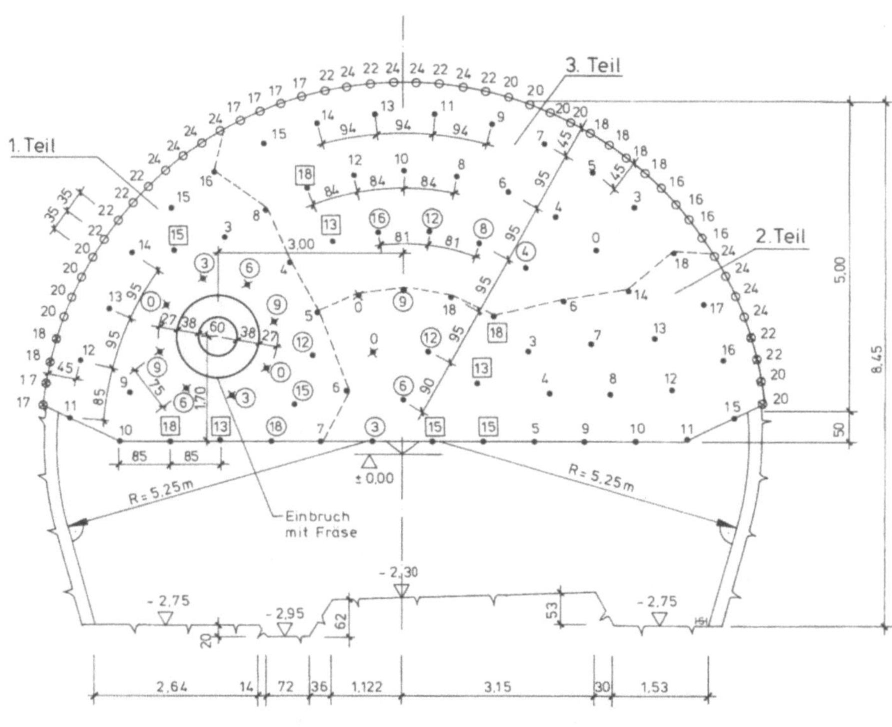

Kalottenabschlag, Länge=2,00 m
Symbole:
1. Zünder   ○   U/20 ms/3 m Drahtlänge
              □   U/30 ms/3 m Drahtlänge
   sonstige   U/125 ms/3 m Drahtlänge
2. Lademenge   ▪   1¹/₂ Patronen AG2 Ø25   = 0,45 kg
              ●   2 Patronen AG2 Ø25   = 0,60 kg
⊛   ¹/₂ Patrone AG2 Ø 25 + 1,60 m Supercord 100 = 0,32 kg
○   1,60 m Supercord 100   = 0,16 kg

1. Teilausbruch mit Fräseinbruch:
   44 Bohrlöcher AG 2 Ø25   = 16,20 kg
   25,60 m Supercord 100   = 2,56 kg
2. Teilausbruch:
   35 Bohrlöcher AG 2 Ø25   = 16,50 kg
   12,80 m Supercord 100   = 1,28 kg
3. Teilausbruch:
   44 Bohrlöcher AG 2 Ø25   = 12,00 kg
   38,40 m Supercord 100   = 3,84 kg

Sprengstoffmenge gesamt   = 52,38 kg
Bohrlöcher gesamt   = 123 St.

Abb. 2.9. Sprengschema mit gefrästem Einbruch beim Altstadt-Tunnel in Arnsberg, Ausbruchsquerschnitt ca. 80 m², Bauzeit 1992–1995

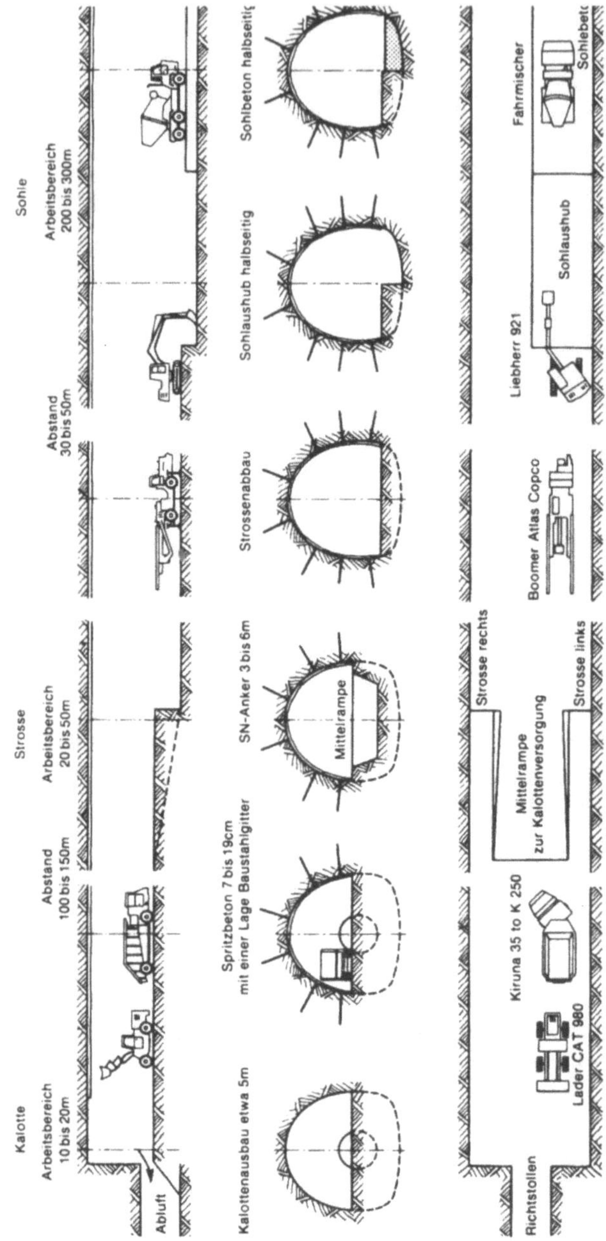

Abb. 2.10. Sprengvortrieb folgt maschinell aufgefahrenem Richtstollen. Pfändertunnel, 1980 [45]

Profilierungsarbeiten. Wird eine Teilschnittmaschine zum Fräsen auf der Baustelle für den Vortrieb vorgehalten, so kann diese bei geeigneten Gebirgsverhältnissen ebenfalls für Profilierungsarbeiten eingesetzt werden. Damit kann der beim Sprengvortrieb zum Teil nicht unerhebliche Mehrausbruch begrenzt werden.

2.4.2
Kombination mit Vollschnittmaschinen

Die oben erwähnten Vorteile der Pilotstollen haben bei größeren Querschnitten zum Sprengvortrieb mit Vollschnittmaschineneinsatz geführt. Beispiele hierfür sind der Pfändertunnel (Abb. 2.10) und der Tunnel zur Umgehung von Blaubeuren (Abb. 2.11).

Im Zuge der Weiterentwicklung des Tunnelbaus ist ein deutlicher Trend zur Mechanisierung der Tunnelbauverfahren zu erkennen. Vollschnittmaschinen kommen zur Zeit in allen Gebirgsarten mit und ohne Schildmantel zur Anwendung. Voraussetzung hierbei ist jedoch, daß ein wirtschaftlich ausreichend langer Tunnel, um die Maschine größtenteils abschreiben zu können, im standfesten Gebirge unter geologisch bekannten und möglichst homogenen Bedingungen aufzufahren ist. Sind hingegen eine unregelmäßige Form und kurze Länge unter sehr verschiedenen, ständig wechselnden geologischen und hydrologischen Bedingungen aufzufahren, so wird man dem Sprengvortrieb wegen seiner Flexibilität und Anpassungsfähigkeit den Vorzug geben. Die Realität zeigt vielfach eine Grauzone in der Entscheidung zwischen diesen beiden Verfahren, wodurch eine klare Abgrenzung der Anwendungsbereiche nicht möglich ist. Dies führt dazu, daß das jeweils wirtschaftlichste Bauverfah-

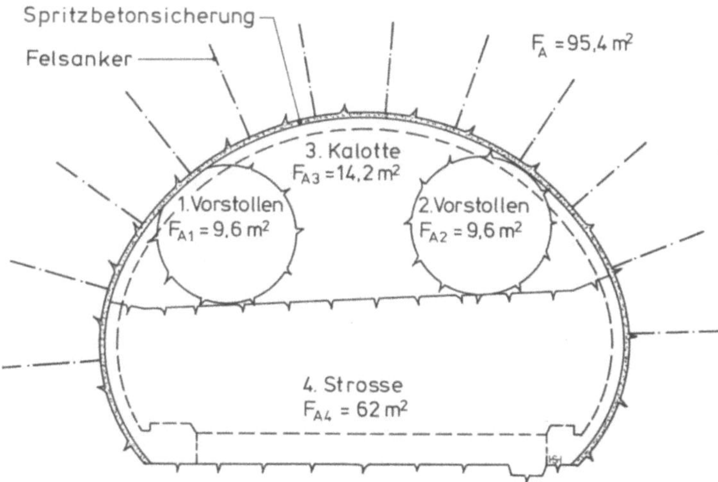

Abb. 2.11. Sprengvortrieb folgt zwei maschniell aufgefahrenen Vorstollen. Tunnel zur Umgehung von Blaubeuren, 1980 [45]

ren, entweder Spreng- oder maschineller Vortrieb oder beide Verfahren kombiniert, projektspezifisch einzugrenzen ist. Vielfach gelangen auch beide Verfahren zur Ausschreibung, und die endgültige Entscheidung wird erst nach Eingang der Unternehmerangebote gefällt. Viel Erfahrung und auch Risikobereitschaft der am Tunnelbau Beteiligten sind während der Planung, Vergabe und Ausführung erforderlich.

KAPITEL 3

Bohrbetrieb

3.1 -
Allgemeines

Unter dem Begriff Bohren wird allgemein die Herstellung von Löchern unter Zuhilfenahme von Bohrwerkzeugen verstanden. Die Härte, Zähigkeit und Festigkeit des zu durchbohrenden Gesteins bestimmt die Anforderungen an das Bohrwerkzeug. Moderne Anwendungen der Bohrtechnik werden in allen Bereichen des Bauwesens benötigt. Es ist jedoch erforderlich, den Begriff des Bohrens einschränkend zu definieren.

In diesem Buch wird ausschließlich auf das Bohren zur Herstellung von Bohrlöchern für den Tunnelvortrieb Bezug genommen. Es sind daher Bohr- und Sprengtechnik in diesem Zusammenhang immer gemeinsam zu betrachten. Jede Optimierung des Ausbruchsvorgangs im Sprengvortrieb sollte beide Techniken berücksichtigen.

Die Bohrtechnik wird zur Herstellung von Bohrlöchern für verschiedene Arten von Anwendungen beim Tunnelvortrieb eingesetzt.

Tabelle 3.1. Arten von Bohrlöchern im Tunnelbau

Sprengbohrung	Bohrlöcher zur Aufnahme der Sprengstoffladung, Leerbohrungen zur Begrenzung der Sprengwirkung
Ankerbohrung	Bohrlöcher zur Aufnahme von Felsankern zur Gebirgsverbesserung und Sicherung, Montageanker zu Befestigungszwecken für den Baubetrieb
Entlastungsbohrung	Bohrungen zur Druckwasserentlastung bzw. -entspannung
Erkundungsbohrung	Vorausbohrungen in das den Hohlraum umgebende Gebirge zur Feststellung von Fehlstellen (Tastbohrungen) und wasserführenden Schichten
Geotechnische Bohrung	Bohrlöcher zur Aufnahme von geotechnischen Meßeinrichtungen

3.2
Bohrgeräte zum Sprenglochbohren

3.2.1
Bohrtechnik und Bohrverfahren

Bohrtechnik. Im Tunnelbau ist die Bohrtechnik Mittel zum Zweck für die Sprengtechnik, die in weiterer Folge das möglichst schonende und profilgenaue Lösen des
Gesteins zum Ziel hat. Diese Aufgabe kann in der Regel nur mit einer auf den Bedarf abgestimmten maschinellen Ausrüstung erfolgen. Die Bohrtechnik und die
damit verbundenen Maschinen erfuhren in den vergangenen zwei Jahrzehnten
eine stürmische Entwicklung, die maßgeblich von der Umstellung von luftbetrie-
benen auf hydraulisch betriebene Bohreinrichtungen bestimmt war. Wesentlicher
Parameter einer damit verbundenen Leistungsverbesserung war die deutliche
Steigerung der Bohrgeschwindigkeit.

In der Vergangenheit mußte die Sprengtechnik nach den bestehenden Möglichkeiten der Bohrtechnik ausgerichtet werden. Die moderne Bohrtechnik reduziert

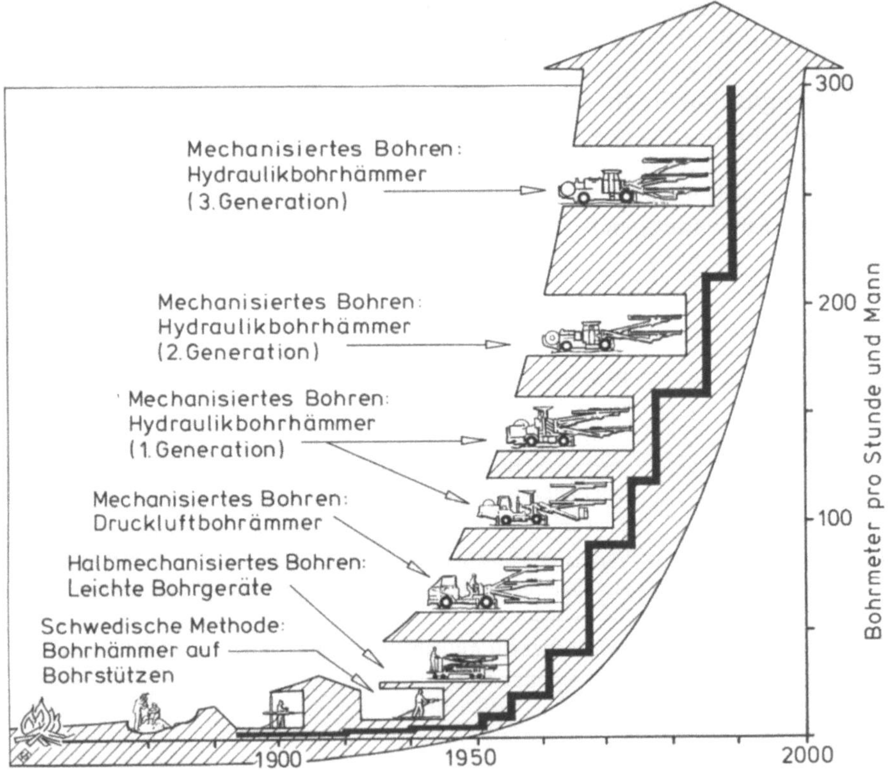

Abb. 3.1. Entwicklung der maschinellen Bohrausrüstung nach der erzielbaren Bohrleistung
in m/h

die am kritischen Weg liegende Bohrzeit immer mehr, so daß heute und in der Zukunft die Bohrtechnik neue Wege der Sprengtechnik ermöglicht, indem sich der Bohrvorgang zusehends dem optimalen Sprengerfolg anpassen kann.

Die Fortbewegungsart der maschinellen Bohrausrüstung im modernen Hochleistungsbohr- und Sprengvortrieb kann in Abhängigkeit von der Querschnittsgröße und -form sowohl rad-, ketten- als auch gleisgebunden gewählt werden. Diese Auswahl ist mit der Art der Schutterung im Einzelfall abzustimmen.

Bohrverfahren. Nach der Art der Arbeitsweise der Bohrmaschine und des Bohrwerkzeuges wird beim Lösevorgang zwischen schlagendem (Schlagbohren), drehendem (Drehbohren) und drehschlagendem Bohren unterschieden. Die einzelnen Bohrverfahren unterscheiden sich im wesentlichen durch die Art der Gesteinszerstörung und der Energieübertragung. Beim drehenden Bohren wird das Gestein im Bohrlochtiefsten durch die Drehbewegung und den Anpreßdruck der Schneide spanend abgehoben (Abb. 3.2 a). Im Gegensatz dazu wird das Gestein beim schlagenden Bohren durch das kerbende Eindringen (Kerbschlag) des Bohrwerkzeuges zerstört (Abb. 3.2 b).

Hydraulische, nach dem drehschlagenden Bohrverfahren arbeitende Bohrhämmer verfügen über ein Schlagwerk und einen Drehantrieb. Hierbei wird jedoch in der Regel die maßgebende Lösearbeit vom Schlagwerk erbracht, wobei die Vorschubkraft den permanenten Bodenkontakt der Bohrkrone während des Bohrvorgangs sicherstellt und durch den Drehantrieb auch während des Rückzugs des Schlagkolbens ein Beitrag zur Lösearbeit geleistet wird. Allerdings ist die gebräuchliche Bezeichnung Drehschlagbohren im harten Gestein nicht ganz zutreffend, da der Anteil der kerbenden Lösearbeit des Schlagwerks gegenüber der spanenden Lösearbeit des Drehantriebs wesentlich größer ist.

Bohrhämmer werden nach ihrem Gewicht eingeteilt. Der Antrieb erfolgt für leichte, handgeführte Bohrhämmer bis ca. 35 kg pneumatisch, für schwere Bohr-

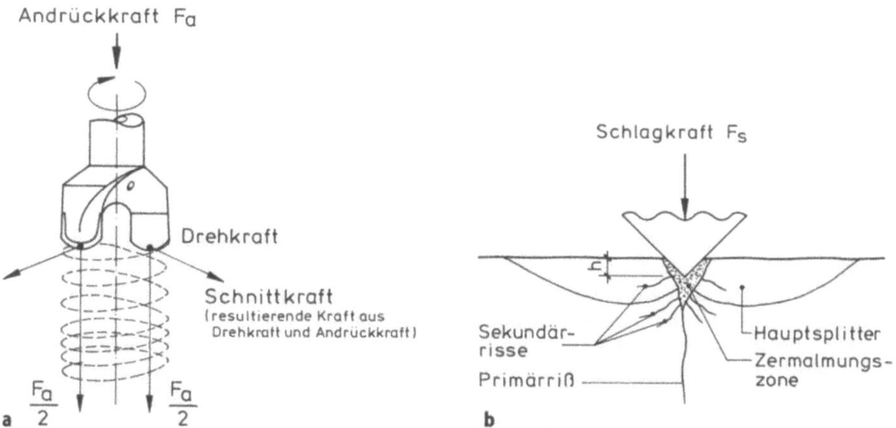

Abb. 3.2. Bohrvorgang beim spanenden Drehbohren (a) und Lösevorgang beim kerbenden Schlagbohren (b), [124]

hämmer hydraulisch. Für Nebenarbeiten und bei beengten Verhältnissen gelangen leichte pneumatische Schlagbohrmaschinen auf Bohrstützen zum Einsatz. Drehbohrmaschinen sind fallweise für Erkundungsbohrungen in Lockergesteinen nützlich. Im modernen Tunnelbau werden vorwiegend schwere hydraulische Drehschlagbohrhämmer auf selbstfahrenden Bohrwagen verwendet.

3.2.2
Pneumatische Bohrhämmer

Pneumatische Bohrhämmer arbeiten nach dem Schlagbohrverfahren. Beim schlagenden Bohren geht das Lösen des Gesteins an der Bohrlochsohle ausschließlich durch Schlagarbeit vor sich. Die Schneidwerkzeuge am Bohrkopf lösen die Bohrlochsohle kerbend. Schlagbohrhämmer arbeiten intermittierend, es wird nur im Augenblick des Schlagens effektive Lösearbeit geleistet. Während des Rückhubes wird die Bohrstange vor dem folgenden Schlag umgesetzt, das heißt geringfügig gedreht. Der Umsetzwinkel ist vom Kolbenhub abhängig, Schlagbohrhämmer haben daher keine kontinuierliche Rotation (Abb. 3.3). Das schlagende Bohren ist durch allenfalls losen Kontakt zwischen Bohrkopf und Bohrlochsohle während des Umsetzvorgangs gekennzeichnet.

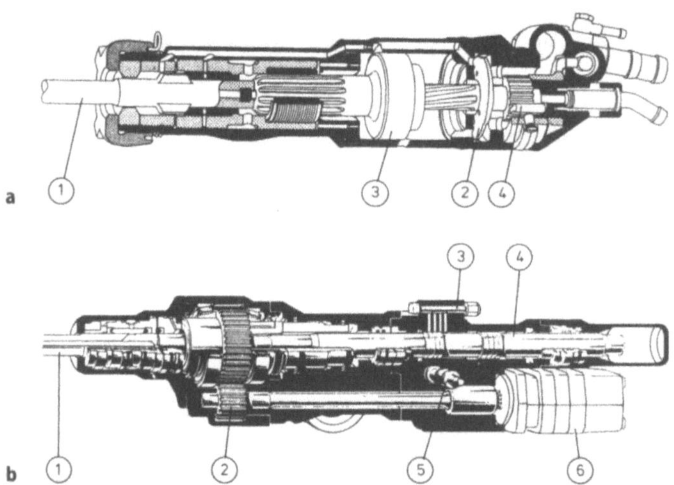

a) Druckluft-Bohrhammer: Bei jedem Vorwärtsgang schlägt der Schlagkolben 3 auf das Einsteckende 1 der Bohrstange. Nach dem Aufschlag des Kolbens wird durch die Ventilsteuerung 2 die Druckluft auf die Kolbenrückseite geleitet und beim Rückhub die Bohrstange durch die Vorrichtung 4 umgesetzt. Der Druck beträgt 4 bis 6 bar.
b) Hydraulik-Bohrhammer: Der Schlagkolben 4 wird durch die Hydraulikanlage, je nach Typ mit 90 bis 250 bar Druck, angetrieben. Für das Drehmoment der Bohrstange 1 sorgt der Rotationsmotor 6 mit Hilfe des Getriebes 2. Die Hublänge wird durch den Regelstöpsel 3, das Schlagwerk durch den Ventilkolben 5 gesteuert.

Abb. 3.3. Funktionsweise von pneumatischen Bohrhämmern (**a**) und von hydraulischen Bohrhämmern (**b**), [84]

Die beste Leistung erbringen alle Schlagbohrhämmer im Bereich der optimalen Andruckkraft, die von der Gesteinsart, dem Betriebsluftdruck und dem Geschick des Bohristen abhängt. Bei überschreiten der optimalen Andruckkraft wird der Umsetzwinkel kleiner, der Kolbenhub nimmt ab, es sinkt die Effektivtät der Lösearbeit. Mit manuell geführten pneumatischen Bohrhämmern auf Bohrstützen werden Andruckkräfte bis 500 N erreicht, wobei diese nicht als kontinuierlich angenommen werden können.

3.2.3
Hydraulische Bohrhämmer

Hydraulische Bohrhämmer arbeiten nach dem Prinzip des Drehschlagbohrens. Drehschlagende Bohrhämmer stellen eine Kombination aus Drehbohrmaschine und Schlagbohrhammer dar. Sie verfügen über getrennte Dreh- und Schlagwerke. Das drehschlagende Bohren ist durch kontinuierliche Rotation und permanenten Kontakt des Bohrwerkzeuges mit der Bohrlochsohle gekennzeichnet (Abb. 3.4). Je nach Leistungsklasse ermöglichen lafettengeführte hydraulische Bohrhämmer durch hohe Andruckkräfte und hohe Drehmomente zwischen 120 – 980 Nm eine ununterbrochene Lösearbeit auch zwischen den Schlägen. Die Anteile des Schlagwerks und des Drehwerks an der Löseleistung hängen von der Schlagzahl, der Schlagenergie, der Drehzahl, dem Drehmoment, der Andruckkraft, dem Bohrkopf sowie von der Art und Beschafffenheit des Gesteins ab. Hartes Gestein wird eher kerbend, weiches Gestein eher spanend bearbeitet.

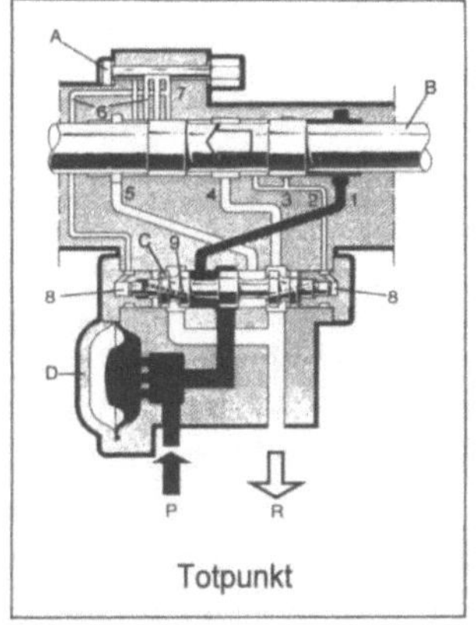

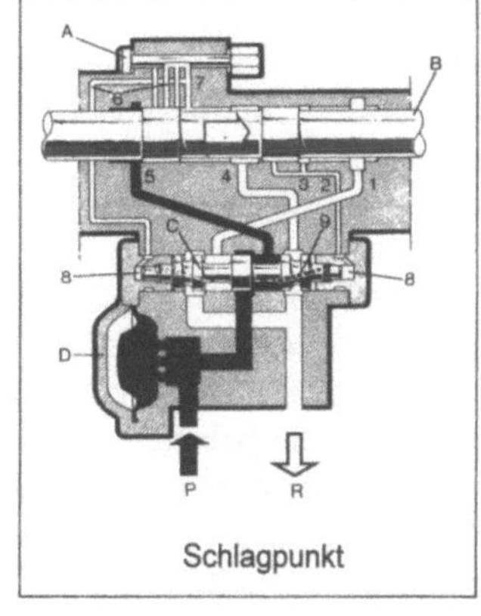

1 Hauptkanal zum hinteren Zylinderraum
2 Steuerkanal vom hinteren Zylinderraum
3 Entleerungskanal für Ventilumsteuerung
4 Rücklaufkanal
5 Hauptkanal zum vorderen Zylinderraum
6 Steuerkanal vom vorderen Zylinderraum
7 Entleerungskanal für Ventilumsteuerung
8 Umstellfläche
9 Haltekanäle

A Stellstopfen für Hublänge
B Schlagkolben
C Ventilkolben
D Akkumulator
P Druckleitung
R Rücklaufleitung

Abb. 3.4. Hydraulischer Bohrhammer, Schlagzyklus, Ventilumsteuerung und Hublängeneinstellung [9]

Das hohe Gewicht hydraulischer Bohrhämmer zwischen 50 und 180 kg sowie die notwendigen Andruckkräfte erfordern das Führen des Hammers auf einer Lafette mit hydraulisch angetriebenem Ketten-, Seil- oder Teleskopvorschub. Hydraulikhämmer haben eine relativ große Baulänge, da die für die Einzelschlagenergie notwendige Masse nur über die Kolbenlänge erzielt werden kann. Die große Baulänge des Hammers reduziert jedoch auch die Nutzlänge der Lafette.

Hydraulikhämmer ermöglichen die Anpassung an wechselnde Gesteinseigenschaften durch die hydraulische Koppelung von Schlagwerk, Drehwerk und Vorschubsystem. Für Überkopfbohrungen (Gebirgsanker, Meßtechnik) verfügen die meisten Bohrhämmer über ein unter Überdruck stehendes Unterteil (Bohrbuchse), um das Eindringen von Schmutz und Wasser in den Bohrhammer zu verhindern.

3.2.4
Zusatzkomponenten

Vorschubeinrichtungen. Zusätzlich zum Antrieb des Bohrhammers ist für eine entsprechende Bohrleistung eine Vorschubeinrichtung erforderlich. Die Vorschubeinrichtung bewirkt eine ausreichende Vorschubkraft, die den gleichmäßigen, dauernden Andruck des Bohrmeißels an das Gestein sicherstellt. Zu den Vorschubeinrichtungen werden Bohrstützen und Lafetten gezählt. Eine Spezialeinrichtung für Überkopfbohren sind Stoper.

Bohrstützen (Bohrsäulen) sind für Bohrarbeiten unter sehr beengten Raumverhältnissen und Sondereinsätzen nach wie vor bei handgeführten Stützenbohrhämmern in Verwendung. Diese leichten Bohrhämmer werden auf teleskopierbaren Bohrstützen geführt und sind insbesondere bei Ausfall der Elektrik für Notankerungen und für kleinere Bohrarbeiten hinter dem Vortrieb erforderlich. Aus Gründen des geringen Gewichts ist der Stützenbohrhammer druckluftgetrieben und verfügt über einen Wasseranschluß für die Bohrspülung und Werkzeugkühlung (Abb. 3.5).

Das Gewicht des Bohrhammers beträgt zwischen 25 und 28 kg, jenes der Teleskopstütze beträgt zwischen 13 und 21 kg. Stützenbohrhämmer sind sehr robust gebaut und werden für Bohrdurchmesser von 27–44 mm verwendet [11]. Der drehzahlbestimmende Luftdurchsatz wird mittels Drehhebel auf dem Bohrhammer, der Vorschub mittels Drehgriff auf der Teleskopstütze gesteuert. Bei sog. Rückzugsbohrsäulen ermöglicht ein zentraler Steuerungsgriff die Einhandbedienung von Hammer und Stütze. Der Betriebsdruck beträgt 4–7 bar, der Luftverbrauch des Bohrhammers 48–97 l/s. Es können Bohrtiefen bis zu 6 m erzielt werden.

Bohrlafetten sind für die mechanische Führung schwerer hydraulischer Bohrhämmer erforderlich. Deren Bohrleistung wird maßgeblich von einem möglichst hohen, genau regelbaren Anpreßdruck bestimmt. Ein beweglicher Vorschubschlitten wird auf einem Führungsrahmen (Bohrlafette), gleitend mittels Spindel oder Hydraulikzylinder, beim Bohrvorgang vorwärtsbewegt, ein zweiter Schlitten beim Bohrhammerrückzug rückwärts bewegt. Zwischen den beiden hydraulisch

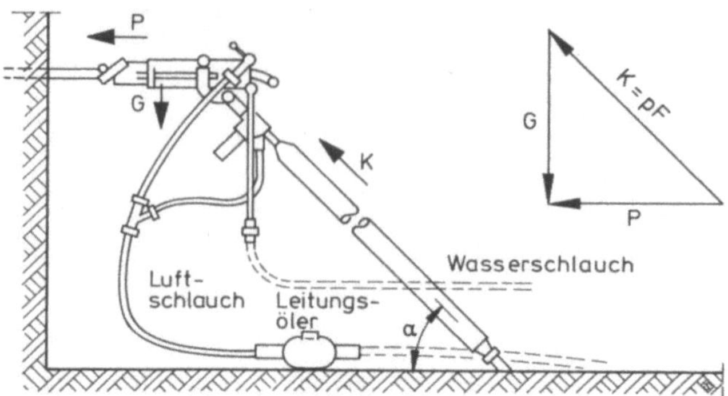

Abb. 3.5. Das System Bohrhammer – Bohrstütze [84]

bewegten Schlitten läuft der auf einem dritten Schlitten befestigte Bohrhammer. Der Bohrhammerschlitten ist über Umlenkrollen mittels Ketten oder über Seile mit den beiden Schubschlitten kraftschlüssig verbunden (Abb. 3.6).

Auf diese Weise kann der Bohrhammerschlitten in der Art eines Flaschenzugs mit entsprechender Elastizität die Vorschubkraft auf das Bohrgestänge übertragen. Der vordere Schubschlitten verfügt über eine Einrichtung zur Führung der Bohrstange, der hintere Schlitten trägt die Umlenkrollen für die Hydraulikschläuche zur Bohrhammeranspeisung. Die Vorschubkraft beträgt 10–20 kN, bei Hydraulikdrücken 20–110 bar. Zur Abstützung während des Bohrvorgangs an der Felsoberfläche befindet sich an der Lafettenspitze ein Halteelement (Stahldorn, Gummipuffer). Teleskoplafetten verfügen über einen zweiten Lafettenkörper, auf dem die Bohrhammerlafette unabhängig von der Vorschublänge des Bohrhammers über einen eigenen Hydraulikzylinder zusätzliche Vorschublänge ausfahren kann.

Bohrlafetten müssen robust und verwindungssteif ausgeführt sein. Sie werden mit festen Längen oder in Teleskopausführung angeboten. Teleskopierbare Lafetten ermöglichen die Wahl der jeweils optimalen Vortriebsstangenlänge für Kalotten-, Anker- und Strossenbohren. Um die Manipulationszeiten möglichst kurz zu halten, sollte der Antrieb über einen schnellen Rückzug verfügen. Die für Bohrwagen im Tunnelbau verwendeten Lafetten wiegen je nach Bohrwagen und Bohrhammertyp 250–650 kg.

Abb. 3.6. Bohrlafetten, einfach und teleskopierbar [11]

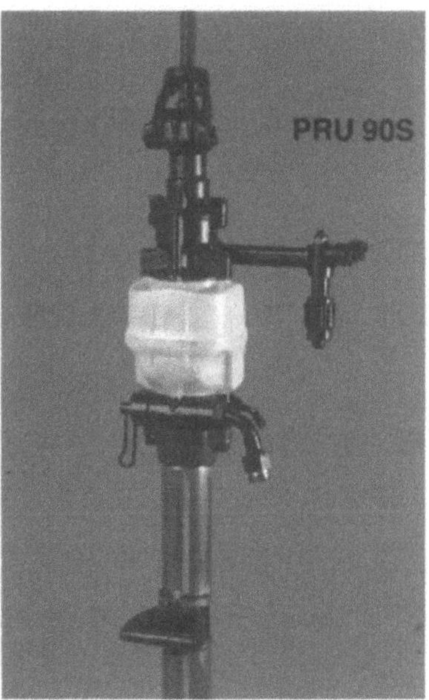

Abb. 3.7. Pneumatischer Überkopfbohrhammer – Stoper [155]

Stoperhämmer sind spezielle Ausführungen des Stützenbohrhammers für Überkopfbohren im Bergbau und in Senkrechtschächten. Ein Stoperhammer bildet mit Bohrhammer und Teleskopstütze eine Einheit (Abb. 3.7) und verfügt über eine Anbohrsteuerung mit reduzierter Leistung. Stoper wiegen rund 35–40 kg und haben einen Luftbedarf von 4–6 m/min bei 6 bar. Der Teleskopweg beträgt 720–920 mm bei Einfachteleskop und 1370 mm bei Doppelteleskop.

Bohrarm. Der am Bohrwagen angebrachte Bohrarm ist Träger der zuvor beschriebenen Vorschubeinrichtung (Lafette) mit dem Bohrhammer oder eines Zusatzgerätes, z.B. eines Ladekorbs. Der Bohrarm hat die Aufgabe, die Lafette in die gewünschte Bohrposition zu bringen und sie in dieser zu halten. Er ist allseitig schwenkbar und soll der Lafette jede Position im Querschnitt gestatten. Anzahl, Länge und Konstruktion der Bohrarme sind auf Größe und Form des Ausbruchsquerschnitts abgestimmt. Die Andruck- bzw. Anstellkräfte von modernen Bohrarmen betragen 7–20 kN.

Mit einem hydraulischen Bohrarm können Querschnittsflächen von 20–100 m^2 bestrichen werden. Bohrwagen verfügen im allgemeinen über zwei Bohrarme, für große Querschnitte bis 170 m^2 Ausbruchsfläche werden drei Bohrarme benötigt (Abb. 3.8).

Der Einsatzzweck eines Bohrwagens bestimmt die Wahl des geeigneten Bohrarms und der Freiheitsgrade der Bewegungsmöglichkeiten. Im Tunnelbau müssen Bohrarm und Lafette folgenden Anforderungen genügen:

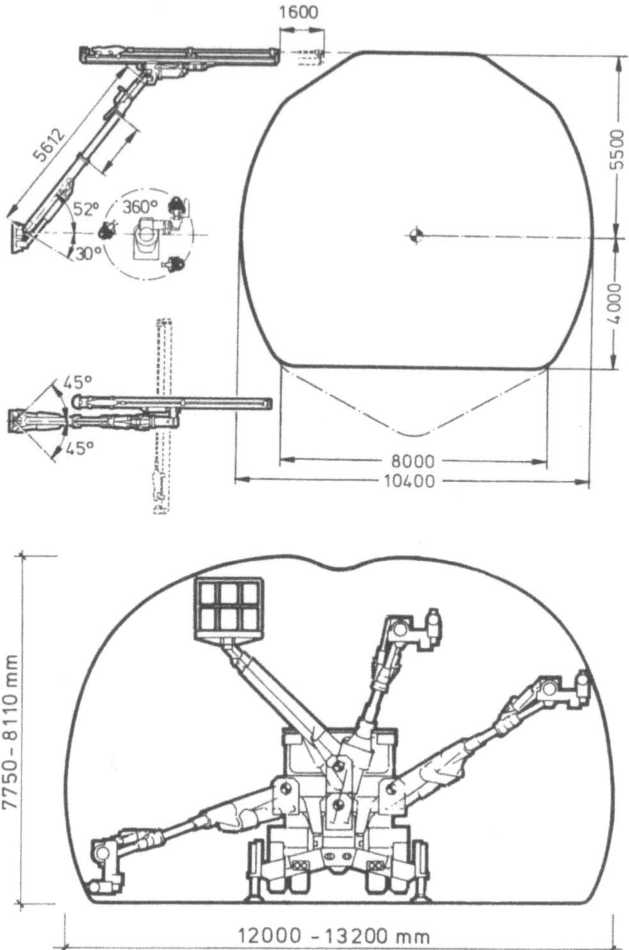

Abb. 3.8. Wirkbereich eines Bohrarms (oben) [13] und eines Bohrwagens mit 3 Bohrarmen und einem Montagekorb (unten) [11]

a) Art und Richtung der Bohrlöcher:
- Kalotte: axiale und leicht geneigte Spreng- und Ankerlöcher, geneigte Einbruchslöcher (Keil-, Kegel-), Spieße,
- Strosse: axiale und geneigte Spreng- und Ankerlöcher,
- Sohle: vertikale Spreng- und Ankerlöcher,
- Tunnellaibung: radiale Anker- und Montagelöcher.

b) Konstruktionsanforderungen (Abb. 3.9):
- Hub- und Schwenkzylinder an der Trägerkonsole,
- Teleskopierbarkeit 800 – 1800 mm (einstufig),
- axiale Frontrotation (Rollover) des Teleskopzylinders 360°,
- Drehung des Lafettenträgers ± 98° (links-rechts),

- Neigung des Lafettenträgers +20° (nach oben) und – 100° (nach unten),
- Parallelautomatik während aller Teleskop-, Dreh- und Schwenkvorgänge.

Bei einer auf den jeweiligen Querschnitt abgestimmten Bohrarmausstattung dürfen keine sogenannten Bohrschatten auftreten, d. h. vom Bohrarm nicht zu erreichende Querschnittsbereiche. Moderne Bohrarme verfügen über eine Direktsteuerung. Diese ermöglicht minimale Umsetzzeiten dadurch, daß jeder Punkt im Wirkungsfeld des Bohrarms direkt, d. h. diagonal auf dem kürzesten Weg, angesteuert werden kann. Ermöglicht wird dies durch eine paarweise, seitliche Anordnung von Hydraulikzylindern direkt hinter dem Rotationsmechanismus, die gleichzeitig und unabhängig von der Verdrehung der Lafette Hub- und Schwenkbewegungen ausführen können (Abb. 3.9).

Die Parallelautomatik gestattet die automatische Beibehaltung der gewählten Lafettenposition während des Umsetzvorgangs zum nächsten Bohrloch. Im Regelfall kann dadurch das neuerliche Ausrichten der Bohrlafette entfallen. Die exakte Parallelführung der Bohrlöcher ermöglicht Paralleleinbrüche, die bei gleichem Ausbruchsquerschnitt größere Abschlaglängen zulassen. Zur Zeit ist ein verstärkter Automatisierungsschub zu beobachten (s. dazu Kap. 10 „Mechanisierung und Automatisierung").

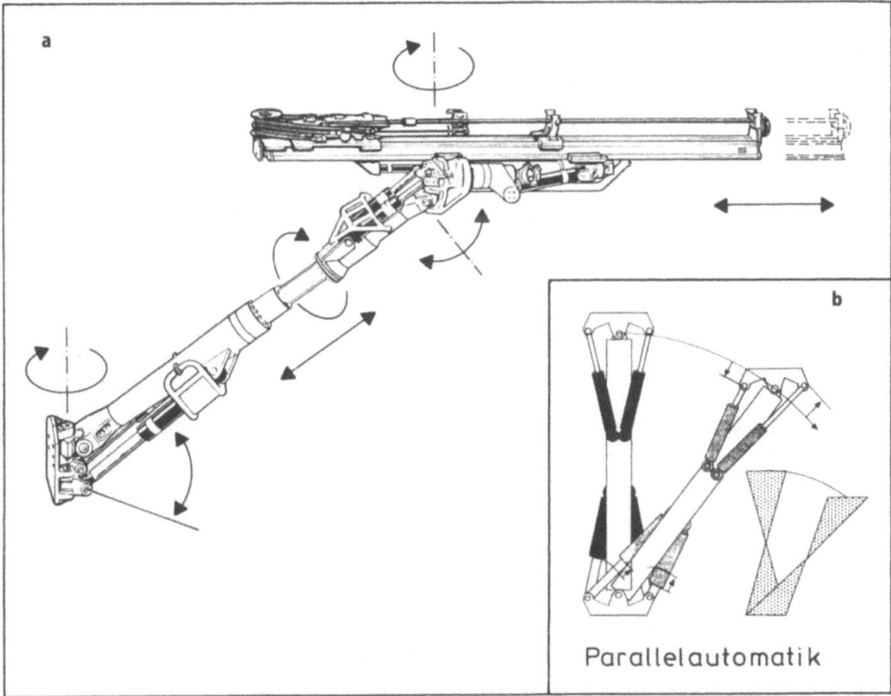

Abb. 3.9. Bewegungsmöglichkeiten eines Bohrarmes mit Lafette (**a**) und Kinematik der Parallelautomatik (**b**), [11]

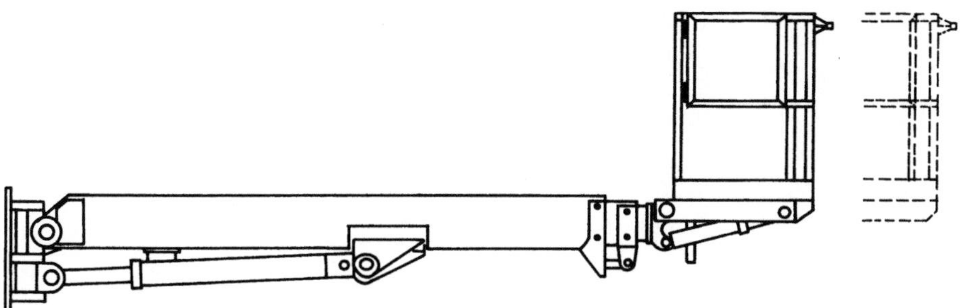

Abb. 3.10. Hydraulisch teleskopierbare Arbeitsplattform am Bohrwagen [11]

Arbeitsplattformen sind für Sicherungs-, Lade- und Ankerungsarbeiten in großer Höhe erforderlich. Eine Arbeitsplattform ist auf einem mehrfach teleskopierbaren, am Geräteträger angebrachten Hilfsarm befestigt, der ähnlich dem Bohrarm bewegt werden kann (Abb. 3.10). Bei einer Vertikalbewegung von 60° aufwärts bis 35° abwärts und einem seitlichem Schwenken um ± 45° reicht der Teleskopweg je nach Ausführung bis zu 11 Meter weit. Bei Eigengewichten von 1,5–1,9 t können Lasten von 300–400 kg bewegt werden. Der Ladekorb bietet zwei Mineuren Platz und verfügt über eine vertikale Parallelautomatik, so daß die Arbeitsbühne immer in horizontaler Lage bleibt. Die Steuerung ist sowohl vom Bohrwagen als auch von der Arbeitsplattform aus möglich.

3.2.5
Bohrwagen

Der Bohrwagen ist die fahrbare Unterkonstruktion einer Bohreinheit. Er bildet mit den Einzelgeräten Bohrhammer, Lafette, Bohrarm und Arbeitsplattform eine Einheit und fungiert als Geräteträger. Dieser hat das Antriebsaggregat, elektrische Systeme, die Kabeltrommel für die elektrische Einspeisung, Hydraulikpumpen, Hilfsaggregate, ggf. die Hochdruckwasserpumpe für Swellex-Anker und den Steuerstand aufzunehmen. Bohrwagen sind selbstfahrend und wahlweise als Rad-, Ketten- oder schienengebunden als Gleisfahrzeuge ausgebildet. Die größte Verbreitung und das breiteste Einsatzspektrum im Tunnelbau haben radfahrbare, dieselangetriebene Bohrwagen mit elektrohydraulischer Bohrausrüstung. Große Bohrwagen können bis zu drei Bohrarme (= Anzahl der Lafetten und Bohrhämmer) und zwei Hilfsarme (Plattformträger) aufnehmen. Die Einzelkomponenten, Bohrhämmer, Lafetten, Bohrarme, Arbeitsplattform und Geräteträger sind variabel und erlauben eine den Anforderungen entsprechende flexible Anpassung an den jeweiligen Anwendungsfall (Abb. 3.11).

Die Steuerung und Überwachung der Bohrvorgänge verantwortet das Bedienungspersonal am zentralen Steuerstand, in der Regel sind das die Vortriebsmineure. Moderne Entwicklungen [108] sehen wahlweise eine halb-

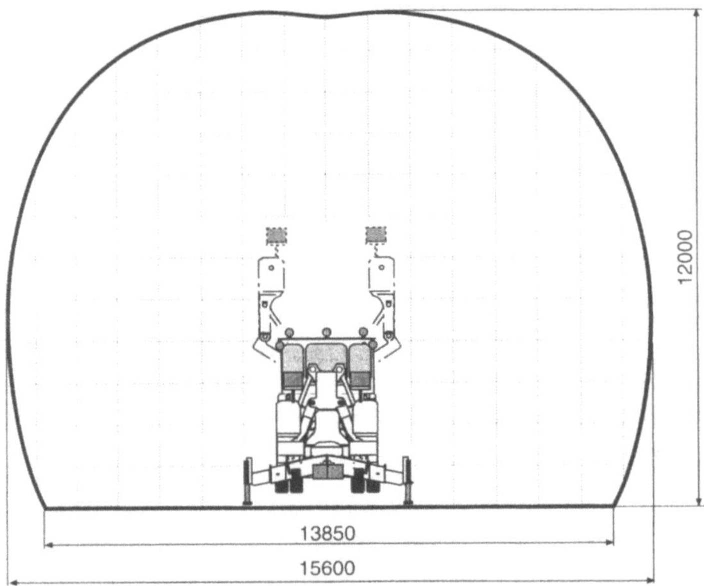

Abb. 3.11. Dreiarmiger, radfahrbarer Hochleistungsbohrwagen mit Wirkbereich [Atlas Copco MCT]

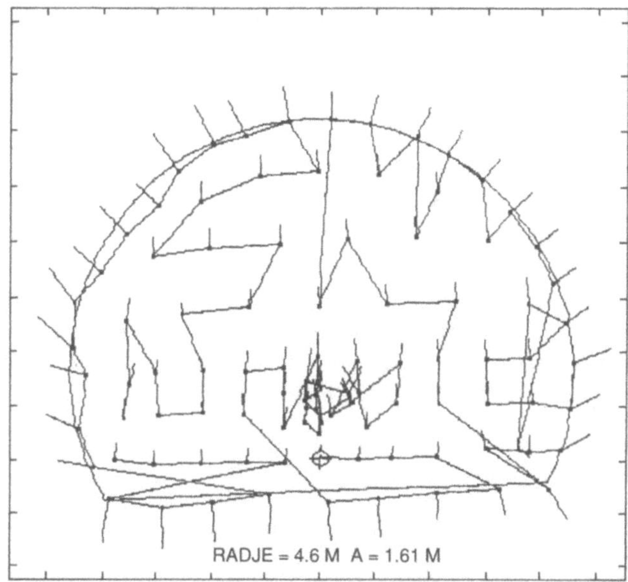

Abb. 3.12. Dokumentation des aufgezeichneten Bohrvorgangs [191]

automatische (rechnergestützte) oder vollautomatische (computergesteuerte) Bohrhammer-, Bohrarm- und Lafettensteuerung vor. Computergestützte Bohrwagen [190] zeigen dem Mineur (Bohrist) ein vorprogrammiertes Bohrbild (Sprengbild) für den ganzen Abschlag am Monitor. Die Bohrlöcher werden darin dreidimensional mit Ansatzpunkt, Winkel der Bohrlochneigung (Stechwinkel) und Bohrlochtiefe dargestellt.

Der tatsächliche Bohrlochansatz und die Lafettenstellung können vom Mineur kontrolliert in Deckung gebracht werden. Der Bohrvorgang kann vollautomatisch mit selbstregelnder Anti-Festbohrautomatik, Schlag- und Vorschubregulierung ablaufen. Jeder Vorgang muß jedoch auch nach Bedarf manuell steuerbar sein. Sämtliche bohrrelevante Parameter werden abrufbar automatisch gespeichert. Die für die Selbststeuerung erforderliche geodätische Datenabgleichung geschieht nach der Positionierung des Bohrwagens über die Einrichtung der Bohrarme nach einem Laserstrahl.

Das vollautomatische Abbohren des kompletten Bohrbildes ist bei den modernsten Geräten grundsätzlich möglich. Jedoch wird aufgrund der meist heterogenen Gebirgsverhältnisse mit entsprechend unterschiedlicher Ortsbrustoberfläche sowie zwecks Koordination mehrerer Bohrarme der Umsetz- und Anbohrvorgang vom erfahrenen Mineur mit Blickkontakt vorgenommen. Der Trend moderner Entwicklungen geht in Richtung Teil- und Vollautomatisation der einzelnen Bohrvorgänge, die vom mikroprozessorgesteuerten Bohrwagen aus die Mineurtätigkeit auf die Überwachung beschränken soll. Eine wesentliche Ergänzung in Richtung Vollautomatisation wird in Zukunft durch die Installation eines Profilmeßsystems am Bohrwagen zu erwarten sein. Es kann dann der Datenfluß im Sinne eines permanenten Regelkreises als laufender Soll-Ist-Vergleich der Tunneldaten mit der Bohrleistung einen optimierten Bohrvorgang ermöglichen. In Kap. 10 wird auf die Automatisierung noch näher eingegangen.

3.3
Bohrwerkzeuge und Zusatzgeräte

Bohren ist ein physikalischer Vorgang der Gesteinszerstörung, bei dem vier Zerstörungsmechanismen unterschieden werden können (Abb. 3.13). Hierbei wird um den Berührungspunkt des Bohrwerkzeuges (Schneide, Stift) mit dem Gestein ein belastungsabhängiger Spannungszustand aufgebaut [11]:

1) Unter dem Bohrwerkzeug (Schneide, Stift) entsteht aus der Druckbeanspruchung eine Zone der Zermalmung aus feinem Bohrstaub.
2) Ausgehend von dieser Zermalmungszone bilden sich aufgrund der einwirkenden Spaltzugbeanspruchung Radialrisse im Gestein.
3) Bei Ansteigen der Spannung im Gestein und Vorhandensein einer ausreichenden Anzahl von Radialrissen werden aufgrund der Scherbelastung größere Gesteinssplitter gelöst.
4) Aus dem Bewegungsablauf der Bohrkrone entsteht eine zyklisch-dynamische Beanspruchung des Gesteins.

Das Bohrwerkzeug (Bohrkopf, Bohrkrone mit Hartmetallwerkzeugen) ist jener Teil der Bohrausrüstung, der die eigentliche Bohr- bzw. Zerkleinerungsarbeit am Gestein ausführt [183]. Der Begriff Bohrkopf kann hierbei als unabhängig vom Bohrdurchmesser angesehen werden und wird sowohl für den

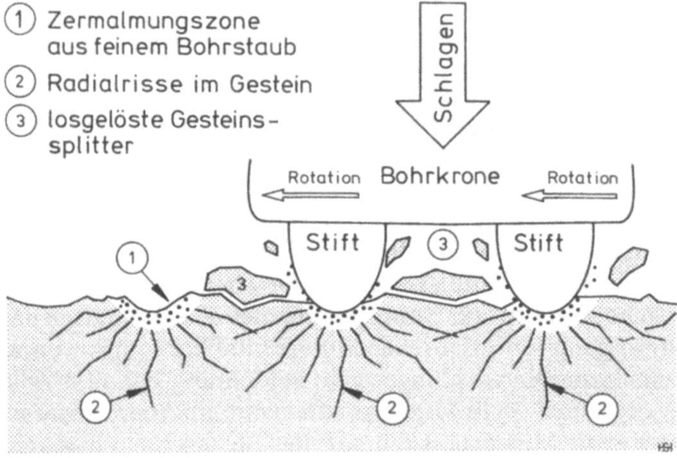

Abb. 3.13. Schematische Darstellung des Zerstörungsmechanismus am Gestein bei einer Stiftbohrkrone [183]

Tabelle 3.2 Arten von Gesteinsbohrköpfen

Bohrart	Bohrwerkzeug
schlagendes Bohren	Schlagbohrkrone Einfachmeißelschneide Kreuzmeißelschneide, X-Meißelschneide etc. Stiftbohrkrone
drehendes Bohren	Drehbohrkrone Rollenmeißel Flügelbohrkrone Kernbohrkopf
drehschlagendes Bohren	Drehschlagbohrkrone Stiftbohrkrone Einfachmeißelschneide Kreuzmeißelschneide, X-Meißelschneide etc.

Durchmesserbereich mm beim Sprenglochbohren als auch für den Durchmesserbereich m beim Vortrieb mit Tunnelbohrmaschinen TBM herangezogen (Tabelle 3.2). Der Begriff Bohrkrone wird im allgemeinen auf das Bohrwerkzeug für Spreng- und Ankerlöcher angewendet.

3.3.1
Bohrstahl

Die Kraftübertragung (Schlagenergie, Rotation) und die Übertragung des Spülmediums (Wasser, Luft) zwischen dem Bohrhammer und der Bohrkrone auf das Gestein im Bohrlochtiefsten gewährleistet der Bohrstahl. Dem universellen Begriff des Bohrstahls sind einzelne, unabhängig voneinander auswechselbare, der variablen Tiefe und dem Bohrdurchmesser eines Bohrlochs angepaßte Bohrstahlelemente zuzuordnen, die, neben dem Monobloc-Bohrer, zu einer mehrteiligen Bohrstahlausrüstung mit Gewinden zweckentsprechender Ausbildung zusammengesetzt werden können. Diese sind:

- Einsteckende,
- Verbindungsmuffen,
- Vortriebsstangen (Verlängerungsstangen),
- Bohrkrone.

Für die Wirksamkeit und die Standzeit der Bohrausrüstung (Gesteinsbohrwerkzeug) sind vier grundlegende Materialeigenschaften des Bohr- und des Werkzeugstahls von vorrangiger Bedeutung [43]:

- Steifigkeit der Bohrstange

- Dauerfestigkeit

- Minimierung der Energieverluste,
- Sicherheit gegen Bohrlochverlaufen
- gegenüber Druck- und Zugspannung
- Zähigkeit
- Bohrstahl – gegen Brüche bei hoher Biegebeanspruchung,

- Verschleißwiderstand

- Hartmetall – gegenüber Druck- und Zug-
  spannungen
- Bohrstahl – Härte zur Gewährleistung
  hoher Standzeiten der Gewinde,
- Hartmetall – Härte gegen extreme
  Schläge, Schutz gegen Bohren im harten
  Gestein.

3.3.2
Einsteckenden

Die Schlagenergie vom Schlagkolben im Bohrhammer und das Drehmoment
der Rotation werden vom sog. Einsteckende auf die Vortriebsstangen übertragen. Bei gleichem Querschnitt von Schlagkolben und Einsteckende wird die
Energie optimal weitergegeben. Die Bohrbuchse des Bohrhammers und der
Bund des Bohrstahls fixieren die Schlagfläche gegenüber dem Kolben. Die
Rotationsübertragung geschieht über eine spezielle Verzahnung hinter dem
Einsteckbund. Einsteckenden müssen wegen der hohen Belastung der Kon-
taktflächen (Schlagfläche, Nuten, Gewinde) äußerst genau gefertigt und hoch
verschleißfest sein. Aus diesem Grunde werden Einsteckenden durch Aufkoh-
len gehärtet. Der höhere Kohlenstoffgehalt ergibt erhöhten Verschleißwiderstand (Härte), Dauerfestigkeit und Steifheit.

Einsteckenden mit Außengewinde werden über Muffen mit der Bohrstange
verbunden. Häufig wird vor dem Außengewinde ein verjüngter Halsübergang
angeordnet, um eine höhere Elastizität zur Aufnahme hoher Biegespannungen
bei hohen Vorschubkräften zu gewährleisten. Bei Einsteckenden mit Innenge-
winde entfällt die Muffe, die Bohrstange mit Außengewinde wird direkt ange-
steckt. Dadurch ist der Vorschub kürzer, was in engen Querschnitten die Wendigkeit der Bohrgeräte erhöht (Abb. 3.14).

3.3.3
Verbindungsmuffen

Bei Einsteckenden mit Außengewinde wird eine Verbindungsmuffe benötigt,
die das Einsteckende mit der Vortriebsstange kraftschlüssig verbindet, um
eine optimale Übertragung der Schlagenergie zu gewährleisten. Damit die
Verbindungsmuffen nicht auf der Stange wandern, haben sie einen Mittelan-
schlag.

Die Wahl des Gewindes wird in Abhängigkeit von den Bohrbedingungen
gewählt. Für den Tunnelvortrieb werden Bohrwerkzeuge mit R- oder T-Gewinde verwendet. R-Gewinde haben eine geringe Steigung und benötigen
zum Festziehen (Kraftschlüssigkeit) eine geringere Rotationsdrucker-
höhung. T-Gewinde sind bei ungünstigen Bohrbedingungen gegenüber dem
R-Gewinde weniger empfindlich gegen unzureichend festen Sitz, da sie mit
einer größeren Steigung über mehr Profil und Verschleißvolumen verfügen
(Abb. 3.15).

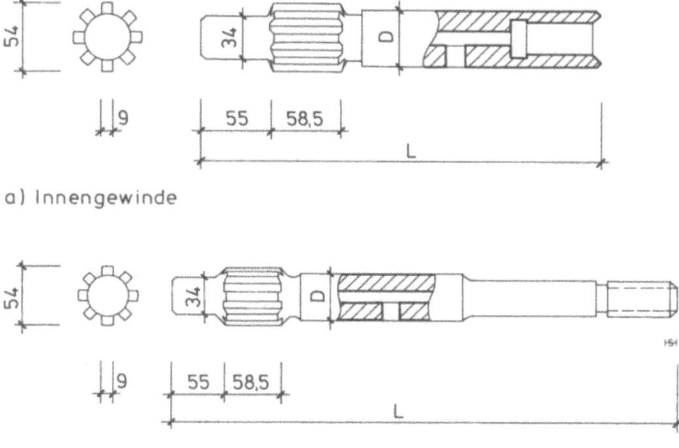

Abb. 3.14. Einsteckenden für Sprengloch- und Ankerbohren mit a) Innen- und b) Außengewinde [8]

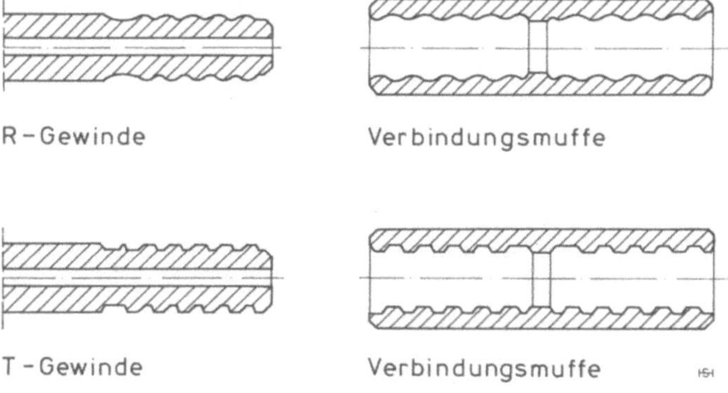

Abb. 3.15. Verbindungsmuffe mit R- oder T- Gewinde [7]

3.3.4
Vortriebsstangen

Die Bindeglieder zwischen Bohrhammer (Einsteckende) und Bohrkrone (Bohrkopf) sind Verbindungsmuffen und Vortriebsstangen (Verlängerungsstangen). Die Stangen werden mit den Muffen zu einer durchgehenden Vortriebsstangeneinheit in der gewünschten Länge verbunden (Abb. 3.15). Über diese werden die Schlagenergie, die Rotation und das Spülmedium (Luft, Wasser) vom Bohrhammer auf die Bohrkrone übertragen. Im Tunnelbau werden hauptsächlich Vortriebsstangen mit Sechskantprofil verwendet. Der sechseckige Querschnitt ist größer als der einer vergleichbaren runden Stange, um die Stange härter zu machen (Abb. 3.16). Das Kantprofil verwirbelt den Spül-

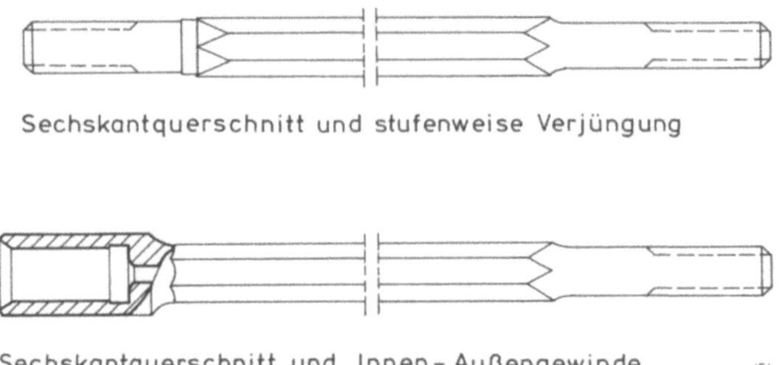

Abb. 3.16. Vortriebsstangen mit Außen-/Innengewinde

strom besser als Rundstangen, außerdem kann an jeder herausragenden Stelle mit einem Sechskantschlüssel bei festgefahrenen Stangen angesetzt werden. Ähnlich den Einsteckenden haben die meisten Vortriebsstangen zur besseren Aufnahme der Biegespannungen einen verjüngten Übergang zwischen dem Sechskantschaft und dem Bohrkronengewinde.

Je nach Gesteinsformation werden Vortriebsstangen mit Außengewinde als aufgekohlte Stangen (verschleißfest für hartes Gestein) oder hochfrequenzgehärtete Stangen (elastisch für klüftiges Gestein) verwendet. Der jeweils größtmögliche Muffen-/Stangendurchmesser gewährleistet gerade Bohrlöcher. Besonders bei kleinkalibrigen Böhrlöchern müssen jedoch die eingesetzten Bohrkronen eine freie Rotation der Vortriebsstange zulassen, um einen wirksamen Spülstrom für den Bohrkleinaustrag zu ermöglichen. Um die an den Gewindeverbindungen entstehende Wärme abzuführen und gleichzeitig den Eintritt von Bohrklein in die Gewindeverbindung zu verhindern, verfügen die Vortriebsstangen über eine Spülnut an der Bohrkronenseite, durch die das Spülmittel das Gewinde erreicht.

Zur Beschleunigung des Stangenwechsels und zwecks verbesserter Übertragung der Schlagenergie können auch spezielle Vortriebsstangen mit je einem Innen- und einem Außengewinde für eine direkte Stangenverbindung ohne Muffen verwendet werden (Abb. 3.17). Dadurch wird der unvermeid-

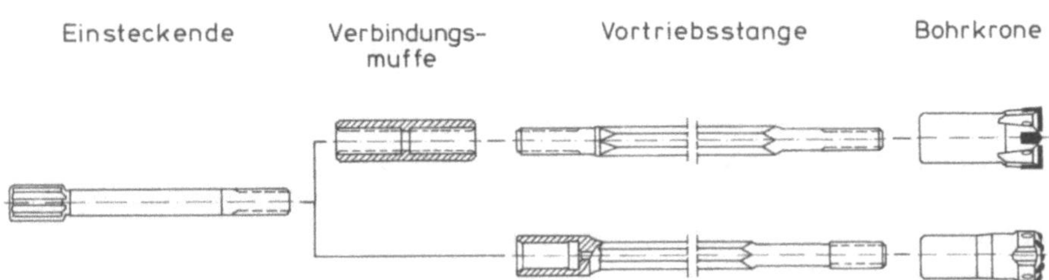

Abb. 3.17. Vortriebsstangenverbindung – Einsteckende, Muffe, Verlängerungsstange, Bohrkrone [9]

liche Verlust der Schlagenergie bei der Übertragung durch die Muffen verin-
gert, da die Anzahl der Verbindungen insgesamt geringer ist. Diese Vortriebsstangen sind besonders für das Bohren mit automatisiertem Stangenwechsel
bei längeren Bohrlöchern geeignet (Erkundungsbohrungen, Strossen- und
Gewinnungsbohren).

3.3.5
Monobloc-Bohrer

Neben den Vortriebsstangen mit aufsteckbarem Bohrkopf kommen im Tunnelbau je nach Querschnittsgröße und Bohrausrüstung auch Monobloc-Bohrer, d.h. aus einem Stück gefertigte Vortriebsstangen mit angeschmiedetem
Einsteckende und Bohrkopf zum Einsatz. Wegen des Verzichts auf eine lösbare
Bohrkopf- und Einsteckendenverbindung ist der Verlust an Schlagenergie geringer und der Bruch des Bohrers an diesen Stellen seltener. Dadurch können
eine größere Standlänge und eine höhere Bohrgeschwindigkeit erreicht werden. Diesen Vorteilen steht gegenüber, daß bei Bruch des Monobloc-Bohrers
die Reserverhaltung teurer und das Nachschleifen aufwendiger ist.

3.3.6
Bohrkrone

Die Bohrkrone besteht aus einem Werkzeugträger aus Werkzeugstahl, in den
die die eigentliche Zerkleinerungsarbeit leistenden Werkzeugeinsätze aus
Hartmetall eingesetzt sind (Kaltpreßverfahren, Lötung). Für das Gesteinsboh-
ren im Festgesteinsvortrieb kommen je nach Bohrziel unterschiedliche Bohr-
kopfformen zur Anwendung.
   Die Hartmetalleinsätze werden meist als Stifte oder Schneiden ausgeführt. Im modernen Tunnelvortrieb werden vorrangig Stiftbohrkronen
verwendet. Die Stiftbohrkronen werden meist mit 6–9 Stiften bestückt, die
unterschiedliche Formen haben können. Am häufigsten werden sphärische
(kugelförmige) Stifte für feinkörniges, abrasives, hartes bis mittelhartes
Gestein verwendet. Sie sind verschleißfest und zäh zugleich. Ballistische
(parabolische, kegelförmige) Stifte eignen sich für grobkörniges, wenig abrasives, weiches Gestein. Mit ihrer geschoßähnlichen Form dringen sie tiefer
in die Bohrlochsohle ein und erbringen einen höheren Bohrfortschritt, dem
allerdings bei härteren Gesteinen eine erhöhte Stiftabnutzung mit kürzeren
Nachschleifintervallen entgegensteht. Besonders robuste Bohrkronen
haben gegenüber der Kronenmitte größere Kaliberstifte am Kronenrand
(Abb. 3.18).
   Alle Stifte können mit speziellen baustellentauglichen Schleifmaschinen
vor Ort bis zu zehnmal nachgeschliffen werden, wodurch sich die Bohrleistung
besonders in hartem und abrasivem Gestein wesentlich erhöht bzw. ein Lei-
stungsverlust abgefangen wird. Die Nachschleifintervalle richten sich nach
Kronenart und Gestein, auf jeden Fall sollte nachgeschliffen werden, wenn die
Abnutzungsfläche ein Drittel des Stiftdurchmessers beträgt.

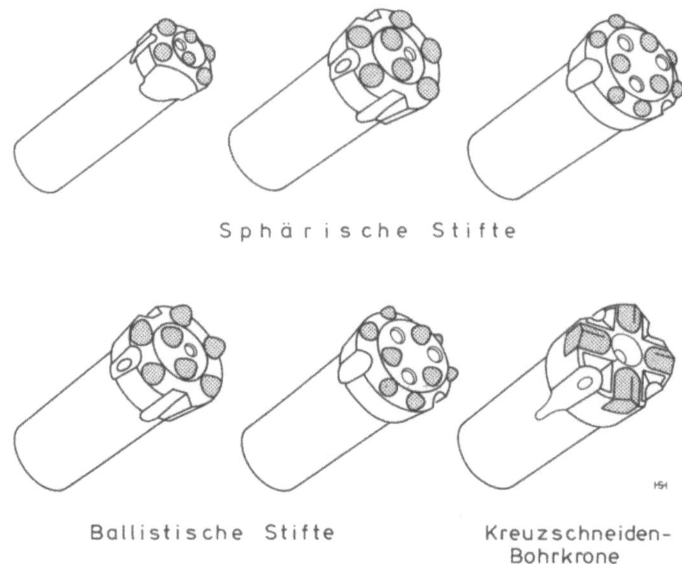

Abb. 3.18. Verschiedene Formen und Bauarten von Bohrkronen für den Tunnelbau [7]

Der Kronenkörper kann glatt ausgebildet sein (hartes, kompaktes Gestein) oder über eine Rückschneide verfügen. Diese Kronenform ermöglicht in weicheren, klüftigen und wechselhaften Gesteinen ein Rückbohren, falls die Bohrlochwände zum Nachfallen neigen. Die bessere Längsführung dieser Krone ergibt sehr gerade Bohrlöcher, was besonders beim Strossenbohren von Bedeutung ist.

Die Front der Bohrkrone kann flach oder mit Drop-Centre (vertieft) sein. Flache Bohrkronen haben mehr Masse und eignen sich daher besonders für sehr hartes Gestein. Drop-Centre-Kronen verfügen aber bessere Spüleigenschaften und bringen einen höheren Bohrfortschritt mit geraden Löchern, sie gelangen jedoch weniger im Tunnelbau mit relativ kurzen Bohrlochlängen, sondern vorrangig beim Strossenbohren (Steinbruch) zum Einsatz.

Die verschiedenen Bauformen der Stiftbohrkronen unterscheiden sich neben Bauart, Form und Anzahl der Stifte auch hinsichtlich der Anzahl und Anordnung der Spüllöcher und seitlichen Spülkanäle. Das verwendete Spülsystem ist für die rasche Abfuhr des Bohrkleins (durch die Lösearbeit zerschlagenes und zermahlenes Gestein an der Bohrlochsohle) bestimmend und beeinflußt wesentlich Bohrleistung und Werkzeugverschleiß. Hierbei ist von Bedeutung, wo der Spülstrom aus dem Bohrkopf austritt (Spülbohrung) und wie das wegzuspülende Bohrklein aus dem Bohrraum (Bohrlochsohle) am Bohrkopf vorbei in den Ringraum um das Bohrgestänge gelangen kann (Abb. 3.19). Für jeden Gesteinstyp ist daher die optimale Bohrkrone zu wählen.

Seltener werden heute Schneidenbohrkronen hauptsächlich in weicherem Gestein verwendet. Sie ermöglichen eine geradere Lochführung als Stiftbohr-

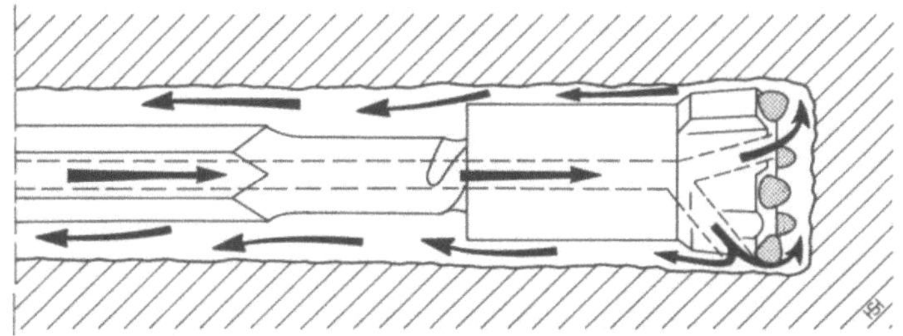

Abb. 3.19. Wirksamer Bohrkleinaustrag (Spülstrom) am Bohrkopf einer Stiftbohrkrone [7]

kronen, allerdings ist der Bohrfortschritt geringer und die Nachschleifintervalle sind kürzer. Schneidenbohrkronen können Kreuzschneiden mit Durchmessern zwischen 35 und 64 mm oder X-Schneiden mit Durchmessern zwischen 64 und 89 mm haben.

Der Kronenkörper kann glatt ausgebildet sein (hartes, kompaktes Gestein) oder über eine Rückschneide verfügen. Diese Kronenform ermöglicht in weicheren, klüftigen und wechselhaften Gesteinen ein Rückbohren, falls die Bohrlochwände zum Nachfallen neigen. Die bessere Längsführung dieser Krone ergibt sehr gerade Bohrlöcher. Die Bohrkronendurchmesser für Sprenglöcher liegen zwischen 38 und 45 mm, für SN-Anker (vermörtelte Anker) bei 48 mm, für Swellex-Anker (hochdruck-wasserverpreßte Anker) zwischen 32 und 52 mm.

3.3.7
Erweiterungsbohrungen

Beim Sprengschlag ist zur vollen Entspannungswirkung in der Ortsbrustmitte eine zusätzliche Freifläche in Form eines Einbruches erforderlich. Dieser kann mit konventionellen Bohrlöchern als Schrägeinbruch geschaffen werden oder im modernen Tunnelbau häufig als Paralleleinbruch in Form von ungeladenen Großbohrlöchern hergestellt werden. Die großkalibrigen Einbruchlöcher werden von einem Normalbohrloch ausgehend stufenweise erweitert. Diese Art der Erweiterungsbohrung kann mit Hochleistungsbohrwagen rascher hergestellt werden als das Bohren des vollen Durchmessers in einem Vorgang.

Vor dem Erweitern wird ein Führungsloch mit der normalen Bohrkrone (Ø 35–45 mm) vorgebohrt. Anschließend wird mit einer Erweiterungsbohrkrone (Ø 64–127 mm) auf ein Großbohrloch der gewünschten Größe aufgebohrt (Abb. 3.20). Zum Aufbohren wird die hohle Erweiterungsbohrkrone auf einen konischen Führungsadapter gesteckt, der auf die Vortriebsstange geschraubt wird. Der Sitz der Bohrkrone auf dem Konus stellt die kraftschlüssige Verbindung mit dem Bohrgestänge sicher. Der Führungsadapter hat eine meißelförmige Schneide, damit er in die Bohrlochsohle des Führungsbohrlochs eindringen kann und das Erweiterungsbohrloch auf die gleiche Tiefe wie die anderen Einbruchlöcher gebohrt werden kann. Zum Lösen der Erweite-

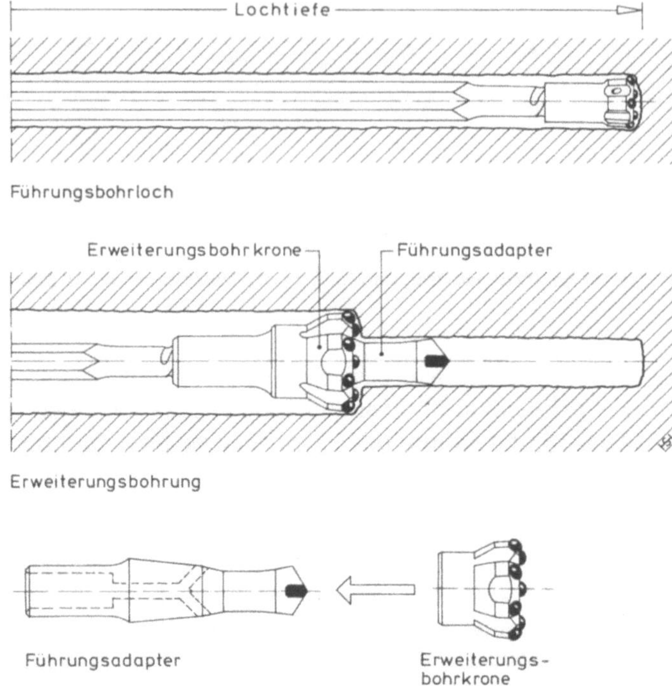

Abb. 3.20. Erweiterungsbohren für den Paralleleinbruch mit Großbohrloch: 1. Führungs-
bohrloch, 2. Erweiterungsbohrung mit Führungsadapter [7]

rungsbohrkrone vom Konus des Führungsadapters (Abschlagen) ist ein spezielles Abschlagewerkzeug erforderlich. Für Sonderfälle werden Führungsadapter mit Außengewinde verwendet, auf das zur Arretierung der Erweiterungsbohrkrone eine normale Vortriebsbohrkrone geschraubt werden kann.
Die Erweiterung ist in zwei oder mehr Stufen möglich.

3.3.8
Spülung

Die heute möglichen, hohen Bohrgeschwindigkeiten beim Hochleistungsboh-
ren von 4 m/min und mehr erfordern eine wirksame Spülung, die das Bohrklein zuverlässig und wirksam austrägt. Bei schlecht wirksamer Spülung
nimmt die Bohrgeschwindigkeit ab.

Die Übertragung des Spülmediums ist bei Zentralspülung über ein Spül-
rohr direkt in die Schlagfläche des Einsteckendes gewährleistet. Bei separater
Spülung erfolgt die Übertragung des Spülmediums über einen gedichteten
Spülkopf, der auf das Einsteckende mit seitlichen Spülkanälen aufgeschoben
wird. Dadurch kann der Spüldruck erhöht werden, ohne daß das Wasser in
den Bohrhammer eindringt und die Schmierung beeinträchtigt. Moderne

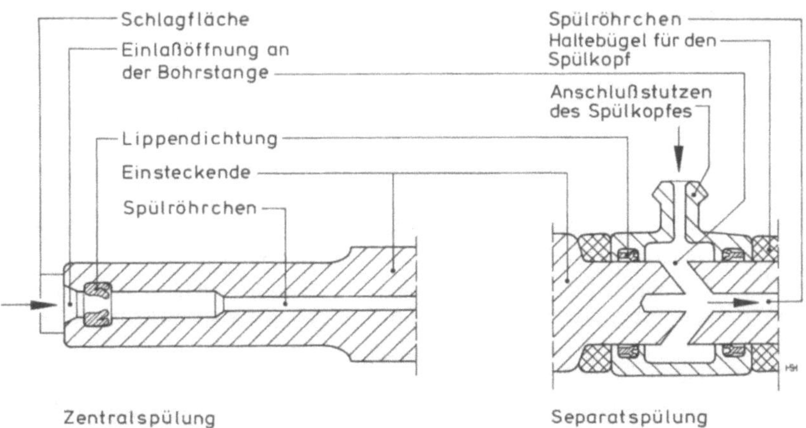

Abb. 3.21. Bohrkleinaustrag und Übertragung des Spülmediums im Einsteckende bei Zentral- und bei Separatspülung

Bohrhämmer verfügen über einen im Hammer integrierten Nirosta-Spülkopf, der Spüldrücke bis 20 bar erlaubt (Abb. 3.21).

3.4
Verschleiß

Die Bohrkrone mit den eingesetzten Werkzeugen (Stifte, Schneiden) unterliegt als vorderstes Element des Bohrsystems dem höchsten Verschleiß. Unter Verschleiß wird hier die Abnutzung des Werkzeuges durch die Bohrarbeit verstanden. Der Verschleiß wird durch den Begriff der Standzeit hinsichtlich der Lebensdauer einer Bohrkrone angegeben. Die Dimension der Standzeit wird üblicherweise in geleisteten Bohrmetern je Bohrkrone (m/Krone) angegeben. Übersteigt der Verschleiß ein gewisses Maß, kann die Bohrkrone keine wirtschaftliche Bohrarbeit mehr leisten, sie ist auszuwechseln.

Der Bohrkronenverschleiß hängt hauptsächlich vom Gehalt an verschleißrelevanten Mineralen des Gesteins ab [158]. Darunter werden Minerale geringer Spaltbarkeit ab Mineralhärte 6 nach MOHS verstanden (z. B. Hornblende 6, Pyrit 6,5, Quarz 7, Korund 9) [121]. In der Praxis ist der Verschleiß und besonders eine Verschleißprognose allerdings nur schwer zu quantifizieren, da selten einheitliche Gesteinsformationen angetroffen werden. In der Regel wird daher lediglich ein mittlerer Quarzanteil aus Laboruntersuchungen für ausgewählte Homogenbereiche abgeschätzt werden können. Der Verschleiß der Vortriebsstangen, Muffen und Einsteckenden kann im Vergleich zum Bohrkronenverschleiß als weniger signifikant angesehen werden, da diese der unmittelbaren Zerstörungsarbeit nachgeordneten Bohrstahlelemente in der Regel die 5 – 10fache Lebensdauer der Stiftbohrkrone aufweisen.

Neben dem Quarzanteil sind auch noch verschiedene geologische Einflußfaktoren verschleißrelevant. Als Beispiele von Untersuchungen aus dem

Tabelle 3.3. Klassifizierung der Verschleißtypen und Verschleißbilder von Stiftbohrkronen [183]

Verschleiß-klasse	Verschleißbild	Typische Verschleißursache
1	Normaler Verschleiß (abstumpfen) der Hartmetallstifte	stark abrasive Gesteine mit hoher Druckfestigkeit
2	Kaliberverschleiß (abschleifen) des Trägermaterials der Bohrkrone	abrasive Gesteine mit niedriger Druckfestigkeit
3	Sprödbruch (hohe Scherbelastung) von Stiften, Hartmetallausbrüche	Gesteine mit lokal sehr hoher Druckfestigkeit, klüftiges Gebirge
4	Totalausbruch von Stiften, gänzliche Herauslösung des Hartmetalls	Gesteine mit lokal sehr hoher Druckfestigkeit, klüftiges Gebirge
5	Totalverschleiß der Bohrkrone bis zur Basis der Hartmetallstifte	Gesteine mit sehr hoher Druckfestigkeit und/oder abrasive Gesteine
6	Kronenschaftbruch unterhalb des Stiftbereiches	Materialdefekt, Gewaltschaden, ungeeignetes Kronenmaterial

Inntaltunnel können der Verzahnungsgrad des Mikrogefüges und die Porosität des Gesteins genannt werden, die jedoch nur lokal erfaßt und daher für größere Bereiche kaum prognostisch aussagekräftig werden können. Ebenfalls verschleißwirksam, jedoch schwierig quantifizierbar, kann die Einwirkung von hohem Bergwasserzufluß sein, indem die ausgespülten mineralischen Feinstanteile des Bohrschmants eine schleifpulverähnliche Wirkung hervorrufen [55].

Der qualitative Bohrkronenverschleiß in Abhängigkeit von der Abrasivität des Gesteins kann in Form einer Klassifizierung von sechs Verschleißtypen und zugeordneten Beurteilungskriterien für die häufigsten Verschleißbilder von Stiftbohrkronen dargestellt werden.

3.5
Leistung

Für den Bohrerfolg sind mehrere Gesteinseigenschaften maßgebend. Neben der Druck-, Zug- und Scherfestigkeit spielen die Elastizitätseigenschaften des Gesteins eine wichtige Rolle. Die Orientierung vorhandener Trennflächengefüge (Anisotropie) übt großen Einfluß auf die Lösbarkeit des Gebirges an der Bohrlochsohle aus. Die höchsten Bohrgeschwindigkeiten werden bei rechtwinkliger Orientierung der Schieferung zur Bohrrichtung erzielt (Abb. 3.22 a), da die Schieferung eine vorgezeichnete Ablösungsfläche bildet. Liegt die Bohrachse parallel zur Schieferung (Abb. 3.22 b), werden geringere Bohrgeschwindigkeiten erzielt. Diese Einflüsse müssen bei der felsmechanischen Untersuchung von Prüfkörpern aus dem Vortriebsbereich berücksichtigt werden.

Im konventionellen Tunnelvortrieb im Festgestein stellt die Bohrleistung bei der Sprenglochherstellung neben den Lade-, Schutter-, Stütz- und Siche-

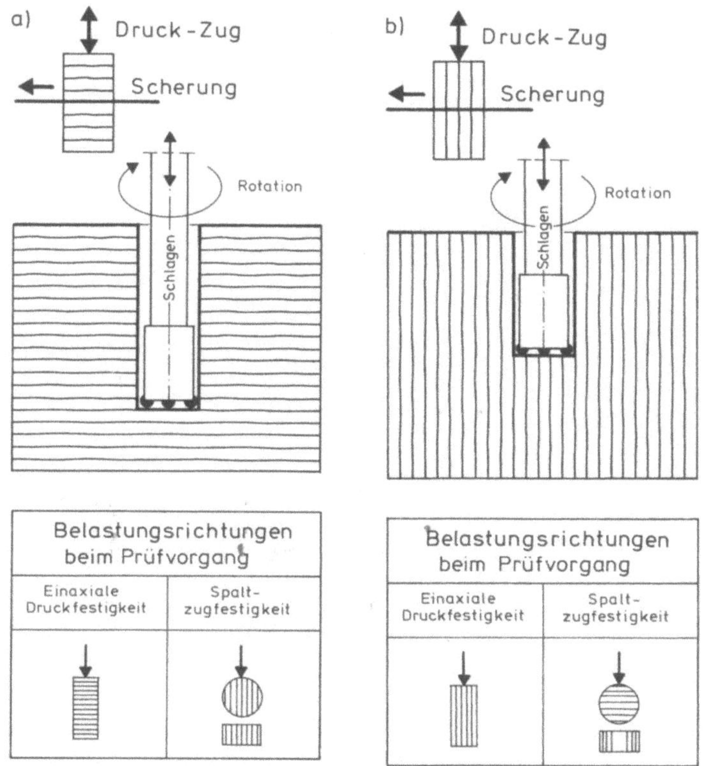

Abb. 3.22. Schematische Darstellung des Bohrvorgangs bei unterschiedlicher Orientierung des Trennflächengefüges [183]

rungsarbeiten eine maßgebende Teilgröße der gesamten Vortriebsleistung dar. Die Vortriebsleistung wird im allgemeinen in Metern pro Zeiteinheit (Tag, Woche, Monat) ausgedrückt. Die Bohrleistung pro Abschlag kann nicht in dieser einfachen Form dargestellt werden, da jeweils nur ein einzelnes Bohrloch von einem Bohrgerät bearbeitet werden kann und erst die Herstellung der Summe der Bohrlöcher je Abschlag, in Abhängigkeit von der Anzahl der eingesetzten Bohrhämmer den gesamten Zeitaufwand je Abschlag erkennen läßt (s. dazu auch [84]).

3.5.1
Bohrbarkeit

Die Vortriebsgesamtleistung wird maßgeblich von der Bohrbarkeit der anstehenden Gesteinsformation beeinflußt [82], [85]. Dieser in der Bautechnik gebräuchliche Begriff der Bohrbarkeit ist nicht streng definiert. Üblicherweise wird unter der Bohrbarkeit des Gesteins die Summe der zusammenhängenden Auswirkungen des Bohrfortschritts und des Bohrstahlverbrauchs verstanden.

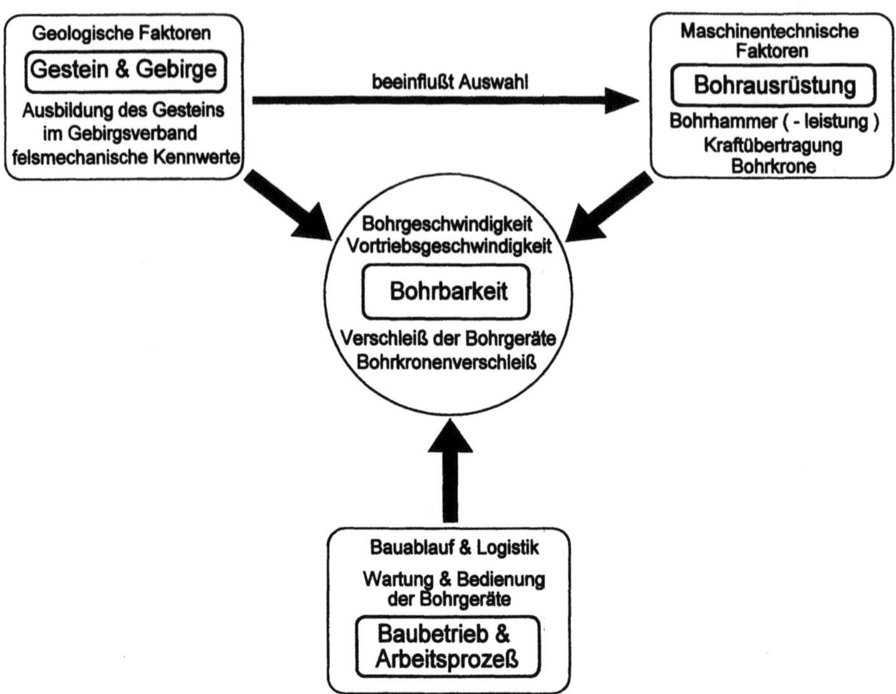

Abb. 3.23. Einflußfaktoren auf die Bohrbarkeit [183]

Der Bohrfortschritt wird maßgebend durch die erzielbare Bohrgeschwindigkeit beim Abbohren der Sprenglöcher an der Ortsbrust bestimmt, der Bohrstahlverbrauch wird vorrangig durch den Verschleiß der Bohrkronen sowie der geringer verschleißanfälligen, anderen Bohrstahlelemente (Einsteckenden, Muffen, Verlängerungsstangen) bestimmt. Ergänzend zu diesen technischen Einflußgrößen muß noch der menschliche Faktor der Gerätebedienung berücksichtigt werden. Die Summe dieser drei Hauptfaktoren bestimmt die Bohrbarkeit (Abb. 3.23).

Die Einflußfaktoren auf den Bohrkronenverschleiß wurden bereits in Kap. 3.4 beschrieben.

3.5.2
Einflußfaktoren auf die Bohrgeschwindigkeit

Die Bohrgeschwindigkeit unterliegt einer Reihe unterschiedlicher Einflüsse:

- Maschinentechnische Parameter:
    - Bauform der Bohrkrone,
    - System und Leistung des Bohrhammers,
    - Materialgüte und Auslegung der Kraftübertragung,

- Felsmechanische Parameter:
  - Zerstörungsarbeit,
  - Einaxiale Druckfestigkeit,
  - Spaltzugfestigkeit,
  - Elastizitätsmodul,
  - Trockenrohdichte,
- Geologische Faktoren:
  - Durchtrennungsgrad des Gebirges,
  - Raumlage der Schieferung (Gesteinsanisotropie),
  - Verzahnungsgrad des Mikrogefüges,
  - Verwitterungszustände (bzw. hydrothermale Zersetzung),
  - Materialspezifische Eigenschaften.

Ein Ansteigen der felsmechanischen Kennwerte führt generell zu einer Abnahme der Bohrgeschwindigkeit. Für die Beurteilung der Bohrleistung (Bohrfortschritt) in bezug auf das einzelne Bohrloch und insbesondere auf die Gesamtbohrleistung eines Abschlags können Einflüsse aus dem baubetrieblichen Ablauf der einzelnen Bohrvorgänge in Summe zeitbestimmend werden.

- Menschliche Einflüsse (Erfahrung, Geschicklichkeit):
  - Drittelführer (Bohrkronenwahl, Bohrschema),
  - Bohrist (Bohrarmbedienung, Bohransatz, Gestängerückzug),
  - Bohrhelfer (Bohrstahlbereitstellung, Gestängewechsel, Muffung),
  - Sprengmeister und Mineure (Ladevorgang, Besatz),
  - Setzen der Gebirgsanker,
  - Rüst- und Umsetzzeiten,
  - Fehlbedienungen,
- Sonstige Einflüsse (Erschwernisse):
  - Wasserandrang (Ausspülung, Bohren gegen Druckwasser),
  - Oberflächenstruktur der Ortsbrust (Bohransatzpunkt),
  - Standzeit des Bohrlochs:
    - Verklemmen des Bohrgestänges (Nachbrechen des Bohrlochs),
    - Zufallen des Bohrlochs (nach dem Ziehen des Gestänges),
    - Nachfallen des Bohrlochs (während des Ladevorgangs),
    - Nachbohren (neuerliches Aufbohren des verlegten Bohrlochs).

Infolge derartiger Einflüsse kann sowohl bereits der Bohrvorgang und mehr noch der nachfolgende Ladevorgang (Laden, Besetzen) mit erheblichen Erschwernissen verzögert werden. Bei sehr schlechter Gebirgsqualität oder stark wechselhaften Gebirgsverhältnissen innerhalb eines Abschlags (unterschiedliche Gesteinsformationen auf Abschlagstiefe) kann der Ladevorgang zum zeitbestimmenden Faktor werden (Verlegung des Bohrlochs durch Nachfallen der Bohrlochwandung, Verschiebung von Schichtpaketen, Laden unter Wasserandrang), insbesondere wenn Bohrlöcher neuerlich nachgebohrt werden müssen.

Die Einflüsse auf die Bohrbarkeit können in Form einer Klassifizierung nach den maßgebenden Parametern Bohrkronenverschleiß und Bohrgeschwindigkeit dargestellt werden (Tabelle 3.4).

Tabelle 3.4. Klassifizierung der Bohrbarkeit nach Verschleiß und Bohrgeschwindigkeit [183]

Bohrbarkeit Bezeichnung	Verschleiß Bezeichnung	Bohrgeschwindigkeit	
		Bezeichnung	Bohrmeter/min[a]
leicht	sehr gering	sehr hoch	4 – 6
normal	gering	hoch	3 – 4
schwer	mittel	mittel	2 – 3
sehr schwer	hoch	gering	1 – 2
extrem schwer	sehr bis extrem hoch	sehr bis extrem gering	< 1

[a] Werte bezogen auf Bohrhämmer AC COP 1238 ME und COP 1440.

3.6
Kosten

Die Kosten eines Tunnelvortriebs setzen sich aus einer Vielfalt von Kostenkomponenten zusammen, die, jede Komponente für sich, in zeit- und leistungsgebundene Kostenanteile einerseits sowie Lohn-, Stoff- und Gerätekosten andererseits zerfallen. In diesem Kapitel werden ausschließlich die Kosten für das Abbohren der Spreng- und Ankerlöcher behandelt. Da sämtliche Kosten objektspezifisch auftreten, kann nur eine allgemeine Betrachtung erfolgen.

Bei der Betrachtung der Bohrkosten fällt auf, daß die genannten Kostenkomponenten von bohrspezifischen Randbedingungen, die primär aus der Geologie vorgegeben werden, eine überproportionale Bedeutung im Vergleich zu der üblichen Kostenentwicklung im Tiefbau einnehmen. Vorrangig seien hier die Bohrstahlkosten genannt, die maßgebend vom geologisch bedingt unterschiedlichen Bohrkronenverschleiß bestimmt werden.

In engem Zusammenhang mit der Klassifizierung der Bohrbarkeit kann ein trendmäßig dargestellter Verbrauch von Stiftbohrkronen (Tabelle 3.5) Anhaltspunkte für eine grobe Kostenabschätzung nach der Größenordnung geben [183].

Noch gravierender können nahezu alle Kostenkomponenten aus dem Faktor Zeit (Bohrzeit = Teil der Bauzeit) durch sehr unterschiedlichen Leistungsfortschritt beeinflußt werden. Die Beeinflussung der tatsächlich erzielbaren Leistung wird vor allem durch die Erschwernisse, die sich in schwierigem Gebirge beim Bohren und Laden ergeben, gegeben sein.

Tabelle 3.5. Trendbeziehung Bohrbarkeit – Bohrgeschwindigkeit – Bohrkronenverbrauch

Bohrbarkeit Bezeichnung	Bohrgeschwindigkeit		Verschleiß Bezeichnung	Standzeit Bohrmeter/Krone[a]	Bohrkronenverbrauch	
	Bezeichnung	m/min			Bohrkronen Stück/Tag	Bohrkronen je 1000 m Kal.vortrieb
leicht	sehr hoch	> 4	sehr gering	> 2500	< 0,6	< 60
normal	hoch	3–4	gering	1500–2500	0,6–1	60–95
schwer	mittel	2–3	mittel	1000–1500	1–1,5	95–145
sehr schwer	gering	1–2	hoch	500–1000	1,5–3	145–290
extrem schwer	sehr gering	< 1	sehr hoch	200–500	3–8	290–720
extrem schwer	sehr gering	< 1	extrem hoch	< 200	> 8	> 720

[a] Bezogen auf Stiftbohrkronen mit Durchmesser zwischen 43 und 48 mm, hauptsächlich Durchmesser 45 mm.

KAPITEL 4

Sprengbetrieb

4.1
Allgemeines

Unter einer Explosion versteht man die durch eine äußere Energiezufuhr aus-
gelöste, exotherme Reaktion von Explosivstoffen (Oxidationsvorgang), bei der
schlagartig große Gasmengen freigesetzt werden.

Zu den Explosivstoffen gehören neben den pyrotechnischen Stoffen und
Schießstoffen (Treibmitteln) die Sprengstoffe und Zündmittel.

Initialsprengstoffe sind hochbrisante Sprengstoffe, die bereits durch einen
Zündstrahl detonieren. Sie finden in Anbetracht ihrer Gefährlichkeit in der
Handhabung nicht als Sprengstoff, sondern als Primärladung in den spreng-
kräftigen Zündmitteln Anwendung.

Mit dem im folgenden verwendeten Sammelbegriff Sprengmittel sind
Sprengstoffe und Zündmittel erfaßt.

Sprengstoffe lassen sich nach ihrer chemischen Zusammensetzung in
einheitliche und zusammengesetzte Sprengstoffe, nach ihrer Umsetzung und
Initiierbarkeit in Pulversprengstoffe und brisante Sprengstoffe unterteilen.

Pulversprengstoffe sind bereits durch eine Flamme initiierbar und explo-
dieren (deflagieren) mit einer Geschwindigkeit von etwa 400 m/s, brisante
Sprengstoffe müssen durch ein sprengkräftiges Zündmittel initiiert werden
und detonieren mit 3000 bis 7000 m/s.

Die Entwicklung der Sprengstoffe läßt Hauptrichtungen erkennen, die vorwiegend auf sicherheitstechnischem Gebiet lagen und Entwicklungen, die auf
eine Verbesserung der Wirksamkeit und Leistungsfähigkeit der Sprengstoffe
abzielten, wobei natürlich die Wirtschaftlichkeit (Kostensenkung) immer
berücksichtigt wurde.

Diese Weiterentwicklung führte von den gelatinösen Ammonsalpeter-
Sprengstoffen zu den preiswerten, vollkommen sprengölfreien Ammonsal-
peter-Dieselöl-Sprengstoffen (ANC-Sprengstoffe), die weitgehend unemp-
findlich gegen Schlag und Reibung und daher äußerst handhabungssicher
sind.

Danach wurden die sog. Sprengschlämme (Slurries) entwickelt, die in
hoher wässeriger Konzentration überwiegend Ammonsalpeter sowie Zusätze
von Geliermittel enthalten. Zur Sensibilisierung sind entweder Explosivstoffe,
wie TNT, Hexogen, oder andere Bestandteile, zumeist Aluminium, zugesetzt.

Infolge ihres Wassergehaltes sind Sprengschlämme weitgehend handhabungssicher, damit aber auch nur schwer, nämlich über eine Zündverstärkerladung, zu initiieren.

Die neueste Entwicklung auf dem Gebiet der wasserhaltigen, von Explosivstoffen freien Sprengstoffe stellen die Emulsionssprengstoffe dar.

Zündmittel dienen zum Auslösen einer Sprengung; man unterscheidet sprengkräftige Zündmittel und nichtsprengkräftige Zündmittel.

Nichtsprengkräftige Zündmittel allein sind nicht detonationsfähig, sie werden zur Einleitung der Detonation eines sprengkräftigen Zündmittels verwendet. Zu den nichtsprengkräftigen Zündmitteln gehören Zeitzündschnüre, Zündschnuranzünder, einfache elektrische Zünder sowie Zündschläuche und Zündverteiler (Zündverzögerer) für die nichtelektrische Zündung.

Sprengkräftige Zündmittel sind detonationsfähig, mit ihnen werden brisante Sprengstoffe zur Detonation gebracht. Zu den sprengkräftigen Zündmitteln zählen Sprengkapseln, Sprengschnüre (Knallzündschnüre, detonierende Zündschnüre), Sprengverzögerer (Detonationsverzögerer), elektrische Sprengzünder und nichtelektrische Sprengzünder.

Die Zeitzündschnur (Abb. 4.1) besteht aus einer Schwarzpulverseele mit Markenfaden, umgeben von einem Textilschlauch (doppelte oder dreifache Umspinnung aus Jute oder Baumwolle) und hat zum Schutz vor Feuchtigkeit einen äußeren Überzug aus Kunststoff oder eine Teerschicht.

Wird die Pulverseele der Zeitzündschnur z.B. mit einem Zündschnuranzünder (Einzelanzünder, Zündlichter, Abreißzünder) gezündet, so brennt sie mit einer Brenndauer von 120 ± 10 s/m ab. Am Ende der Zeitzündschnur tritt ein Feuerstrahl aus, mit dem eine Sprengkapsel zur Detonation gebracht werden kann.

Heute beschränkt sich der Einsatz der Zeitzündschnur auf Einzelschüsse und auf Lawinensprengungen, im Tunnelbau ist sie ohne Bedeutung.

Die von Nobel entwickelte Sprengkapsel ist seit vielen Jahrzehnten im wesentlichen in unveränderter Form in Gebrauch und bildet die Basis für die heutigen elektrischen und nichtelektrischen Sprengzünder.

Die Sprengkapsel (Abb. 4.1) besteht aus einer dünnwandigen Hülse aus Metall (Aluminium oder Kupfer), dem durchlochten Innenhütchen sowie der Primärladung (Aufladung) und der Sekundärladung (Hauptladung).

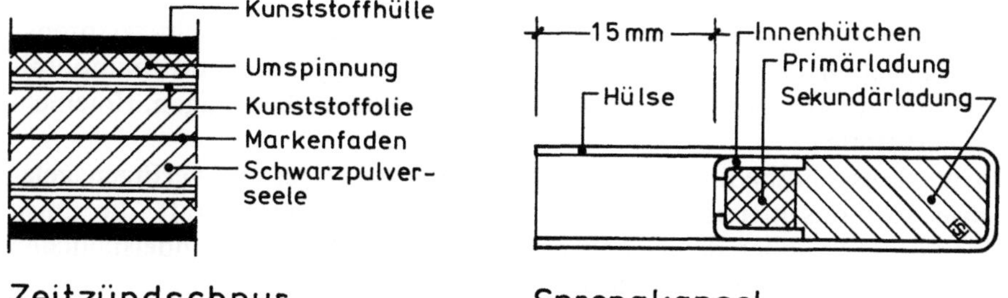

Abb. 4.1. Aufbau einer Zeitzündschnur und einer Sprengkapsel

Nur in der Primärladung wird Initialsprengstoff, nämlich Bleiazid oder ein Gemisch aus Bleiazid und Bleitrinitroresorcinat verwendet, als Sekundärladung kommt zumeist Nitropenta zur Anwendung.

In den Leerraum der Sprengkapsel wird die Zeitzündschnur eingeführt und mittels einer geeigneten Sprengkapselzange angewürgt. Der Feuerstrahl der Zeitzündschnur tritt durch das durchlochte Innenhütchen, trifft auf den Initialsprengstoff der Primärladung und bringt diesen zur Detonation. Die Primärladung ihrerseits bringt wieder die Sekundärladung zur Detonation, wobei diese ausreicht, um umgebende brisante Sprengstoffe detonieren zu lassen.

Die Weiterentwicklung führte zu den nichtelektrischen, elektrischen und zu den elektronischen Sprengzündern.

4.2
Die Sprengstoffe im Tunnelbau

Alle heute im Tunnelbau verwendeten Sprengstoffe zählen zu den brisanten Sprengstoffen.

Bringt man einen derartigen Sprengstoff durch einen Initialimpuls, d.h. durch ein sprengkräftiges Zündmittel zur Detonation, so wird der Sprengstoff in einem Oxidationsvorgang explosionsartig unter Wärmeentwicklung in die Sprenggase, die sogenannten Schwaden, umgesetzt. Dieser Vorgang läuft mit Detonationsgeschwindigkeit durch die in das Bohrloch eingebrachte Sprengstoffsäule.

Auf das zu sprengende Gestein um den in das Bohrloch eingebrachten Sprengstoff wirkt diese Umsetzung primär wie ein Schlag, der sich wellenförmig im Gestein fortsetzt und der in der unmittelbaren Umgebung um den Detonationsherd zur Zermalmung des Gesteins, in weiterer Entfernung zur Rißbildung im Gestein führt (Stoßphase). Sekundenbruchteile danach dringen die die Hauptarbeit leistenden Schwaden in die Risse ein und weiten sie aus (Gasphase), wodurch das Gestein abgedrückt und weggeschleudert wird.

Benachbarte, in einem Zündgang gesprengte Bohrlochladungen beeinflussen und verstärken diesen Zerstörungsvorgang des Gesteins.

4.2.1
Gelatinöse Ammonsalpetersprengstoffe

Alle heute in Verwendung befindlichen gelatinösen Ammonsalpetersprengstoffe bestehen aus den Hauptkomponenten Sprenggelatine und Ammonsalpeter, weitere Komponenten sind aromatische Nitroverbindungen, Holzmehl und Farbstoffe.

Gute Einschlußbedingungen im Bohrloch vorausgesetzt, verfügen gelatinöse Ammonsalpetersprengstoffe über eine hohe Sprengkraft, die umso höher liegt, je höher der Gehalt an Sprengöl ist (bei den handelsüblichen Sprengstoffen in einem Bereich von 15 % bis 30 %).

Aufgrund ihrer guten Wasserbeständigkeit und Handhabungsicherheit einerseits und ihrer hohen Sprengkraft andrerseits haben sie die ursprünglich verwendeten Dynamite als Sprengstoff im Tunnelbau zur Gänze verdrängt. Sie werden vor allem im harten Gestein verwendet, wo ihre Brisanz für das Gelingen des Abschlags von Bedeutung ist.

4.2.2
Pulverförmige Ammonsalpetersprengstoffe

Donarite. Als Donarite werden pulverförmige Ammonsalpetersprengstoffe mit einem Sprengölzusatz zwischen 2 % und 8 % bezeichnet. Sie weisen verglichen mit den gelatinösen Ammonsalpetersprengstoffen – eine geringere Dichte auf, haben auf das Gestein eine mehr schiebende Wirkung und sind wegen der hygroskopischen Eigenschaften des Ammonsalpeters feuchtigkeitsempfindlich und nur eine bestimmte Zeit lagerfähig.

Im Tunnelbau werden sie aufgrund ihrer Eigenschaften nur in begrenztem Ausmaß je nach Gebirgseigenschaft, und zwar vorwiegend im weichen Gestein verwendet.

ANC-Ammonium-Nitrat-Kohlenstoff (ANFO-Ammonium-Nitrat-Fuel-Oil)-Sprengstoffe. ANC-Sprengstoffe haben anstelle des Sprengöls in einem Anteil von ca. 5 % bis 6 % flüssige Kohlenwasserstoffe, nämlich Spindel- oder Dieselöl, beigemengt.

ANC-Sprengstoffe verlieren an Detonationsfähigkeit, wenn sie feucht geworden oder verdichtet worden sind. Sie sind äußerst handhabungssicher, was mit sich bringt, daß sie durch eine Sprengkapsel Nr. 8 nicht sicher gezündet werden können. Sie benötigen daher eine Verstärkungsladung, z. B. aus gelatinösem Sprengstoff, oder eine stärkere Sprengkapsel.

ANC-Sprengstoffe werden fast ausnahmslos in loser Form verwendet. Sie stellen den günstigsten Sprengstofftyp dar.

Im Tunnelbau finden ANC-Sprengstoffe in Anbetracht ihrer – verglichen mit den gelatinösen Sprengstoffen – eher geringen Detonationsgeschwindigkeit, der eher schiebenden Wirkung, der fehlenden Wasserbeständigkeit und der negativen Sauerstoffbilanz bei der Umsetzung nur selten Anwendung.

4.2.3
Emulsionssprengstoffe

Bei den Emulsionssprengstoffen handelt es sich um eine Wasser-in-Öl-Emulsion. In Wasser gelöster Ammonsalpeter wird mit Mineralöl emulgiert, wodurch die Grenzfläche zwischen dem Oxidationsmittel Ammonsalpeter und dem Brennstoff Mineralöl stark vergrößert wird. Dies führt zu einer Vergrößerung der Detonationsfähigkeit verglichen mit den aus den gleichen Komponenten bestehenden ANC-Sprengstoffen.

Eine Sensibilisierung der Emulsionssprengstoffe erreicht man durch Einarbeiten von Gasblaseneinschlüssen (Mikrohohlkugeln mit Luft- oder Gaseinschluß), so daß die Emulsionssprengstoffe mit einer Sprengkapsel sicher zur Detonation gebracht werden können.

Die Konsistenz von Emulsionssprengstoffen läßt sich durch Zugabe von paraffinierten Wachsen beeinflussen, von zähflüssigen, pumpbaren Systemen bis zu zähfesten Stoffen, die wie gelatinöse Sprengstoffe patroniert in den Handel kommen.

Emulsionssprengstoffe enthalten keine Explosivstoffe und sind damit äußerst handhabungssicher, so daß unbeabsichtigte Detonationen, z.B. durch Anbohren von Sprengstoffresten, praktisch auszuschließen sind [101].

Sie sind in der Energieausbeute den herkömmlichen gelatinösen Sprengstoffen gleichzusetzen, haben aber ein besseres Detonationsverhalten, d.h. die Detonationswirkung und -geschwindigkeit ist nicht in so großem Maße von den Einschlußbedingungen abhängig wie bei gelatinösen Sprengstoffen.

Emulsionssprengstoffe weisen eine gute Lagerbeständigkeit auf und haben in den Sprengschwaden einen geringen Schadstoffanteil. Messungen im Labor haben ergeben, daß bei der Umsetzung von Emulsionssprengstoffen nur etwa ein Fünftel bis ein Zehntel an Kohlenmonoxid und etwa ein Zwanzigstel bis ein Vierzigstel an nitrosen Gasen entsteht, verglichen mit der Schadstoffentwicklung von gelatinösen Sprengstoffen [119] (gelatinöse Sprengstoffe aus den ehemaligen Ostblockländern weisen zumeist noch deutlich höhere Schadstoffwerte in den Schwaden auf). Messungen der Schadstoffkonzentrationen, die im Semmeringpilotstollen nach Sprengungen mit Emulsionssprengstoffen und mit gelatinösen Sprengstoffen durchgeführt wurden, zeigten beim Einsatz von Emulsionssprengstoffen für Kohlenmonoxid etwa die Hälfte und für nitrose Gase etwa ein Drittel der bei gelatinösen Sprengstoffen auftretenden Spitzenwerte der Schadstoffkonzentrationen [118].

Mit all den genannten Vorteilen sind Emulsionssprengstoffe für die Anwendung im Tunnelbau sehr gut geeignet, nachteilig für den Sprengerfolg kann sich je nach Gebirgseigenschaft, z.B. bei Einbruchschüssen in hartem Gestein, die um ca. 20 % geringere Dichte der Emulsionssprengstoffe verglichen mit gelatinösen Sprengstoffen auswirken.

4.2.4
Wettersprengstoffe

Wettersprengstoffe sind gelatinöse Sprengstoffe, die bei ihrer Detonation explosible Gas- und Staub-Luft-Gemische nicht zur Detonation bringen. Dies wird dadurch erreicht, daß dem Sprengstoff zusätzlich zu seiner üblichen Zusammensetzung noch Bestandteile, zumeist Kochsalz (Natriumchlorid), zugesetzt werden, die die Flammenbildung und die Explosionstemperatur herabsetzen.

4.3
Die Zündmittel und -systeme im Tunnelbau

Zum besseren Verständnis werden in diesem Abschnitt zugleich mit den eigentlichen Zündmitteln auch die zur Durchführung der Zündung notwendigen Geräte und Hilfsmittel behandelt.

4.3.1
Elektrische Zündung

Beim elektrischen Zünder münden die Zünderdrähte in zwei Kontaktlamellen, welche an ihrem Ende durch einen dünnen Draht, die sogenannte Glühbrücke, verbunden sind. Um die Glühbrücke herum befindet sich ein leicht entflammbarer Zündsatz, die sog. Zündpille. Fließt elektrischer Strom durch die Glühbrücke, kommt diese zum Glühen und entzündet die Zündpille, wobei ein kräftiger Flammenstrahl entsteht.

Analog zur Zeitzündschnur kann ein derartiger, einfacher elektrischer Zünder in die Sprengkapsel eingeschoben werden, um ein sprengkräftiges Zündmittel zu erhalten. Der Flammenstrahl tritt durch das Loch des Innenhütchens und bringt die Primärladung zur Detonation, was wiederum die Explosion der Sekundärladung bewirkt.

Derartige, sprengkräftige Zündmittel der einfache elektrische Zünder und die Sprengkapsel in einer Metallhülle zusammengefaßt werden fabrikmäßig hergestellt und sind als elektrische Sprengzünder weltweit in Verwendung.

Die Metallhülse besteht üblicherweise aus Aluminium. Für schlagwettergefährdete Orte werden wegen der hohen Verbrennungswärme des Aluminiums statt dessen Hülsen aus Kupfer verwendet [136].

Nach ihrer zeitlichen Wirkung unterscheidet man Momentzünder und Zeitzünder.

Momentzünder sind elektrische Zünder, die im Augenblick der Zündung detonieren, Zeitzünder sind jene elektrischen Zünder, die in einem vorbestimmten zeitlichen Abstand nach der Zündung detonieren. Dies wird bewirkt durch die Zwischenschaltung eines pyrotechnischen Brennsatzes zwischen Zündpille und Primärladung.

Als Zeitzünder sind Langzeitzünder und Kurzzeitzünder (Millisekundenzünder) in Verwendung.

Langzeitzünder werden als Halbsekundenzünder, in Deutschland auch als Viertelsekundenzünder, in mehreren Stufen geliefert, die untereinander einen zeitlichen Abstand von jeweils 500 bzw. 250 oder 100 Millisekunden haben.

Kurzzeitzünder sind als 20-, 25-, 30-, 40- und 80-Millisekundenzünder in Gebrauch, und zwar jeweils in einer Vielzahl von Stufen.

Von den Zünderherstellern wurde – je nach den Usancen des Bestimmungslandes – die Zünderdrahtisolierung farbig ausgeführt, so daß aus der Farbe eines Zünderdrahts die Art des Zünders erkennbar ist. So ist z. B. in Österreich und Deutschland ein Zünderdraht bei Momentzündern weiß, bei Halbsekundenzündern rot, bei 20- bis 40-Millisekundenzündern von hellgrün bis dunkelgrün und bei 80-Millisekundenzündern hellblau ausgeführt. Die Stufenzahl läßt sich aus einem an einem Zünderdraht befestigten Anhänger erkennen, die gleiche Zahl ist auch am Kapselboden des Zünders eingepreßt.

Eine Gefahr für die elektrische Zündung besteht dann, wenn die durch fremde Energie (elektrostatische Aufladung, Streustrom, atmosphärische Entladung, elektromagnetische Wellen) verursachte Stromstärke eine Größe aufweist, die zu einer unbeabsichtigten Zündung der elektrischen Zünder führen kann.

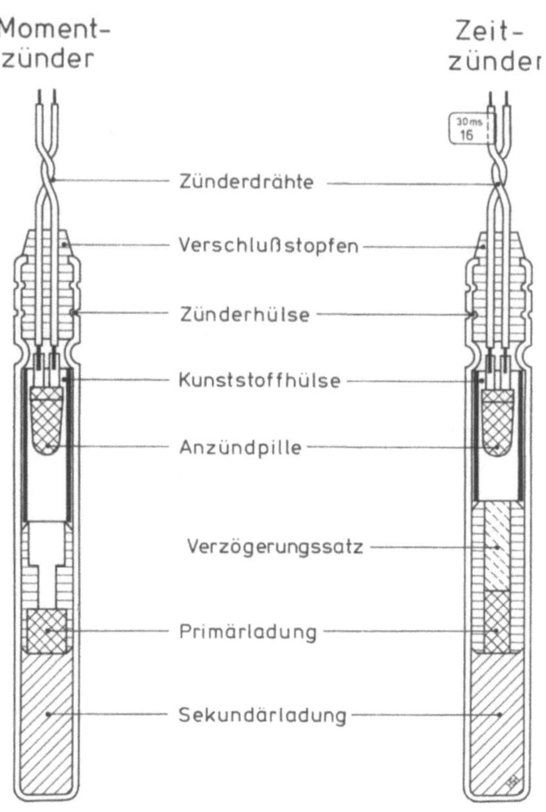

Abb. 4.2. Elektrischer Moment- und Zeitzünder [58]

Ungewollte Zündungen durch statische Aufladungen werden dadurch verhindert, daß die elektrischen Sprengzünder in antistatischer Ausführung (antistatische Drahtisolationen und eine Kombination von Schutzhülsen und Sicherheitsfunkenstrecken im Zünderinneren) hergestellt werden.

Nach ihrer Empfindlichkeit gegen Fremdelektrizität unterscheidet man zwischen unempfindlichen Zündern (U-Zünder, in Österreich auch als Fiduz-Zünder bezeichnet) und hochunempfindlichen Zündern (HU-Zünder, in Österreich auch Polex-Zünder genannt).

Unempfindliche Zünder bieten auch an Orten erhöhter Gefährdung durch statische Elektrizität (wie bei Verwendung von Sprengstoffladegeräten oder bei äußerst geringer Luftfeuchtigkeit) ausreichend Sicherheit gegen unbeabsichtigte Frühzündungen. Je nach Hersteller liegt die Stromstärke, die sicher zu keiner Zündung führt, zwischen 0,45 und 1 Ampere.

Hochunempfindliche Zünder gewährleisten darüber hinaus Schutz gegen ungewollte Frühzündung durch atmosphärische Elektrizität (im Hochgebirge, in der Nähe von Sendeanlagen), durch die Einwirkung von elektrischen Bahnen oder Hochspannungsleitungen oder durch Streuströme aus Starkstromanlagen. Sie haben in Anbetracht der Zünderdrähte aus Kupfer und dem daraus resultierenden geringen Widerstand eine ausreichende Sicherheit gegen Nebenschlüsse. Dabei liegt die Stromstärke, die sicher zu keiner Zündung führt, je nach Hersteller zwischen 4 und 5 Ampere.

In Mitteleuropa wird im Tunnelbau vorwiegend die elektrische Zündung verwendet, und zwar gelangen traditionell Langzeitzünder, in letzter Zeit vermehrt 80-Millisekundenzünder (40-Millisekundenzünder nur in Ausnahmefällen), zur Anwendung.

Aus Sicherheitsgründen wird im Tunnelbau ausschließlich mit hochunempfindlichen Zündern gearbeitet.

Zündmaschinen. Der Zündstrom für die elektrische Zündung wird von eigens dafür konzipierten Zündmaschinen erzeugt (Abb. 4.3). Als Zündmaschinen sind heute nahezu ausschließlich Kondensatorzündmaschinen im Einsatz, bei denen der Zündstrom durch einen über eine Kurbel handbetriebenen Generator erzeugt, in einem Kondensator gespeichert und zum Zündzeitpunkt entladen wird. Bei kleineren Geräten passiert die Entladung automatisch, wenn die Nennspannung erreicht ist. Bei größeren Geräten zeigt eine Glimmlampe das Erreichen der benötigten Spannung an, die Auslösung selbst geschieht durch Betätigen eines dafür vorgesehenen Bedienungsknopfes oder durch Umstecken und nachfolgendes Betätigen der Kurbel.

Zündmaschinen werden in verschiedenen Typen mit unterschiedlicher Leistung und unterschiedlichem Grenzwiderstand geliefert.

Zündmaschinenprüfgeräte. Zu jedem Zündmaschinentyp gibt es ein zugehöriges spezielles Prüfgerät, das zur Prüfung der Leistung anstelle der Zündleitung an die Zündmaschine angeschlossen wird (Abb. 4.4). Bei Betätigung der

Abb. 4.3. Verschiedene Typen von Kondensatorzündmaschinen für die elektrische Zündung [Schaffler GmbH]

Abb. 4.4. Zündkreisprüfer (links) und Zündmaschinenprüfgerät (rechts) [Schaffler GmbH]

Zündmaschine zeigt das Aufleuchten einer Prüflampe am Prüfgerät, daß die Zündmaschine die volle Leistung erbringt.

Zündkreisprüfer. Als weitere Prüfgeräte sind Zündkreisprüfer (Abb. 4.4) in Verwendung. Dies sind spezielle Ohmmeter mit Schutzwiderständen, die verhindern, daß der Batteriestrom bei der Prüfung in den Zündkreis gelangt. Diese Zündkreisprüfer werden zum Prüfen der einzelnen elektrischen Zünder auf Stromdurchgang und zur Prüfung des schußfertigen Zündkreises auf Neben- und Kurzschlüsse sowie auf seinen elektrischen Widerstand verwendet.

Heute sind abgesehen von älteren, analog anzeigenden Modellen überwiegend digital anzeigende Geräte im Einsatz.

Zündleitungen, Verbindungsdrähte. Für die Durchführung der elektrischen Zündung sind noch Zündleitungen und Verbindungsdrähte zu installieren. Mit den Verbindungsdrähten werden die Enden der Zünderdrähte mit der Zündleitung und erforderlichenfalls auch die Zünderdrähte miteinander verbunden. Die Zündleitung, isolierte mehrdrahtige Stahl- oder Kupferleitungen, stellen die Verbindung zwischen der in Deckung oder außerhalb des Streubereichs befindlichen Zündmaschine und den Zünderdrähten vor Ort dar.

4.3.2
Elektronische Zündung

Eine moderne Abwandlung des elektrischen Sprengzünders stellt der elektronische Zünder dar. Anstelle des pyrotechnischen Brennsatzes beim elektrischen Zeitzünder erfolgt beim elektronischen Zünder die Verzögerung durch eine integrierte Schaltung bereits vor der Zündpille. Dadurch läßt sich praktisch auf die Millisekunde genau jeder aufgrund der geologischen Verhältnisse und der Sprengparameter gewünschte Zeitpunkt für die Sprengung festlegen. Zur Zündung der elektronischen Zünder wurden Zündmaschinen entwickelt, bei denen die Zündintervalle frei programmiert werden können.

Der Ablauf des Zündsystems stellt sich wie folgt dar:

1. Entsichern des Zündkreises,
2. Aufladen der Kondensatoren,
3. Programmierung des Zündzeitintervalls,
4. Übermittlung des Zündsignals,
5. Ablauf der Verzögerung im Zünder,
6. Entladung der Kondensatoren über die Zündpille,
7. Zündung.

Vom Aussehen her und im Zusammenschluß zu Zünderketten sind die elektronischen und elektrischen Zünder praktisch gleich, im Preis bestehen aber wesentliche Unterschiede, die elektronischen Zünder kosten z.Z. noch ein Vielfaches der elektrischen Zünder.

Mit der auf die Millisekunde genauen Zündung der für Kranzschüsse verwendeten elektronischen Zünder kann eine Verbesserung der Profilgenauigkeit und damit eine Reduktion der Nachbearbeitungskosten für einen Mehr-

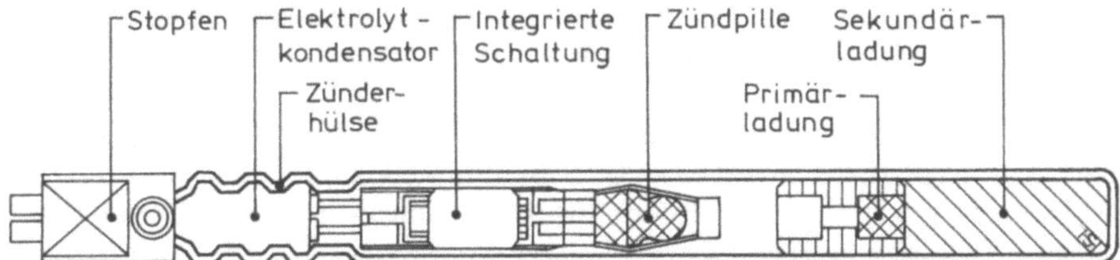

Abb. 4.5. Elektronischer Zünder [119]

oder Minderausbruch erzielt werden [54]. Postive Erfahrungen mit elektronischen Zündern konnten beim Vortrieb des Mitholzfensterstollens im Zuge
des Lötschbergprojekts in der Schweiz, Bauzeit 1995–1997, gewonnen werden [169].

Zündgerät. Gezündet wird mit einem speziellen Zündgerät, das die Programmierung und Steuerung einer Parallelschaltung von bis zu 200 elektronischen Zündern erlaubt. Das Gerät arbeitet mit einer niedrigen Betriebsspannung (ca.
10 Volt), so daß die Gefahr von Nebenschlüssen im Zündkreis äußerst gering ist.

4.3.3
Die nichtelektrische Zündung

Bei den nichtelektrischen Zündern wird die Zündung über einen Zündschlauch eingeleitet. Dieser Kunststoffschlauch mit einem Außendurchmesser

Abb. 4.6. Zündgerät für die elektronische
Zündung [Dynamit Nobel GmbH]

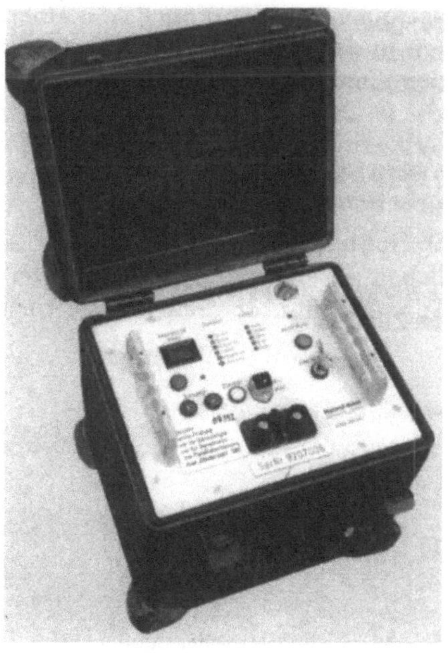

von etwa 3 mm ist an der Innenseite mit einem hochbrisanten Sprengstoff beschichtet, üblicherweise Oktogen (mit Aluminiumzusatz) in einer Menge unter 20 mg/m.

Nach einer eingeleiteten Zündung detoniert diese Beschichtung, die Detonationsfront pflanzt sich mit einer Geschwindigkeit von ca. 2000 m/s im Zündschlauch fort, wobei außerhalb des Zündschlauches von diesem Detonationsvorgang nichts zu merken ist.

Die Flamme der Detonationsfront zündet – analog der Zündpille des elektrischen Zünders – das Verzögerungselement und danach Primär- und Sekundärladung des nichtelektrischen Zünders.

Auch die nichtelektrischen Zünder sind in verschiedenen Zeitstufen mit Verzögerungszeiten im Millisekundenbereich in Verwendung.

Beim Gebrauch ist besonders darauf zu achten, daß der Zündschlauch nicht mechanisch, z. B. durch scharfe Kanten, beschädigt wird, da es sonst durch die Feuchtigkeitsempfindlichkeit des hochbrisanten Sprengstoffs zu Versagern kommen kann (Abb. 4.7).

Zündverteiler (Zündverzögerer). Mit Hilfe der Zündverteiler wird die Zündenergie auf die einzelnen Zünder verteilt (Abb. 4.8).

Die Zündverteiler bestehen aus einem Kunststoffblock und – in diesen einmündend – einer bestimmten Länge Zündschlauch, der an seinem Ende versiegelt ist. Im Kunststoffblock befindet sich die Übertragungskapsel, eine Sprengkapsel mit stark verminderter Grundladung (die Sprengkraft beträgt ca. 1/7 der herkömmlichen Sprengkapsel). Ausgelöst durch den Zündimpuls über den einmündenden Zündschlauch wird nach einer gewünschten, durch einen zwischengeschalteten Brennsatz bewirkten Verzögerung die Übertragungskapsel gezündet. Der Zündimpuls der Übertragungskapsel reicht aus, um alle weiteren in den Zündverteiler eingeführten Zündschläuche zu zünden und somit den Zündimpuls mit einer gewünschten Verzögerung über diese Zündschläuche zu den nichtelektrischen Zündern oder zu den nächsten Zündverteilern weiterzugeben. Dadurch lassen sich nach dem Baukastensystem beliebig viele Schüsse in gewünschter Verzögerung mit einem Zündimpuls abtun.

Startpistole. Initiiert werden kann das nichtelektrische System durch die üblichen sprengkräftigen Zündmittel wie Sprengkapsel, Sprengzünder oder Sprengschnur. Speziell für die nichtelektrische Zündung wurde aber eine

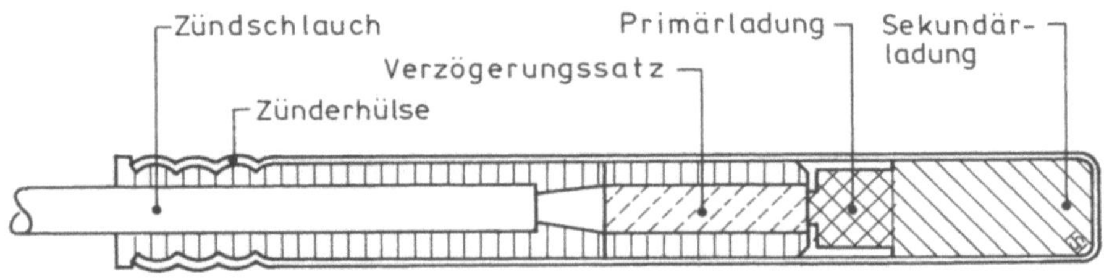

Abb. 4.7. Nichtelektrischer Zünder [58]

Abb. 4.8. Zündverteiler [58]

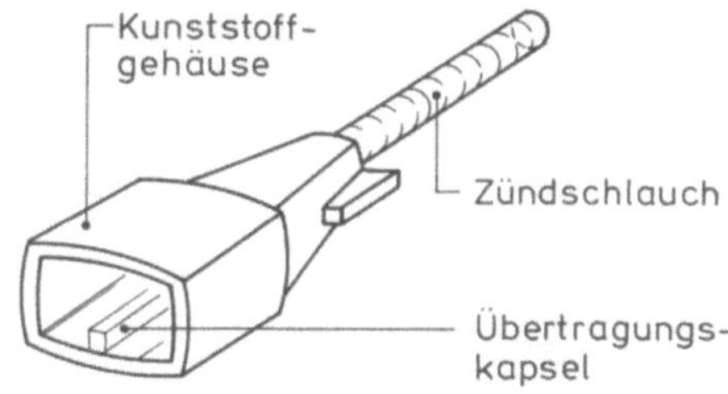

Startpistole mit Schlagbolzen und Platzpatrone entwickelt, deren Energie aus-reicht, um den in die Startpistole eingeführten Zündschlauch zur Detonation zu bringen (Abb. 4.9).

4.3.4
Die Sprengschnur (Knallzündschnur, detonierende Zündschnur)

Sprengschnüre bestehen aus einem mehrfach gewebten Textilschlauch, der mit einem hochbrisanten Sprengstoff, üblicherweise Nitropenta, gefüllt ist. Gegen Feuchtigkeit sind die Sprengschnüre durch eine Kunststoffhülle ge-schützt. Sprengschnüre können nur mittels Sprengkapsel oder Sprengzünder zur Detonation gebracht werden, die Detonationsfront pflanzt sich dabei mit etwa 7000 m/s in der Sprengschnur fort. Sprengschnüre werden vor allem zur Übertragung der Detonation von der Sprengkapsel bzw. dem Sprengzünder auf den Sprengstoff verwendet, können aber auch selbst als Sprengstoff dienen.

Sprengschnüre werden mit einer Sprengstoffmasse von 4 bis 100 g/m (und in Einzelfällen auch mehr) verwendet.

Im Tunnelbau werden überschwere Sprengschnüre als Sprengstoff für Kranzschüsse mit sehr gutem Erfolg zum gebirgsschonenden Sprengen ge-nutzt, was aber aufgrund der negativen Sauerstoffbilanz bei der Umsetzung und des hohen Schadstoffanteils in den Schwaden mit Problemen des Gesund-heitsschutzes verbunden ist.

Abb. 4.9. Startpistole
[Schaffler GmbH]

Sprengverzögerer (Detonationsverzögerer). Zur Erzielung einer gewünschten Verzögerung können Sprengverzögerer in der Sprengschnur zwischengeschaltet werden, wodurch die die Sprengschnur durchlaufende Detonationsfront um 20 bzw. 40 Millisekunden verzögert wird.

4.4
Transport und Lagerung

Der Transport und die Lagerung von Explosivstoffen als Problem der Sicherheit der Arbeitnehmer und als Problem der Sicherheit der Allgemeinheit wird in Kap. 9 „Sicherheit und Sicherheitsplanung im Sprengvortrieb" behandelt.

4.5
Lademengenermittlung

Um mit einer Sprengung die gewünschte optimale Wirkung zu erreichen, ist neben der richtigen Anordnung und Zündung der Ladung eine richtig bemessene Lademenge die wichtigste Voraussetzung.

Die Lademengenermittlung ist Bestandteil der Arbeitsvorbereitung in der Sprengtechnik. Von entscheidender Bedeutung ist sie bei Sprengschäden zur Klärung des Sachverhalts und der Verschuldensfrage.

Nicht bei allen Sprengungen ist eine Berechnung der Ladung möglich, in vielen Fällen, so auch im Tunnelbau, werden die Lademengen weitestgehend aufgrund von Erfahrungswerten ermittelt.

4.5.1
Sprengtechnische Begriffe

Verspannung. Unter Verspannung wird der vom Gebirgsdruck sowie der Zahl und Größe der freien Flächen abhängige Zustand des Gesteins verstanden. Im Tunnelbau wird die Verspannung durch die sogenannten Einbruchschüsse gelöst, die für die nachfolgenden Schüsse, die Helfer- und Kranzschüsse, freie Flächen erzeugen. Auch die weiteren Ladungen werden so angeordnet, daß sie für die nachfolgenden Schüsse die notwendigen freien Flächen schaffen.

Vorgabe. Die Vorgabe w stellt die wichtigste Größe für jede Lademengenberechnung dar (Abb. 4.10). Unter der Vorgabe versteht man den kürzesten Abstand des Bohrlochtiefsten zur nächsten freien Fläche.

In der Sprengtheorie wird durch eine geballte Ladung im Bohrlochtiefsten unter idealen Voraussetzungen ein Sprengtrichter erzeugt, bei dem der Radius des Trichters der Vorgabe entspricht.

Abschlagtiefe („Abschlagteufe"), Abschlaglänge. Die Abschlagtiefe (Abschlaglänge) ist vor allem vom Ausbruchquerschnitt des zu sprengenden Tunnels sowie den Gebirgseigenschaften und den damit notwendigen Sicherungsmaß-

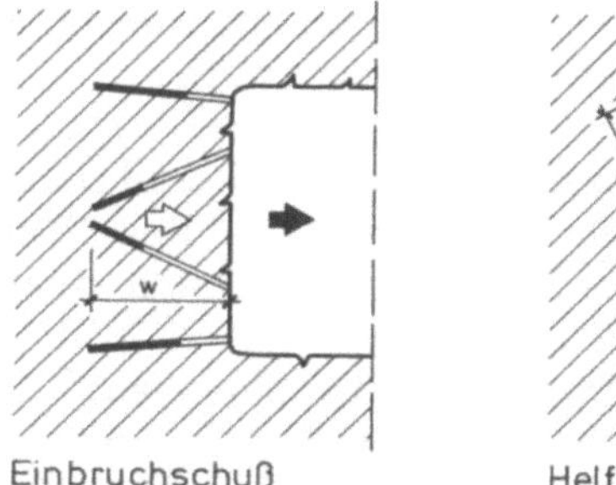

Abb. 4.10. Vorgabe beim Einbruchschuß und beim Helferschuß [53]

nahmen abhängig. Als Richtwert wird (bei Kreisquerschnitten) die Abschlagtiefe bei kleinen Profilen etwa die Hälfte, bei größeren Profilen beim Schrägeinbruch etwa zwei Drittel des Tunneldurchmessers und beim Paralleleinbruch etwa bis zur Größe des Tunneldurchmessers betragen. Die größte Abschlagtiefe beträgt etwa 4 bis 4,5 m, größere Abschlagtiefen scheitern zumeist an der zu großen Verspannung des Gebirges und auch aufgrund des unwirtschaftlichen Bohrens.

Generell kann gesagt werden, daß eine allgemeingültige rechnerische Bemessung der Abschlagtiefe angesichts der Vielzahl der Einflußgrößen nicht möglich ist. Die sprengtechnisch günstigste Abschlagtiefe und die in Anbetracht der Gebirgseigenschaften und der darauf beruhenden Sicherungsmaßnahmen mögliche Abschlagtiefe sind aufeinander abzustimmen. Grundsätzlich bringen größere Abschläge Vorteile in zeitlicher und kostenmäßiger Hinsicht.

Bohrlochdurchmesser. Die gängigsten Bohrlochdurchmesser im Tunnelbau betragen 36 mm bis 43 mm, in jüngster Zeit wird auch mit 45 mm Durchmesser

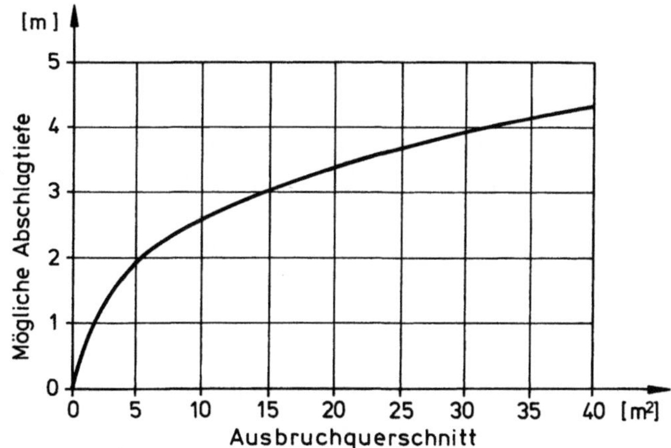

Abb. 4.11. Richtwerte der möglichen Abschlagtiefe in Abhängigkeit vom Ausbruchquerschnitt [194]

(und auch größer) gebohrt. Großbohrlöcher werden mit einem Durchmesser
von 75 mm bis zu 200 mm verwendet.

Patronendurchmesser. Für Einbruch- und Helferschüsse werden üblicherweise
Patronen mit einem Kaliber von 30 und 35 mm verwendet. Zur Verkürzung
der Ladezeit werden Langpatronen mit einer Länge von 700 mm und auch
mehr hergestellt.

Da zum gebirgsschonenden Sprengen (s. Kap. 4.6.3) ein Luftpolster zwischen Patrone und Bohrlochwand erwünscht ist, sind für Kranzschüsse klein-
kalibrige Langpatronen (mehr als ein Meter lang) in Verwendung. Bei gelatinösen Sprengstoffen werden diese Patronen mit einem Minimaldurchmesser
von 17 mm, bei Emulsionssprengstoffen von 25 mm erzeugt.

Bohrlochabstand. Der Bohrlochabstand bei Einbruchschüssen hängt vor allem
von der Art des gewählten Einbruchs ab.

Für Helferschüsse ist der Bohrlochabstand gleichbedeutend mit der zu wer-
fenden Vorgabe. Entscheidend für den Bohrlochabstand ist neben der Ge-
birgsgüte und der Größe des Ausbruchquerschnitts vor allem die Größe des
Sprengstoffkalibers. Das im Tunnelbau gebräuchlichste Sprengstoffkaliber
von 35 mm ist in der Lage, etwa 80 cm bis max. 110 cm Vorgabe zu werfen, somit ergibt sich die maximale Bohrlochentfernung für Helferschüsse mit
110 cm.

Bei Kranzschüssen sind die Bohrlöcher in einem geringeren Abstand voneinander am Profilrand angeordnet, um mittels schonendem Sprengen ein
möglichst profilgenaues Lösen des Gesteins zu erreichen. Der Bohrlochabstand wird üblicherweise bei dünnkalibrigen Patronen um 60 cm, bei Sprengschnüren um 40 cm gewählt.

4.5.2
Grundsätze zur Lademengenberechnung

Die meisten Lademengenberechnungen gehen von der Proportionalität der
Lademenge L zu dem zu sprengenden Volumen V aus.

Im einfachsten Fall wird durch eine Lademenge L ein Trichter ausgeworfen,
der in erster Näherung ein Kegel mit Radius r und Höhe w ist.

Für den Fall, daß der Kegel einen Scheitelwinkel von 90° aufweist, ergibt sich
$r = w$ und somit, daß das Volumen V proportional zu w^3 ist.

Mit der Einführung eines spezifischen Sprengstoffwertes q erhält man die
Gleichung für die Lademenge (Chalonsche Formel) [53]:

$$L = q \cdot w^3. \tag{4.1}$$

Da nicht in allen Fällen das erstrebte Sprengergebnis ein rechtwinkeliger
Trichter ist, wurde ein Faktor n eingeführt, der eine Funktion des Verhältnis-
ses der Vorgabe zum Kegelradius ist

$$L = q \cdot w^3 \cdot n. \tag{4.2}$$

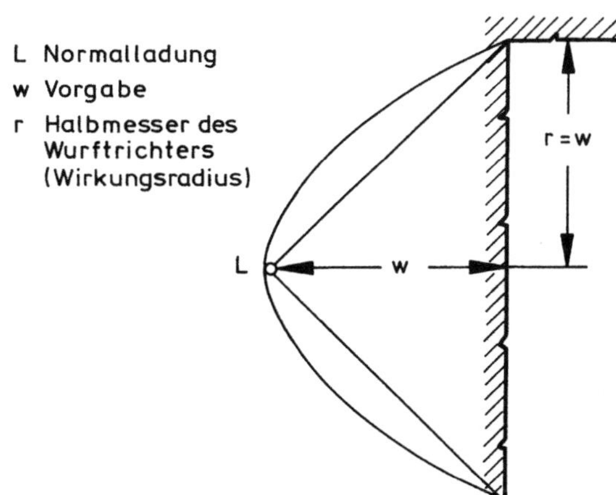

Abb. 4.12. Auswurftrichter beim Zünden einer Normalladung

Somit kann die Lademenge für jede Trichterform unter der Voraussetzung errechnet werden, daß die Ladung im Innern des zu sprengenden Volumens angebracht ist.

Die Formel von Chalon wurde durch Lares und Weichelt erweitert und der spezifische Sprengstoffwert q als Produkt von Gesteins-, Sprengstoff- und Laderaumeigenschaften ermittelt [53],[58].

$$q = f \cdot e \cdot s \cdot v \cdot d \qquad (4.3)$$

mit

f = Festigkeitsfaktor des zu sprengenden Materials,
e = Arbeitswert des Sprengstoffs („Brisanzzahl"),
s = Strukturfaktor des zu sprengenden Materials,
v = Verspannung des zu sprengenden Materials,
d = Verdämmung der Ladesäule.

Anwendung findet die erweiterte Chalonsche Formel hauptsächlich bei Gewinnungssprengungen in Steinbrüchen.

4.5.3
Ladungsbemessung im Tunnelbau

Zweifellos könnte auch im Tunnelbau die Lademenge nach obiger Formel für Einbruch-, Helfer- und Kranzbohrlöcher unter Berücksichtigung der für diese Bohrlöcher maßgebenden Vorgabe errechnet werden.

Die Anwendung der Chalonschen (oder einer anderen Formel) hat sich aber im Tunnelbau nicht durchgesetzt. Das zu durchörternde Gebirge hat zu viele und zu unterschiedliche Einflußgrößen, die einer Erfassung in Faktoren und damit einer rechnerischen Erfassung grundsätzlich entgegenstehen.

Im Tunnelbau ist es daher üblich, den ersten Sprengungen die bei ähnlichen Tunnelbauvorhaben gewonnenen Erfahrungen zugrunde zu legen.

Tabelle 4.1. Erfahrungswerte für den Sprengstoffverbrauch [kg/m³] in Abhängigkeit vom Tunnelquerschnitt und von der Gesteinsart [40]

Querschnitt bis	6 m²	10 m²	40 m²
Weiches Gestein Mergel, Lehm, Ton	0,8 bis 1,5	0,6 bis 1,3 Donarite	0,3 bis 1,0
Mittelhartes Gestein Sandstein, Kalkstein, Schiefer	2,0 bis 2,8	2,0 bis 2,5 Gelatinöse Sprengstoffe, Emulsionssprengstoffe	1,2 bis 1,7
Hartes Gestein Harter Kalkstein, Dolomit, Granit	2,5 bis 3,5	2,5 bis 3,0 Gelatinöse Sprengstoffe, Emulsionssprengstoffe	1,5 bis 2,0
Sehr hartes Gestein Harter Granit, Gneis, Basalt	2,8 bis 3,8	3,0 bis 3,5 Gelatinöse Sprengstoffe, Emulsionssprengstoffe	2,0 bis 2,5

An Grundsätzen ist zu berücksichtigen:

- Einbruchschüsse haben die größte Verspannung zu überwinden. Sie sind daher am stärksten und mit dem leistungsfähigsten Sprengstoff zu laden.
- Einbruch- und Helferbohrlöcher werden im Regelfall auf etwa zwei Drittel der Bohrlochtiefe geladen.
- Kranzbohrlöcher werden mit kleinkalibrigen Patronen oder mit Sprengschnüren geladen; bei größeren Abschlaglängen kann die Anordnung einer Schlagpatrone mit Normalkaliber im Bohrlochtiefsten notwendig sein.
- Bei der Wahl des Bohrlochabstands ist die Hebewirkung der Sprengstoffe zu berücksichtigen; die Hebewirkung eines Sprengstoffkalibers von 35 mm beträgt etwa 80 bis 110 cm.
- Der Sprengstoffverbrauch in Abhängigkeit vom Ausbruchquerschnitt und der Gebirgsart kann mit den Werten der Tabelle 4.1 abgeschätzt werden.
- Anhand der Ergebnisse der ersten Sprengungen werden das Bohrschema und die Lademenge für die Folgesprengungen nötigenfalls korrigiert. Auf diese Weise können auch wechselnde Gebirgseigenschaften berücksichtigt werden.

4.6
Das Bohr- und Zündschema

Im Tunnelbau wird zwischen drei Arten von Bohrlöchern und -schüssen unterschieden:

- die Einbruchschüsse, die die Verspannung an der Ortsbrust brechen;
- die Helferschüsse, die den durch den Einbruch geschaffenen Hohlraum vergrößern und so die gewünschte Abschlagtiefe bringen;
- die Kranzschüsse, die den Hohlraum auf das gewünschte Profil erweitern.

4.6.1
Einbruchschüsse

Zwei Arten von Einbrüchen werden im Tunnelbau angewendet, nämlich Einbrüche mit schrägen (Schrägeinbrüche) und mit parallelen Bohrlöchern (Paralleleinbrüche).

Schrägeinbrüche. Zu den gebräuchlichsten Schrägeinbrüchen zählen der Kegeleinbruch, der Keileinbruch und der Fächereinbruch. Darüber hinaus ist durch Kombination dieser Grundformen eine große Anzahl von Einbruchformen möglich.

Bei kleinen Profilen und der Verwendung von Bohrwagen können Schrägeinbrüche nicht angewendet werden, da die Lafetten der Bohrwagen wegen des geringen Durchmessers nicht in die entsprechende Schrägstellung gebracht werden können.

Ein Vorteil der Schrägeinbrüche liegt darin, daß Bohrungenauigkeiten eher „verzieht" werden als beim Paralleleinbruch, d.h. auch bei Bohrungenauigkeiten wird noch ein zufriedenstellendes Sprengergebnis (Abschlagtiefe, Haufwerk) geliefert.

Grundsätzlich ist zu sagen, daß der Trend zu möglichst einfachen Sprengbildern besteht. Komplizierte Sprengbilder werden in der heutigen Zeit, die primär auf schnellen Vortrieb ausgerichtet ist, kaum mehr angewendet. Aus diesem Grund und auch wegen des Sprengerfolgs wird von den Schrägeinbrüchen vor allem der Keileinbruch in der Praxis angewendet.

Kegeleinbruch. Die Anordnung der Schrägbohrlöcher erfolgt so, daß sich für den Einbruch ein kegelförmiger Ausbruch ergibt. Die im Bohrlochtiefsten eng zusammenstehenden Ladungen der einzelnen Einbruchsbohrlöcher haben durch ihre vereinte Wirkung den Effekt einer geballten Ladung. Meist ist bei größeren Abschlaglängen ein einfacher Kegeleinbruch unzureichend, es muß ein zweiter, gestaffelter Kegeleinbruch angeordnet werden.

Keileinbruch. Anstelle eines Kegels wird beim Keileinbruch ein Keil durch mehrere senkrecht oder waagerecht angeordnete Paare von Bohrlöchern herausgesprengt. Bei größeren Abschlagtiefen wird noch ein zweiter Keil vorgesetzt.

Wegen seiner Übersichtlichkeit wird der Keileinbruch von den Praktikern vor Ort gern angewendet, zu berücksichtigen ist allerdings die relativ große

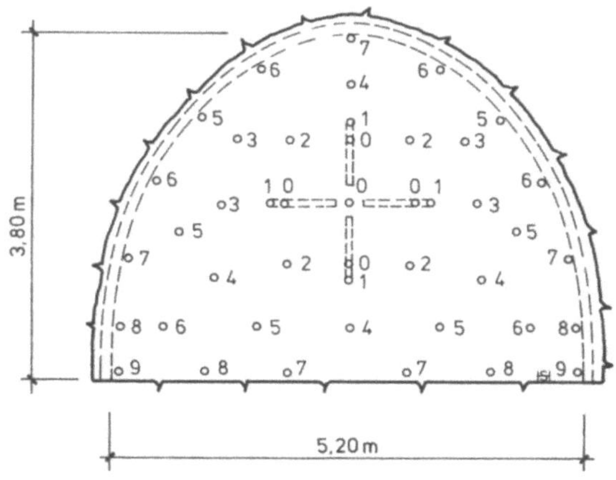

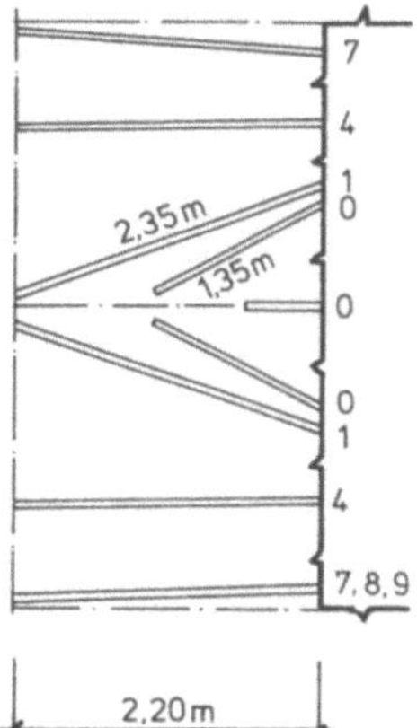

Abb. 4.13. Kegeleinbruch [84]

Abb. 4.14. Keileinbruch [84]

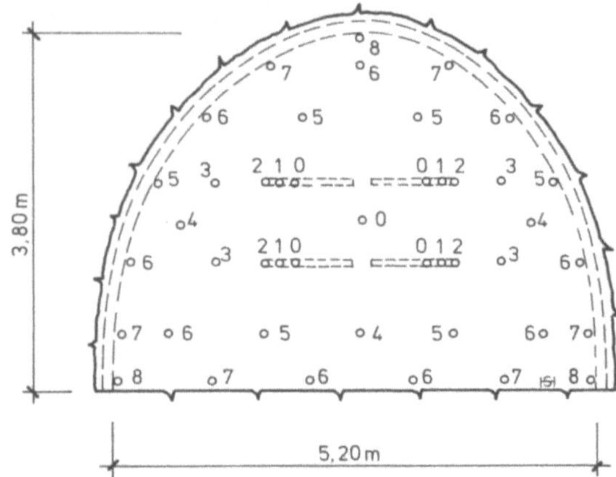

Schleuderwirkung, speziell dann, wenn als Einbruch der Keil nicht gestaffelt, sondern als Ganzes in einer Zeitstufe herausgesprengt wird.

Fächereinbruch. Die ersten Einbruchbohrlöcher werden dabei unter einem spitzen Winkel zur Ortsbrust und mit geringer Vorgabe entweder senkrecht oder waagerecht geneigt angesetzt und die weiteren Bohrlöcher fächerartig bis zum Erreichen der vollen Abschlaglänge angeordnet (Abb. 4.15).

Paralleleinbrüche. Die Paralleleinbrüche weisen ausschließlich parallel zur Vortriebsrichtung und damit normal zur Ortsbrust verlaufende Bohrlöcher auf. Zur Erzielung des gewünschten Sprengerfolgs ist ein exaktes Bohren auf die gesamte Tiefe unumgänglich, der Einsatz von Bohrlafetten ist daher Bedingung. Besonders bei engen Tunnelprofilen und verbunden mit dem Einsatz von Bohrwagen sind größere Abschlagtiefen als bei Schrägeinbrüchen erreichbar. Zu den Paralleleinbrüchen zählen der Brennereinbruch und der

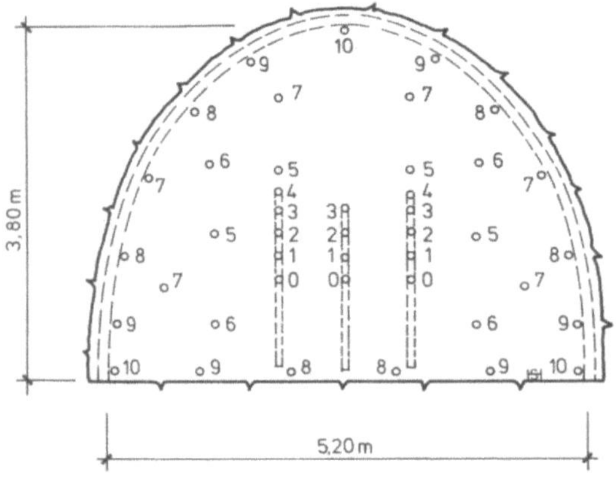

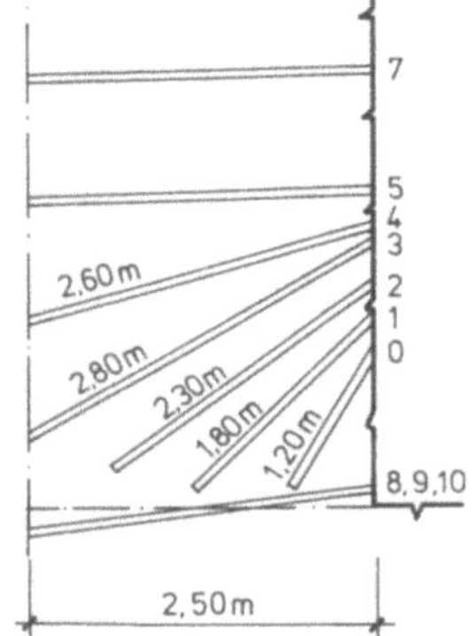

Abb. 4.15. Fächereinbruch [194]

Abb. 4.16. Spiraleinbruch [194]

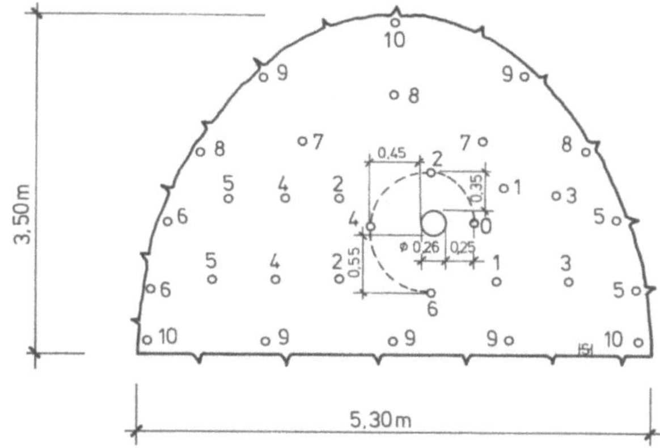

Großbohrlocheinbruch. Darüber hinaus sind eine Vielzahl von Variationen möglich.

Brennereinbruch. Der Brennereinbruch ist die älteste Form des Parallelbohrlocheinbruchs. Der Sprengerfolg beruht dabei nicht auf dem Werfen der Vorgabe wie bei den Schrägeinbrüchen, sondern auf der Zertrümmerungswirkung des Sprengstoffs auf das zwischen den Bohrlöchern liegende Gestein.

Zwischen den geladenen Bohrlöchern werden mit einem Bohrlochabstand von 8 bis 15 cm ungeladene Bohrlöcher angeordnet, die den Auswurf des zwischen den Bohrlöchern zertrümmerten Gesteins ermöglichen. Wird dabei die Ladung zu stark bemessen, kommt es statt des Auswurfs zum Festbrennen (Sintern) des Gesteins. Heute wird der Brennereinbruch nicht mehr verwendet.

Großbohrlocheinbruch. Bei dieser Einbruchsart werden die geladenen Einbruchbohrlöcher auf Vorgabe um das ungeladene Großbohrloch angeordnet und somit der eigentliche Einbruch nicht gesprengt, sondern gebohrt. Zu den heute verwendeten Einbruchsarten zählen der Spiraleinbruch und der Doppelspiraleinbruch.

Beim Spiraleinbruch (Abb. 4.16) und beim Doppelspiraleinbruch werden die Einbruchbohrlöcher spiralförmig um das Großbohrloch angeordnet. Eine Sonderform des Doppelspiraleinbruchs stellt der Coromanteinbruch dar, bei dem anstelle des Großbohrlochs zwei unter Zuhilfenahme einer Schablone ineinander gebohrte Bohrlöcher angeordnet sind. Bei kleinen Querschnitten mit hoher Verspannung erweist sich der Coromanteinbruch als besonders wirksam (Abb. 4.17).

4.6.2
Helferschüsse

Nachdem durch die Einbruchschüsse eine zweite freie Fläche geschaffen wurde, können die Helferschüsse auf Vorgabe zum Einbruch hin gesprengt werden.

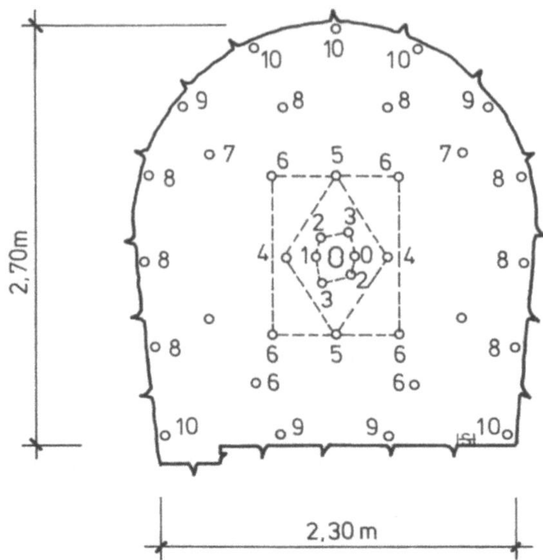

Für das im Tunnelbau gebräuchlichste Sprengstoffkaliber von 35 mm ist das Werfen einer Vorgabe von etwa 80 cm bis max. 110 cm bei sehr guten Gebirgseigenschaften möglich.

4.6.3
Kranzschüsse

Die Kranzschüsse haben die Aufgabe, durch schonendes Sprengen ein möglichst genaues Profil herzustellen. Sowohl ein Mehrausbruch als auch ein Minderausbruch führen zu erhöhten Nachbearbeitungskosten und sind daher zu vermeiden.

Schonendes Sprengen. Das Prinzip des schonenden Sprengens bringt folgende Vorteile:

- Es werden maßgenaue Begrenzungen hergestellt, ein Mehrausbruch mit erhöhten Verfüllungskosten bleibt ebenso erspart wie die Nachbearbeitungskosten bei einem Minderausbruch.
- Das stehenbleibende Gebirge wird geschont und Risse oder eine Auflockerung vermieden.
- Die Erschütterung auf die Umgebung wird stark verringert.

Diese Wirkungen werden dadurch erzielt, daß entlang der geplanten Abrißlinie, im Tunnelbau also entlang des geplanten Profils, Bohrlöcher in kurzen Abständen aneinandergereiht angeordnet werden.

Diese Bohrlöcher werden nur schwach, und zwar mit Patronen dünnen Kalibers oder mit Sprengschnüren geladen, so daß ein Luftpolster zwischen

Patrone und Bohrlochwand vorhanden ist. Dadurch wird das Gebirge nicht ausgeworfen oder zertrümmert, sondern es bildet sich zwischen den Bohrlöchern lediglich ein Trennungsspalt, der ein Ablösen des Gesteins gewährleistet.

Die Zündung der Kranzschüsse sollte möglichst gleichzeitig erfolgen, damit auch eine gleichzeitige und somit gleichmäßige Spaltbildung von jedem Bohrloch ausgehend zum Nachbarbohrloch erfolgen kann. Bei gleichzeitiger Zündung der Kranzschüsse kommt es allerdings zu einer größeren Erschütterungswirkung.

Kleinkaliberpatronen. Hauptsächlich genutzt werden speziell für Kranzschüsse angefertigte, dünne Kaliber von gelatinösen Sprengstoffen und Emulsionssprengstoffen mit einem Durchmesser um ca. 20 bis 25 mm geringer als der Bohrlochdurchmesser. Dabei darf ein kritischer Durchmesser, der für ein sicheres Durchdetonieren der Ladesäule erforderlich ist, nicht unterschritten werden. Dieser kritische Durchmesser beträgt bei gelatinösen Sprengstoffen 17 mm, bei Emulsionssprengstoffen 25 mm. Die Kranzbohrlöcher werden üblicherweise mit Dämmschirmen verschlossen, um ein Auswerfen der Patronen zu verhindern.

Sprengschnüre als Ladung. Überschwere Sprengschnüre als Sprengstoff für Kranzschüsse weisen für das schonende Sprengen sehr gute sprengtechnische Eigenschaften auf. Das hochbrisante Nitropenta sorgt für einen entsprechenden, starken Detonationsstoß, der eine Trennfuge zwischen den Kranzbohrlöchern bildet, eine Rißbildung des stehenbleibenden Gebirges aber vermeidet und so ein relativ glattes und genaues Ausbruchprofil erzeugt [70], [122], [123].

Verglichen mit gelatinösem Sprengstoff werden Sprengschnüre für Kranzschüsse in geringerer Gewichtsmenge benötigt – das Ladegewicht je Bohrloch beträgt nur etwa ein Drittel. Dafür ist normalerweise allerdings ein etwas geringerer Bohrlochabstand erforderlich, d.h. es werden mehr Bohrlöcher benötigt. Vermehrte Vorarbeiten erfordern das Ablängen der Sprengschnüre und, um das Ausrinnen der Sprengstoffseele zu verhindern, das Verschließen der Sprengschnurenden.

Nachteile der Sprengschnüre bestehen in den höheren Anschaffungskosten, in der negativen Sauerstoffbilanz bei der Umsetzung und im relativ großen Schadstoffanteil an Kohlenmonoxid in den Schwaden (es wurde etwa der fünfundzwanzigfache Wert gegenüber Emulsionssprengstoffen gemessen). Dies wird aber durch die geringere Sprengstoffmenge in den Sprengschnüren, verglichen mit der für die Einbruch- und Helferschüsse eingesetzten Menge, relativiert.

4.6.4
Die Zündfolge

Gezündet wird ausschließlich mit Zeitzündern. Entscheidend für die Wahl der Zeitstufen ist der Umstand, daß der vorhergehende Schuß genügend Zeit zum Auswurf haben muß. Die aus diesem Grund früher ausschließlich verwendeten Halbsekundenzünder werden in letzter Zeit hauptsächlich durch 80-Millisekundenzünder ersetzt. Dies bringt in den meisten Fällen ausreichend Zeit für das Werfen des Materials mit sich, gleichzeitig aber auch eine günstige Beeinflussung der einzelnen Schüsse durch Überlagerung der Bodenschwingungen und durch die Wirkung des Gasdrucks auf die nachfolgenden Schüsse. Lediglich bei den Einbruchschüssen empfiehlt es sich – vor allem bei Hartgestein –, jeweils eine Zeitstufe auszulassen, um die Zeit für ein sicheres Werfen des vorhergehenden Schusses sicherzustellen.

Als feste Regel für die Wahl der Zündfolge gilt, die Einbruchschüsse mit den niedrigsten Zahlen der Zeitstufen zu zünden. Die Helfer- und Kranzschüsse erhalten höhere Zahlen, wobei diese Zahlen mit wachsendem Abstand vom Einbruch steigen. Als letzte werden die Kranzschüsse abgetan.

Die Wahl der Zeitstufen für die einzelnen Schüsse ist den Abb. 4.13 bis 4.17 zu entnehmen.

4.7
Der Ladevorgang

4.7.1
Ladegeräte und Hilfsmittel

Einblasegeräte. Für unpatronierten, losen Sprengstoff stehen Einblasegeräte zur Verfügung, mit denen mittels Schlauch der pulverförmige Sprengstoff (ANC-Sprengstoff) in das Bohrloch eingeblasen wird.

Mischpumpfahrzeuge. Pumpfähige Slurries können mit eigenen Mischpumpfahrzeugen vor Ort aus den in eigenen Behältern des Fahrzeugs angelieferten Komponenten hergestellt werden.

Da aber ANC-Sprengstoffe und Pumpslurries im Tunnelbau selten verwendet werden, finden diese Ladegeräte ebenfalls selten Verwendung.

Ladepistolen. Für patronierten gelatinösen Sprengstoff oder Emulsionssprengstoff stehen zum Einbringen Ladepistolen zur Verfügung, in die die Sprengstoffpatronen geladen und durch ein Kunststoffladerohr mittels Preßluft mit max. 5 bar in das Bohrloch geschossen werden.

Aus Sicherheitsgründen wird mittels Ladepistole dann nicht geladen, wenn sich im Bohrloch bereits eine Schlagpatrone befindet. Da aber im Tunnelbau überwiegend aus dem Bohrlochtiefsten gezündet wird, bleibt die Verwendung von Ladepistolen auf Einzelfälle beschränkt.

Ladestock und Räumkratze. Zu den einfachen überall verwendeten Hilfsmitteln bei der Ladearbeit zählen der Ladestock aus Kunststoff oder Holz, mit dem die Gängigkeit des Bohrlochs vor dem Laden geprüft wird und mit dem die Sprengstoffpatronen eingeschoben und verdichtet werden, sowie die Räumkratze, mit der Material aus dem Bohrloch entfernt und – Schlagpatronen ausgenommen – steckengebliebene Patronen herausgezogen werden können.

4.7.2
Die Schlag- oder Zündpatrone

Diejenige Patrone, in der das Zündmittel, im Tunnelbau also vor allem der elektrische Sprengzünder oder in Ausnahmefällen der nichtelektrische Sprengzünder, zur Gänze eingebracht wird, wird als Schlagpatrone (in der Schweiz als Zündpatrone) bezeichnet (Abb. 4.18). Werden dabei in einem Bohrloch verschiedene Sprengstoffarten verwendet, so ist für die Schlagpatrone stets der brisantere Sprengstoff zu wählen. Die Schlagpatrone wird erst unmittelbar vor dem Einbringen in das Bohrloch hergestellt. Die Patrone wird dabei an der Stirnseite vorgelocht und der Sprengzünder so eingeführt, daß er vollständig von Sprengstoff umgeben ist. Der Kapselboden des Sprengzünders zeigt dabei immer in die Richtung der Ladesäule.

Im Tunnelbau kommen bei der elektrischen Zündung ausschließlich hochunempfindliche Zünder zur Anwendung. Die Drähte der elektrischen Sprengzünder werden als Schlinge um die Schlagpatrone herumgelegt und straffgezogen, bei nichtelektrischen Sprengzündern wird der Zündschlauch mit Klebeband oder Verbindungsdraht an der Schlagpatrone befestigt. In beiden Fällen wird dadurch das Herausziehen des Zünders aus der Schlagpatrone verhindert.

Für die Anordnung der Schlagpatrone in der Ladesäule im Bohrloch bestehen die Möglichkeiten, sie als erste Patrone im Bohrlochtiefsten, als letzte Patrone am Bohrlochmund oder, wenn schlagende Wetter zu erwarten sind, als vorletzte Patrone zu laden.

Für die Zündung aus dem Bohrlochtiefsten sprechen sprengtechnische Gründe – die Detonation beginnt an der Stelle, wo die meiste Arbeit zu leisten ist – aber auch sicherheitstechnische Aspekte. Bei der Zündung vom Bohrlochmund kann es nämlich zu Teilversagern, z. B. durch Abreißen der Ladung durch den vorher detonierenden Nachbarschuß, und damit zu Bohrlochpfeifen mit Sprengstoffresten kommen, was im Falle des – verbotenen – Weiterbohrens der Pfeifen zu schweren Unfällen führen kann. Zwar kann es auch bei der Zündung aus dem Bohrlochtiefsten zu Bohrlochpfeifen kommen, aber das Verbleiben von Sprengstoffresten in diesen Pfeifen ist dabei äußerst unwahrscheinlich.

Nachteilig kann sich bei der elektrischen Zündung aus dem Bohrlochtiefsten auswirken, daß die Zünderdrähte bis ins Bohrlochtiefste und mitunter über scharfe Ecken und Kanten eingeführt werden müssen. Dabei kann die Isolierung der Zünderdrähte beschädigt oder es können die Zünderdrähte durchtrennt werden, was dazu führen kann, daß diese Zünder keinen Stromdurchgang haben. Derartige Fehler werden aber bei der Überprüfung des Zündkreises mittels Zündkreisprüfer bemerkt und durch Aufsetzen einer neuen Schlagpatrone beseitigt.

Bei der nichtelektrischen Zündung (Schlauchzündung) aus dem Bohrlochtiefsten ist es wegen der Dicke des Zündschlauches zwar unwahrscheinlich, aber nicht auszuschließen, daß es zu einer mechanischen Beschädigung der Zündschläuche durch scharfe Gesteinskanten kommt. Dies kann wegen der Feuchtigkeitsempfindlichkeit des hochbrisanten Sprengstoffs im Zündschlauch zu Versagern führen, was durch eine Augenscheinprüfung nicht ersichtlich ist.

Nach Abwägen der Vor- und Nachteile hat sich im Tunnelbau die Zündung aus dem Bohrlochtiefsten durchgesetzt und wird heute nahezu ausnahmslos angewendet.

Wird die Sprengschnur als Zündmittel verwendet, so muß die erste Patrone mit der Sprengschnur fest verbunden werden (in Österreich wird die mit der Sprengschnur verbundene Patrone auch als „Zündpatrone" bezeichnet, um den Unterschied zur Schlagpatrone zu betonen). Dies kann erfolgen entweder

- durch Anlegen der Sprengschnur an die Patrone und Umwickeln mit Klebeband oder Draht,
- durch Umwickeln der Patrone mit der Sprengschnur mit anschließendem Verknoten der Schnur oder
- durch Ziehen der Sprengschnur durch die in Längsrichtung vorgelochte Patrone.

4.7.3
Das Laden

Vor dem Beginn des Ladens wird das Bohrloch mittels Ladestock auf seine Gängigkeit untersucht und hinsichtlich seiner Tiefe und Richtung kontrolliert, etwaiges Material im Bohrloch wird mittels Räumkratze oder durch Ausblasen des Bohrlochs mittels Druckluft entfernt. Danach wird die Schlagpatrone hergestellt und mittels Ladestock ins Bohrlochtiefste eingeschoben. Dabei ist darauf zu achten, daß der Kapselboden des in der Schlagpatrone befindlichen Sprengzünders in Richtung der Ladesäule, also zum Bohrlochmund, zeigt (Abb. 4.18).

Beim Einschieben der Schlagpatrone kann durch Straffhalten der Zünderdrähte eine mechanische Beschädigung der Drahtisolierung infolge des Bewegens über scharfe Kanten weitgehend vermieden werden.

Um eine möglichst dichte Ausladung des Bohrlochs und damit eine möglichst gute Sprengwirkung zu erzielen, ist es bei gelatinösen Sprengstoffen und Emulsionssprengstoffen von Vorteil, die Patronen nach dem Einbringen durch mehrmaliges festes Andrücken mittels Ladestock zu verdichten.

Zum Einbringen der kleinkalibrigen Patronen bei Kranzbohrlöchern bietet sich die Verwendung von geschlitzten Kunststoffrohren als Ladehelfer

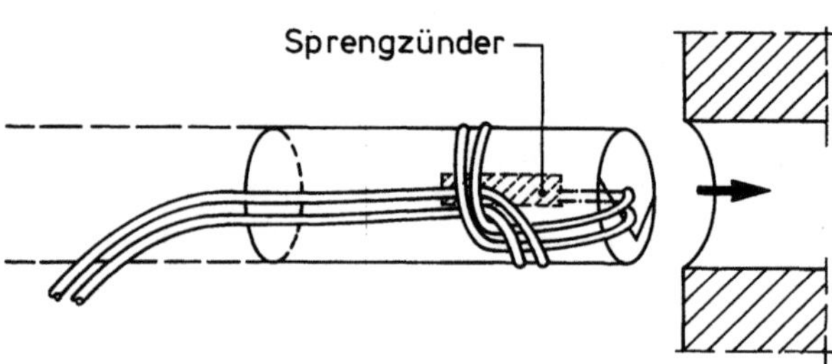

Abb. 4.18. Schlagpatrone [58]

an. In diese Kunststoffrohre werden die dünnen Patronen eingeklemmt und bilden so einen starren Stab, der leicht ins Bohrloch eingeschoben werden kann.

4.7.4
Das Besetzen

Das Aufbringen eines Besatzes (Sand, Lehm, Wasser) am Bohrlochmund ist in der Sprengtechnik, vor allem bei Gewinnungssprengungen, allgemein üblich. Die bei der Umsetzung des Sprengstoffs freiwerdende Energie wird durch den Besatz in größerem Ausmaß – besonders bei kurzen Ladesäulen – für die Zertrümmerung und den Auswurf des Materials genutzt.

Ein weiterer Vorteil des Besatzes liegt darin, daß der Anteil der giftigen Bestandteile in den freiwerdenden Schwaden geringer ist und daß Patronen nicht vorzeitig aus dem Bohrloch herausgerissen werden können. Als Besatz können loses Material, vor allem aber Besatzpatronen verwendet werden. Besatzpatronen aus Wasser haben zusätzlich den sicherheitstechnischen Vorteil, bei der Sprengung die Entwicklung von Staub zu vermindern und nitrose Gase zumindest teilweise bei ihrer Entstehung niederzuschlagen.

Trotz dieser spreng- und sicherheitstechnischen Vorteile ist im Tunnelbau nach wie vor das Sprengen ohne Besatz weit verbreitet. Durch die Länge der Ladesäulen wirken die dem Bohrlochmund nahegelegenen Patronen gleichsam als Besatz, wodurch eine einwandfreie Umsetzung der Patronen im Bohrlochtiefsten und damit die gewünschte Abschlagtiefe garantiert ist. Daß grobstückigeres Haufwerk anfällt, ist im Tunnelbau nur dann von Bedeutung, wenn der Abtransport über Förderbänder erfolgt. Außerdem bringt selbstverständlich das Nichtbesetzen Geld- und Zeitersparnis mit sich.

Mit Kleinkaliberpatronen geladene Kranzbohrlöcher werden aus Sicherheitsgründen in jedem Fall verschlossen, um ein Auswerfen der dünnen, im Bohrloch nicht verdichteten Sprengstoffpatronen nach der Zündung aus dem Bohrlochtiefsten zu verhindern. Wegen der schwachen Ladung der Kranzbohrlöcher könnte aber ein in normaler Stärke aufgebrachter Besatz dazu führen, daß im Bereich des Besatzes keine ausreichende Rißbildung zwischen den Bohrlöchern auftritt und Nacharbeiten notwendig sind. Daher werden für mit Kleinkaliberpatronen geladene Kranzschüsse bevorzugt Dämmschirme zum Abschließen der Kranzbohrlöcher verwendet. Mit Sprengschnüren geladene Kranzbohrlöcher hingegen werden üblicherweise nicht verschlossen, da ein Auswerfen der im Bohrlochtiefsten zur Zündung gebrachten Sprengschnüre unwahrscheinlich ist.

4.7.5
Die Zündung

Die elektrische Zündung. Die aus dem Bohrloch ragenden Zünderdrähte werden mit den Zünderdrähten der Nachbarbohrlöcher verbunden und so die einzelnen Zünder hintereinander geschaltet.

Die somit gewonnene Zünderkette wird mittels Zündkreisprüfer geprüft, der Widerstand des Zündkreises gemessen und mit dem errechneten Gesamtwiderstand, bestehend aus den Widerständen der einzelnen Zünder und den allenfalls verwendeten Verbindungsdrähten, verglichen (durch die verwendeten hochunempfindlichen Zünder ist vom Standpunkt der Sicherheit die Widerstandsmessung, das Prüfen des kleinen Zündkreises, vor Räumung des Gefahrenbereichs unbedenklich). Ist der gemessene Widerstand größer als der errechnete, sind zumeist die Drahtverbindungen schlecht ausgeführt. Wird ein kleinerer Widerstand gemessen, sind entweder Nebenschlüsse vorhanden, oder es wurden einzelne Zünder nicht angeschlossen.

Nach Beseitigung dieser möglichen Fehler und Übereinstimmung des gemessenen mit dem errechneten Widerstand wird die Zünderkette mit der Zündleitung („Schießleitung") durch Verbindungsdrähte („Schonleitung") verbunden. Die Zündleitung führt zur Deckung, in der die Zündmaschine aufgestellt ist.

Vor dem Anschluß der Zündleitung an die Zündmaschine wird noch der gemessene Gesamtwiderstand des schußfertigen Gesamtzündkreises auf Übereinstimmung mit dem errechneten Gesamtwiderstand (Summe der Widerstände der Zünder, der Verbindungsdrähte und der Zündleitung) verglichen. Zugleich muß sichergestellt werden, daß der Grenzwiderstand der Zündmaschine nicht überschritten wird. Nachdem all diese Überprüfungen durchgeführt wurden und der Streubereich geräumt und abgesperrt wurde, erfolgt die Zündung.

Die elektronische Zündung. Nach Prüfung der Zündkreise müssen die Elektronik des gesamten Zündsystems zuerst durch ein kodiertes Signal des Programmier- und Steuergeräts entsichert und die Kondensatoren jedes einzelnen Zünders aufgeladen werden, danach wird das Zündzeitintervall programmiert. Im letzten Schritt erfolgt die eigentliche Zündung, die ebenfalls nur durch ein kodiertes Signal der Zündmaschine ausgelöst werden kann.

Die nichtelektrische Zündung. Bei der nichtelektrischen Zündung werden die aus dem Bohrloch ragenden, noch verschlossenen Zündschläuche in Verteilerblöcken zusammengefaßt und so schrittweise zu einem einzigen Zündschlauch vereinigt, der bis in die Deckung zur Startpistole (oder zur sonstigen, die Zündung auslösenden Vorrichtung) führt.

Eine Überprüfung des schußfertigen Zündkreises wie bei der elektrischen Zündung durch eine Widerstandsmessung ist nicht möglich. Die Kontrolle muß sich auf die optische Überprüfung der Schlauchverbindungen beschränken.

4.8
Zeitermittlung

Zur Abschätzung der für eine Sprengung benötigten Zeit werden die einzelnen Arbeitsschritte untersucht (s. dazu auch [84]).

4.8.1
Laden

Der Zeitaufwand für die Ladetätigkeit kann in einen für jedes Bohrloch konstanten Anteil t_1 und einen von der Bohrlochlänge abhängigen Anteil t_{1L} aufgeteilt werden.

Unabhängig oder zumindest nahezu unabhängig von der Bohrlochlänge ist der Zeitaufwand

- den ein Arbeiter und mit ihm die benötigten Sprengmittel und sonstige Hilfsmittel zum Erreichen des Bohrlochs benötigt,
- für das Aufteilen der Zeitzünder auf die Bohrlöcher,
- für das Untersuchen des Bohrlochs auf seine Gängigkeit und
- für das Herstellen und sorgfältige Einbringen der Schlagpatrone.

Als von der Länge des Bohrlochs abhängig anzusehen ist der Zeitaufwand

- für das eventuell notwendige Entfernen von Gesteinsteilen aus dem Bohrloch und
- für das Einbringen und Verdichten der restlichen Ladung.

Zeitschätzung. Für einen erfahrenen und geübten Tunnel- und Stollenmineur, für den alle erforderlichen Arbeitsmittel zur Verfügung stehen, wird der für jedes Bohrloch konstante Anteil an den Ladearbeiten ca. 0,35 min je Bohrloch betragen. Der von der Bohrlochlänge abhängige Zeitaufwand kann bei Verwendung von Langpatronen mit 0,25 min, bei Normalpatronen mit 0,35 min je Meter Bohrlochlänge geschätzt werden.

t_1 = 0,35 min je Bohrloch

t_{1L} = 0,25 min je Meter Bohrlochlänge bei Langpatronen

t_{1N} = 0,35 min je Meter Bohrlochlänge bei Normalpatronen

4.8.2
Besetzen

Der auf das Laden folgende Arbeitsschritt besteht aus dem Verschließen der Bohrlöcher: bei Einbruch- und Helferbohrlöchern realisiert durch die Verwendung von Besatzpatronen, bei Kranzbohrlöchern üblicherweise durch Anwendung von Dämmschirmen.

Zeitschätzung. Der Zeitaufwand für Dämmschirme liegt bei 0,15 min, für Besatzpatronen bei 0,25 min je Bohrloch.

t_{2D} = 0,15 min je Bohrloch für Dämmschirme

t_{2B} = 0,25 min je Bohrloch für Besatzpatronen

Vielfach wird im Tunnelbau auch auf das Besetzen verzichtet (s. dazu auch Kap. 4.7.4 und 4.9.3)

4.8.3
Verbinden der Zünderdrähte

Nach dem Laden und ggf. Besetzen der Bohrlöcher werden die aus dem Bohrloch ragenden Zünderdrähte – nötigenfalls unter Verwendung von Verbindungsdraht – mit den Zünderdrähten der Nachbarbohrlöcher verbunden.

Zeitschätzung. Hierfür werden ca. 0,15 min je Bohrloch benötigt.

$$t_3 = 0{,}15 \text{ min je Bohrloch}$$

4.8.4
Herstellen und Prüfen des Zündkreises, Zünden

Die nächsten Schritte bestehen aus der Verlegung der Verlängerungsdrähte (Schonleitung) und der Zündleitung, dem Herstellen des schußfertigen Zündkreises (Verbinden der Zünderkette mit der Schonleitung), dem Messen des Widerstands des Zündkreises und Prüfen auf Übereinstimmung mit dem errechneten Widerstand (und daran anschließend der Beseitigung von eventuellen Fehlern), der Räumung des Streubereichs (alle Maschinen und Geräte vor Ort müssen in Sicherheit gebracht werden), dem Aufsuchen der Deckung und schließlich dem Zünden.

Zeitschätzung. Für diese Arbeiten werden je nach den örtlichen Gegebenheiten und den in Sicherheit zu bringenden Maschinen und Geräten 5 bis 15 min je Sprengung erforderlich sein.

$$t_0 = 5 - 15 \text{ min je Sprengung}$$

4.8.5
Gesamtzeit für eine Sprengung

Dauer der anfallenden Arbeiten. Bezeichnet man mit

n_B die Zahl der Bohrlöcher,

l_A die Abschlagtiefe in Meter; anstelle der geringfügig unterschiedlichen Bohrlochlängen wird vereinfachend mit der Abschlagtiefe gerechnet,

y_B jenen Vergleichswert, der angibt, wieviel Prozent der Bohrlöcher mit Besatzpatronen verschlossen werden,

y_D jenen Vergleichswert, der angibt, wieviel Prozent der Bohrlöcher mit Dämmschirmen verschlossen werden,

so erhält man die Gesamtzeit für eine Sprengung:

$$T_A = n_B \cdot l_A \cdot t_{1\,L,N} + n_B \cdot t_1 + n_B \cdot y_B \cdot t_{2B} + n_B \cdot y_D \cdot t_{2D} + n_B \cdot t_3 + t_0$$
$$T_A = n_B \cdot (l_A \cdot t_{1\,L,N} + t_1 + y_B \cdot t_{2B} + y_D \cdot t_{2D} + t_3) + t_0.$$

Erforderlicher Zeitaufwand. Obige Zeitwerte beruhen auf der Annahme, daß die Arbeiten von einem Arbeitnehmer und nacheinander ausgeführt werden. In der Realität werden diese Arbeiten aber immer von mehreren Arbeitnehmern ausgeführt, darüber hinaus werden einige Arbeiten noch während des Bohrens durchgeführt (s. Kap. 4.9.4). Hierzu zählen das Auslegen der Schieß- und Zündleitung, in bezug auf die Zeitbetrachtung am wichtigsten ist aber das Laden und Besetzen von bereits fertig gebohrten Bohrlöchern. Ob und in welchem Ausmaß während der eigentlichen Bohrzeit auch Ladearbeiten durchgeführt werden können, hängt von der Größe des Ausbruchquerschnitts und davon ab, ob für Ladearbeiten zuständige Mineure verfügbar (und nicht mit den Bohrarbeiten beschäftigt) sind.

Bezeichnet man mit

x jenen Vergleichswert, der angibt, wieviel Prozent der Ladearbeiten bereits vor dem Ende der Bohrarbeiten durchgeführt werden können,

n_A die Zahl der Arbeiter, die, sinnvoll und wirtschaftlich eingesetzt, nach dem Ende der Bohrarbeiten die Ladearbeiten vornehmen,

so erhält man die für den Baufortschritt maßgebende Gesamtzeit

$$T_{A,x} = \frac{n_B}{n_A} \cdot (1 - x) \cdot (l_A \cdot t_{1\,L,N} + t_1 + y_B \cdot t_{2\,B} + y_D \cdot t_{2\,D} + t_3) + t_0.$$

4.9
Sprengtechnische Aspekte

4.9.1
Wahl des Sprengstoffs

Entsprechend dem Stand der Technik soll jener Sprengstoff gewählt werden, der sowohl den gewünschten Sprengerfolg mit sich bringt als auch mit dem geringsten Risiko behaftet ist, d.h. der in der Handhabung am sichersten ist und die geringsten gesundheitlichen Beeinträchtigungen mit sich bringt.

Für harte Gesteine sind zur Erzielung des gewünschten Sprengerfolgs Sprengstoffe mit der nötigen Brisanz erforderlich. Diese Voraussetzung erfüllen gelatinöse Sprengstoffe und Emulsionssprengstoffe.

Handhabung. Emulsionssprengstoffe sind noch handhabungssicherer als gelatinöse Sprengstoffe, selbst das unbeabsichtigte Anbohren von Sprengstoffresten in Bohrlochpfeifen führt bei Emulsionssprengstoffen mit hoher Wahrscheinlichkeit zu keiner Detonation.

Gesundheitsaspekte. Emulsionssprengstoffe enthalten kein Sprengöl, daher kann es zu keinerlei Aufnahme von Nitroglykol oder Nitroglyzerin durch die Haut oder die Atemwege beim Umgang mit Sprengstoff kommen. Kopfschmerzen beim Ladevorgang können bei Emulsionssprengstoffen daher nicht auftreten.

In den Schwaden tritt – sowohl hinsichtlich der auftretenden Spitzenwerte der Schadstoffkonzentrationen als auch hinsichtlich der gesamten Schadstoffmenge – nur ein Bruchteil an gesundheitsgefährdenden Komponenten auf (s. Kap. 4.2.3).

Der zeit- und kostenmäßige Vorteil der geringeren Schadstoffmenge besteht darin, daß die Wartezeit nach einem Abschlag reduziert werden kann und eventuell auch darin, daß – nach entsprechenden Kontrollmessungen der Schadstoffe – die Bewetterungsleistung zu verringern ist.

Sprengstoffkosten. Verglichen mit gelatinösen Sprengstoffen mitteleuropäischen Ursprungs liegen die Kosten für Emulsionssprengstoffe etwa um 15 % bis 20 % niedriger, verglichen mit gelatinösen Sprengstoffen aus dem ehemaligen Ostblock um einiges höher.

Sprengerfolg. Gelatinöse Sprengstoffe und Emulsionssprengstoffe weisen etwa die gleiche Brisanz auf, die Dichte von Emulsionssprengstoffen ist allerdings um 20 % geringer als die Dichte der gelatinösen Sprengstoffe. Dies kann dazu führen, daß an den Stellen, wo hohe Sprengleistung gefordert ist, also bei sehr hartem Gestein und bei großer Verspannung, Emulsionssprengstoffe nicht zum gewünschten Sprengerfolg führen, daß z. B. beim Einbruch größere Bohrlochpfeifen stehen bleiben.

Dem kann zum Teil dadurch begegnet werden, daß bei der Verwendung von Emulsionssprengstoffen größenordnungsmäßig um 5 % bis 10 % mehr Bohrlöcher als bei einem Abschlag mit gelatinösen Sprengstoffen vorgesehen werden und zwar im Einbruch- und Eckbereich des Tunnelprofils, was in diesen Bereichen zu einer Verkleinerung der Vorgabe führt.

Der gewünschte Sprengerfolg bei minimalem Sicherheits- und Gesundheitsrisiko könnte bei folgender Aufteilung Emulsionssprengstoff – Gelatinöser Sprengstoff erreicht werden:

Je nach Härte und Schichtung des Gesteins kommen zu etwa 70 % bis 90 % Emulsionssprengstoffe und nur für die restlichen 10 % bis 30 % gelatinöse Sprengstoffe zur Anwendung. Dabei werden die gelatinösen Sprengstoffe bei sehr hartem Gestein vor allem für die Einbruchschüsse und in zweiter Linie für Kranzschüsse im Eckbereich zur Sohle und für die Schlagpatronen der Helferschüsse verwendet. Bei mittelhartem Gestein hingegen genügt meistens die Verwendung von gelatinösem Sprengstoff für die Schlagpatronen bei Einbruchschüssen (und dazu eventuell jeweils die zweite Patrone). Andererseits ist darauf zu achten, daß nicht zu viele unterschiedliche Sprengstoffarten auf einer Tunnelbaustelle verwendet werden, um Verwechselungen zu vermeiden.

4.9.2
Wahl des Zündmittels

In Europa wird traditionell die elektrische Zündung nahezu ausschließlich genutzt. Durch die Verwendung der hochunempfindlichen Zünder ist der Einsatz im Tunnelbau vom Standpunkt der Sicherheit und der gesicherten Zündung (mögliche Versager werden durch die Widerstandsüberprüfung aufgedeckt) der Schlauchzündung überlegen.

Neueste Anwendungen weisen darauf hin, daß elektronische Zünder bei Kranzschüssen, die exakt zum gewünschten Zeitpunkt zur Zündung gebracht werden, eine Verbesserung der Profilgenauigkeit, eine bessere Schonung des stehenbleibenden Gebirges und damit geringere Nachbearbeitungskosten erzielen können [54]. Voraussetzung für einen sinnvollen Einsatz der elektronischen Zünder, damit der genaue Zündzeitpunkt überhaupt relevant wird, ist eine sorgfältige Verteilung und ein genaues Bohren der Kranzbohrlöcher. Es bietet sich die Kombination mit – verglichen mit den elektronischen Zündern preiswerten – nichtelektrischen Zündern an, die für die Einbruch- und Helferschüsse eingesetzt werden, während die elektronischen Zünder nur im Kranz zur Anwendung gelangen.

Infolge der großen und durchaus positiven Erfahrung der Sprengfachleute im Tunnelbau mit der elektrischen Zündung wird die nichtelektrische Zündung in Mitteleuropa vermutlich auf Einzelfälle beschränkt bleiben.

Ob der Einsatz von elektronischen Zündern bei Kranzschüssen sich rechnet, ob also der – leicht zu belegende – Mehraufwand in den Zünderkosten verbunden mit dem Mehraufwand für ein exaktes Bohren der Kranzbohrlöcher von den – schwerer nachvollziehbaren – geringeren Nachbearbeitungskosten wettgemacht wird, können künftige Wirtschaftlichkeitsuntersuchungen an Tunnelbaustellen zeigen.

4.9.3
Der Besatz

In der Praxis des Tunnelbaus ist es durchaus üblich, die Ladesäulen der Einbruch- und Helferschüsse nicht mit Besatz abzuschließen (Zeit- und Gelderparnis). Durch die Länge der Ladesäulen wirken die dem Bohrlochmund nahegelegenen Patronen gleichsam als Besatz für die Patronen im Bohrlochtiefsten und garantieren eine einwandfreie Umsetzung und damit die gewünschte Abschlagtiefe, auch ohne daß ein Besatz aufgebracht wurde.

Aufgrund des beträchtlichen Risikos, daß Sprengstoffreste im Haufwerk zu liegen kommen, sollten mit kleinkalibrigen Sprengstoffpatronen geladene Kranzbohrlöcher ausnahmslos mit Dämmschirmen (oder schwachem Besatz) verschlossen sein. Bei Kranzbohrlöchern, die mit Sprengschnüren geladen sind, ist ein Verschließen der Bohrlöcher entbehrlich.

Bei Einbruch- und Helferschüssen sprechen sicherheitstechnische Aspekte für die Anordnung von Besatzpatronen; der erforderliche Mehraufwand und die Entbehrlichkeit in sprengtechnischer Hinsicht sprechen dagegen.

4.9.4
Laden vor Ende der Bohrarbeiten

In den einschlägigen nationalen Sicherheitsvorschriften lassen sich keine Bestimmungen, keine vorgesehenen Schutzmaßnahmen darüber finden, ob und unter welchen Bedingungen mit dem Laden der Bohrlöcher noch vor dem Abschluß der Bohrarbeiten begonnen werden kann. Offenbar gehen die Gesetzgeber von der Annahme aus, daß Bohren und Laden zeitlich nacheinander erfolgen und zusätzliche Gefahrensituationen daher nicht gegeben sind.

Dagegen ist es in der Praxis des Tunnelbaus speziell bei größeren Profilen durchaus üblich, mit dem Laden der Bohrlöcher noch vor dem Ende der Bohrarbeiten zu beginnen und so Zeit und Kosten zu sparen. Bei dieser Arbeitsdurchführung besteht die zusätzliche Gefahr, daß unbeabsichtigt ein bereits geladenes Nachbarbohrloch angebohrt und dadurch die Ladung zur Detonation gebracht wird.

Dieser Gefahr kann nur dadurch begegnet werden – will man nicht das gleichzeitige Bohren und Laden überhaupt untersagen –, daß auf die Einhaltung eines Sicherheitsabstands zwischen dem arbeitenden Bohrhammer und der in das Nachbarbohrloch bereits eingebrachten Ladung geachtet wird, wobei die Größe des Sicherheitsabstands mindestens der Bohrlochtiefe entsprechen sollte.

KAPITEL 5

Schutterbetrieb

5.1
Allgemeines

Der Abtransport des durch die Sprengung herausgeschossenen Materials wird als Schutterung bezeichnet. Das Schuttern kann unterteilt werden in die beiden Teilvorgänge Laden und Fördern bzw. Transportieren.

Die Dauer für das Schuttern der Kalotte liegt abhängig vom Gebirgstyp je nach Abschlagstiefe bei ca. 15 % (druckhaftes Gebirge) bis zu 40 % (standfestes Gebirge) der Dauer des Abschlagszyklus [60]. Im Sprengvortrieb liegt der Schuttervorgang auf dem kritischen Weg, d. h., jede Minute Zeitersparnis ergibt eine Verkürzung des Abschlagszyklus, damit eine Verkürzung der Gesamtbauzeit und eine Einsparung von Kosten. Daher ist eine gründliche Planung und eine Anpassung des Schutterbetriebs an die örtlichen Gegebenheiten sowohl aus technischen als auch aus wirtschaftlichen Gründen von großer Bedeutung. Besonders die leistungsmäßige Abstimmung zwischen Lade- und Transportgeräten spielt dabei eine entscheidende Rolle. Für jedes Projekt ist eine geeignete Gerätekombination zu überlegen. Die wesentlichen Kriterien für die Gerätewahl sind [124]:

- der zur Verfügung stehende Lichtraum im Quer- und Längsschnitt sowie dessen Einschränkung durch Ver- und Entsorgungsinstallationen,
- die Transportentfernungen,
- die Steigungsverhältnisse,
- die Ausbruchskubaturen pro Ausbruchsquerschnitt und
- die Kennwerte des ausgebrochenen Materials (Korngröße, Kornform und Kornverteilung des Schuttermaterials).

Prinzipiell können die zum Einsatz kommenden Geräte nach ihren Funktionen unterschieden werden in reine Ladegeräte, Geräte, die kombiniert für Ladetätigkeiten und Transportaufgaben wichtig sind, sowie in reine Förder- bzw. Transportgeräte. Die beiden ersten Gruppen werden in Kap. 5.2 „Ladegeräte", die Fördergeräte in Kap. 5.3 „Fördern des Materials" behandelt.

Eine entscheidende Rolle für die gesamte Logistik des Tunnelvortriebs spielt die Energieform, mit der die Geräte betrieben werden. Hauptsächlich kommen Dieselmotoren zum Einsatz, da die höheren Kosten für die Bewetterung der Ortsbrust durch die günstigeren Anschaffungskosten der dieselbetriebenen Standardgeräte leicht ausgeglichen werden. Elektrisch betriebene Lade- und Fördergeräte finden deshalb bei ausreichender Querschnittsgröße nur in solchen Fällen Anwendung, bei denen die Länge des Vortriebs die Kosten der Bewetterung sonst außerordentlich erhöhen würde oder durch die Enge des Querschnitts zuwenig Platz für die größeren Bewetterungslutten vorhanden ist.

5.2
Ladegeräte

Der Ladevorgang kann grundsätzlich auch per Hand durchgeführt werden, doch ist die Handschutterung auf wenige Spezialfälle (beispielsweise räumliche Knappheit) beschränkt und hat im modernen Tunnelbau praktisch keine Bedeutung mehr. Sie wird hier daher nicht behandelt.

5.2.1
Anforderungen und Einteilung

Die Aufgabe der Ladegeräte ist das Aufnehmen des gesprengten Gesteinsmaterials und dessen Übergabe an die Transportgeräte. Die Übergabe erfolgt entweder direkt in die Gefäße der Transportgeräte oder indirekt über eine Aufgabe- oder Übergabeeinrichtung.

Ladegeräte lassen sich durch die folgenden vier Merkmale beschreiben [141]:

- Ladeeinrichtung (Löffel, Schaufel, Kratzarm, Schrapper, Hummerschere),
- Fahrwerk (Gleis, Ketten, Reifen),
- Antrieb (Diesel, Elektro, Druckluft, Hydraulik),
- Übergabesystem (Front-, Seiten-, Überkopfkipper, Förderband, Kettenkratzer).

Ladegeräte können nach verschiedenen Kriterien eingeteilt werden. So kann unterschieden werden in diskontinuierlich und kontinuierlich ladende Geräte [73], jedoch erhalten letztere ihre „Kontinuität" vor allem durch nachgeschaltete Förderbänder. Der Ladevorgang selbst erfolgt auch hier diskontinuierlich.

In dieser Aufzählung soll lediglich nach der Art der Ladeeinrichtung zwischen den großen Gerätegruppen Bagger mit dem Ladegefäß Löffel, Lader mit dem Ladegefäß Schaufel und Spezialladegeräte unterschieden werden.

5.2.2
Bagger

Aufbau eines Baggers. Heute kommen im Baubetrieb hauptsächlich Hydraulikbagger zum Einsatz, Seilbagger werden dagegen nur für Sonderaufgaben genutzt. Im Tunnelbau werden praktisch ausschließlich Hydraulikbagger verwendet, auf die hier auch eingegangen wird. Im allgemeinen setzt sich ein Bagger aus dem Grundgerät und der Arbeitsausrüstung zusammen.

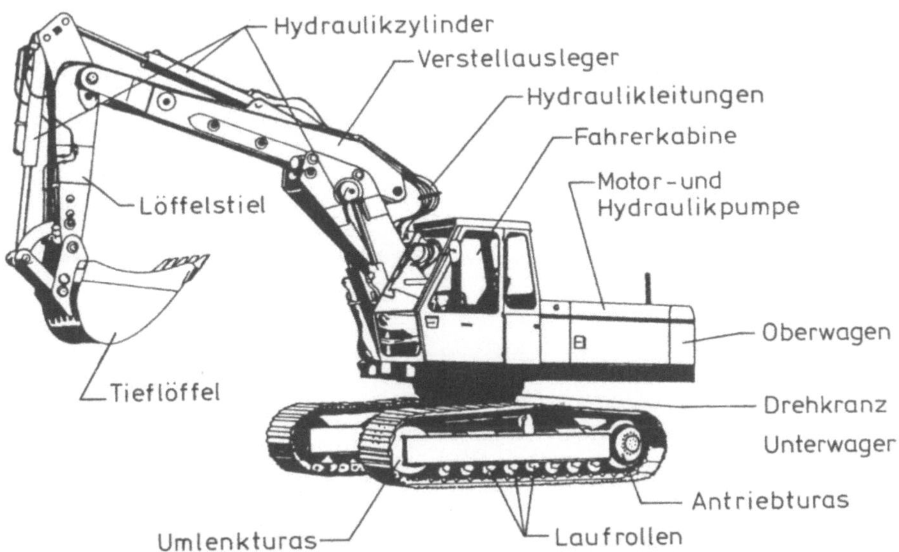

Abb. 5.1. Allgemeiner Aufbau eines Hydraulikbaggers [120]

Das Grundgerät besteht aus Unter- und Oberwagen (Abb. 5.1). Der Unterwagen weist außer bei Spezialanfertigungen entweder ein Raupen- oder ein luftbereiftes Fahrwerk auf, das auf einem verwindungssteifen Rahmen montiert ist. Auf dem Rahmen sitzt der Drehkranz. Der Drehkranz verbindet den Ober- mit dem Unterwagen und gewährleistet eine vollkommene Drehfreiheit.

Der Antriebsmotor, die Kraftübertragungselemente, der Treibstofftank bei Dieselantrieb und die Fahrerkabine werden vom Oberwagen getragen, dessen Bauart jedoch stark abhängig vom vorgesehenen Einsatzbereich des Baggers ist. Neben der Fahrerkabine, die seitlich vorn so angeordnet ist, daß der Fahrer einen guten Überblick erhält, befindet sich die Arbeitsausrüstung.

Die Arbeitsausrüstung kann zusammengesetzt sein entweder aus Grundausleger, Verstellausleger, Stiel und Grabgefäß oder aus einem Monoblockausleger, Stiel und Grabgefäß (Abb. 5.2).

Konventionelle Hydraulikbagger. Konventionelle Hydraulikbagger mit Tieflöffelausrüstung (Abb. 5.1) kommen nur in sehr großen Querschnitten zum Einsatz. Auch hier eignen sie sich eher für Arbeiten, bei denen sie aufgrund ihrer größeren Reißkraft auch Lösearbeiten mit übernehmen können und sie genügend Platz vorfinden, wie etwa beim Abtrag der Strosse. Beim reinen Sprengvortrieb im standfesten Fels kommen konventionelle Hydraulikbagger daher selten zur Verwendung.

Tunnelbagger. Der Tunnelbagger stellt eine für den Tunneleinsatz adaptierte Form des Hydraulikbaggers dar. Ausleger, Stiel und Gegengewicht

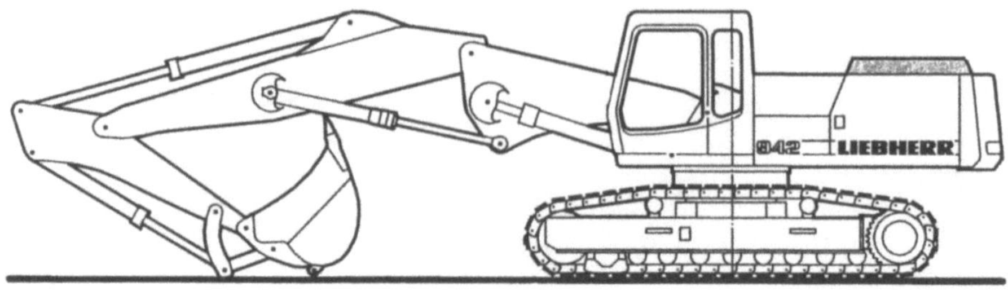

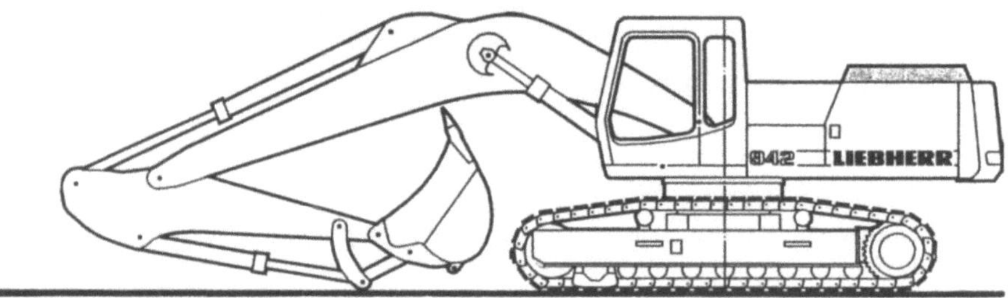

Abb. 5.2. Hydraulikbagger mit Verstellausleger (oben) und Monoblockausleger (unten) [Typ Liebherr R 942]

sind verkürzt, um eine höhere Beweglichkeit im Untertageeinsatz zu gewährleisten.

Tunnelbagger verfügen nahezu ausschließlich über schwere (heavy duty) Raupenfahrwerke, da diese gegenüber dem Reifenfahrwerk folgende, für den schweren Tunneleinsatz maßgebende Vorteile haben [182]:

- niedrige spezifische Bodendrücke wegen der großen Aufstandsfläche,
- hohe Standsicherheit,
- gute Geländegängigkeit und hohe Steigfähigkeit,
- guter Kraftschluß zwischen Raupenkette und Boden,
- große Robustheit, damit verbunden geringerer Wartungsaufwand.

Speziell für den Tunnelbau entwickelte Bagger tragen in ihrem konstruktiven Aufbau folgenden Anforderungen Rechnung [124] (Abb. 5.3):

- seitliche Kippmöglichkeit der Arbeitsausrüstung um 2 × 45°,
- große Reichweite,
- Anordnung der Hydraulikeinrichtung im Löffelstiel, um Beschädigungen zu verhindern,
- volle Schwenkbarkeit des Oberwagens in einem Tunnelprofil von 5,20 m Firsthöhe ab Fahrsohle und 5,50 m Breite (entspricht etwa einem gesicherten eingleisigen U-Bahn-Querschnitt),
- Verbesserung der Sicht aus der Fahrerkabine bei Rückwärtsfahrt,

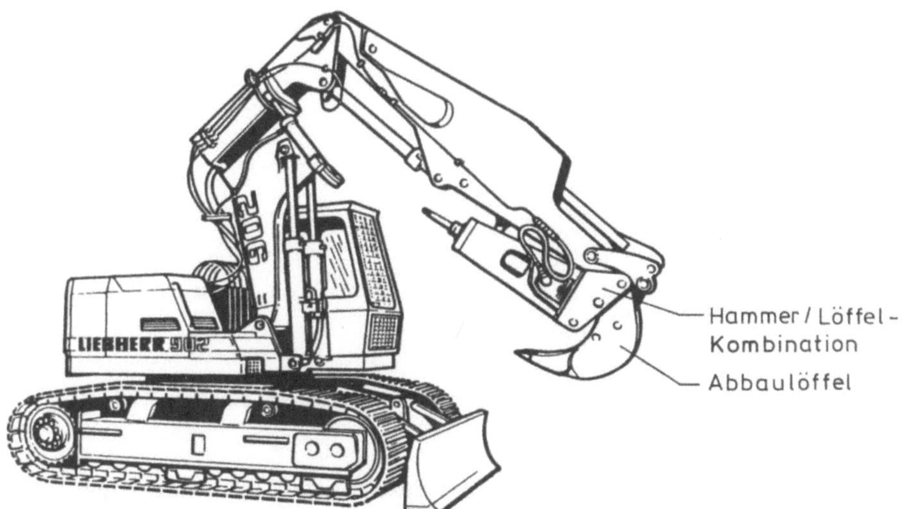

Abb. 5.3. Tunnelbagger mit Löffel-Hammer-Kombination [124]

- Anordnung eines Planierschilds am Unterwagen, um Material zusammenschieben zu können,
- Möglichkeit zur Ausstattung mit einem Hydraulikhammer.

Da ein Tunnelbagger im wesentlichen ohne Fahrbewegung arbeitet, verfügt er im Stand über fünf Freiheitsgrade. Diese fünf Freiheitsgrade ergeben sich durch die Schwenkbewegung des Oberwagens auf dem Drehkranz (1), durch die Hebe- und Senkbewegung des Auslegers (2), durch das Vorstoßen des Löffelstiels (3), durch das Kippen des Löffels (4) und durch die Schwenkbewegung des Kipparmes (5).

Tunnelbagger können dann Anwendung finden, wenn der Querschnitt groß genug ist, so beispielsweise bei den Verkehrstunneln für Straße und Bahn. Ein Tunnelbagger ist ab einem Kalottenquerschnitt von ca. 20 m² einsetzbar.

Spezialbagger im Tunnelbau

Hochlöffel-Ladebagger. Der Hochlöffel-Ladebagger verfügt über keinen eigenen Fahrantrieb, sondern zieht sich mit der Ladeschaufel vorwärts oder stößt sich nach hinten ab (Abb. 5.4). Er verfügt anstelle von Gummireifen an der Vorderachse über zwei mit Greifstollen besetzte Stahltrommeln. Dieser Baggertyp wurde eigens für den Tunnelbau entwickelt und hat aufgrund seiner gedrungenen Bauweise eine sehr hohe Standsicherheit sowie eine hohe Standfestigkeit.

Er ist rund 15 % bis 20 % billiger in der Anschaffung als ein normaler Hydraulikbagger [73]. Die Hochlöffel-Ladebagger sind mit großen Hochlöffeln ausgestattet, die ein rasches Schuttern auch großer Kubaturen ermöglichen.

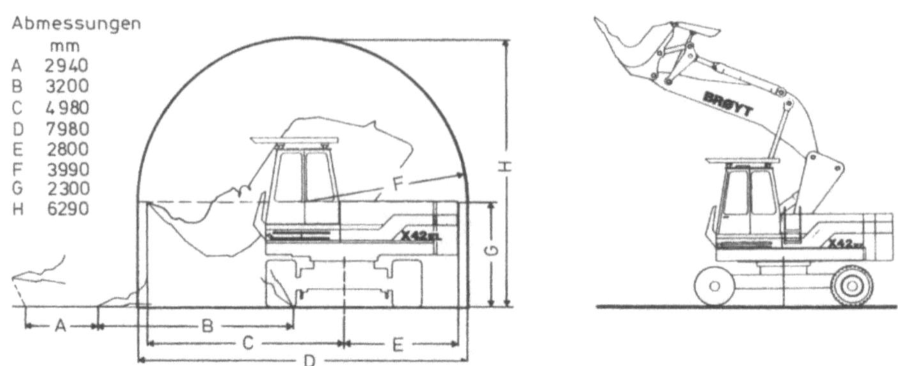

Abb. 5.4. Abmessungen für Standardausrüstung und Seitenansicht des Broyt X 42 EL

Tunnelladebagger. Die auch als Bandlader bezeichneten Tunnelladebagger verfügen über ein Gurt- oder Kettenförderband, mit dem das aufgenommene Material zu einer hinter dem Gerät liegenden Abwurfstelle transportiert werden kann. Das Material läßt sich so ohne Schwenkbewegungen des Tunnelladebaggers auf ein Fördergerät oder ein zusätzliches Ladegerät schuttern. Im Sprengbetrieb kann der Bagger mit Spezialarmen, Zughacken, Frässcheiben oder Hummerscheren (er entspricht dann den in Kap. 5.2.4 besprochenen Spezialladegeräten), normalerweise aber mit einem Baggerarm ausgerüstet werden, um das Schuttermaterial zur Ladeschure zu ziehen, von wo es vom Förderband abtransportiert wird (Abb. 5.5).

Als Antriebsart stehen Reifen, Gleisfahrwerk oder wie beim Tunnelladebagger der Firma Schaeff ein Raupenfahrwerk zur Verfügung. Auch sogenannte Pony-Truck-Fahrwerke, das sind Rad- oder Raupenfahrwerke mit integriertem, einziehbarem Gleisfahrwerk, stehen zur Verfügung. Der Schaeff-Tunnelladebagger ist ähnlich dem normalen Tunnelbagger aufgebaut und verfügt über folgende Bewegungsmöglichkeiten [110] (Abb. 5.5):

1. Drehen des gesamten Auslegers um eine vertikale Achse über dem Förderband (2 × 55°),
2. Drehen des Auslegers um eine horizontale Achse (entspricht einer Vor- und Rückbewegung des Schwenklagers),
3. Drehen des Schwenkarms um 2 × 55°,
4. Auf- und Abbewegung des Zwischenauslegers um eine bewegliche Achse am Schwenkarm,
5. Auf- und Abbewegung des Löffelstiels um eine bewegliche Achse am Stiel,
6. Grabbewegung das Abbaulöffels.

Die Bewegungsmöglichkeit (1.) ersetzt die Drehbewegung des Oberwagens beim normalen Tunnelbagger, die Bewegungsmöglichkeiten (2.) bis (6.) entsprechen denen des Tunnelbaggers, nur daß durch den Zwischenausleger (4.) eine zusätzliche Bewegungsmöglichkeit gegeben ist. Die Breite des Aufgabetrichters zum Förderband kann der Querschnittsbreite stufenlos angepaßt

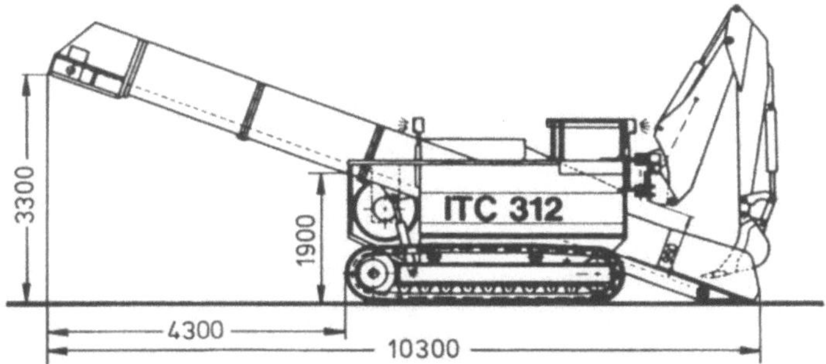

Abb. 5.5. Tunnelladebagger Schaeff ITC 312 [140]

werden. Die Fördereinrichtung besteht beim Schaeff-Tunnelladebagger aus einer hydraulisch verstellbaren Ladeschurre, einer Förderrinne aus verschleißfestem Material und einer Zweirollenkette mit Mitnehmern. Zwei hydraulische Radialkolbenmotoren treiben die Ketten an.

5.2.3
Lader

Lader zeichnen sich gegenüber Baggern vor allem durch eine größere Beweglichkeit aus. So haben beispielsweise Raupenbagger eine maximale Fahrgeschwindigkeit von rund 5,6 km/h, während Raupenlader bis zu 12 km/h erreichen [120]. Dadurch können Lader, unter ihnen besonders die Radlader, nicht nur zu Ladezwecken, sondern auch für kurze Transporte herangezogen werden. Diese Rad- und Fahrlader können dann als kombinierte Lade- und Transportgeräte bezeichnet werden.

Als Grundgeräte werden Raupen- oder Radfahrwerke verwendet. Für die Eigenschaften dieser beiden Fahrwerke gilt das gleiche wie für Baggerfahrwerke. Raupenfahrwerke sind robuster und bieten eine größere Standfestigkeit, Räderfahrwerke dagegen die höhere Flexibilität und Schnelligkeit.

Nach der Charakteristik der Ladeschaufelbewegung unterscheidet man

- Frontlader als Radlader (Frontlader mit Reifenfahrwerk) oder als Raupenlader (Frontlader mit Raupenfahrwerk) sowie
- Lader mit Schaufelsonderformen
  u. a. als Überkopflader, Seitenkipplader oder Schwenkschaufellader.

Radlader. Das Reifenfahrwerk macht den Radlader sehr beweglich. Die überwiegende Anzahl der modernen Radlader ist mit einer Knicklenkung ausgestattet (Abb. 5.6). Diese Geräte sind bei etwa gleicher Stabilität bedeutend wendiger als Lader mit starrem Rahmen und Achsschenkellenkung. Die Vorteile der Knicklenkung können zusammengefaßt werden in [75]:

- bessere Längsstabilität und dadurch besseres Fahrverhalten auf unebenen Straßen bei gleichzeitig allerdings schlechterer Querstabilität,

Abb. 5.6. Radlader [Typ Orenstein & Koppel L35]

- Lenkkorrektur bei stehendem Fahrzeug möglich,
- größere Wendigkeit,
- Vorder- und Hinterreifen fahren in derselben Spur.

Gerade diese Vorteile lassen den knickgelenkten Radlader zum leistungsfähigen und universell einsetzbaren Ladegerät werden, das im modernen Tunnelbau bei großen Querschnitten sehr häufig Anwendung findet. Die Frontschaufel bedingt die Durchführung des Beladevorgangs im V-Betrieb, d.h., daß der Radlader bei jedem Ladespiel vor- und zurücksetzen muß, um das Transportgerät zumindest nahezu rechtwinklig anfahren zu können.

Eine Sonderform des Radladers mit Frontschaufel ist der Fahrlader, der einen für enge Querschnitte adaptierten Radlader darstellt (Abb. 5.7). Der Fahrlader mit seiner sehr niedrigen Bauform wird in engen Stollen häufig als kombiniertes Lade- und Transportgerät genutzt.

Grundsätzlich ist jedoch die Verwendung von Radladern für längere Transporte wegen des geringen Ladevolumens je Fahrspiel nur begrenzt wirtschaftlich sinnvoll.

Raupenlader. Raupenlader mit Frontschaufel finden bei Tunneln, die im Sprengvortrieb aufgefahren werden, sowie aufgrund beengter Verhältnisse Anwendung, da mit den Antriebsketten auf der Stelle gedreht werden kann (Abb. 5.8). Allerdings ergibt sich durch dieses Drehen eine beträchtliche Beanspruchung des Raupenfahrwerks, was sich in erhöhten Verschleiß- und Reparaturkosten niederschlägt.

Ein Vorteil des Raupenladers ist die geringere Gefahr von Sohlauflockerungen bei weichen Untergrundverhältnissen, was durch die bessere Bodendruckverteilung des Raupenfahrwerks bewirkt wird. Dieser Vorteil spielt nur in Lockerböden eine Rolle sofern Drehen auf der Stelle nicht erforderlich ist. Im Sprengbetrieb ist dies zu vernachlässigen, wodurch Raupenlader mit Frontschaufel im Tunnelbau mit Sprengvortrieb kaum Verwendung finden.

Lader mit Schaufelsonderformen. Reicht die Breite der zur Verfügung stehenden Fahrsohle für den platzintensiven V-Betrieb beim Radlader oder für das Wen-

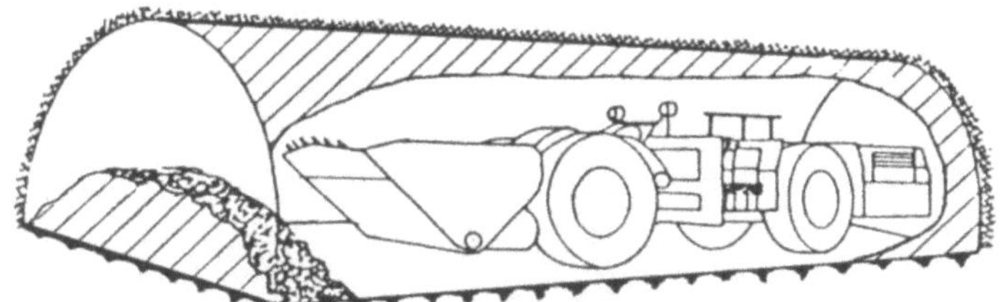

Abb. 5.7. Fahrlader beim Einsatz in engen Querschnitten [154]

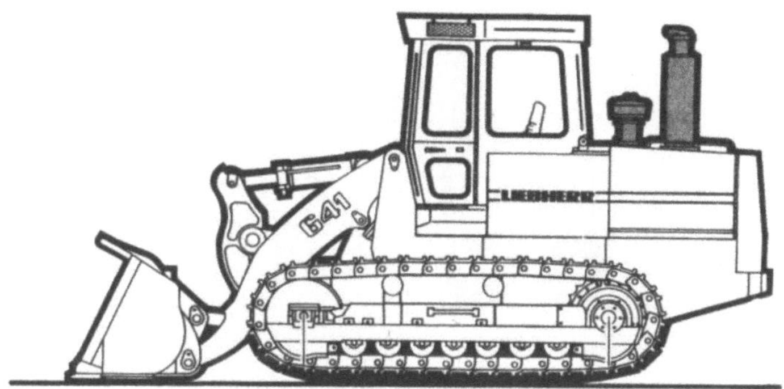

Abb. 5.8. Raupenlader [Typ Liebherr LR 641]

den am Stand beim Raupenlader nicht aus, bieten sich Lader mit Schaufelsonderformen für den platzsparenden, achsparallelen Schuttereinsatz an. Gemeinsam ist diesen Ladern, daß beim Beladevorgang nur ein gerades Vor- und Zurückfahren des Ladegeräts ausgeführt werden muß und keine größeren Schwenkbewegungen des Geräts mehr nötig sind.

Die gebräuchlichsten Typen der Lader mit Schaufelsonderformen werden im folgenden beschrieben.

Überkopflader. Überkopflader, auch Wurfschaufellader genannt, werden bei Stollen in sehr kleinen Querschnitten benötigt. Sie können mit Reifen-, Raupen- oder auch mit Gleisfahrwerk ausgestattet sein. Beim Ladevorgang wird die Schaufel in das Haufwerk hineingestoßen und dann über Kopf in das hinter dem Lader stehende Transportgefäß oder auf eine zwischengeschaltete Aufgabevorrichtung entleert (Abb. 5.9).

Seitenkipplader. Der Seitenkipper führt eine Vor- und Zurückbewegung neben dem zu beladenden Transportgefäß durch. Allerdings ergibt sich durch den längeren Gleitweg des Materials beim Abkippen die Gefahr, das bei kohäsivem Material eine unvollständige Entleerung der Schaufel stattfindet (Abb. 5.10).

Schwenkschaufellader. Die Ladeschaufel ist auf einem Drehkranz montiert, der ein Verschwenken der Schaufel um bis zu 120° zu beiden Seiten erlaubt.

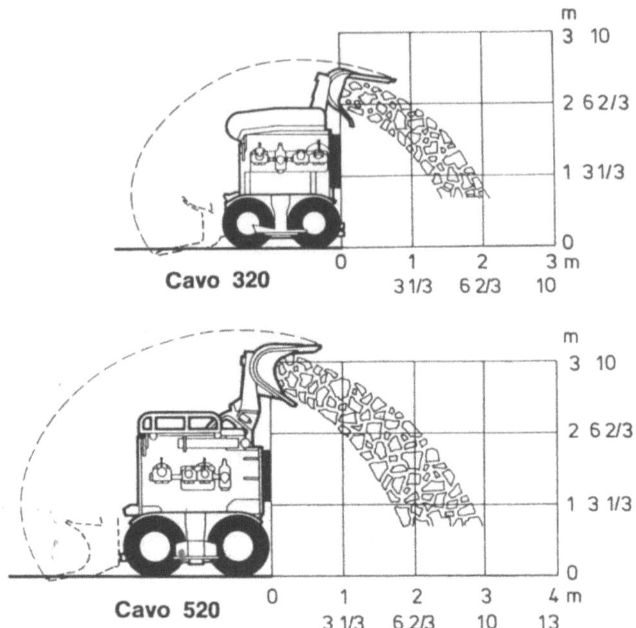

Abb. 5.9. Überkopflader [Typ Atlas Copco Cavo 320 und Cavo 350]

Schwenkschaufellader sind ausschließlich mit Reifenfahrwerken ausgestattet. Beim Ladevorgang steht die Schaufel wie beim Frontlader in Fahrtrichtung und wird zum Entleeren über das Transportgerät geschwenkt (Abb. 5.11).

5.2.4
Spezialladegeräte

Viele der in der Literatur relativ oft erwähnten Spezialladegeräte für den Untertagebau wie etwa Frässcheiben- oder Zughackenlader stammen aus dem Bergbau und haben zumindest im Tunnelbau nur historische Bedeutung. Das gebräuchlichste Spezialladegerät, das heute im Stollenbau eingesetzt wird, ist der Häggloader der Firma Hägglund.

Der Häggloader kann mit Gleis-, Raupen- oder als Reifenfahrwerk ausgestattet werden. Das Gerät schiebt das Material mittels zweier vor dem Schild angeordneter Kratzarme auf einen in der Mitte des Häggloaders befindlichen Kettenförderer. Der Förderer kann der Höhe nach dem nachgeordneten Transportgeräten angepaßt werden. Anwendung findet der Häggloader in kleinen Querschnitten.

Fallweise Nutzung findet noch der ähnlich dem Häggloader aufgebaute Alpine Loader der Firma Voest. Als Ladegerät dient hier allerdings ein Überkopflader. Der Alpine Loader wurde für die Schutterung von gesprengtem Haufwerk in kleinen Tunnelquerschnitten von 15 bis 35 m² entwickelt. Das

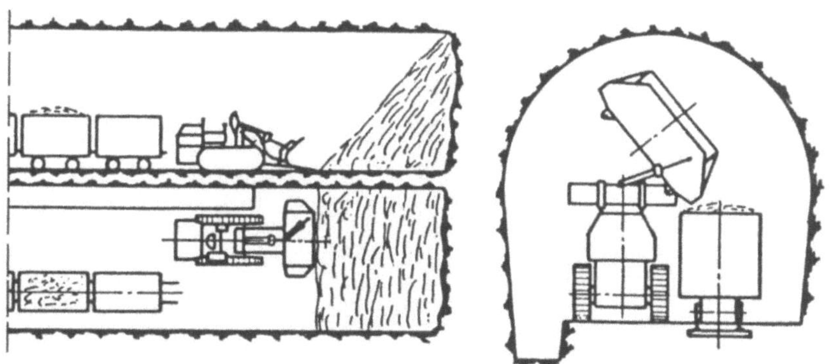

Abb. 5.10. Einsatz eines Seitenkippladers [141]

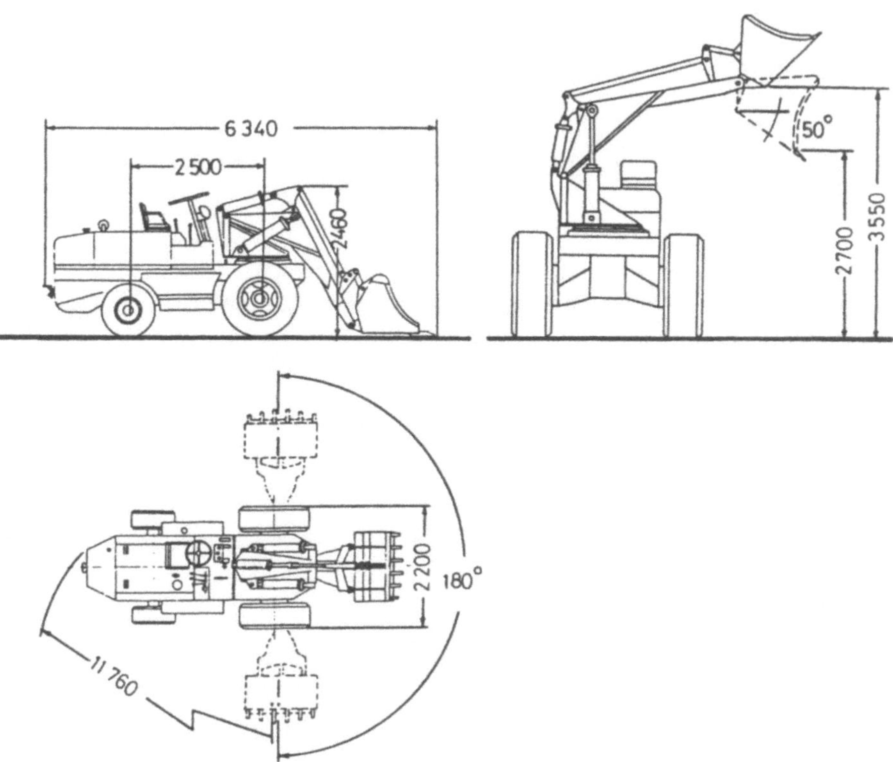

Abb. 5.11. Schwenkschaufellader [124]

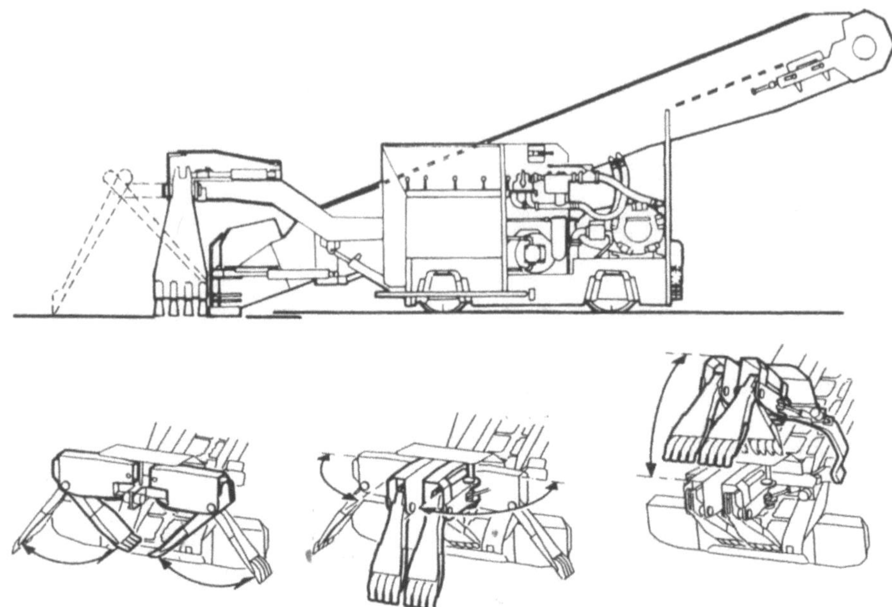

Abb. 5.12. Ansicht und Arbeitsweise des Häggloaders [Typ Atlas Copco Häggloader]

Gerät ist mit einem Raupenfahrwerk und integriertem Platten- und Gurtbandförderer ausgestattet. Die Ladeschaufel nimmt das Material auf und kippt
es rückwärts auf den Plattenbandförderer, der es an den seitlich verschwenk-
baren Gurtbandförderer weitergibt. Vom Gurtbandförderer wird das Haufwerk an die Transportgeräte übergeben.

5.3
Fördern des Materials

5.3.1
Überblick über die Transportgeräte

Einteilung der Transportgeräte. Die Merkmale, durch die Transportgeräte cha-
rakterisiert werden, können zusammengefaßt werden in

- das Fahrwerk (Räderfahrwerk, Gleisbetrieb und als Sonderform der Förderung durch Förderbänder),
- den Antrieb (Diesel, Elektro und Hydraulik) und
- die Entleerungsform (Seiten- und Hinterkipper, Rotations- und Bodenent-
  leerung).

Üblicherweise werden die Fördergeräte nach Art des Fahrwerks eingeteilt.
Grundsätzlich kann daher unterschieden werden in

Tabelle 5.1. Gegenüberstellung der Vorteile von gleislosem und gleisgebundenem Schutterbetrieb im Tunnelbau

Vorteile des gleislosen Schutterbetriebs	Vorteile des gleisgebundenen Schutterbetriebs
• hohe Beweglichkeit der Fördergeräte • Wiederverwendbarkeit der Geräte bei anderen Bauvorhaben leichter möglich • bei großen Querschnitten sehr hohe Förderkapazität • Bewältigung auch größerer Neigungen	• geringe Bewetterungskosten • geringe Wartungs- und Energiekosten des Betriebs • geringe Personalkosten bei langen Förderstrecken • größere Kapazitäten bei kleineren Durchmessern

- den gleislosen Betrieb,
- den Gleisbetrieb und
- den Sonderfall des (teilweisen) Materialtransports mit Förderbändern.

Einsatzkriterien. Als Auswahlkriterien für das zu wählende Fördergerät spielen die Trassenneigung, der Querschnitt und die Länge der Transportstrecke im Tunnel die bestimmende Rolle.

Eine Gegenüberstellung der Vorteile der beiden hauptsächlich angewendeten Förderarten im Tunnelbau zeigt Tabelle 5.1.

Allgemein gilt, daß der Gleisbetrieb mit abnehmendem Querschnitt und zunehmender Länge an Bedeutung gewinnt. Gleisbetrieb scheidet allerdings dann aus, wenn aufgrund der Neigung der Adhäsionsbetrieb eines schienengebundenen Transports rein physikalisch nicht mehr möglich ist. Diese Grenze liegt bei einem Gefälle von ca. 3 %.

Bei Querschnitten unter $10-20$ m^2 wird fast ausschließlich die Gleisförderung genutzt [141]. Der Grund dafür ist, daß leistungsfähige Reifenfahrzeuge aufgrund ihrer notwendigen Größe im engen Querschnitt nicht genügend Bewegungsfreiheit haben. Entweder ist ein Aneinandervorbeifahren gar nicht oder nur mit ungenügendem Sicherheitsabstand möglich. Bei größer werdendem Querschnitt nehmen die Vorteile des gleislosen Betriebs zu. Mit Ausnahme von Sonderfällen, wie sehr langen Tunneln oder Druckluftbetrieb, wird ab ca. 20 m^2 ausschließlich gleislos gefördert.

Der Transport mittels Förderband bleibt speziellen Anwendungsbedingungen vorbehalten. Meist werden Förderbänder entweder in Lade- oder Transportgeräte integriert oder dienen selbständig als Übergabesystem zwischen Lade- und Transportgeräten.

5.3.2
Gleisloser Betrieb

Radfahrzeuge für den Transport im Tunnelbau sind durch ihre konstruktive Ausbildung den Bedingungen unter Tage angepaßt. Wesentliche technische Voraussetzungen sind [124]:

- eine niedrige Bauhöhe, um eine Beladung auch in engen Querschnitten durchführen zu können, um die Ladespielzeiten kurz zu halten sowie um eine reibungslose Vorbei- oder Durchfahrt an nachlaufenden Arbeitsgeräten (z. B. Schalwagen) zu ermöglichen,
- Knicklenkung der Fahrzeuge für Wendemanöver bei geringen Breiten,
- ggf. Doppel- oder Wendesitz und doppelte Bedienungselemente, um auf Wendemanöver überhaupt verzichten zu können und
- sparsame Dimensionierung des Motors auf die realisierbaren Geschwindigkeiten im Tunnel und integrierte Abgasreinigung zur Sicherstellung geringerer Treibstoff- und Bewetterungskosten.

Muldenkipper. Muldenkipper sind das gebräuchlichste Transportgerät für Ausbruchsmaterial im Tunnelbau. Sie stehen praktisch in allen Größenordnungen bis zu einer Nutzlast von ca. 35 t zur Verfügung. Sie zeichnen sich durch eine kompakte, niedrige Bauweise, hohe Steigfähigkeit und eine große Beweglichkeit aus. Wie die Radlader sind sie meist knickgelenkt. Die Verbindung von Vorder- und Hinterteil gewährleistet ein Kardangelenk, das allseitig drehbar ausgebildet ist. Das Gelenk und die als Niederdruckgeländereifen ausgebildeten Pneus geben dem Fahrzeug die im Tunnel nötige Wendigkeit und Geländegängigkeit auf der meist unbefestigten, herausgesprengten Tunnelsohle. Die Kombination von Muldenkipper und Fahrlader lohnt sich bei Förderwegen ab ca. 800 m. Bis zu dieser Entfernung kann ein Fahrlader allein schneller schuttern [185].

Kleintransportfahrzeuge. Kleintransportfahrzeuge kommen zur Schutterung beim Tunnelbau im Sprengvortrieb kaum zur Anwendung, da in kleinen Querschnitten eher eine gleisgebundene Förderung durchgeführt wird. Zur Verfügung stehen Vorderkipper (oder Dumper) in verschiedenen Größen, die jedoch hauptsächlich in Sonderfällen bei sehr kleinen und sehr kurzen Tunnelabschnitten genutzt werden.

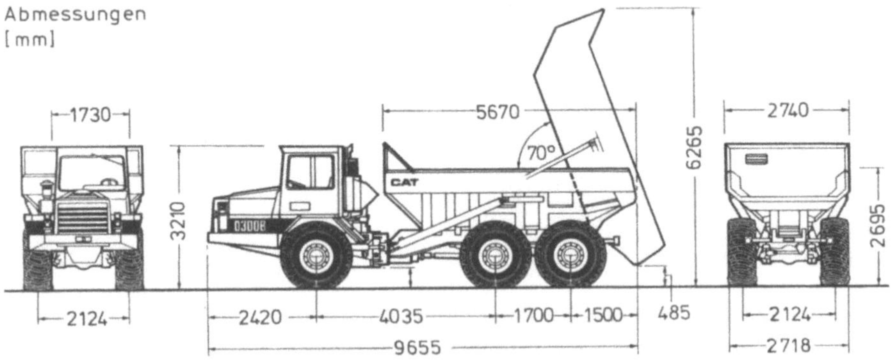

Abb. 5.13. Muldenkipper [Typ Caterpillar D300B]

5.3.3
Gleisbetrieb

Fördergeräte

Lokomotiven. Im Tunnel- und Stollenbau werden die aus dem Bergbau kommenden kompakten Grubenlokomotiven verwendet. Für die Dimensionierung der Lokomotiven sind die beiden Größen Lokomotivgewicht und Motorleistung ausschlaggebend. Das Lokomotivgewicht ist entscheidend für die über die Reibung zwischen Rad und Schiene übertragbare Zugkraft, die Motorleistung für die mögliche Beschleunigung und damit für die erreichbare Fahrgeschwindigkeit. Zu einer ersten, überschlägigen Abschätzung kann als Faustwert angenommen werden, daß für das Lokomotivgewicht mindestens 10% des Gewichts des beladenen Zuges anzusetzen sind. Die Motorleistung kann als Verhältnis zwischen Leistung in kW und Dienstgewicht der Lok in t abgeschätzt werden. Für Diesellokomotiven gilt ein Wert von 5 bis 7, für Akkulokomotiven ein Wert von 2 bis 5 [140]. Die dieselbetriebene Tunnellokomotive Type CFL 180 DCL der Fa. Schöma (Abb. 5.14) beispielsweise verfügt bei einem Dienstgewicht von 20 t über eine Motorleistung von 139 kW, das Verhältnis beträgt hier also 1:6,95 [140].

Als Lokomotivbauarten sind im Tunnelbau vorwiegend Diesel- und Akkulokomotiven in Gebrauch. Druckluftbetriebene Lokomotiven haben selbst im Bergbau ihre Bedeutung verloren, Fahrdrahtloks sind wegen des hohen Installationsaufwands für den Fahrdraht nur bei sehr langen Tunnelstrecken wirtschaftlich. Hierzu kommen erheblich höhere Sicherheitsvorkehrungen.

Akkulokomotiven beziehen die erforderliche Antriebsenergie aus Akkumulatoren, die in eigens zu unterhaltenden Ladestationen aufgeladen werden. Für jede zum Einsatz kommende Lokomotive müssen daher in der Regel immer zwei Batteriensätze vorhanden sein. Dabei sollten die Akkumulatoren so

Abb. 5.14. Diesellokomotive für den Stollenbau [Typ Schöma CFL 180 DCL]

ausgelegt sein, daß der notwendige Tausch mit dem Schichtwechsel zusammenfällt. Eine Sonderform stellt die Verbundlokomotive dar, die im Vortriebsbereich als Akkulokomotive betrieben wird, weiter hinten dann als Fahrtdrahtlok.

Diesellokomotiven haben gegenüber der Akkulok die Vorteile eines fast unbeschränkten Aktionsradius und einer robusten Bauweise mit der damit verbundenen geringen Störanfälligkeit. Des weiteren liegen die Anschaffungskosten von Diesellofs unter denen von Akkulokomotiven mit den Batteriesätzen und der Ladestation. Allerdings sind die Betriebskosten aufgrund des erhöhten Luftbedarfs für den Verbrennungsmotor deutlich höher als bei Akkulokomotiven.

Förderwagen. Die als Transportgefäße dienenden Förderwagen werden aus wirtschaftlichen Gründen immer so groß wie möglich dimensioniert. Das Verhältnis von Wagenbreite zu Spurweite muß aus Gründen der Stabilität mit ca. 2,2 begrenzt werden, das Verhältnis von Radstand und kleinstmöglichem Kurvenradius sollte wegen des sonst erhöhten Verschleißes 0,1 nicht unterschreiten [141]. Förderwagen existieren in einer Vielzahl von verschiedenen Bauarten, die sich im Aufbau der Wagen und im Entleerungsmechanismus unterscheiden (Tabelle 5.2), wobei im Tunnel- und Stollenbau überwiegend Rotationskipper und Einseitenselbstentlader gebräuchlich sind. Diese beiden Förderwagentypen werden hier näher vorgestellt.

Der robuste Rotationskipper hat wie alle Kastenwagen außer den Rädern und den Kupplungen keine beweglichen Teile. Die Entleerung geschieht in einer Rotationskippe (Abb. 5.15). Der beladene Zug wird von der Lokomotive zur Rotationskippe gebracht, die Wagen kommen einzeln oder paarweise in der Kippe zu stehen. Die Rotationsachse fällt mit der Achse der drehbar ausgebildeten Kupplungen zusammen, so daß die Wagen ohne abzukoppeln schräg nach unten entleert werden können. Die relativ hohen Kosten für die Rotationskippe werden mit steigender Wagenzahl durch die geringeren Kosten für die Kastenwagen kompensiert, so daß Rotationskipper bei großen Abschlags-

Tabelle 5.2. Übersicht über verschiedene Förderwagentypen [141]

● Kastenwagen	● Klein-, Mittel-, und Großförderwagen
	● Rotationskipper
	● Containerwagen
● Kippwagen	● Muldenkippwagen
	● Kastenselbstkipper
	● Einseitenzwangskipper
	● Einseitenselbstentlader
● Bodenentleerer	● Längsentleerer
	● Querentleerer
● sonstige Förderwagen	● Sattelbodenwagen
	● Schrägbodenseitenentleerer
	● Rollkippwagen
	● Großmuldenkippwagen

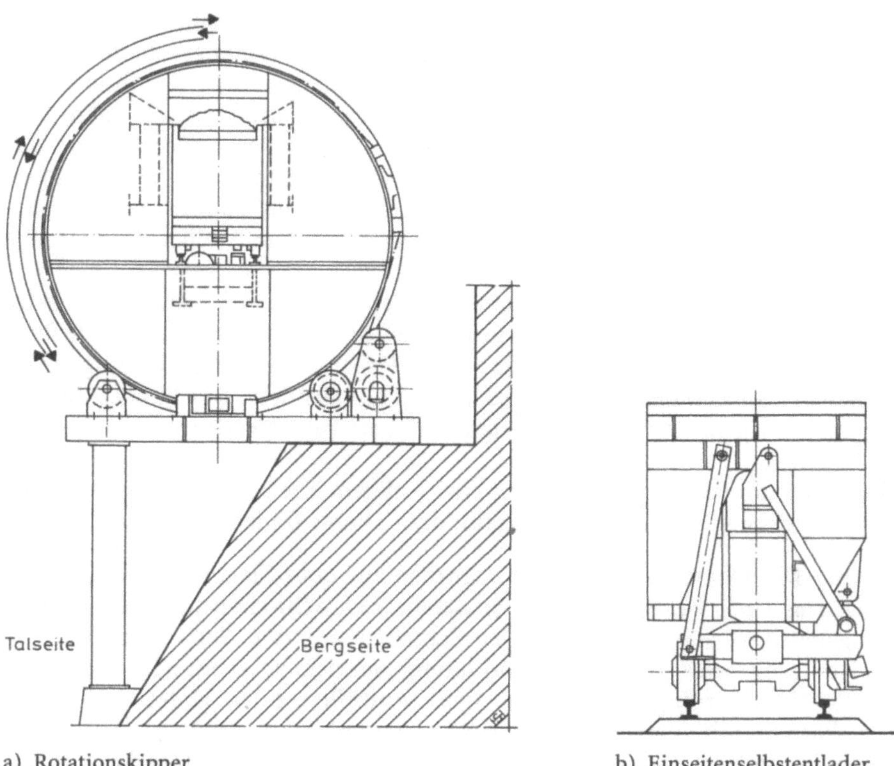

Abb. 5.15. Rotationskipper mit Rotationskippe (links) [141] und Einseitenselbstentlader (rechts) [Typ Mühlhäuser „Zillergründl"]

mengen, die viele Wagen erfordern, gegenüber den Einseitenselbstentladern wirtschaftlich konkurrenzfähig werden.

Die Einseitenselbstentlader verfügen über ein Transportgefäß, das seitlich abgekippt werden kann. Die Entleerung geschieht automatisch bei Vorbeifahrt an einer auf der Kippbrücke montierten Entriegelungs- und Verriegelungseinrichtung. Die Kippbrücke besteht dabei aus Anlaufzunge, der Horizontalschiene, der übergreifenden Rückholschiene und der Verriegelungseinrichtung. Der Kipper läuft auf die Anlaufzunge auf, wird entriegelt und kippt aufgrund des exzentrischen Schwerpunkts des Transportgefäßes selbsttätig ab. Durch die Entleerung entsteht eine Schwerpunktverlagerung, die ein selbsttätiges Zurückkippen des leeren Wagens bewirkt. Bei Vorbeifahrt an der Verriegelungseinrichtung wird der Kipper wieder verriegelt. Einseitenselbstentlader haben den Vorteil der finanziell günstigeren Entladeeinrichtung, allerdings sind die Wagen selbst teurer und wegen der Kippmechanik auch störanfälliger.

Bunkerzüge. Bunkerzüge wurden im Bergbau mit dem Ziel entwickelt, auch in engsten Querschnitten so viel Schuttermaterial wie möglich abzufördern.

Ein Bunkerzug besteht aus einem Platten- oder Kratzkettenförderband, das an der Stirnseite vom Ladegerät eventuell mit dazwischengeschaltetem Beladewagen beladen wird und mehreren Wagen, die entweder ohne Stirnflächen ausgebildet sind oder die als Wagenboden schräg nach oben über die Stirnwand des nächsten Wagens reichende Förderbänder haben. Das Material wird durch das Förderband über die gesamte Länge bis zum Ende des Zuges weitertransportiert. Nach Beendigung des Ladevorgangs transportiert der Bunkerzug das Schuttermaterial aus dem Stollen. Bunkerzüge sind für sehr lange Vortriebe geeignet.

Eine Sonderform stellt der Bunker-Pendel-Zug dar, bei dem in den beim Ladegerät befindlichen Bunkerzug geladen wird. Der vor Ort verbleibende Bunkerzug übergibt das Material mittels des Förderbandes an den Pendelwagen, der zwischen Bunkerwagen und Kippe hin- und her„pendelt". Der Bunker-Pendel-Zug ist im Gegensatz zum Bunkerzug für kürzere Fahrstrecken geeignet.

Fahrweg. Zum Fahrweg werden nur einige allgemeine Hinweise gegeben, eine eingehendere Auseinandersetzung mit dem Thema findet sich in [140], [141].

Oberbau. Der Oberbau setzt sich zusammen aus dem Gleis und der Gleisbettung. Das Gleis besteht aus den Schienen, den Schwellen und den Befestigungsteilen für die Fixierung der Schienen auf den Schwellen. Auf die Gleisbettung wird im Tunnelbau häufig verzichtet, eventuell erfolgt sie durch ein allerdings kostenintensives Auffüllen oder Unterstopfen des Gleiskörpers mit geeignetem Ausbruchsmaterial.

Ein besonderes Problem stellt die laufende Herstellung des Oberbaus an der Ortsbrust dar, weil dieser Vorgang möglichst neben anderen Tätigkeiten vor sich gehen sollte. Die meist engen Querschnitte lassen jedoch oft nur eine nacheinander gestaffelte Durchführung der verschiedenen Einzeltätigkeiten zu, was zu einer Verlängerung der Abschlagszyklen und einer Kostensteigerung führt.

Spurweite. Als Spurweite wird der kleinste senkrecht auf die Gleisachse gemessene Abstand der Innenflächen der Schienenköpfe bezeichnet. Üblich sind im Tunnel- und Stollenbau Spurweiten von 750 mm in kleinen und 900 mm in größeren Querschnitten. Auch 600 mm und 1000 mm werden in selteneren Fällen verwendet. Dabei ist zu beachten, daß eine schmalere und leichtere Gleisanlage zwar geringere Anschaffungskosten, dafür aber geringere Stabilität aufweist und niedrigere Fahrgeschwindigkeiten bedingt.

Wagenwechseleinrichtungen. Ein Gleisbetrieb kommt meist dann zur Anwendung, wenn kleine Querschnitte vorliegen. Aus Platz- und auch Kostengründen erfolgt der Gleisbau daher fast immer eingleisig. Für Systeme mit Förderwagen ergibt sich dann das Problem des Wagenwechsels zwischen vollem und leerem Förderwagen beim Beladen an der Ortsbrust. Kann entweder eine seitliche Beladung vorgenommen werden oder kommen Bunkerzüge zum Einsatz, entfällt dieses Problem.

Nachstehend werden einige gebräuchliche Methoden zum Wagenwechsel im Tunnelbau beschrieben (s.a. [73], [140], [141]).

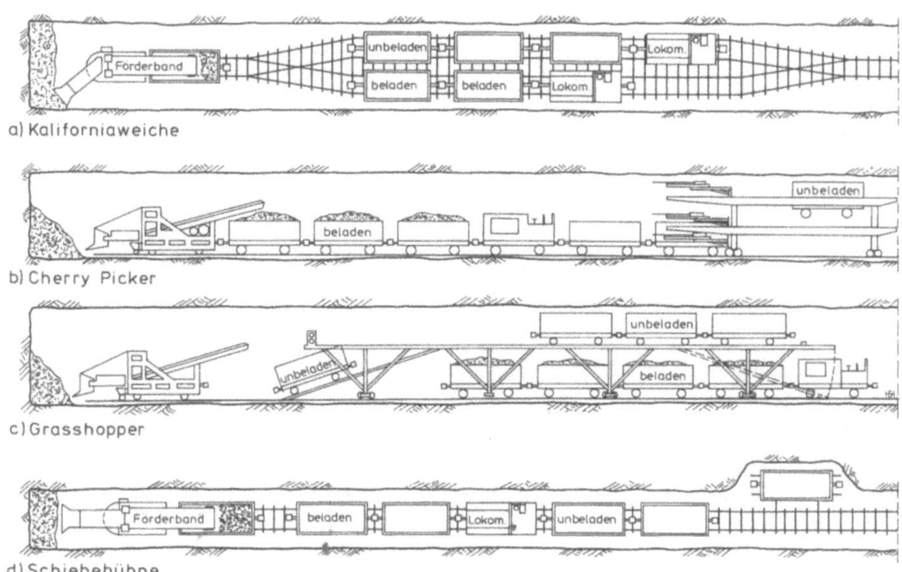

Abb. 5.16. Wagenwechseleinrichtungen [141]

Die Kaliforniaweiche (Abb. 5.16a) stellt eine zweigleisige Ausweichanlage für den gesamten Zug dar. Sie ist beidseitig mit Rampen ausgestattet und steht auf den normal verlegten Gleisen. Sie kann entweder gleitend oder über Rollen fortbewegt werden.

Eine Wagenhebeeinrichtung, auch Cherry Picker (Abb. 5.16b) genannt, ist ein Kran, der die leeren Wagen über die bereits gefüllten hebt. Dabei ist die Wagenhebeeinrichtung stationär, die Lokomotive führt die Verschiebearbeit durch. Eine verwandte Wagenwechseleinrichtung stellt der Grasshopper (Abb. 5.16c) dar, bei dem die leeren Wagen über eine Wagenbühne an die Ortsbrust fahren.

Schiebebühnen (Abb. 5.16d) sind dann von Vorteil, wenn sehr enge Platzverhältnisse eine andere Lösung nicht zulassen oder diese bei sehr kurzen Vortrieben unwirtschaftlich wäre. In Abständen werden Nischen ausgebrochen, die das Hineinschieben eines leeren Förderwagens ermöglichen. Der Wagenwechsel geschieht über eine Schiebebühne und mittels der Rangierarbeit der Lokomotive. Das Schiebebühnen-Verfahren ist langsam, bedingt aufwendige Nischen und verursacht so relativ hohe Kosten.

Der Sliding Floor ist ein sich am Tunnelboden bewegender Verschiebebahnhof, der nur für große Querschnitte geeignet ist. Er besteht aus drei (Abb. 5.17) oder mehr Elementen, die mittels hydraulischer Pressen elementweise verschoben werden. Der Sliding Floor ist allerdings sehr teuer und kann daher nur in Spezialfällen zur Anwendung kommen.

Kippe. Als Kippe wird eine Zwischendeponie bezeichnet, die im Bereich des Tunnelportals liegt. Die Entleerungsstelle befindet sich an einer Böschung

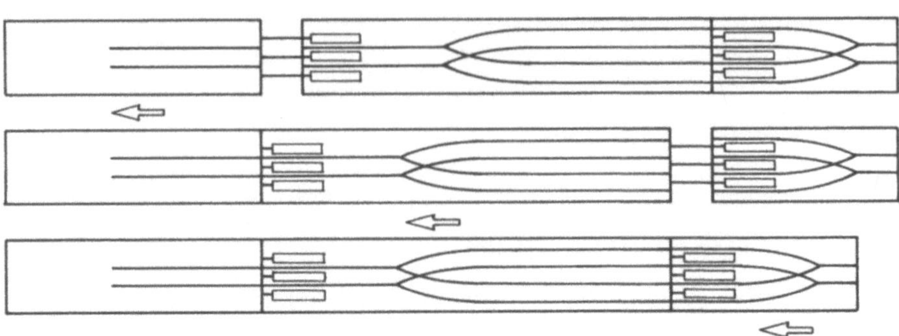

Abb. 5.17. Sliding Floor, Verschiebeprinzip [141]

auf einer Brücke, oder es wird eine Kippgrube angelegt. Dort können die Förderwagen mittels der oben beschriebenen Entladeeinrichtungen im freien Fall entleert werden.

5.3.4
Bandförderung

Förderbänder dienen bei der Materialschutterung im Tunnelbau hauptsächlich als Übergabesysteme, d.h., sie nehmen das Schuttergut nicht selbständig auf, sondern sind Bindeglied zwischen Ladegerät und Transportfahrzeug. Dabei sind sie manchmal schon auf den Ladegeräten selbst installiert, häufig jedoch auch als eigene Geräte vorhanden. Ihre Aufgabe ist nicht nur die Übergabe des Schutterguts an die Transportgeräte und die dabei angestrebte Verringerung der Abwurfhöhe des Ladegeräts; sie üben auch Pufferfunktion beim Wechsel von einzelnen Transporteinheiten aus.

Im Gleisbetrieb findet die gleisfahrbare Bandbeladeeinrichtung eine relativ verbreitete Anwendung. Sie wird dann eingesetzt, wenn die Förderwagen nicht durch eine Wagenwechseleinrichtung an die Ortsbrust verschoben werden können. Das Beladeband wird der Länge des Zuges angepaßt.

Eine weitere Anwendungsmöglichkeit für Förderbänder ist die Montage in der Firste. Das Firstförderband kann mittels Rollen bewegt werden und erfüllt damit den gleichen Zweck wie die gleisfahrbare Bandladeeinrichtung, ist jedoch platzsparender. Die Materialübergabe wird von den Tätigkeiten im Sohlbereich entkoppelt. Da das Firstförderband auch die Funktion eines Materialzwischenspeichers (Bunkerband) hat, beträgt die Länge 200 – 300 m.

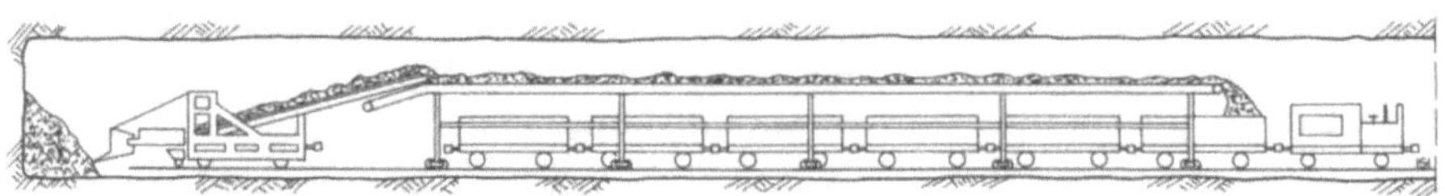

Abb. 5.18. Bandladeeinrichtung bei konventionellem Vortrieb [140]

5.4
Leistungsermittlung

Die Leistung von Lade- und Transportgeräten im Tunnelbau kann prinzipiell in gleicher Weise berechnet werden wie im Erdbau über Tage. Arbeiten, die sich detailliert mit der Leistungsermittlung von Baugeräten auseinandersetzen, sind [59], [72], [74].

Ansätze des Operations Research, die Arbeitsweise von Baugeräten detailliert im rechnerischen Modell abzubilden und so die Leistung mit hoher Genauigkeit zu bestimmen, sind an der Vielschichtigkeit der Einflüsse auf die praktisch erbrachte Dauerleistung der Geräte gescheitert. Es muß darauf hingewiesen werden, daß die tatsächlich erreichten Leistungen durch die spezifischen Gegebenheiten des jeweiligen Projekts sehr stark beeinflußt werden und theoretisch ermittelte Werte immer einer kritischen und praxisgeschulten Beurteilung bedürfen.

Das Schuttern sollte aus Kostengründen so schnell wie möglich erfolgen. Daher wird eine optimale Auslastung des Ladegeräts angestrebt und die Anzahl der Transporteinheiten danach bemessen. Die Leistung für das Schuttern ergibt sich somit bei entsprechender Dimensionierung der Transportgerätegröße und -anzahl aus der praktisch möglichen Leistung des Ladegeräts abzüglich der Zeiträume, in denen das Ladegerät nicht laden kann. Zu diesen Zeiten gehört die Rangiertätigkeit zum Wechsel der Transportgeräte, das Vorbringen des Ladegeräts an die Ortsbrust nach der Sprengung oder der Vorbau von Schienen und Versorgungsleitungen, wenn dieser Vorbau vor dem Schuttern durchgeführt werden muß. Ist die Abstimmung zwischen Lade- und Transportgerät nicht optimal und ergeben sich für das Ladegerät unproduktive Wartezeiten, dann wird die Förderleistung für die Schutterzeit maßgebend.

5.4.1
Leistungen der Ladegeräte

In diesem Buch wird keine detaillierte Berechnung der Leistung von Ladegeräten durchgeführt. Stattdessen werden praktisch umsetzbare Bandbreiten für die Dauerleistung bei Betrieb angegeben (Tabelle 5.3). Dabei ist davon auszu-

Tabelle 5.3. Spielanzahl von gebräuchlichen Ladegeräten im Tunnelbau [61]

Ladegerät	Spielanzahl bei Betrieb ohne aufgezwungene Wartezeiten	Bemerkungen
Hydraulikbagger		
• Tieflöffel	60–80	Die Spielanzahl sinkt mit
• Hochlöffel	40–60	größer werdendem Löffel
Frontlader		
• Radlader	50–70	Spielanzahl ohne längere
• Raupenlader	40–60	Fahrwege bis zum Fördergerät

gehen, daß in diesen Zeiten noch keine Rangiertätigkeiten oder Rüstzeiten enthalten sind.

Die Leistungsansätze sind in Spielen pro Stunde angeführt und zur Berechnung der Dauerleistung müssen noch die mögliche Löffel- oder Schaufelfüllung und der Auflockerungsfaktor des Haufwerks berücksichtigt werden (Werte dazu s. Tabellen 5.5 und 5.6).

Die angegebenen Formeln folgen ihrem Aufbau nach [72]. Aus der möglichen Nutzladung eines Ladespiels

$$C = F_{100} \cdot \varphi \cdot \alpha \tag{5.1}$$

mit C Nutzladung pro Spiel [fm³],
       F_{100} Löffelinhalt [m³],
       φ Füllfaktor des Ladegefäßes (s. Tabelle 5.5),
       α Auflockerungsfaktor des gesprengten Haufwerks
              (s. Tabelle 5.6)

ergibt sich die Leistung dann zu

$$Q_L = C \cdot X \cdot \eta_G \tag{5.2}$$

mit Q_L Dauerleistung des Ladegeräts bei Betrieb
              ohne aufgezwungene längere Wartezeiten [fm³/h],
       X Spielanzahl pro Stunde [Sp./h] (s. Tabelle 5.3),
       η_G Geräteausnutzung (s. Tabelle 5.4).

Treten längere Wartezeiten auf, die die Zeit, in denen das Ladegerät arbeiten kann, vermindern, dann sinkt die Geräteausnutzung (Tabelle 5.4) des Ladegeräts stark ab. Solche Wartezeiten können u.a. beim Wechsel der Transportgeräte auftreten.

Andere Formen der Leistungsberechnung beschreibt Maidl in [84] und gibt Formeln an, die auf Hetzel [56] und Burkhard [20] zurückgreifen.

5.4.2
Leistungen der Fördergeräte

Die Abschätzung der von den Transportgeräten erbrachten Leistungen wird erreicht über die Dauer eines Umlaufs von Beladen, Fahrt zur Deponie, Entleeren, Rückfahrt sowie Rangieren.

Tabelle 5.4. Geräteausnutzung η_G der Ladegeräte [72]

Bezogen auf	Praktischer Höchstwert	Betriebsbedingungen sind		
		gut	mittel	schlecht
Arbeitsspiel	1,0			
Betriebsstunde	0,9	0,82	0,7	0,5
Schicht	0,75	0,7	0,6	0,4
Woche	0,7	0,65	0,5	0,35
Monat	0,65	0,6	0,45	0,3

Tabelle 5.5. Füllfaktor φ abhängig vom Material

Material	φ
Leichter Boden	1,2
Mittelschwerer Boden	1,0
Schwerer Boden	0,75 – 0,9
Fels, gut gesprengt	0,55 – 0,8
Fels, schlecht gesprengt	0,25 – 0,6

Tabelle 5.6. Auflockerungsfaktor α [72]

Material	α
Ton, trocken	0,80
Ton, dicht, zäh oder feucht	0,75
Boden, trocken	0,80
Boden, naß	0,80
Boden, mit Sand und Kies	0,85
Boden, mit Fels vermischt	0,77
Kies, trocken	0,89
Kies, naß	0,88
Lehm	0,83
Fels, fest, gut gesprengt	0,67
Fels und Steine, gebrochen	0,74
Fels, weich oder geschichtet	0,75

Die praktisch mögliche Leistung eines Fördergeräts kann angegeben werden zu

$$Q_T = V_T \cdot \alpha \cdot \frac{60 - t_N}{(t_B + t_H + t_E + t_Z + r_R)} \tag{5.3}$$

mit
- Q_T Dauerleistung der Transportgeräte [m³/h],
- V_T Fassungsvermögen des Transportgefäßes [m³],
- α Auflockerungsfaktor (s. Tabelle 5.6),
- t_N Zeit pro Stunde, in denen das Transportgerät nicht für den Schutterbetrieb zur Verfügung steht [min],
- t_B Beladezeit [min],
- t_H Zeit für die Hinfahrt zur Deponie [min],
- t_E Zeit für das Entladen [min],
- t_Z Zeit für das Zurückfahren [min],
- t_R Rangierzeit [min].

Die Zeit für das Beladen richtet sich nach der dafür nötigen Spielanzahl des Ladegeräts, die Zeit für das Hin- und Zurückfahren ergibt sich aus Fahrgeschwindigkeit und der Transportentfernung. Für Entladen und Rangieren sind die Zeiten aufgrund der Eigenheiten der eingesetzten Transportgeräte sehr unterschiedlich, wobei generell davon ausgegangen werden kann, daß Radfahrzeuge schneller und flexibler entladen und rangieren als gleisgebundene Transportmittel.

5.5
Beispielhafte Darstellung von Transportketten

Häufig wird auf eine Zwischendeponie im Tunnel geschuttert. Von dort erfolgt dann in der Regel die weitere Förderung auf eine Enddeponie außerhalb des Tunnels. Fallweise findet das Ausbruchmaterial bei Eignung auch eine Verwendung beispielsweise als Zuschlag für den Beton, der für die Innenschale aufbereitet oder für das Verfüllen der Sohle nach dem Spritzen des Sohlgewölbes genutzt wird. In vielen Ländern Europas erzwingt das Abfallwirtschaftsgesetz in jedem Fall eine bestmögliche Wiederverwendung bzw. Materialverwertung.

Eine Zwischendeponie kommt dann zur Anwendung, wenn die Ortsbrust möglichst rasch wieder zugänglich gemacht werden soll oder wenn eine unmittelbare Schutterung bis vor das Tunnelportal aufgrund der Bauloslänge eine zu große Anzahl an Transporteinheiten in Anspruch nehmen würde und daher unwirtschaftlich wäre.

Es wird in zwei Beispielen die Transportkette von der Aufnahme des Haufwerks bis zur Zwischendeponie in der Nähe des Tunnelportals vorgestellt. Die nachgeordnete Behandlung des Materials ist nicht spezifisch für den Tunnelbau und würde den Rahmen dieses Buches sprengen.

Die Transportkette beginnt mit der Aufnahme des Schuttermaterials durch die Ladegeräte und endet mit dem Entleeren der Fördergeräte.

5.5.1
Schutterung in einem Verkehrstunnel

Für den Eisenbahntunnel einer Hochleistungsstrecke mit einem Querschnitt von ca. 100 m² soll ein Schutterkonzept entworfen werden. Der Tunnel wird von zwei Seiten aufgefahren und hat eine Länge von 6 km. Das aufgefahrene Gebirge ist durchweg standfest, so daß ein Hochleistungvortrieb mit 3,2 m langen Abschlägen in der Kalotte durchgeführt werden kann. Der Abbau des Gebirges erfolgt in den Schritten Kalotte und Strosse links/rechts.

Als Schuttergerät wird in der Kalotte ein Radlader mit einem Schaufelvolumen von 4,5 m³ eingesetzt, als Transportfahrzeuge stehen Großmuldenkipper

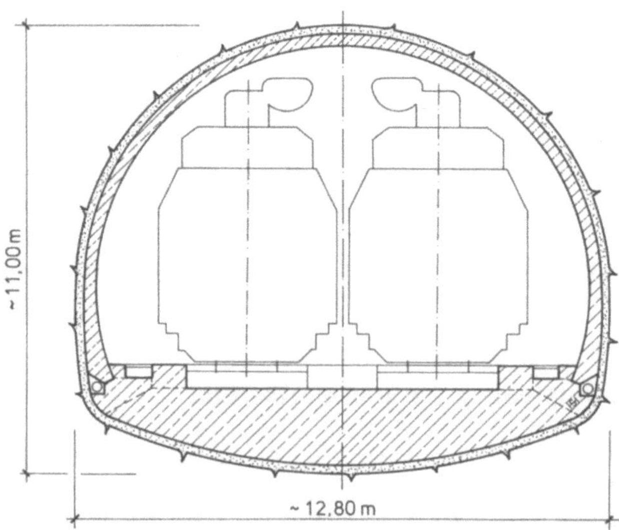

Abb. 5.19. Ausbruchsquerschnitt Eisenbahntunnel der Umfahrung Melk, Österreich, 1995 [57]

mit einem Ladevolumen von 21 m³ zur Verfügung. Man geht davon aus, daß von der Ortsbrust direkt ins Freie geschuttert wird. Von der Zwischendeponie im Bereich des Tunnelportals (Kippe) wird dann der weitere Abtransport veranlaßt.

Die pro Abschlag zu schutternde Ausbruchsmenge des Kalottenvortriebs ergibt sich bei einem Ausbruchquerschnitt der Kalotte von 55 m², einer Abschlagslänge von 3,2 m und einem geschätzten Mehrausbruch von ca. 10% zu

$$V_{KAL} = A_{KAL} \cdot l_a \cdot 1{,}10 \hspace{5cm} (5.4)$$
$$V_{KAL} = 55 \cdot 3{,}2 \cdot 1{,}10 = 193{,}6 \text{ m}^3$$

mit $\hspace{1cm}$ V_{KAL} $\hspace{1cm}$ Kubatur Schutterung Kalotte pro Abschlag [m³],
$\hspace{2.5cm}$ A_{KAL} $\hspace{1cm}$ Ausbruchquerschnitt Kalotte [m²],
$\hspace{2.5cm}$ l_a $\hspace{1.4cm}$ Abschlagslänge [m].

Der Radlader erbringt eine Dauerleistung von 40 Spielen pro Stunde, wobei Abminderungen in der Geräteausnutzung durch die Behinderungen beim Rangieren der Großmuldenkipper schon berücksichtigt sind. Bei Ansatz einer Auflockerung α von 0,67 (Tabelle 5.6) und eines Füllfaktors φ von 0,8 (Tabelle 5.5) für gut gesprengten Fels ergibt sich die Nutzladung zu

$$C = F_{100} \cdot \varphi \cdot \alpha \hspace{5cm} \text{nach (5.1)}$$
$$C = 4{,}5 \cdot 0{,}8 \cdot 0{,}67 = 2{,}41 \text{ m}^3/\text{Sp.}$$

und die Dauerleistung zu

$$Q_L = C \cdot X \hspace{5cm} \text{nach (5.2)}$$
$$Q_L = 2{,}41 \cdot 40 = 96 \text{ m}^3/\text{h}$$

wobei die Geräteausnutzung schon in der möglichen Spielzahl berücksichtigt wurde. Für das Schuttern muß ein Zeitraum von etwas mehr als zwei Stunden veranschlagt werden.

Nun soll die Anzahl der benötigten Großmulden bestimmt werden. Das Transportvolumen der Muldenkipper V_T beträgt unter Berücksichtigung des Auflockerungsfaktors von $\alpha = 0{,}67$ und einer Füllung des Transportgefäßes von 1,0

$$V_T = V \cdot \alpha \cdot \varphi = 21 \cdot 0{,}67 \cdot 1{,}0 = 14 \text{ m}^3.$$

Die Umlaufzeit wird berechnet für die durchschnittliche Transportentfernung von 1,5 km. Diese ergibt sich aus der Hälfte einer Vortriebsstrecke als Massenschwerpunktsentfernung zu

$$T_{UML} = t_B + t_H + t_E + t_Z + t_R \hspace{4cm} (5.5)$$

mit $\hspace{1cm}$ T_{UML} $\hspace{1cm}$ Umlaufzeit des Fördergeräts [min],
$\hspace{2.5cm}$ t_B $\hspace{1.4cm}$ Beladezeit [min],
$\hspace{2.5cm}$ t_H $\hspace{1.4cm}$ Zeit für die Hinfahrt zur Deponie [min],
$\hspace{2.5cm}$ t_E $\hspace{1.4cm}$ Zeit für das Entladen [min],
$\hspace{2.5cm}$ t_Z $\hspace{1.4cm}$ Zeit für das Zurückfahren [min],
$\hspace{2.5cm}$ t_R $\hspace{1.4cm}$ Rangierzeit [min].

Die einzelnen Zeiten errechnen sich zu:

Zeit für das Beladen $\quad t_B = \dfrac{V_T}{Q_L} \cdot 60$ $\hfill (5.6)$

mit $\qquad t_B \qquad$ Zeit, die der Radlader zum Beladen des
$\qquad\qquad\qquad$ Muldenkippers benötigt [min],
$\qquad V_T \qquad$ Fassungsvermögen Muldenkipper [m³],
$\qquad Q_L \qquad$ Dauerleistung des Radladers [m³/h],

$$t_B = \frac{14}{96} \cdot 60 = 9 \text{ min}.$$

Zeit für die Hinfahrt zur Deponie (voll) mit 12 km/h

$$t_H = \frac{1}{v_{voll}} \cdot 60 \hfill (5.7)$$

mit $\qquad t_H \qquad$ Zeit für die Fahrt von der Ortsbrust zur Kippe [min],
$\qquad 1 \qquad$ Transportlänge [km],
$\qquad v_{voll} \qquad$ Durchschnittsgeschwindigkeit des Muldenkippers
$\qquad\qquad\qquad$ in beladenem Zustand [km/h],

$$t_H = \frac{1,5}{12} \cdot 60 = 7,5 \text{ min}$$

Zeit für das Entladen $\qquad t_E = 2$ min (geschätzt)

Zeit für die Rückfahrt mit 15 km/h

$$t_Z = \frac{1}{v_{leer}} \cdot 60 \hfill (5.8)$$

mit $\qquad t_Z \qquad$ Zeit für die Fahrt von der Kippe zur Ortsbrust [min],
$\qquad 1 \qquad$ Transportlänge [km],
$\qquad v_{leer} \qquad$ Durchschnittsgeschwindigkeit des Muldenkippers
$\qquad\qquad\qquad$ in leerem Zustand [km/h],

$$t_H = \frac{1,5}{15} \cdot 60 = 6 \text{ min}$$

Zeit für den Wagenwechsel und das Rangieren an der Ortsbrust

$\qquad t_R = 2$ min (geschätzt).

Die Umlaufzeit T_{UML} eines Großmuldenkippers ergibt sich somit zu 26,5 Minuten. Es müssen daher

$$n = \frac{T_{UML}}{t_B} \hfill (5.9)$$

$$n = \frac{26,5}{9} = 2,94$$

mit $\qquad n \qquad$ Anzahl der benötigten Muldenkipper [Stk.],
$\qquad T_{UML} \qquad$ Zeit für einen Umlauf des Muldenkippers [min],
$\qquad t_B \qquad$ Zeit für das Beladen eines Muldenkippers [min],

drei Mulden eingesetzt werden. Für den Vortrieb über 1,5 km hinaus wird die Fahrzeit länger, so daß ein weiterer Muldenkipper notwendig wird, wenn der Radlader voll ausgelastet werden soll. Für Station 3,0 km vor dem Durchschlag, der in Tunnelmitte geplant ist, ergibt sich eine Umlaufzeit von 40 min. Das bedingt kurzfristig eine Anzahl von sogar 5 Muldenkippern.

Prinzipiell können in dieser Weise auch die Schuttergeräte für den Strossenvortrieb bemessen werden. Allerdings ist der Betrieb in der Strosse bei gleichzeitig laufendem Kalottenvortrieb diesem unterzuordnen, d.h., daß sich aus den Arbeiten in der Strosse keine Behinderungen für die Arbeiten in der Kalotte ergeben dürfen.

Für den Tunnel kann eine Gerätegruppe für die Schutterung zusammengestellt werden mit:

- 1 Radlader   Schutterung Kalotte,
- 1 Radlader   Reserve, wird herangezogen für Schutterung Strosse, Rampe umlegen,
- 3 Muldenkipper   Schutterung Kalotte,
- 1 – 2 Muldenkipper Reserve, Schutterung Strosse und später ebenfalls Schutterung Kalotte.

5.5.2
Schutterung in einem Erkundungsstollen

In einem Erkundungsstollen für einen Autobahntunnel mit einem Querschnitt von 13,2 m^3 und einer Länge von 6000 m soll die Schutterung gleisgebunden erfolgen. Der Stollen ist mit 1,5 % steigend im Vollausbruch vorzutreiben.

Das anstehende Gebirge wird als nachbrüchig bis gebräch eingestuft und läßt mögliche Abschlagslängen von etwa 2,0 m erwarten.

Als Ladegerät wird ein Wurfschaufellader, luftbereift, mit einem Schaufelinhalt von 0,6 m^3 verwendet. Als Fördersystem wird ein Shuttletrain der Marke Hägglund, Typ C, eingesetzt. Das Modell entspricht vom Prinzip den in Kap. 5.3.3 beschriebenen Bunkerzügen. Der Wurfschaufellader belädt den ersten Wagen, der das Material über einen integrierten Kettenkratzförderer an den nächsten Wagen weitergibt.

Die Schutterkubatur ergibt sich bei Einrechnung eines Überprofils von 5 % durch Einsetzen in (5.4) zu

$$V_{\text{STOLLEN}} = 13{,}2 \cdot 2{,}0 \cdot 1{,}05 = 27{,}7 \text{ m}^3.$$

Die Leistung des Wurfschaufelladers beträgt nach den Herstellerangaben 1,5 m^3/min. Die Erfahrung aus bereits abgewickelten Baustellen zeigte jedoch, daß eine Dauerleistung von rd. 80 Sp./h praktisch möglich ist. Das ergibt bei Ansatz einer Auflockerung α von 0,75 (Tabelle 5.6) und einem Füllgrad φ der Schaufel von 85 % (Tabelle 5.5) eine Nutzladung pro Spiel von

$$C = F_{100} \cdot \varphi \cdot \alpha \qquad \text{nach (5.1)}$$
$$C = 0{,}6 \cdot 0{,}85 \cdot 0{,}75 = 0{,}38 \text{ m}^3$$

und eine Dauerleistung von

$$Q_L = C \cdot X \hspace{6cm} \text{nach (5.2)}$$
$$Q_L = 80 \cdot 0{,}38 = 30{,}4 \ \text{m}^3/\text{h}.$$

Der Bunkerzug muß über eine Kapazität von 30,4 m³ verfügen, weil er das gesamte Schuttermaterial in einem transportieren muß. Bei Einsatz von 11,5 m³ fassenden Wagen ergibt sich eine Anzahl von

$$n = \frac{30{,}4}{11{,}5 \cdot 0{,}67} = 3{,}9.$$

Es werden vier Wagen benötigt. Die Schutterdauer liegt bei etwas über einer Stunde. Als Lokomotive wird eine Akkulokomotive mit einem Dienstgewicht von 16 t und einer Leistung von 50 kW gefahren.

5.6
Zusammenfassung und Ausblick

Nach der rasanten Entwicklung der Bohrgeräte im Tunnelbau sind die Weiterentwicklungen beim Schutterbetrieb ein entscheidender Faktor für eine wirtschaftliche Bauabwicklung. Die Anpassung der Kapazitäten und technischen Eigenschaften der Geräte an die Gegebenheiten vor Ort ist bei jedem Projekt neu vorzunehmen.

Die generelle Tendenz zu größeren, schnelleren und stärkeren Geräten ist ungebrochen [77]. Das Abgasverhalten der Dieselmotoren wird ständig verbessert, so daß auch Geräte mit hoher Leistung bei einem wirtschaftlich vertretbaren Aufwand für die Bewetterung zum Einsatz kommen können. Bei sehr großen Bauloslängen wird oft eine Kombination elektrisch betriebener Lade- mit dieselbetriebenen Transportgeräten genutzt, um die Bewetterungsanforderungen technisch und wirtschaftlich zu optimieren.

KAPITEL 6

Sicherung

6.1
Allgemeines

Die Entwicklung der Tunnelbautechnik ist eng mit der Verbesserung und Neu-
entwicklung geeigneter Sicherungsmethoden verbunden. So formulierte
Rziha schon 1874 den Grundsatz, daß es die Kunst des Ingenieurs ist, den Gebirgsdruck erst gar nicht entstehen zu lassen [133]. Aufgrund der in diesem
Zusammenhang vielfach schwer handhabbaren Sicherungsmaterialien, wie
Holz und Mauerung, konnten die Tunnelbauingenieure diese Forderung in
früherer Zeit nur unvollkommen erfüllen.

Die Sicherungsmaßnahmen, also vorübergehende und endgültige Sicherungen, haben die Aufgabe, die Eigentragfähigkeit des Gebirges zu ermöglichen, zu unterstützen und günstig zu beeinflussen. Sie sollten im Idealfall als
Randverstärkung des Gebirges angesehen werden. In Wirklichkeit haben die
Sicherungsmaßnahmen eine mehr oder weniger große Steifigkeit, die rechnerisch in Ansatz gebracht werden kann.

Die Grenzen zwischen vorübergehender und endgültiger Sicherung werden
in Zukunft mehr fließend als abgrenzbar sein. Die zukünftigen Entwicklungen
tendieren zur einschaligen Bauweise, so daß die vorübergehende Sicherung in
das Gesamtsystem der endgültigen zu integrieren ist.

6.2
Sicherungsarten

Bei den Sicherungsarten unterscheidet man zwischen der vorübergehenden
Sicherung und der endültigen Sicherung [84].

6.2.1
Vorübergehende Sicherung

Die vorübergehende Sicherung wird auch vorläufige Sicherung, vorläufiger
Ausbau oder Außenschale genannt. Sie dient der zeitweiligen Hohlraumstüt-
zung nach dem Ausbruch bis zum vollständigen Einbau der endgültigen Sicherung. Ihr kommt im Tunnelbau eine große Bedeutung zu, da die Parameter
Verformbarkeit, Verbund zum Gebirge und der Einbauzeitpunkt den techni-

schen und wirtschaftlichen Erfolg einer Tunnelbaumaßnahme stark beeinflussen.

Ein unmittelbarer Schutz der Arbeiten für den nächsten Abschlag wird erforderlich, wenn das Gebirge keine ausreichende Standzeit für die Arbeiten der vorübergehenden Sicherung aufweist. Eine vorauseilende Sicherung wird dann notwendig, oder eine Versiegelung dient zum unmittelbaren Kopfschutz der Sicherungsarbeiten für den aktuellen Abschlag.

Vorauseilende Sicherung. Die klassischen Maßnahmen für die vorauseilende Sicherung sind heutzutage Bleche und Spieße (Abb. 6.1 und 6.2). Tunnelbleche werden angewendet, wenn z. B. bei rolligen Böden das Material zum Auslaufen neigt. Die Bleche werden vorauseilend in den Boden eingetrieben. Da besonders in den Überlappungsbereichen der Bleche Hohlräume entstehen, wird hinter den vorgepfändeten Blechen eine Mörtelverfüllung eingebracht. Ein weiterer Schritt, vor allem zur Verminderung der Setzungen durch die Verformung der Bleche, ist der auf Lücke geschlagene Verzug in Kombination mit Spritzbeton. Im Zuge des Vortriebes wird der auf Lücke geschlagene Verzug und der Stahlbogen eingespritzt, um Setzungen aus den möglichen Verformungen der Bleche bei sich einstellendem höheren Gebirgsdruck gering zu halten.

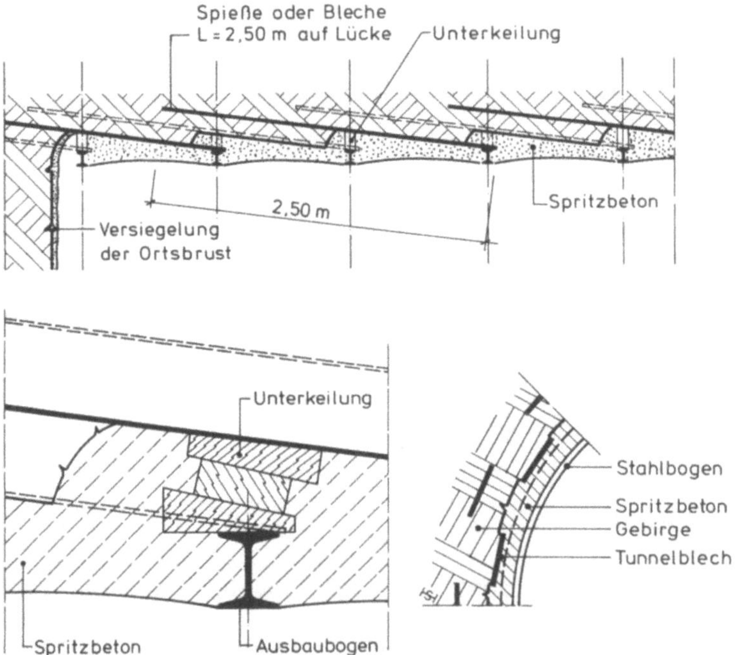

Abb. 6.1. Auf Lücke geschlagener Verzug mit Spritzbeton; Stadtbahn Dortmund, Baulos 13, 1979 [84]

Wird der Tunnel in Böden oder Gebirgen vorgetrieben, in denen die Bleche nicht mehr vorgepfändet werden können, werden anstelle des auf Lücke geschlagenen Verzugs Spieße gesetzt. Die Spieße werden mittels Druckluft- oder Hydraulikhammer in den Baugrund getrieben oder bei Festgestein in vorgebohrte Löcher gesteckt, die in der Regel auch vermörtelt werden. Die Länge der Spieße sollte sich über mindestens drei Bogenabstände erstrecken.

Versiegelung. Die Versiegelung besteht in der Regel aus einer 35 cm starken Spritzbetonschicht, die unmittelbar nach dem Schuttern oder zum Teil parallel zum Schuttern auf die Ausbruchslaibung aufgebracht wird. Dadurch soll in erster Linie verhindert werden, daß weiteres, aus dem Gebirgsverband gelöstes Gestein die Arbeiten zur Erstellung der vorübergehenden Sicherung durch Nachfallen gefährdet und sich zudem der sich bildende Gebirgstragring nach außen verschiebt.

Damit kann diese erste Spritzbetonschicht neben der Versiegelung auch zu einer ersten Konsolidierung der Gebirgedeformationen dienen. Es wird zu einem sehr frühen Zeitpunkt ein Teil der Eigentragfähigkeit des Gebirges aktiviert. Dies kann zur beträchtlichen Verminderung der Setzungen führen.

Verformbarkeit der vorübergehenden Sicherung. Die Verformbarkeit der Sicherung wird in hochbiegesteif, biegesteif und biegeweich eingeteilt (Tabelle 6.1).

Hochbiegesteife Sicherungen können frei, ohne Gebirgsbeeinflussung stehen und erfahren unter einer Beanspruchung nur infinitesimal kleine Verformungen. Nachträgliche Spannungsumlagerungen, die sich durch Verformungen der Ausbruchslaibung äußern, werden behindert. Dadurch treten in den

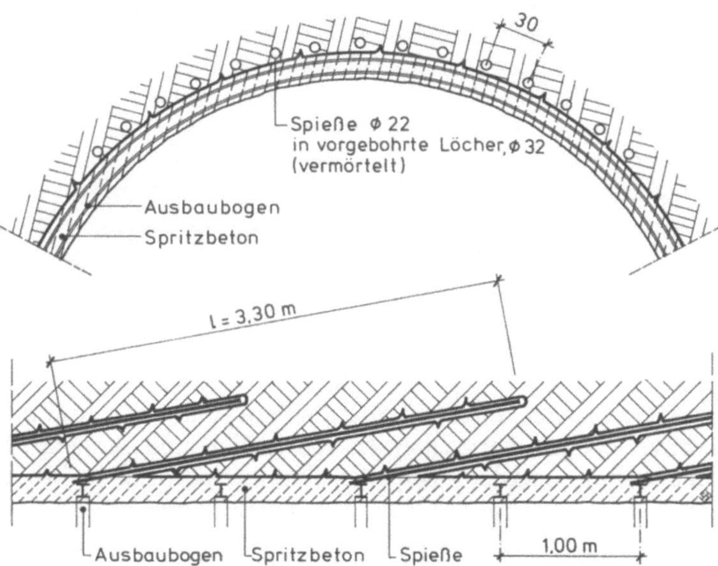

Abb. 6.2. Spieße in Kombination mit Spritzbeton; Westtangente Bochum, 1982 [84]

Tabelle 6.1. Zuordnung der Begriffe für die Sicherung [84]

Steifigkeit der Sicherung	Verhalten	Übernahme von Schnittkräften	
		Biegemomente	Normalkräfte
hochbiegesteif	starr	hoch	gering
biegesteif	halbstarr	hoch	gering
biegeweich	hochverformbar	gering	hoch (plus Schubkräfte)

hochbiegesteifen Sicherungen größere Belastungen auf als bei verformbaren Auskleidungen. Die durch die behinderten Spannungsumlagerungen hervorgerufenen Belastungen können während der Dimensionierung nur sehr ungenau in ihrer Größenordnung und in ihrem Verhältnis zwischen vertikalem und horizontalem Lastanteil ermittelt werden. Daher müßten hochbiegesteife Sicherungen, die vor Erreichen des sekundären Spannungszustandes eingebaut werden, sehr unwirtschaftlich bemessen werden. Aus diesem Grund werden diese Sicherungen in der Regel nicht oder nur bei hoher Verformungsbegrenzung für die vorübergehende Sicherung verwendet.

Biegesteife Sicherungen werden derart dimensioniert, daß sie als alleiniges Tragelement stabil sind, jedoch Verformungen des Gebirges in einem gewissen Maße erlauben, was zu einer Mitwirkung des Gebirges am Tragverhalten des Systems Tunnel-Gebirge führt. Diese Art kommt für vorübergehende Sicherungen in Frage, wenn der Tunnel in stark gestörten Gebirgszonen und/oder mit geringer Überdeckung aufgefahren wird, wenn sich ein Gebirgstragring nicht mit Sicherheit aufbauen kann oder sich nur ein geringer oder kein Verbund zwischen der Sicherung und der Ausbruchslaibung ausbildet.

Der Regelfall für eine vorübergehende Sicherung sollte bei geeigneten Bedingungen nach der Philosophie des modernen Tunnelbaus die biegeweiche Sicherung sein. Sie erlaubt aufgrund der hohen Verformbarkeit einen kontrollierten Ablauf der Spannungsumlagerungen beim Übergang vom primären zum sekundären Spannungszustand. Da diese Sicherung in der Hauptsache nur über Drucknormalkräfte abträgt, wird die Eigentragfähigkeit des Gebirges geweckt und die Biegebeanspruchung der Sicherung bleibt gering. Im Grenzfall ist diese Sicherung als Randverstärkung des Gebirges zu sehen. Diese Art der Sicherung besteht heutzutage zumeist aus unbewehrtem oder schwach bewehrtem Spritzbeton. In neuerer Zeit wird vermehrt Stahlfaserspritzbeton verwendet (Abb. 6.4).

Verbund. Das Gesamttragsystem Tunnel-Gebirge kann nur funktionieren, wenn eine zuverlässige Übertragbarkeit von Radial- und Tangentialkräften zwischen dem Gebirge und der Ausbruchslaibung gewährleistet wird. Alle skelettartigen Sicherungssysteme mit Holz, Stahl und Betonfertigteilen können in der Regel keine Tangentialkräfte übertragen, da diese Sicherungsmaterialien das Gebirge nur punktweise stützen. Der Spritzbeton ist in dieser Hinsicht als ein ideales Material für einen Verbund Gebirge-Sicherung anzusehen.

Einbauzeitpunkt. Die Wahl des Einbauzeitpunktes der Sicherung hat eine große Bedeutung im Tunnelbau, da er maßgeblich den gesamten Baubetrieb beeinflußt bzw. von diesem direkt abhängig ist. Der Einbauzeitpunkt ist stark abhängig vom erwarteten Gebirgsverhalten, womit die gegenseitige Abhängigkeit zum Bauverfahren deutlich wird. Kann erwartet werden, daß das Gebirge während der Spannungsumlagerung im elastischen Zustand verbleibt, so baut man die vorübergehende Sicherung in der Regel frühzeitig ein. Muß jedoch mit einer Plastifizierung des Gebirges gerechnet werden, so kann der Einbauzeitpunkt in Abhängigkeit von der Gebirgskennlinie und der Steifigkeit der Sicherung derart gewählt werden, daß es zeitlich kontrolliert zu begrenzten Verformungen des Gebirges und damit zu begrenzten Belastungen der Sicherung kommt.

Die Wahl des Einbauzeitpunktes darf sich nicht nur auf die Kalotte beschränken. Besondere Bedeutung kommt dem Ringschluß und damit der sogenannten Ringschlußzeit zu, d.h., zu welchem Zeitpunkt der Tragring der Sicherung und damit des Gesamttragsystems Tunnel–Gebirge geschlossen wird. Dabei ist der Begriff Ringschlußzeit so definiert, daß er diejenige Zeitspanne beschreibt, die zwischen dem Aufmachen der Ortsbrust bis zum Einbau der Sicherungsmaßnahmen vergeht, wobei die Abbindezeit des Spritzbetons einzurechnen ist. Generell kann hierzu gesagt werden, daß das Gebirgsverhalten, je kürzer die Ringschlußzeit ist, umso günstiger beeinflußt wird. Die Ringschlußzeit kann durch das Bauverfahren und vor allem durch die Wahl geeigneter Sicherungsmaterialien verkürzt werden. An dieser Stelle wird der Stahlfaserspritzbeton in Zukunft eine erhebliche Verkürzung der Ringschlußzeit ermöglichen, da wegen der Einsparung von Arbeitsgängen der Zeitbedarf für das Sichern eines Abschlages um ca. $^1/_3$ reduziert wird (Abb. 6.4). Stahlfaserspritzbeton verfügt außerdem über eine verbesserte Frühfestigkeit.

Konstruktion. Sieht man einmal von den maschinellen Vortrieben im Schildvortrieb ab, wird im modernen Tunnelbau die vorübergehende Sicherung in der Regel unter der Verwendung von Spritzbeton ausgeführt. Diese Spritzbetonsicherung setzt sich aus drei Konstruktionsgliedern zusammen [84]:

1. dem Spritzbeton selber,
2. Stahl- oder Gitterträger,
3. Anker.

Der Spritzbeton gewährleistet ein hohlraumloses, kräfteübertragendes Anschließen der Sicherung an das Gebirge. Durch die Funktion der Sicherung als vorwiegende Gebirgsvergütung entsteht die Verbundkonstruktion Tunnel-Gebirge mit dem Gebirge als Haupttragelement. Der Spritzbeton kann dabei bewehrt oder unbewehrt ausgeführt werden. In der Regel kann jedoch auf die Bewehrung nicht verzichtet werden.

Die Stahlbögen oder Gitterträger gewährleisten nach dem Einbau einen gewissen Kopfschutz und sind im eingespritzten Zustand sofort tragfähig. Weiterhin erfüllen sie die Funktion einer Ringbewehrung für die Spritzbetonschale und stellen eine profilgebende und vermessungstechnische Hilfe dar.

Die Wirksamkeit des Tragsystems Tunnel-Gebirge kann mit Hilfe von Ankern teilweise beträchtlich erhöht werden. Dabei wirken die Anker durch eine
Verminderung des Einflusses von Inhomogenitäten wie Schichtungen und
Klüfte und durch eine Verfestigung von Auflockerungen, die beim Ausbruchs-
vorgang wie beim Sprengen entstanden sind. Werden die Anker im Rahmen
einer Systemankerung verwendet, kann der Tragring der Verbundkonstruktion weiter ins Gebirge hineingeführt werden. Dadurch kann ein größerer Teil
des Gebirges zum Mittragen herangezogen werden und die Bereiche in unmittelbarer Nähe des Tunnels werden entlastet. Selbst hohe Deformationen im
Meterbereich können mit Spritzbetonkonstruktionen bewältigt werden. Abbildung 6.3 zeigt eine vorübergehende Sicherung, die unter der Verwendung
von Spritzbeton mit Deformationsschlitzen und der dazugehörigen Konstruktionselemente beim Bau des Inntaltunnels zum Einsatz kam. Erläuterungen zu
den statischen Nachweisen sind in Kap. 11.1.5 nachzulesen.

Eine Weiterentwicklung dieser Konstruktion, vor allem unter Berücksichtigung des zeitlichen Aspekts, stellt die Verwendung von Stahlfaserspritzbeton
dar. Die Arbeitsgänge zur Einbringung der Bewehrung können ersatzlos entfallen. Unmittelbar nach dem Stellen der Bögen kann die Spritzbetonschale in der
erforderlichen Stärke hergestellt werden. Die Schale ist aufgrund der sehr hohen
Frühfestigkeit des Stahlfaserspritzbetons sehr schnell tragfähig [90], [187].

Die Vorteile der Verwendung von Stahlfaserspritzbeton konnten bei einem
Vortrieb des Crapteig-Tunnels in der Schweiz quantitativ belegt werden. Die
Materialkosten der Stahlfaser-Spritzbetonkonstruktion betrugen aufgrund
der möglichen Reduzierung der Konstruktionsstärke um 3 cm auf ca. 10 cm
nur noch 75 % der Kosten der Konstruktion mit bewehrtem Spritzbeton. Wei-

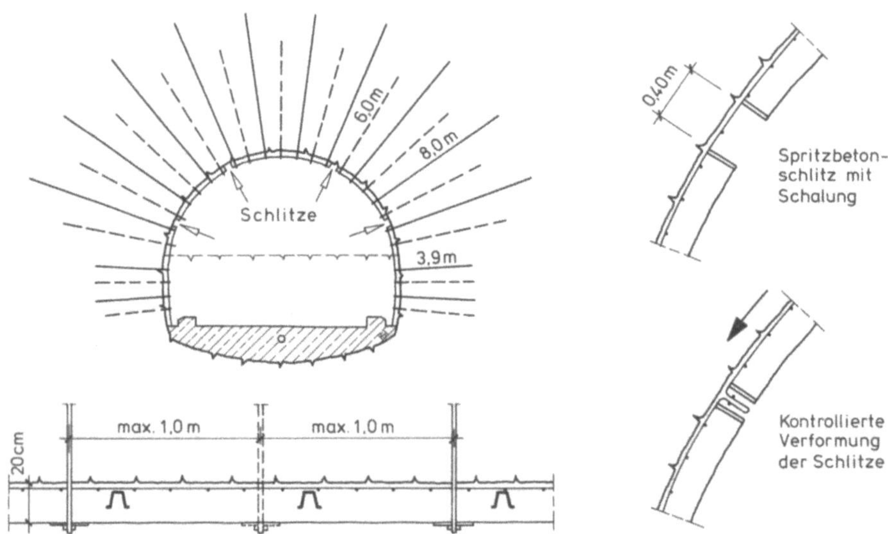

Abb. 6.3. Konstruktion einer vorübergehenden Sicherung aus Spritzbeton mit Längsschlitzen
[64]

terhin erforderte ein Abschlag in dem anfälligen Bündener Schiefer einen Zeitaufwand von 12 Stunden. Durch die Verwendung des Stahlfaserspritzbetons konnte der Bauablauf derart umgestellt werden, daß sich der Zeitaufwand auf 9 Stunden reduzierte. Dadurch stieg die Tagesleistung von 4,5 auf 6 m und erhöhte sich damit um 30 %.

Bei einem Tunnel kann die Verwendung der verschiedenen Konstruktionselemente in Abhängigkeit von der Gebirgsklassifizierung variieren. Dieses wird ausführlich in Kap. 12 „Klassifizierung des Gebirges" behandelt.

6.2.2
Endgültige Sicherung

Die endgültige Sicherung hat die Aufgabe, die Standsicherheit, die Dauerhaftigkeit und die Gebrauchssicherheit für die gesamte Nutzungsdauer sicherzustellen. Die endgültige Sicherung wird in der Regel nach dem Abklingen der Spannungsumlagerung eingebaut und als biegesteife oder hochbiegesteife Sicherung ausgebildet.

Endgültige Sicherungen bestehen in der Regel aus Stahlbeton. Dabei wird der Beton als Ortbeton in sog. Schalwagen eingebracht. Vor allem im Schildtunnelbau werden aber auch Betonfertigteile, Tübbinge genannt, verwendet.

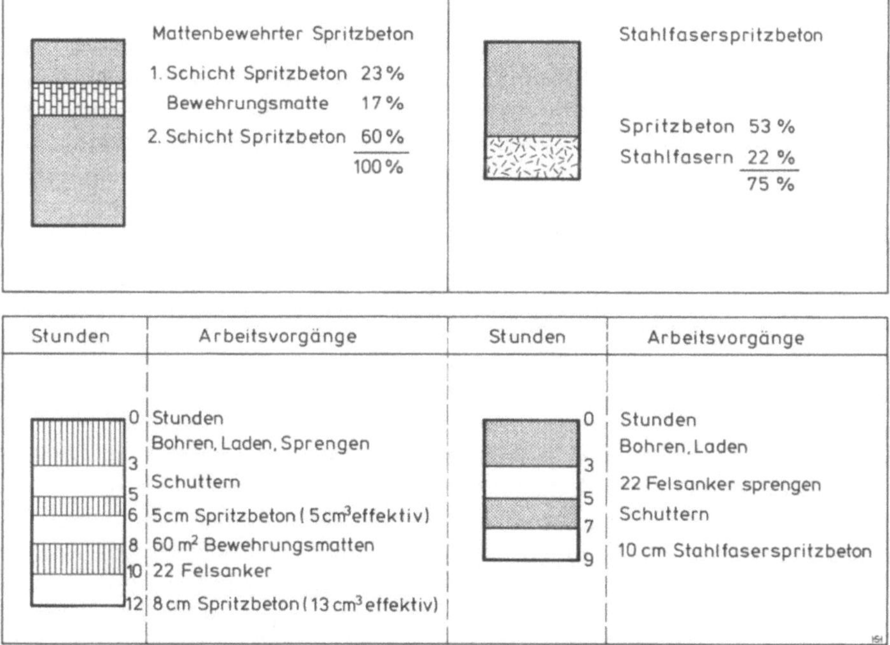

Abb. 6.4. Vergleich der Materialkosten (oben) und des Zeitbedarfs (unten) für die vorübergehende Sicherung im Crapteig-Tunnel [19]

Für den Bau eingleisiger Tunnelröhren wurde für die endgültige Sicherung
in den letzten Jahren immer häufiger Stahlfaserbeton verwendet. Die Entwicklung erreichte 1993 ihren vorläufigen Höhepunkt, als beim Baulos 32/33 der
U-Stadtbahn in Essen für eine endgültige Sicherung aus Stahlfaserbeton zum
ersten Mal die rißüberbrückende Wirkung der Stahlfasern im Nachweis der
Tragfähigkeit berücksichtigt wurde [92].

6.3
Konstruktionsvarianten für den Schalenaufbau

Das Gesamtsystem Tunnel baut sich in der Regel auch heute noch auf durch eine
konstruktive Trennung von vorübergehender Sicherung und endgültiger Sicherung und besteht damit aus einer Außen- (vorübergehende Sicherung) und
einer Innenschale (endgültige Sicherung). Diese konventionelle Konstruktion
wird zweischalige Sicherung genannt. Zur Erhöhung der Wirtschaftlichkeit von
Tunnelvortrieben wird angestrebt, die Außenschale in die endgültige Sicherung
zu integrieren, um im Idealfall eine einschalige Sicherung zu erreichen. Im folgenden soll auf die beiden Konstruktionsvarianten eingegangen werden.

6.3.1
Zweischalige Konstruktionen

Die zweischalige Konstruktion stellt die konventionelle Variante dar. Diese ist
durch eine strikte Aufgabentrennung der vorübergehenden und der endgültigen Sicherung gekennzeichnet. Die Außenschale wird vortriebsbegleitend
eingebracht und dient im Verbund mit der Eigentragfähigkeit des Gebirges als
Hohlraumsicherung für den Zeitraum vor Einbau einer endgültigen Sicherung. Die Trennung beider Schalen wird entweder durch eine Abdichtung, z. B.
aus Kunststoffbahnen mit entsprechenden Schutzlagen, gewährleistet oder,
wenn die Innenschale aus wasserundurchlässigem Beton hergestellt wird,
durch eine Trennfolie, z. B. aus Polyethylen, die eine Verzahnung zwischen
Außen- und Innenschale verhindern soll.

In [139] werden die Anforderungen an einen zweischaligen Konstruktionsaufbau ohne Dichtungs- oder Trennfolie, d. h. eine direkt auf die Spritzbetonaußenschale betonierte Innenschale aus wu-Beton, für den Tunnelbau im
Grundwasser beschrieben. Erfahrungen mit diesem Sonderfall konnten beim
U-Bahnbau in München gewonnen werden.

Eine zusammenfassende Darstellung der Standardvarianten von Innenschalen bei zweischaligen Konstruktionen aus Ortbeton zeigt Abb. 6.5.

Die Außenschale wird als eine verrottende Sicherung von nur kurzer Lebensdauer angesehen. Die Innenschale wird dann derart ausgelegt, daß sie die
Anforderungen an die Standsicherheit, die Dauerhaftigkeit und die Gebrauchsfähigkeit erfüllt. Es wird dabei davon ausgegangen, daß die Außenschale versagt und damit nicht mehr existent ist. Allerdings gibt es auch heute
schon Beispiele bei denen die Außenschale im Endzustand Tragfunktionen
auch rechnerisch übernimmt.

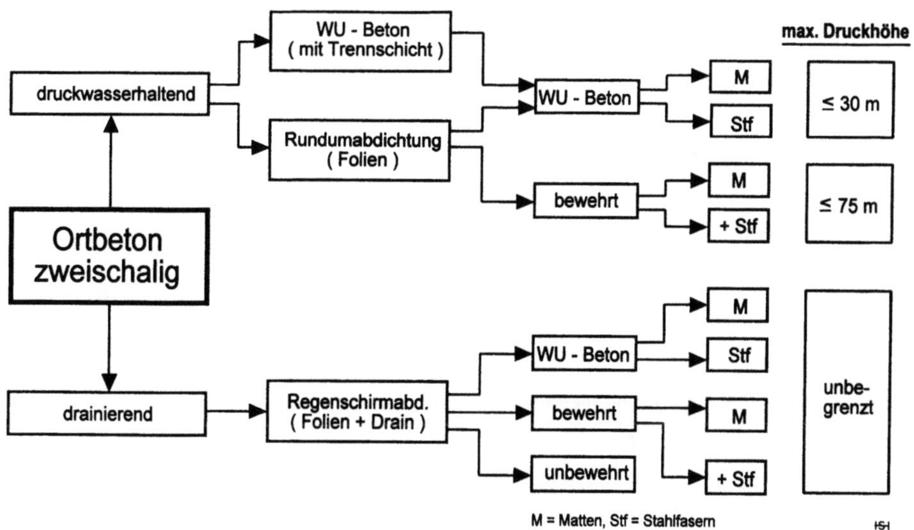

Abb. 6.5. Varianten für die Innenschalen bei zweischaligen Konstruktionen aus Ortbeton, drainiert und undrainiert [83]

6.3.2
Einschalige Konstruktionen

Die Entwicklung zu den einschaligen Konstruktionen ist vor allem durch drei Faktoren initiiert worden:

Erstens versagt die Außenschale nicht in dem Maße, wie es die theoretische Annahme für den Standsicherheitsnachweis der zweischaligen Konstruktion vorsieht. Die an sich funktionstüchtige Außenschale verhindert über einen langen Zeitraum, daß die Innenschale belastet wird.

Zweitens ist es heute möglich, Spritzbeton als Konstruktionsbeton herzustellen. Wenn die Außenschale bereits gezielt als ein Bestandteil der endgültigen Sicherung hergestellt wird, muß in einem nachfolgenden Arbeitsgang lediglich eine Ergänzung der Außenschale als zweite Lage aufgebracht werden, um die Anforderung an die Funktionstüchtigkeit einer endgültigen Sicherung zu erfüllen. Damit könnte ein gewisser Anteil an Ausbruchmassen und ebenfalls an Konstruktionsmassen eingespart werden.

Drittens lassen sich die Bauzeiten vor allem durch die Verwendung von Stahlfaserbeton bzw. Stahlfaserspritzbeton erheblich verkürzen.

Insgesamt ergeben sich bedeutende wirtschaftliche Vorteile.

Die Voraussetzung für die Integration der Außenschale oder auch ersten Lage in die endgültige Sicherung ist ein ausreichender Verbund in der Kontaktfuge zwischen erster und zweiter Lage.

Im Gegensatz zur zweischaligen Konstruktion übernimmt die Außenschale die Anforderungen an die Standsicherheit und hat die Dauerhaftigkeit zu garantieren (Abb. 6.6). Die zweite Lage übernimmt darüber hinaus noch die

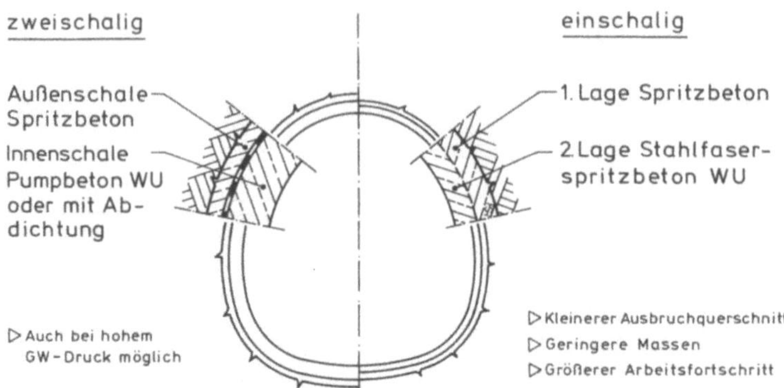

Abb. 6.6. Vergleich der einschaligen und zweischaligen Konstruktion [90]

Sicherstellung der Gebrauchstauglichkeit. Mögliche Varianten im Konstruktionsaufbau zeigt Abb. 6.7.

Eine einschalige Konstruktion mit einer vorübergehenden Sicherung aus Spritzbeton und einer Ortbetoninnenschale aus Stahlfaserbeton gehört schon fast zum Stand der Technik. Beispiele hierfür sind das U-Bahnlos K6a in Dortmund und der S-Bahn-Tunnel Lütgendortmund [49].

Als erfolgreiches Beispiel für die einschalige Konstruktion in Spritzbeton gilt die Versuchsstrecke im Rahmen des Bauloses 2312 der Stadtbahn Bielefeld. Hier wurde eine Schalenkonstruktion aus 15 cm konventioneller Spritzbetonsicherung und 10 cm Stahlfaser-Spritzbetonschicht als endgültig tragende und gebrauchsfähige Sicherung hergestellt. Das Aufbringen der zweiten Lage dieser 104 m langen Versuchsstrecke konnte im Naßspritzverfahren in vier

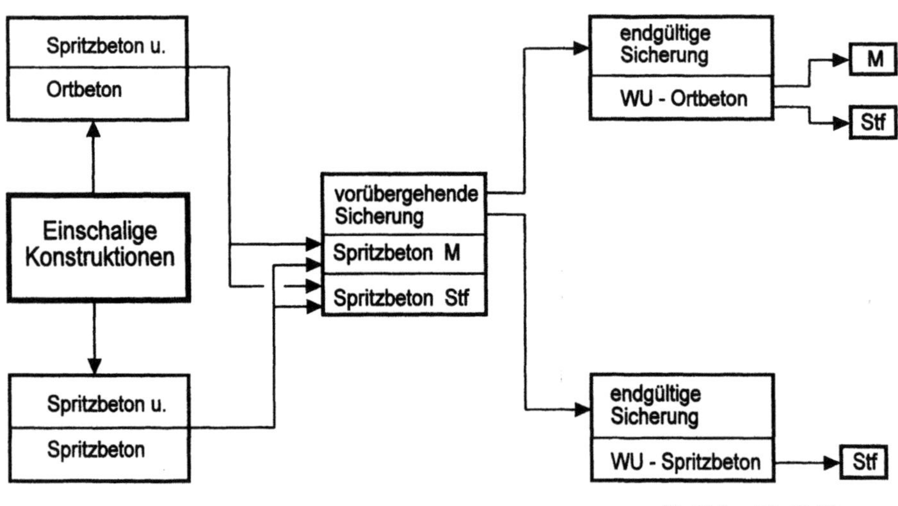

Abb. 6.7. Varianten für den Schalenaufbau bei einschaligen Konstruktionen [83]

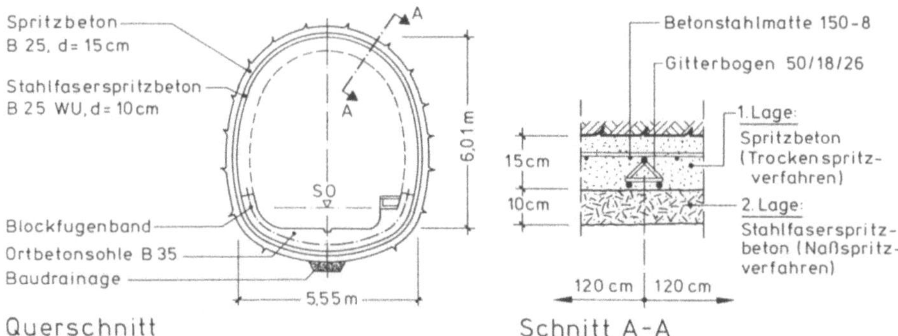

Abb. 6.8. Querschnitt und Schalenaufbau der Versuchsstrecke U-Bahn Bielefeld [92]

Arbeitstagen fertiggestellt werden [90]. In Abb. 6.8 sind der Querschnitt und der Schalenaufbau der Versuchsstrecke dargestellt.

6.4
Baustoffe

6.4.1
Beton und Stahlbeton als Schalbeton

Heutzutage werden Tunnelsicherungen, insbesondere solche, die im Sprengvortrieb aufgefahren werden, mit Beton hergestellt. Der Schalbeton wird dabei für die endgültige Sicherung verwendet. Hierbei gelten die gleichen Normen und Richtlinien wie bei der Verarbeitung von Beton und Stahlbeton im übrigen Ingenieurbau.

Tunnelinnenschalen werden sowohl aus unbewehrtem als auch bewehrtem Beton hergestellt. Die Konstruktionsstärken erreichen Größenordnungen von 30 bis 40 cm und in Einzelfällen auch mehr. Als Bewehrung werden in der Regel vorgefertigte Matten oder auch Stahlfasern eingesetzt.

Der Einbau erfolgt mit Hilfe von Schalwagen, die bei kleineren Querschnitten als Fullround-Schalwagen oder bei größeren Querschnitten als Gewölbeschalwagen ausgebildet werden (s. a. Kap. 6.5.1).

6.4.2
Beton und Stahlbeton als Spritzbeton

Spritzbeton kommt hauptsächlich für die vorübergehende Sicherung in Betracht. Da Spritzbeton keine Schalung benötigt und durch die kinetische Energie des Spritzstrahls verdichtet wird, ist seine Anwendung sehr flexibel und kann sich leicht wechselnden Anforderungen, wie Teilausbrüchen im Vortrieb, anpassen. Die Verarbeitung von Spritzbeton läßt sich nach dem

- Trockenspritzverfahren und
- dem Naßspritzverfahren

unterscheiden.

Trockenspritzverfahren. Beim Trockenspritzverfahren wird ein trockenes Bereitstellungsgemisch aus Zement, Zuschlag und ggf. pulvrigen Erstarrungsbeschleunigern von der Spritzbetonmaschine mit Druckluft zur Spritzdüse gefördert. Dort kommt über Düsen das Anmachwasser, ggf. mit Erstarrungsbeschleuniger, hinzu und das Gemisch wird dann nach Verlassen der Düse auf die Wand aufgebracht und verdichtet.

Im Tunnelbau wird häufig das Trockenspritzverfahren als das den Vortrieb begleitende Spritzverfahren angewendet. Dieses Verfahren ist flexibler, da auch kleine Mengen wirtschaftlich verarbeitet und größere Förderlängen erzielt werden können. Jedoch ist die Qualität des Trockenspritzbetons sehr stark von der Erfahrung des Düsenführers abhängig. Einzelheiten hierzu und neueste Entwicklungen können in der Fachliteratur [86] nachgelesen werden.

Naßspritzverfahren. Beim Naßspritzverfahren wird ein fertiges Betonnaßgemisch durch Pumpen oder Druckluft zur Spritzdüse transportiert und aufgetragen. Eine Einflußnahme des Düsenführers an der Spritzdüse ist nicht mehr möglich, wodurch die Qualität des Spritzbetons gleichbleibend und nicht mehr regulierbar ist. Weiterhin ist bei diesem Verfahren in der Regel eine geringere Staubentwicklung zu beobachten. Nachteilig wirkt sich beim Naßspritzverfahren aus, daß nach jeder Betonierunterbrechung die gesamte Einrichtung gesäubert werden muß. Ein hervorragendes Einsatzgebiet für das Naßspritzverfahren ist die zweite Lage bei einschaligen Konstruktionen, wo hohe Spritzleistungen mit einer konstanten Qualität und einer kontinuierlichen Förderung erbracht werden müssen. Ein Beispiel hierfür ist der im Sprengvortrieb aufgefahrene Vereina-Tunnel-Süd (Bauzeit 1993–1997; Länge = 7500 m) mit einem Ausbruchquerschnitt von bis zu 86 m².

Anforderungen an den Baustoff Spritzbeton. In der praktischen Anwendung steht der Faktor „Festigkeit" meist im Vordergrund. Die intensiven Forschungen der letzten Jahre haben dazu geführt, daß Spritzbeton mittlerweile als Konstruktionsbeton unter den entsprechenden Qualitätsanforderungen hergestellt werden kann. Bezüglich der Festigkeiten bedeutet dies, daß heute die Festigkeitsklasse B 25 gemäß DIN 1045 problemlos erreicht werden kann. Ein wichtiger Aspekt dabei ist die Gleichmäßigkeit der Materialeigenschaften. Bezeichnend für die im Spritzverfahren anstehenden Probleme ist sicher das im Vergleich zum Schalbeton um 5 N/mm² größere Vorhaltemaß bei der Eignungsprüfung. Man geht also auch heute noch davon aus, daß die Schwankungsbreite der Druckfestigkeit für Spritzbeton doppelt so hoch ist wie bei Schalbeton. Durch verfahrenstechnische Maßnahmen kann die Gleichmäßigkeit deutlich erhöht werden.

Im Tunnelbau werden zusätzliche Anforderungen an die Frühfestigkeit des Spritzbetons gestellt. Beispielsweise werden in der DS 853 der Deutschen Bahn AG, Druckfestigkeiten von 5 N/mm² nach 12 h sowie 10 N/mm² nach 24 h gefordert. Beim Sprengvortrieb hat sich gezeigt, daß die Erschütterungen im allgemeinen keine nennenswerte Zerstörung des jungen Betons herbeiführen, wenn seine Festigkeiten über 2,5 N/mm² lagen [86]. Die Entwicklung der

Frühfestigkeit eines Spritzbetons kann mit Hilfe von Erstarrungsbeschleunigern auf die spezifischen Bedingungen vor Ort eingestellt werden.

Die Umweltverträglichkeit ist eine in der letzten Zeit immer häufiger gestellte Qualitätsanforderung an einen Spritzbeton. Aus dem Beton ausgelaugte Stoffe führten zu Versinterungen der Drainagen sowie zu einer Erhöhung der pH-Werte des Bergwassers. Als wesentliche Ursache wurde die Verwendung alkalihaltiger Beschleuniger erkannt, die mittlerweile für viele Anwendungen ausgeschlossen wurden. Aktuelle Untersuchungen zeigen, daß mit der Entwicklung von alkalifreien bzw. alkaliarmen BE-Mitteln und sogenannten Spritzzementen hier sicher die richtige Entwicklungsrichtung eingeschlagen worden ist, da so nicht nur die Auslaugbarkeit des Spritzbetons sondern auch das Gefährdungspotential des zu entsorgenden Rückpralls reduziert wird [99].

Sowohl hinsichtlich der Auslaugbarkeit und Dauerhaftigkeit als auch insbesondere beim Einsatz von Spritzbeton für die einschalige Bauweise ist implizit die Forderung der Wasserdichtigkeit enthalten. Dies bedeutet, daß nach DIN 1045 die Wassereindringtiefe in einen Probekörper 50 mm nicht überschreiten darf. Zu beachten ist, daß das vollständige Einspritzen von Ausbaubögen und Bewehrungsmatten sehr problematisch, wenn nicht gar unmöglich ist, und zu Undichtigkeiten führt. Durch die möglichen Spritzschatten hinter solchen Einbauten kann die Dichtigkeit eines wasserundurchlässigen Spritzbetons in der Gesamtkonstruktion nicht gewährleistet werden [91].

Neuere Entwicklungen. Den gestiegenen Anforderungen an eine verbesserte Spritzbetonqualität und Arbeitsplatzgestaltung sowie an die Wirtschaftlichkeit wird eine erhöhte Mechanisierung des Spritzverfahrens gerecht. Durch intensive Forschungen am Lehrstuhl für Bauverfahrenstechnik, Tunnelbau und Baubetrieb der Ruhr-Universität Bochum konnten die Vorteile der Robotertechnik für das Spritzverfahren herausgestellt werden. Mit dem in den Spritzbeton-Versuchsstand integrierten Spritzbetonroboter konnten durch die Optimierung der verschiedenen Spritzbetonparameter hinsichtlich der Beurteilungskriterien Staubentwicklung, Materialqualität und Rückprallverhalten deutliche Verbesserungen erreicht werden (s.a. Kap. 10 „Mechanisierung und Automatisierung") [86].

6.4.3
Stahlfaserbeton als Spritz- oder Schalbeton

Dem Frischbeton werden Stahlfasern zugesetzt, um die Festbetoneigenschaften zu verbessern. Leider ist diese Verbesserung mit gewissen Erschwernissen der Verarbeitbarkeit des Betons verbunden, die durch betontechnologische Maßnahmen, wie die Zugabe von Betonverflüssigern und eventuell besondere Verfahrenstechniken, kompensiert werden müssen. Materialrezepturen von Baustelleneinsätzen werden im Buch „Stahlfaserbeton" [90] angegeben. Die Forschungsergebnisse und die bisherigen Baustellenerfahrungen unterstreichen die besondere Eignung des Stahlfaserbetons für den Tunnelbau.

Die Tunnelschale wird in der Hauptsache durch eine für sie typische Kombination aus einer großen Drucknormalkraft und einem im Vergleich dazu verhältnismäßig geringen Biegemoment belastet. Diese Belastungskombination kann durch die technisch nutzbare Biegezugfestigkeit des Stahlfaserbetons aufgenommen werden.

Durch dessen Einsatz ergeben sich für den Tunnelbau eine große Anzahl von wirtschaftlichen Lösungen. Das Entfallen des gesamten Betriebspunktes „Bewehren" mit allen logistischen Anforderungen der Ver- und Entsorgung ermöglicht auf der Linienbaustelle mit beengten Verhältnissen eine enorme Erleichterung im gesamten Bauablauf.

Die Tabelle 6.2 gibt einen Überblick über den Einfluß der Stahlfasern auf die Eigenschaften des Betons mit den dazugehörigen Prüfmethoden.

Der Stahlfaserbeton ist zur Zeit noch kein genormter Baustoff. Zulassungen im Einzelfall gehören allerdings schon zur Routine. Das Merkblatt „Grundlagen zur Bemessung von Stahlfaserbeton im Tunnelbau" des Deutschen Beton-

Tabelle 6.2. Eigenschaften und Prüfmethoden für Stahlfaserschalbeton [92]

Materialeigenschaft	Prüfmethode	Wirkung der Stahlfasern
Frühfestigkeit	einachsialer Druckversuch	sehr große Erhöhung
Druckfestigkeit	nach DIN 1048	geringe Erhöhung bis max. 30 %
Zugfestigkeit	achsialer Zugversuch	garantierte Zugfestigkeit;
Biegezugfestigkeit	Spaltzugversuch nach DIN 1048	Fasern überbrücken den Riß $\Rightarrow$ Nachbruchverhalten;
Biegezugverhalten	Biegezugversuch nach Merkblättern DBV [25], [27], M/N-Versuch der Ruhr-Universität Bochum	duktiles Bruchverhalten anstatt sprödem Bruch
Arbeitsvermögen	Biegezugversuch nach Merkblättern der DBV [17, 18], (Druckversuch nach DIN 1048)	sehr große Erhöhung bis zu 1500 %
Reißverhalten	Biegezugversuch; M/N-Versuch der Ruhr Universität Bochum	günstiges Rißbild, da mehrere und kleinere Risse anstatt Einzelriß
Verhalten bei stoßartiger/ dynamischer Belastung	kein Standardversuch	Steigerung der Energieabsorptionsfähigkeit
Verhalten bei hohen Temperaturen (z.B. Brandfall)	kein Standardversuch	starke Verminderung bzw. Vermeidung der Abplatzungen
Schwinden: freies Schwinden	kein Standardversuch	geringer Einfluß
behindertes Schwinden	Restrained Shrinkage Test	günstigeres Rißbild
Korrosionsverhalten der Stahlfasern in:		besser als Stahlbeton, da keine Abplatzungen und so
ungerissenen Proben	kein Standardversuch	die Korrosion auf die Oberfläche begrenzt bleibt
gerissene Proben	kein Standardversuch	

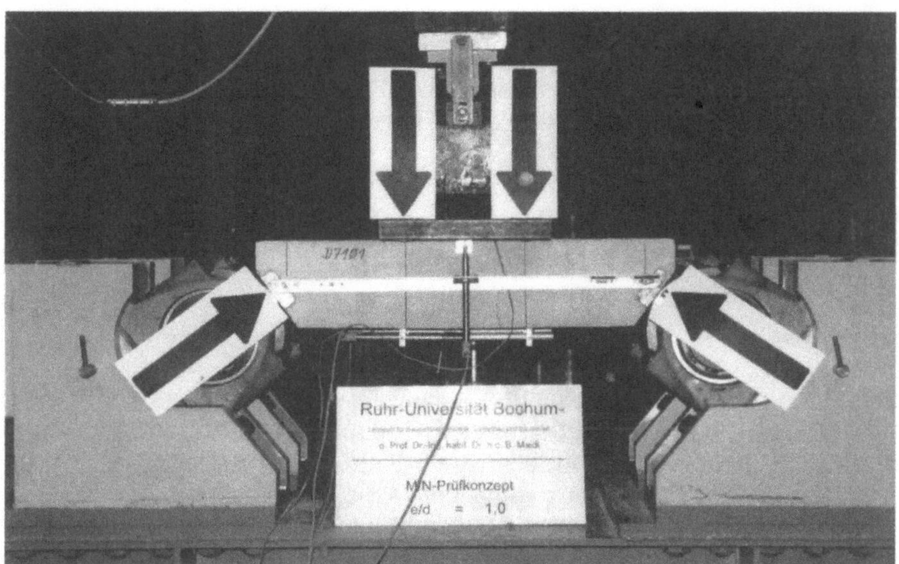

Abb. 6.9. Prüfstand zur Untersuchung von Stahlfaserbeton unter kombinierter Belastung [90]

Vereins [27] stellt ein Bemessungsverfahren auf der Grundlage des normalkraftfreien Biegezugversuchs vor. Durch wissenschaftlliche Untersuchungen mit dem am Lehrstuhl für Bauverfahrenstechnik, Tunnelbau und Baubetrieb entwickelten Momenten-Normalkraft-Prüfstand (M/N-Prüfstand, Abb. 6.9) wurde nachgewiesen, daß das reale Tragverhalten des Stahlfaserbetons unter den Belastungsbedingungen einer Tunnelschale um ein Vielfaches höher liegt (Abb. 6.10). Umfangreiche Ergebnisse, die im besonderen den Einfluß der Faserart und -form beschreiben, liegen vor.

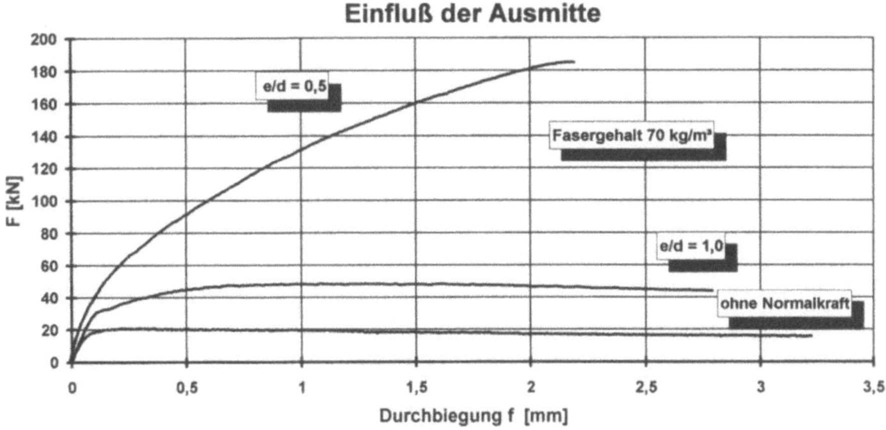

Abb. 6.10. Vergleich von Last-Durchbiegungskurven eines normalkraftfreien Biegezugversuchs und eines M/N-Versuchs (e = Exzentrizität der Normalkraft; d = Querschnittsdicke) [44]

Auf der Grundlage dieser Ergebnisse und des o. a. Merkblattes wurde von Feyerabend [44] und Dietrich [33] ein Bemessungsansatz entwickelt, der die realistischen Stahlfaserbetoneigenschaften bei der im Tunnelbau vorherrschenden Belastungskombination aus Moment und Normalkraft berücksichtigt und technisch nutzbar macht.

6.5
Schalungen und Geräte

6.5.1
Schalungen

Beton, Stahlbeton und auch Stahlfaserbeton als Schalbeton werden blockweise (Blocklängen zwischen 8, 10, bis max. 12,5 m) mit Hilfe von Schalwagen eingebracht. Für kleine Querschnitte wird ein Fullround-Schalwagen verwendet, d. h., daß die Sohle und das Gewölbe ohne Arbeitsfuge betoniert werden. Für größere Querschnitte würde für einen Fullround-Schalwagen der Auftrieb zu groß werden, so daß die Sohle im Vorlauf betoniert wird und dann das Gewölbe nachträglich mit einem Gewölbeschalwagen eingebracht wird (Abb. 6.11 und Abb. 6.12).

Der Frischbeton wird der Baustelle geliefert, an eine Betonpumpe übergeben und über einen Betonverteilerring in den Schalwagen gepumpt. Der Betonverteilerring ermöglicht dabei eine gleichmäßige Verteilung des Frischbetons im Schalwagen. Die Verdichtung erfolgt über Außenrüttler. Bei der Konstruktion des Schalwagens ist darauf zu achten, daß dieser den Beanspruchungen aus Betonieren und Verdichten standhalten kann, ohne unzulässige Profilverformungen zu ermöglichen. Außerdem ist eine ausreichende Anzahl

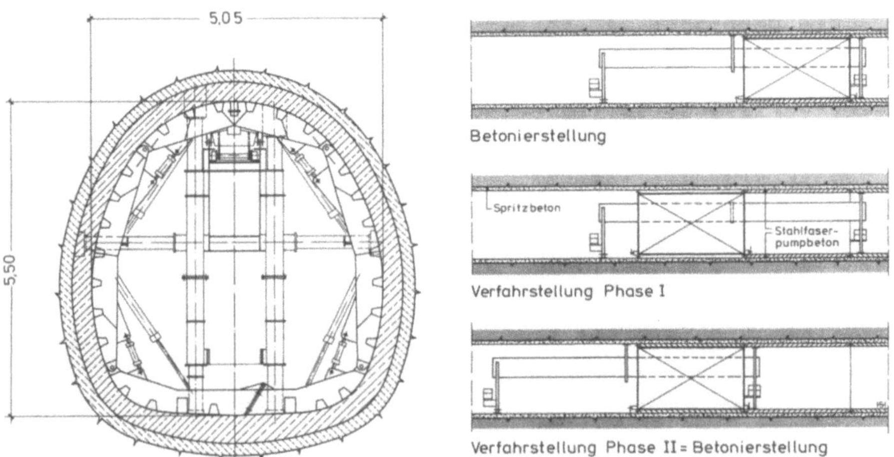

Abb. 6.11. Fullround-Schalwagen für die Stahlfaserbetoninnenschale der Stadtbahn Dortmund, Baulos K6a [90]

Abb. 6.12. Gewölbeschalwagen im Einsatz beim Bau der DB-Neubaustrecke Hannover-Würzburg (Kriebergtunnel)

an Betonierfenstern vorzusehen, um den Betoniervorgang kontrollieren zu können. Bei der Verwendung von Stahlfaserbeton ist auf eine geeignete Konsistenz zu achten, damit der Beton in der erforderlichen Qualität hergestellt werden kann. Die Problematik der sog. Stahlfaserigel behindert die Verarbeitung des Stahlfaserbetons aufgrund der Entwicklung geeigneter Fasern kaum noch. Ein speziell auf die Verarbeitung von Stahlfaserbeton im Tunnelbau abgestimmtes Qualitätssicherungssystem macht die gezielte Verwendung von Stahlfaserbeton im Tunnelbau mittlerweile zum Stand der Technik [87].

6.5.2
Geräte zur Verarbeitung von Spritzbeton

Trockenspritzmaschinen. Grundsätzlich gibt es drei Arten von Trockenspritzmaschinen, die wie folgt bezeichnet werden [86]:

- Druckkammermaschinen,
- Schneckenmaschinen,
- Rotormaschinen.

Heutzutage werden in den meisten Fällen Rotormaschinen genutzt. Diese Maschinen bestehen aus einem flachen Stahlzylinder mit verschiedenen, parallel zur Achse angeordneten Öffnungen. Auf diesem, der waagerecht liegenden Trommel eines Revolvers ähnlichen Zylinder, ist ein Vorratstrichter aufgesetzt. Das eingebrachte Spritzmaterial füllt die Öffnungen des Zylinders und fällt bei Drehung des Rotors in den darunter befindlichen Ausblasestutzen. Durch die hier zugegebene Druckluft wird es in den Schlauch eingeblasen. Zur Abdichtung des unter Druck stehenden Ausblasestutzens gegen die nach oben offenen Löcher des Rotors ist unter dem Rotor eine starke Gummischeibe einge-

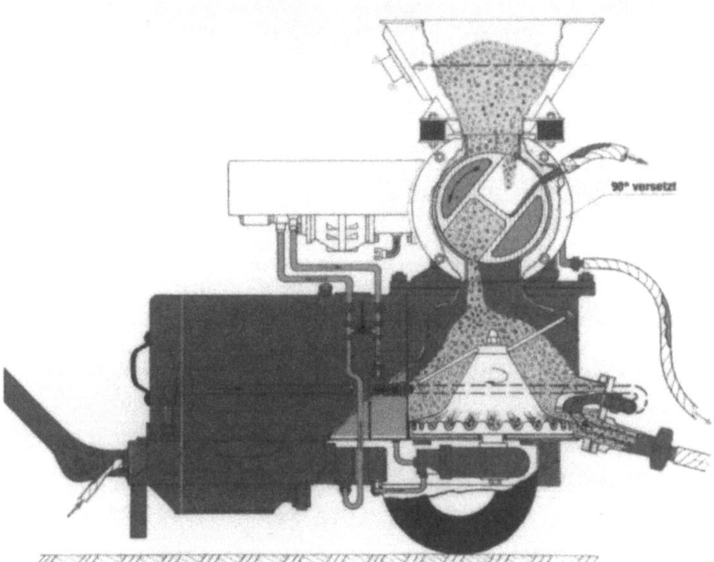

Abb. 6.13. Betonspritzmaschine Schürenberg SBS Typ B mit Funktionsprinzip [Schürenberg GmbH]

baut, die wegen des Verschleißes durch den darauf rotierenden Zylinder in regelmäßigen Abständen ausgewechselt werden muß. Abbildung 6.13 zeigt eine für das Trockenspritzverfahren eingesetzte Zweikammermaschine mit Funktionsprinzip, Abb. 6.14 das Funktionsprinzip einer Rotormaschine.

Abb. 6.14. Funktionsprinzip einer Rotormaschine

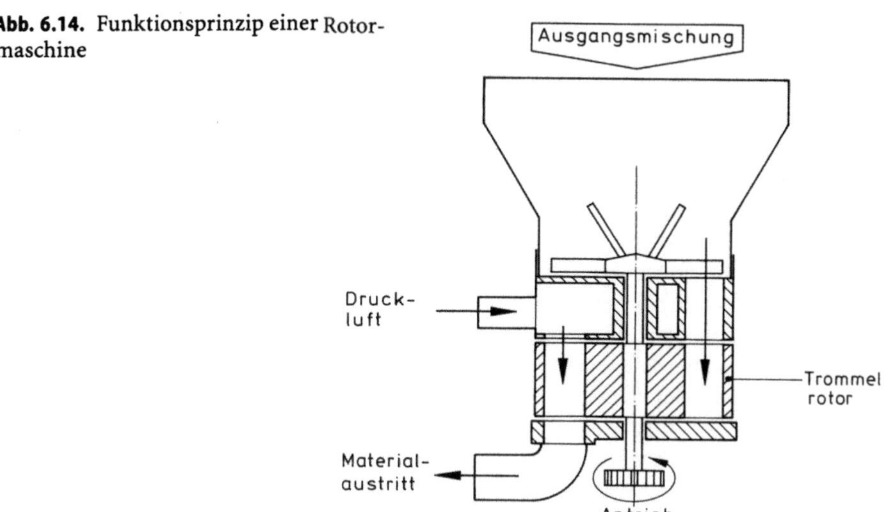

Eine neue Verfahrenstechnik zur Herstellung des Trockenspritzbetons
direkt vor Ort und je nach Bedarf zeigt Abb. 6.15. Die Anlage besteht im wesentlichen aus einem Druckkessel mit einer darunter angebrachten Dosier-
Blasschnecke, an die direkt ohne weitere Fördergeräte der Spritzschlauch
angekuppelt ist. Die Dosier-Blasschnecke, eine Schneckenwendel in einem
Rohrgehäuse mit Elektroantrieb und einem stufenlos verstellbaren Getriebe,
zieht aus einer mit einem Druckschieber verschließbaren Öffnung im Boden
des Druckkessels das Trockenmischgut ab. Durch die Beaufschlagung der An-

Abb. 6.15. Spritzmobil mit zwei Druckkesseln und unten montierter Dosier-Blasschnecke
[Rombold & Gfröhrer GmbH & Co KG]

lage mit trockener Druckluft wird das Trockenmischgut im Dünnstrom zur Spritzdüse gefördert. Bei diesem Verfahren wird ein vorgemischtes Trockenmischgut mit Schnellzement verwendet, der ofengetrocknete Zuschläge und somit ein geschlossenes System ohne Möglichkeit des Feuchtigkeitszutritts vom Mischvorgang im Werk bis zur Übergabe im Tunnel erfordert. Dadurch, daß außer der Schnecke keine weiteren beweglichen und angetriebenen Teile vorhanden sind, und Feuchtigkeit erst an der Spritzdüse auftritt, kann das System wartungsfreundlich und verschleißarm betrieben werden.

Eine weitere neuartige Verfahrenstechnik zur Herstellung von Trockenspritzbeton zeigt Abb. 6.16. Bei diesem Zweikomponentenverfahren kann der Spritzbeton aus Spritzbetonzement und Zuschlagstoffen mit einer Eigenfeuchte von bis zu 4 % hergestellt werden. Die Zuschlagstoffe werden dabei mit LKW oder Radlader direkt zur Anlage befördert und in einem aufkippbaren Zuschlagbehälter aufgegeben. Der Zement wird mittels Druckluft von einem beigestellten Silofahrzeug in die Anlage geblasen. Die Beschickung ist auch während des Spritzvorgangs möglich.

Durch die Verwendung von eigenfeuchten Zuschlagstoffen wird u. a. eine Staubreduzierung bei der Aufgabe und an der Düse ermöglicht. Ausgerüstet mit zwei Schürenberg-Betonspritzmaschinen sind Durchsatzleistungen von bis zu $2 \cdot 12 \; \mathrm{m}^3$ (bzw. $2 \cdot 6 \; \mathrm{m}^3$ für kleinere Tunnelquerschnitte) Spritzbeton pro Stunde zu erzielen.

Naßspritzmaschinen. Aufgrund der unterschiedlichen Fördertechniken (Dünnstrom- und Dichtstromverfahren) müssen für das Naßspritzverfahren zwei verschiedene Maschinentypen unterschieden werden.

Abb. 6.16. Tunnelspritzanlage auf elektrohydraulisch angetriebenem Raupenfahrwerk [Mobil-Crete-Spritzbeton GmbH]

Dünnstromförderung. Die Spritzmaschinen für die Dünnstromförderung unterscheiden sich nur unwesentlich von denen des Trockenspritzverfahrens, sofern es sich um Naßspritzmaschinen mit Taschenrad und Zellenrad oder um Rotormaschinen handelt. Weitere Maschinentypen sind die Druckkammermaschinen mit Schneckenförderung und pneumatische Pumpen mit Pfropfenförderung.

Dichtstromförderung. Für das Naßspritzverfahren wird überwiegend die Dichtstromförderung verwendet. Die bei der Dichtstromförderung zum Einsatz kommenden Maschinen sind keine speziellen Spritzmaschinen. Es werden im wesentlichen konventionelle Betonpumpen verwendet, die dem Tunneleinsatz durch ggf. kleinere Modifikationen angepaßt werden:

- Kolbenpumpen,
- Pumpen mit Schneckenförderung,
- Rotorschlauchpumpen.

Die Kolbenpumpen gehören dabei zu den am meisten verwendeten Pumpen für das Naßspritzverfahren. Bei diesen Maschinen wird das Material mittels eines Kolbens oder zweier abwechselnd arbeitender Kolben in den Förderschlauch geschoben und gleichmäßig zur Einbaustelle gefördert. Durch die Entwicklung der sog. Doppelkolbenpumpen, bei denen die Umschaltphase der Rohrweiche wesentlich kürzer ist, kann heutzutage ein nahezu kontinuierlicher Förderstrom erreicht werden. In Abb. 6.17 ist eine typische Naßspritzpumpe beispielhaft dargestellt.

Weitere Einzelheiten können der Fachliteratur [86], [98] entnommen werden.

Spritzdüsen. Untersuchungen an der Ruhr-Universität in Bochum zeigten, daß die Konstruktionen der Spritzdüsen sowohl im Trocken- als auch im Naßspritzverfahren einen entscheidenden Einfluß auf Staubentstehung, Material-

Abb. 6.17. Betonpumpe BP 350 [Schwing GmbH]

qualität und Wirtschaftlichkeit haben [80], [146].Weiterentwicklungen hierzu werden zukünftig noch erforderlich werden. Wegen ihrer unterschiedlichen Aufgaben müssen bei Spritzdüsen zwei Baugruppen unterschieden werden. Da ist zunächst die eigentliche Düse, die das Förderleitungsende darstellt und damit den Spritzstrahl ausbildet. Dabei handelt es sich zumeist um gerade oder konische Rohre, die aus Gewichtsgründen aus Kunststoff gefertigt werden. Die zweite und wichtigere Baugruppe einer Spritzdüse ist der Mischkörper. Seine Aufgabe ist es, in Abhängigkeit vom Spritzverfahren Wasser oder Luft und ggf. Zusatzmittel mit dem Bereitstellungsgemisch zu vermengen.

Trockenspritzverfahren. Beim Trockenspritzverfahren erfolgt im Mischkörper die Zugabe des Wassers in den Förderstrom. Da sich durch eine gleichmäßige Benetzung des trockenen Bereitstellungsgemisches die Spritzbetonherstellung positiv beeinflussen läßt, ist die Art der Wasseraustrittsöffnungen ein wesentliches Qualitätskriterium für Trockenspritzdüsen. Mit einer Erhöhung der Geschwindigkeit des Zugabewassers beim Eindüsen in die Mischkammer läßt sich eine deutliche Reduzierung der Feinstaubentstehung erreichen. Ein Einfluß auf das Rückprallverhalten und die Materialqualität ist nicht zu beobachten, so daß es empfehlenswert ist, Mischkörper mit Austrittsöffnungen von möglichst geringem Querschnitt zu wählen.

Naßspritzverfahren. Beim Naßspritzverfahren mit Dichtstromförderung hat der Mischkörper die Aufgabe, das in einem kompakten Strom gepumpte Betonfertiggemisch aufzureißen und auf die zur Verdichtung erforderliche Geschwindigkeit zu beschleunigen. Dabei wird der Übergang von der Dicht- zur Dünnstromförderung durch die Zugabe von Druckluft in die Mischkammer erreicht. Maßgeblich für die Vereinzelung und Zerstäubung des Naßgemisches und damit für eine große Staubentwicklung ist die Länge der Dünnstrom-Förderstrecke, also der Abstand zwischen Mischkörper und Düse. Ein möglichst geringer Abstand erzeugt am wenigsten Staub, mit dem großen Nachteil, daß Spritzdüsen dieser Bauart aufgrund der großen Belastung durch den anstehenden pulsierenden Materialstrom und das hohe Eigengewicht nur noch mit Manipulatoren oder Robotern einsetzbar sind. Für das händische Spritzen empfiehlt sich deswegen die Verwendung von Spritzdüsensystemen, bei denen die Zugabe der Treibluft in zwei Stufen erfolgt. Hierbei wird ein Teil der Förderluft an einem Mischkörper zugegeben, der eine Beschleunigungsstrecke entfernt vom Förderleitungsende angeordnet ist. Die restliche Treibluft wird über einen zweiten Mischkörper an der Düse zugeführt. Durch die so verminderte Relativgeschwindigkeit zwischen Treibluft und Betonfertiggemisch lassen sich deutliche Qualitätssteigerungen des Herstellverfahrens erreichen.

6.5.3
Besonderheiten bei der Verarbeitung von Stahlfaserspritzbeton

Grundsätzlich hat man in der Verfahrenstechnik für den Stahlfaserspritzbeton einen Entwicklungsstand erreicht, der die problemlose Verarbeitung des Materials mit den konventionellen Geräten erlaubt. Bei den Spritzgeräten ist aufgrund der erhöhten Abrasivität des Stahls mit einem größeren Verschleiß an den Geräten zu rechnen. Beim Trockenspritzverfahren sind spezielle Dosiereinrichtungen für die Stahlfasern nicht mehr vonnöten, sofern man Fasern verwendet, die nicht zur Bildung der sogenannten Stahlfaserigel neigen, und wenn das Trockengemisch inklusive der Stahlfasern als Fertigware auf der Baustelle angeliefert wird. Eine derartige Verfahrensweise ist aufgrund der zu erwartenden gleichmäßigeren Qualität des Stahlfaser-Spritzbetons zu empfehlen. Das Herstellen des Fertiggemisches ist bei entsprechender Planung und Überwachung auch auf der Baustelle möglich.

Der Durchmesser des Förderschlauches ist auf die Faserlänge derart abzustimmen, daß die Faserlänge nicht mehr als $^2/_3$ der lichten Weite des Förderschlauchs beträgt. Damit werden Stopfer vermieden. Weiterhin ist bei der Planung eines Stahlfaserspritzbetoneinsatzes zu beachten, daß die Stahlfasern tendenziell zu einem erhöhten Rückprall neigen. Somit sind Eignungsversuche durchzuführen, mit welchem Stahlfaseranteil im Bereitstellungsgemisch der benötigte Stahlfaseranteil in der Wandentnahme erreicht wird. Der Verlust an Stahlfasern zwischen dem Bereitstellungsgemisch und der Wandentnahme hängt stark vom Fasertyp ab und kann zwischen 10% und 30% liegen. Bei einer konsequenten Anwendung konnte eine verbesserte Qualität und Wirtschaftlichkeit für den Stahlfaserbeton in ausgeführten Bauwerken nachgewiesen werden (s.a. [90]).

6.6
Zeitermittlung

Die Zeitermittlung für den Betriebspunkt „Sichern des Abschlags" hat für den Tunnelbau eine besondere Bedeutung, da die Zeit bis zum Wirken der Sicherung mindestens der Standzeit des Gebirges entsprechen muß. Die Zeitermittlung ist unter anderem abhängig von der Querschnittsgröße und der Konstruktion der Sicherung selber. Daher soll an dieser Stelle die Zeitermittlung exemplarisch für drei Beispiele vorgestellt werden, wobei der Querschnitt des Lichtraumprofils für alle drei Konstruktionsvarianten konstant gehalten wird.

Für die drei Beispiele wurden die folgenden Konstruktionsvarianten gewählt:

1. zweischalige Konstruktion mit einer bewehrten Spritzbeton-Außenschale und einer wasserundurchlässigen Stahlbeton-Innenschale;
2. einschalige Konstruktion mit einer ersten Lage aus bewehrtem Spritzbeton und einer zweiten Lage aus wasserundurchlässigem Stahlfaser-Pumpbeton;
3. einschalige Konstruktion mit einer ersten Lage aus Stahlfaser-Spritzbeton und einer zweiten Lage aus wasserundurchlässigem Stahlfaser-Spritzbeton.

Als Querschnitt wird ein eingleisiger U- bzw. S-Bahn-Querschnitt gewählt, wie er in Abb. 6.18 dargestellt ist. Die Konstruktionsvarianten wurden so zusammengestellt, daß der endgültig tragende Gesamtquerschnitt eine Konstruktionsstärke von ca. 35–40 cm aufweist.

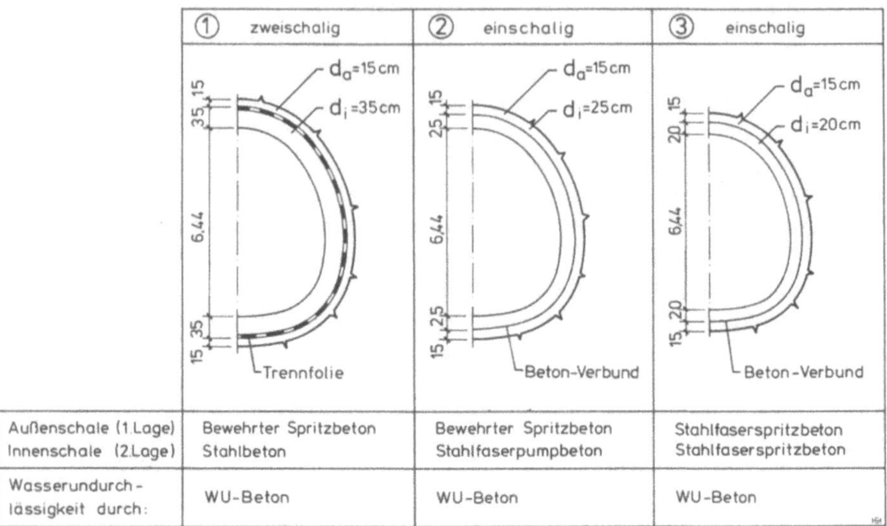

	① zweischalig	② einschalig	③ einschalig
Außenschale (1.Lage)	Bewehrter Spritzbeton	Bewehrter Spritzbeton	Stahlfaserspritzbeton
Innenschale (2.Lage)	Stahlbeton	Stahlfaserpumpbeton	Stahlfaserspritzbeton
Wasserundurchlässigkeit durch:	WU-Beton	WU-Beton	WU-Beton

Abb. 6.18. Konstruktionsvarianten für die Zeitermittlung

Die Arbeitsschritte für die Erstellung der vorübergehenden Sicherung werden in der folgenden Reihenfolge abgearbeitet:

1. Einbringen einer ca. 5 cm dicken Sofortsicherung aus Spritzbeton;
2. Einbringen der ersten Bewehrungslage;
3. Stellen des Ausbaubogens inkl. Vermessungsarbeiten;
4. Einbringen von 10 cm Spritzbeton.

Die für eine Abschlagslänge von 1,0 m zu verarbeitenden Massen sind in Tabelle 6.3 zusammengestellt.

Aus diesen Massen ergeben sich die in Tabelle 6.4 aufgeführten Zeiten für die Erstellung eines Tunnelmeters für die vorübergehende und endgültige Sicherung. Es wird davon ausgegangen, daß ein Block von 10 m Länge in

Tabelle 6.3. Zu verarbeitende Massen für die Zeitermittlung zur Erstellung der Sicherung

	Variante 1	Variante 2	Variante 3
Ausbaubogen	19,00 m	18,20 m	17,90 m
Bewehrung Außenschale bzw. 1. Lage	110 kg	110 kg	–
Stahlfasern Außenschale bzw. 1. Lage	–	–	188 kg
Spritzbeton Außenschale bzw. 1. Lage	2,85 m³	2,73 m³	2,69 m³
Trennfolie	18,3 m²	–	–
Bewehrung Innenschale bzw. 2. Lage	191 kg	–	–
Stahlfasern Innenschale bzw. 2. Lage	–	269 kg	234 kg
Pumpbeton Innenschale bzw. 2. Lage	6,06 m³	4,23 m³	–
Spritzbeton Innenschale bzw. 2. Lage	–	–	3,34 m³

Tabelle 6.4. Zeitermittlung für 1m Abschlagslänge bzw. für 1 lfm. Betonieren der Innenschale

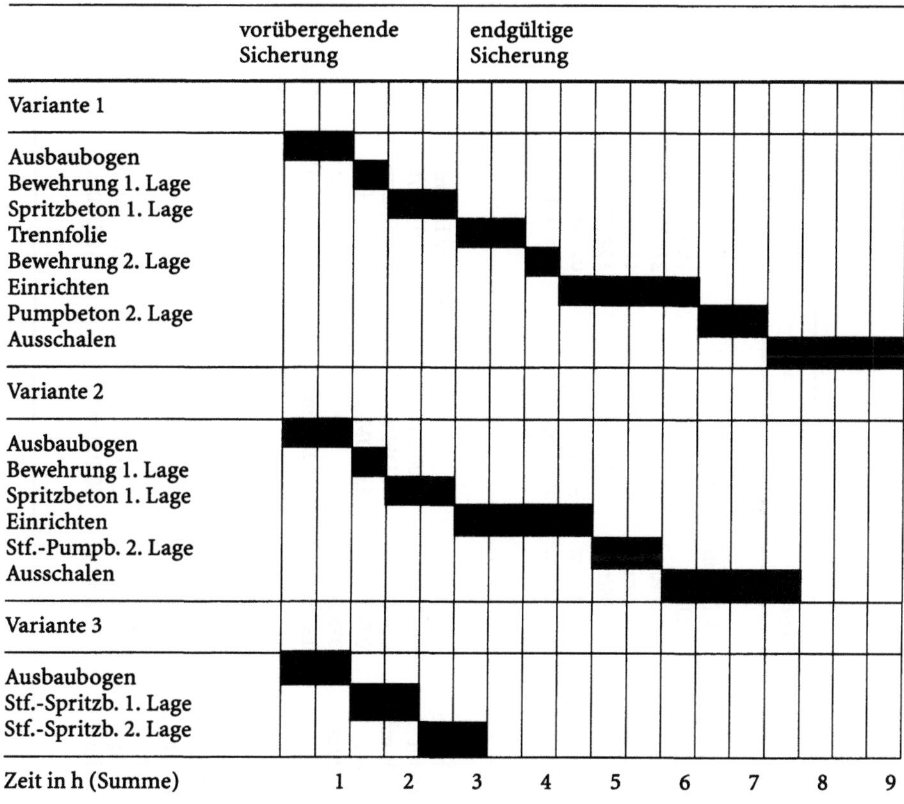

24 Stunden hergestellt werden kann. Die Ausschalfristen werden dabei auf einen laufenden Tunnelmeter umgelegt. Der bauverfahrenstechnische Vorteil des Stahlfaserbetons auf einer Tunnelbaustelle ist weiterhin deutlich sichtbar.

6.7 Kosten

Auf der Basis der Zeitermittlung in Kap. 6.6 können die Kosten als Einzelkosten der Teilleistungen für die vorgestellten Varianten ermittelt werden. Für eine Arbeitsstunde wird ein Satz von 60 DM/h angenommen. Die Materialpreise sind Schätzungen. Der Schalwagen wird auf eine fiktive Länge eines zweigleisigen Tunnels von 1000 m Länge umgelegt.

Man erkennt deutlich die Kostenvorteile, die sich durch den Einsatz von Stahlfaserbeton ergeben. Da es sich bei diesen Berechnungen um Einzelkosten der Teilleistungen handelt, sind die verminderten Gemeinkosten durch kürzere Bauzeiten noch nicht berücksichtigt und verbessern das Ergebnis daher weiter.

Tabelle 6.5. Kosten für die Varianten 1, 2 und 3 (A = Außenschale, I = Innenschale)

Vorgang	Masse	Stunden	Material	Fremdleistung	EP	GP
Variante 1:						
Ausbaubogen	19,0 m	0,2 h/m	150 DM/m	–	162 DM/m	3078,00 DM
Bewehrung A-Schale (2 × Q188)	110 kg	0,5 h/t	10 DM/t	1500 DM/t	1540 DM/t	169,00 DM
Spritzbeton A-Schale	2,85 m^3	2,0 h/m^3	100 DM/m^3	50 DM/m^3	210 DM/m^2	598,50 DM
Trennfolie	18,3 m^3	0,1 h/m^3	5 DM/m^3	–	11 DM/m^2	201,30 DM
Bewehrung I-Schale (2 × Q377)	191 kg	0,5 h/t	10 DM/t	1500 DM/t	1540 DM/t	294,14 DM
Schalarbeiten	1,0 m	4,0 h/m	375 DM/m	–	615 DM/m	615,00 DM
Beton I-Schale	6,06 m^3	0,5 h/m^3	125 DM/m^3	100 DM/m^3	255 DM/m^3	1545,30 DM
Summe:						6501,24 DM
Variante 2:						
Ausbaubogen	18,2 m	0,2 h/m	150 DM/m	–	162 DM/m	2948,40 DM
Bewehrung A-Schale (2 × Q188)	110 kg	0,5 h/t	10 DM/t	1500 DM/t	1240 DM/t	169,00 DM
Spritzbeton A-Schale	2,73 m^3	2,0 h/m^3	100 DM/m^3	50 DM/m^3	210 DM/m^3	573,30 DM
Stahlfasern	269,10 kg	0 h/kg	0 DM/kg	1,60 DM/kg	1,60 DM/kg	473,76 DM
Schalarbeiten	1,0 m	4,0 h/m	375 DM/m	–	615 DM/m	615,00 DM
Beton I-Schale	4,23 m^3	0,5 h/m^3	125 DM/m^3	100 DM/m^3	255 DM/m^3	1078,65 DM
Summe:						5858,11 DM
Variante 3:						
Ausbaubogen	17,90 m	0,2 h/m	150 DM/m	–	162 DM/m	2899,80 DM
Stahlfasern	188,30 kg	0 h/kg	0 DM/kg	1,60 DM/kg	1,60 DM/kg	301,28 DM
Spritzbeton A-Schale	2,69 m^3	2,0 h/m^3	100 DM/m^3	50 DM/m^3	210 DM/m^3	564,90 DM
Stahlfasern	233,80 kg	0 h/kg	0 DM/kg	1,60 DM/kg	1,60 DM/kg	374,08 DM
Spritzbeton I-Schale	3,34 m^3	2,0 h/m^3	100 DM/m^3	50 DM/m^3	210 DM/m^3	701,40 DM
Summe:						4841,46 DM

KAPITEL 7

Wasserhaltung während der Bauzeit

7.1
Allgemeines

Beim Bauen unter Tage ist mit Wasserzutritten aus dem angeschnittenen Gebirge zu rechnen. Wasser beeinflußt sowohl die Bauausführung als auch den Betrieb von unterirdischen Anlagen. Die Beseitigung des anfallenden Bergwassers durch eine sinnvolle Wasserhaltung zählt daher zu den Hauptaufgaben bei der Herstellung unterirdischer Hohlraumbauten, um gefährliche Wassereinbrüche zu vermeiden und einen sicheren und zügigen Vortrieb mit möglichst geringen Behinderungen zu ermöglichen.

Um Art und Umfang der Wasserhaltung vorausplanen zu können, bedarf es geologischer, hydrologischer und chemischer Untersuchungen, durch die die Menge und Beschaffenheit des zu erwartenden Wasserzuflusses annähernd vollständig bestimmt werden können. Das beim Vortrieb in den Hohlraum zutretende Bergwasser gilt es dann solange zu fassen und abzuleiten, bis die für den Gebrauchszustand des Bauwerks vorgesehene Tunnelschutzmaßnahme funktionstüchtig ist.

7.2
Wasseranfall und Erschwernisse

Im Gebirge steht das Wasser (Bergwasser) entweder als Grundwasser, Schichtenwasser, Hangwasser oder Kluftwasser an. Erst eine genaue Erkundung des Gebirges und damit die genaue Kenntnis der Verhältnisse ermöglicht eine ungefähre Vorhersage, in welcher Form und in welchen Mengen das Bergwasser in den künstlichen Hohlraum, d.h. den Tunnel eintreten wird.

Wesentliche Einflüsse sind die hydrostatische und Strömungs-Druckwirkung, die auflösende und gesteinsumwandelnde Wirkung sowie die aggressive Wirkung (im sauren Bereich, pH < 6,5). Allgemeingültig läßt sich sagen, daß fließendes Wasser immer schwerwiegender als gestautes, ruhendes Wasser wirkt. Auch die Durchführbarkeit des Bauprojekts und seine Bau- und Betriebsweisen werden durch die Auswirkung des Wassers auf die Bauarbeiten bestimmt.

7.2.1
Wasserführung des Gebirges

Für das Eindringen von Wasser in den Untergrund sind zusammenhängende Hohlräume erforderlich. Dabei ist zu unterscheiden zwischen den Porenhohlräumen im Lockergestein und den Klufthohlräumen im Festgestein. Dementsprechend trifft man beim Tunnelbau im Lockergestein bzw. im stark gebrächen Fels überwiegend auf Grund- oder auf Schichtenwasser, wohingegen im Festgestein in der Regel mit Kluftwasser zu rechnen ist.

Grundwasserleiter und -stauer. Gut durchlässige Gesteinsschichten werden als Grundwasserleiter, undurchlässige als Grundwasserstauer bezeichnet. Zur Beurteilung von Grundwasserfragen reicht die Kenntnis der geologischen Formation des Grundwasserspeichergesteins nicht aus. Die Lagerung der Speichergesteine, die Art der Ausbildung und der geologische Aufbau des betreffenden Gebiets sind von entscheidender Bedeutung. So kann zum Beispiel ein guter Grundwasserleiter in einer sattelförmigen Aufwölbung kein oder nur sehr wenig Wasser führen, hingegen bei muldenförmiger Lagerung sehr große Wassermengen speichern. Hinzu kommen noch eine Reihe von unterschiedlichen Lagerungsformen der Grundwasserleiter und -stauer, die sich, wenn auch häufig abgewandelt, in ihren Grundformen wiederholen.

Druckverhältnisse. Ungespanntes Grundwasser liegt vor, wenn sich im Grundwasserleiter ein freier Wasserspiegel ausbildet. Ist dies nicht möglich, weil der Grundwasserleiter durch einen Grundwasserstauer abgedeckt ist, spricht man von gespanntem Grundwasser. Steigt die Druckhöhe dabei über die Erdoberfläche an, so werden die Grundwasserverhältnisse als artesisch bezeichnet.

Wasseraufnahmefähigkeit. Für die Wasseraufnahmefähigkeit des Gebirges ist die Größe des Hohlraumgehaltes maßgebend. Nach K. F. Busch und L. Luckner [22] können diese Hohlräume entsprechend der Tabelle 7.1 klassifiziert werden.

Tabelle 7.1. Klassifikation der Hohlräume im Gebirge [22]

Primäre Hohlräume	Sekundäre Hohlräume
1. Haufwerksporigkeit verfestigter und unverfestigter Sedimente	1. Klüfte, Spalten und Schichtflächen
2. Hohlräume durch Einschlüsse bei der Entstehung chemischer und biogener Sedimente	2. Hohlräume in Zerrüttungs- und Bruchzonen
3. Hohlräume durch Gasausscheidung aus dem Magma bei der Eruption	3. Lösungshohlräume durch a) Auflösung wasserlöslicher Minerale oder b) chemische Verwitterung einzelner Gesteinskomponenten
	4. Hohlräume durch Organismen und Kristallisationssprengungen

Durchlässigkeit. Für die Durchlässigkeit eines Gebirges, die meist viel größer ist als die Gesteinsdurchlässigkeit, sind Größe, Gestalt und Verbindung der Klufthohlräume untereinander maßgebend. Als Wasserwegigkeit eines Gebirges wird eine vorzugsweise gerichtete Durchlässigkeit bezeichnet, die aus einer anisotropen Anordnung der Kluftnetze resultiert. In der Tabelle 7.2 sind die Eigenschaften, die das Gebirgsverhalten gegenüber dem Bergwasser kennzeichnen, zusammengefaßt.

Eine Gefährdung der Bauarbeiten ist durch Grund- oder Schichtwasser gegeben, wenn der Vortrieb Gesteine durchquert, deren Klüfte in der vollen oder in großen Teilen der Schichtmächtigkeit von zusammenhängenden Wassermassen ausgefüllt sind (Tabelle 7.3). Der Zufluß aus den Klüften erfolgt dann, auch bei nur geringen Wassermengen, unter sehr hohem hydrostatischen Druck.

Karstwässer. Einer besonderen Erwähnung bedürfen die Karstwässer, da sie für den Tunnelbau überaus gefährlich sind. Die chemische Auflösung und die mechanische Erosion durch das einsickernde Niederschlagswasser in Klüften und Schichtfugen lassen verschiedenartig gestaltete, verzweigte, unterirdische Gerinne entstehen, die sich zu komplizierten Systemen von Hohlräumen ver-

Tabelle 7.2. Eigenschaften, die das Gebirgsverhalten gegenüber dem Bergwasser kennzeichnen, nach L. Müller [106]

Eigenschaft	Definition	Erhöhende Einflüsse	Abmindernde Einflüsse	Zu ermitteln durch
Wasseraufnahmefähigkeit	Fähigkeit des Gebirges, Wasser eindringen zu lassen	Zerrüttungsstreifen; Störungen; geöffnete Klüfte; große Kluftdichte; Gefügelockerung	geringer Durchtrennungsgrad; dichte Kluftfüllungen	Gefügeanalyse; Wasserabpreß- und Großversuche
Gebirgsdurchlässigkeit	Eigenschaft des Gebirges, Strömung des Wassers in seinen Klüften zuzulassen	große Kluftdichte bei gleichzeitig hohem Durchtrennungsgrad; große Kluftöffnungen; Auflockerung; glatte Kluftwandungen	verlehmte Klüfte; verlehmte Störungen; Mylonite; Injektionen; niedrige Wassertemperatur	Absitz- oder Pumpversuche in Schächten oder Stollen; Abpreßversuche in Bohrlöchern
Wasserwegigkeit	Eigenschaft des Gebirges, in gewissen Richtungen eine besonders hohe Durchlässigkeit zu entwickeln bzw. dem Wasser konzentrierte, oft gebündelte Wege bereitzustellen	Anisotropie des Kluftnetzes; Zerrüttungsstreifen; Löslichkeit der Gesteinssubstanz; Öffnung einzelner Kluftscharen oder Großklüfte; Ausräumbarkeit von Kluftfüllungen; Weichheit des Wasser	Kluftfüllungen; geringer Durchtrennungsgrad	Gefügeanalyse; Großversuche mit gefärbten Flüssigkeiten oder Gasen

Tabelle 7.3. Übersicht der Wasserführung von Gesteinen [22]

Gesteinsart	Art der Wasserwege	Wasserführung
Magmatite		
Tiefengesteine, z.B. Granit, Syenit, Gabbro, Diorit	Klüfte, Spalten, Schicht-flächen, Zerrüttungs- und Bruchzonen	abhängig von Klüftung, meist gering
Ergußgesteine, z.B. Basalt, Phonolith, Quarzporphyr	Blasenhohlräume, Abkühlungsklüfte (im Basalt weit verzweigt)	abhängig von Klüftung, meist gering
Tuffe, z.B. Basalttuff, Diabastuff, Bimstuff	relativ große Porosität, vielfältig geklüftet	abhängig von Diagenese, meist gut
Metamorphite, z.B. Marmor, Tonschiefer	Schieferungsflächen, Zerrüttungs- und Bruch-zonen, Klüfte	abhängig von Klüftung und Schieferung, meist gering
Sedimente		
Klastische Sedimente, z.B. Schotter, Kies, Sand, Schluff, Ton	Porenkanäle	abhängig von der Poren-größe, sehr gut bis gering
Chemische Sedimente, z.B. Gips, Salz, Kalkstein, Dolomit	Höhlen, Röhren, Schläuche, Klüfte, Spalten, Brüche, Zerrüttungszonen	abhängig von Klüftung und Lösungshohlräumen, selten ergiebig
Biogene Sedimente, Karbonatische Sedimente, z.B. Kreide	meist geringe Porosität, geklüftet	stark unterschiedlich, meist geringfügig
Kieselige Sedimente, z.B. Kieselschiefer	je nach Diagenese geringe Porosität, geklüftet	unterschiedlich, selten bedeutend
Kohlengesteine z.B. Torf, Braunkohle, Steinkohle, Anthrazit	Porosität je nach Inkohlung (Torf 85 %, Braunkohle 50 %), Klüfte bei Anthrazit, Stein-aber auch bei Braunkohle	meist gering

einigen und das Karstgebirge in verschiedenen Tiefenlagen (Stockwerken) durchziehen (Abb. 7.1). Die Höhlengerinne verlaufen vielfach entlang von Schwächezonen (z.B. Verwerfungen), da die Gesteine in den Störungszonen stärker zerrüttet sind und dort der Auflösung und Erosion eher unterliegen.

Die feinen Adern werden zu Hauptadern, die zahlenmäßig geringer sind, jedoch wesentlich größere Hohlräume aufweisen (Abb. 7.1a). Karstwasser-netze sind vornehmlich in Dolomit- oder Kalkgebirgen anzutreffen, da sich ein solches Netz von zusammenhängenden Wasseradern nur in wasserlös-lichen Gebirgsarten herausbilden kann. Zu unterscheiden ist zwischen hoch- und tiefliegenden Karstformationen (Abb. 7.1b, c). Bei der hochliegenden Karstformation bleibt das Wasser nur für die Dauer der Durchsickerung im Gebirge und tritt dann zutage. Der tiefliegende Karst speichert das von der Oberfläche einsickernde Wasser in einem unterirdischen Becken. Fährt man

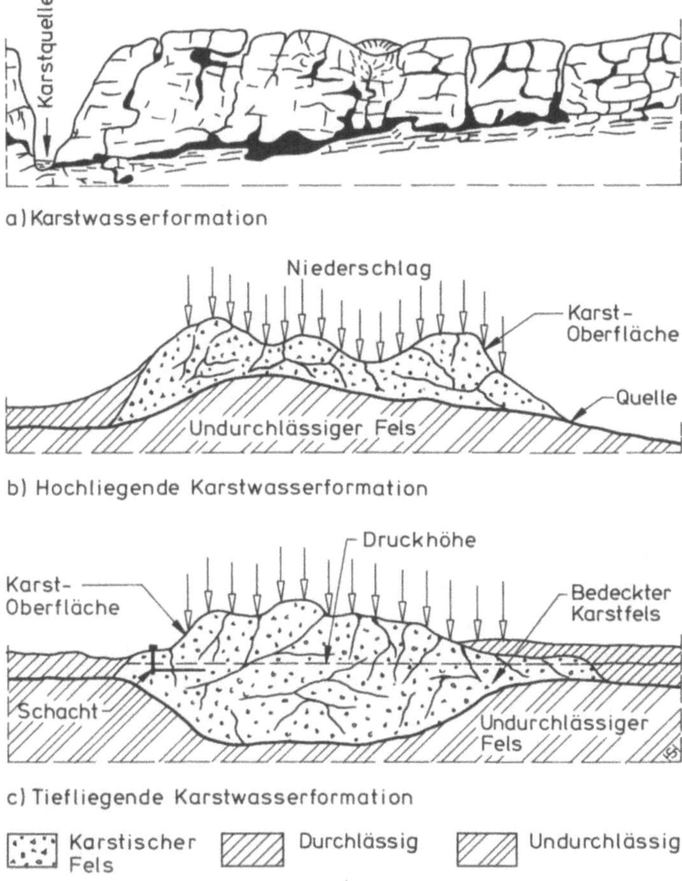

Abb. 7.1. Wasserverhältnisse in einem Karstgebirge [177]

beim Tunnelvortrieb einen solchen tiefliegenden Karst an, ergießt sich das Wasser aufgrund des großen hydrostatischen Druckes mit hoher Geschwindigkeit und in großen Mengen von mehreren 100 m³/min in den aufgefahrenen Tunnel (so geschehen beim Mont-d'-Or-Tunnel [177]). Meist werden auch noch Schwebstoffe, Geschiebe und Sand mitgeführt.

7.2.2
Erscheinungsformen des unterirdischen Wassers

Nach der Infiltration des versickerten Niederschlagswassers durch die ungesättigten Zonen des Untergrundes fließt ein Teil des Wassers oberhalb des Grundwasserspiegels in natürliche Vorfluter (Interflow). Der andere Teil erreicht die gesättigten Zonen und tritt in das Grundwasser über. Dieser Vorgang heißt Grundwasserneubildung (Perkloration).

Tabelle 7.4. Formen des Wasserzutritts in den Hohlraum

Erscheinungsform	Eigenschaft
Schwitzen	flächiger Wasseraustritt an der Ausbruchslaibung; Tropfenbildung an der Firste (ähnlich wie bei Kondenswasserbildung am Fels)
Sickerwasser	Wasseraustritt aus Rissen und Klüften (vereinzelt oder über den gesamten Profilumfang verteilt)
Wasserzufluß (Seihwasser)	Hervorschießen des Wassers in geschlossenen Strahlen aus einzelnen Spalten; bei dünnen Strahlen wird dies als „Quellen" bezeichnet; bei konzentrierten Flüssen, die besonders im Karstgebirge einen sehr großen Ausflußquerschnitt haben, spricht man von „Spaltwasser"
Wassereinbruch	massiver, häufig plötzlicher Wasserzufluß, oft mit Schwebstoffen, Schlamm oder zerkleinertem Gestein

Wasserzufluß. Das unterirdische Wasser kann nach L. Müller [106] in den unterschiedlichsten Formen in den künstlichen Hohlraum eintreten (Tabelle 7.4).

Alle diese Erscheinungsformen können sowohl über lange Zeit konstant bleiben als auch nach einiger Zeit nachlassen oder sogar aufhören (man spricht im letzteren Fall vom „Ausbluten"). Die Heftigkeit, mit der das Wasser gelegentlich in den Tunnel eindringt, beruht auf der teilweise außerordentlich großen Druckhöhe bei tiefliegenden Tunneln und dem mitunter großen Strömungsgefälle, hauptsächlich aber darauf, daß die Durchlässigkeit des Gebirges in gewissen Richtungen häufig um acht- bis zwölfmal größer ist als die der

Abb. 7.2. Wasserzufluß im Ortsbrustbereich des Schönrain-Tunnel bei Gemünden

Tabelle 7.5. Wasserdurchlässigkeit von Gestein (k_G) und Gebirge (k_F) nach C. Louis [79]

Gestein		Fels mit einer Kluft je Meter	
Gesteinsart	k_G cm/s	Spaltweite mm	k_F in der Kluftrichtung cm/s
1. Kalksteine	$(0{,}36$ bis $23{,}0)\ 10^{-13}$	0,1	$0{,}7 \cdot 10^{-4}$
2. Sandsteine			
Karbon	$(0{,}29$ bis $6{,}0)\ 10^{-11}$	0,2	$0{,}6 \cdot 10^{-3}$
Devon	$(0{,}21$ bis $2{,}0)\ 10^{-11}$	0,4	$0{,}5 \cdot 10^{-2}$
3. Mischgesteine			
sandig-kalkig	$(0{,}33$ bis $33{,}0)\ 10^{-12}$	0,7	$2{,}5 \cdot 10^{-2}$
tonig-sandig	$(0{,}85$ bis $130{,}0)\ 10^{-13}$	1,0	$0{,}7 \cdot 10^{-1}$
kalkig-tonig	$(0{,}27$ bis $80{,}0)\ 10^{-13}$		
4. Granit	$(0{,}5$ bis $2{,}0)\ 10^{-10}$	2,0	0,6
5. Schiefer	$(0{,}7$ bis $1{,}6)\ 10^{-10}$	4,0	$0{,}5 \cdot 10^{1}$
6. Kalkstein	$(0{,}7$ bis $120{,}0)\ 10^{-9}$		
7. Dolomit	$(0{,}5$ bis $1{,}2)\ 10^{-8}$	6,0	$1{,}6 \cdot 10^{1}$

Gesteine. C. Louis gibt für einige ausgewählte Gesteine in Tabelle 7.5 Wasserdurchlässigkeitsbeiwerte an.

Menge und Erscheinungsort des eindringenden Bergwassers können sich auch zeitlich verändern, wenn der Tunnel nur teilweise im Grundwasser vorgetrieben wird oder der Grundwasserspiegel zeitlichen Schwankungen unterliegt [85], [106].

7.2.3
Abrechnung und Quantitätsmessung

Die Bezugsgröße bzw. der Meßpunkt der anfallenden Wassermenge in l/s müssen im Vertrag zwischen Auftragnehmer und Auftraggeber eindeutig geregelt und festgelegt werden, um abrechnungstechnische Schwierigkeiten zu vermeiden. Je nach den Verhältnissen auf der Baustelle ist festzulegen, ob als Bezugsgröße „je Vortriebsort", „je 10 m Tunnel", „je 30 m hinter der Ortsbrust" oder „Gesamtwassermenge am Tunnelausgang" zu definieren ist [85].

DIN 18312. Die DIN 18312 „VOB – Verdingungsordnung für Bauleistungen; Teil C: Allgemeine Technische Vertragsbedingungen für Bauleistungen; Untertagebauarbeiten" (Entwurf 04/1995) [34] fordert zur Beschreibung der Wasserhaltungsmaßnahmen während der Bauausführung in Abschn. 0.2 folgende Angaben:

0.2.18   Art und Umfang der Maßnahmen zum Fassen und Beseitigen des Bergwassers während der Bauausführung,

0.2.19   die Grenzwassermenge für Bergwasser.

Den Bereich für die Bestimmung der Grenzwassermenge weist die DIN 18312 bis zu einer Entfernung von maximal 50 m von der Ortsbrust aus (Abschn. 4.1.4 der Norm). Sämtliche Kosten für Aufwendungen bei den Ausbruch- und Sicherungsarbeiten für unter dieser Grenze bleibende Wasserzutritte sind in die Einheitspreise für den Ausbruch der jeweiligen Vortriebsklasse mit einzukalkulieren und werden nicht gesondert vergütet. Erst wenn dieses Limit überschritten wird, können vom Auftragnehmer zusätzliche Kosten geltend gemacht werden. Die abzurechnende Wassermenge wird hierbei aus der aus dem Hohlraum abgeführten Wassermenge abzüglich der zugeführten Brauchwassermenge ermittelt (Abschn. 5.2 der Norm).

Für den Bau des Euerwang-Tunnels im Zuge der Neubaustrecke Nürnberg–Ingolstadt der Deutschen Bahn AG wird in der Ausschreibung dem Unternehmer eine Kalkulationsgrundlage für den Wasserandrang entsprechend der DIN 18312, d. h. ca. 50 m von der Ortsbrust gemessen, durch Definition folgender Grenzwassermengen gegeben:

kurzfristige Wasserzutritte bis 4 Stunden:　　　　100 l/s,
langfristige Wasserzutritte über 4 Stunden:
  a) in der Kalotte:　　　　　　　　　　　　　10 l/s,
  b) in der Strosse und Sohle:　　　　　　　　20 l/s.

SIA-Norm 198. Die Schweizer SIA-Norm 198 (Ausgabe 1993) [153] geht unter Ziffer 5.15 (Erschwernisse infolge Wasser) auf die Ableitung, Vergütung und Messung des anfallenden Wassers bei Sprengvortrieben ein:

5 15 12　Die Vergütung für Erschwernisse erfolgt nach Gruppenstunden. Sie wird nach Ausbruchklassen und abhängig vom Ausbruchquerschnitt und von der Wassermenge, welche während mindestens acht Stunden anfällt, wie folgt geregelt: s. Tabelle 7.6.

5 15 13　Erschwernisse bei Wassermengen, welche die in Ziffer 5 15 12 genannten unteren Werte nicht erreichen, sind in den Ausbruchpreisen inbegriffen.

5 15 15　Werden die vertraglich festgelegten größten Wassermengen überschritten, legen Bauherr und Unternehmer gemeinsam die zu treffenden Maßnahmen für die Wasserableitung und den Baubetrieb sowie deren Vergütung fest.

5 15 31　Die im Leistungsverzeichnis ausgesetzten Gruppenstunden sind im Bauprogramm anteilmäßig zu berücksichtigen.

5 15 32　Die Anzahl der Soll- und Abrechnungs-Programmtage wird unter Berücksichtigung der Reduktionsfaktoren gemäß Ziffer 5 15 35 ermittelt.

5 15 35　Die Reduktion der Leistungswerte bei Wasseranfall ist aufgrund der geologischen Verhältnisse objektbezogen festzulegen. Ohne entsprechende Angaben in den Ausschreibungsunterlagen gilt Tabelle 7.6.

5 15 43　Die für die Vergütung maßgebenden Wassermengen in Tunneln und Schächten werden an den in der Tabelle 7.7 definierten Stellen gemessen.

5 15 44　Die Wassermessung in Kavernen ist in den Ausschreibungsunterlagen objektbezogen zu regeln.

Tabelle 7.6. Reduktionsfaktoren für die Leistungswerte bei Wasseranfall (Tabelle 4 der SIA-Norm 198 [153])

	Tunnel mit theoretischer Ausbruchsfläche $A \leq 25\ m^2$ bzw. $\varnothing \leq 5\ m$		Tunnel mit theoretischer Ausbruchsfläche $A > 25\ m^2$ bzw. $\varnothing > 5\ m$		Schächte		Reduktionsfaktor
	steigend	fallend	steigend	fallend	steigend	fallend	
l/s	10 … 20	5 … 10	10 … 20	5 … 10	2 … 5	1 … 2	0,2
l/s	> 20 … 30	> 10 … 20	> 20 … 40	> 10 … 20	> 5 … 10	> 2 … 5	0,4
l/s	> 30 … 40		> 40 … 60	> 20 … 30			0,6

Tabelle 7.7. Wassermeßstellen (Tabelle 5 der SIA-Norm 198 [153])

Ort der Meßstellen

Tunnel		Schächte	Abgeteufte Vertikalschächte
steigend	fallend		
von 50 … 150 m hinter der Brust	an der Brust[a] sowie ca. 100 m rückwärts	am Schachtfuß, bei längeren Schächten nach besonderer Vereinbarung	an der Schachtsohle

[a] Für die Vergütung der Erschwernisse in fallenden Strecken gilt die Differenz zwischen der an der Brust und der ca. 100 m rückwärts gemessenen Wassermengen. Bei Teilausbruch gilt anstelle der Brust der Ort der am weitesten zurückgestaffelten Ausweitung.

ÖNorm B 2203. Die österreichische Norm B 2203 „Untertagebauarbeiten – Werkvertragsnorm" (Ausgabe 10/94) [111] fordert eine projektbezogene, vertragliche Regelung bei Erschwernissen durch Zudrang von Wasser (Abschn. 1.4.6).

(1) Erschwernisse durch Zudrang von Wasser sind ab einer Grenzwassermenge gestaffelt nach Wassermenge und getrennt nach Vortriebsklassen in Form eines Zuschlages zu den Ausbruchspositionen auszuschreiben. Gegebenenfalls ist zwischen steigendem und fallendem Vortrieb zu unterscheiden. Die Grenzwassermenge, bis zu welcher die Erschwernisse mit den Ausbruchpreisen abgegolten sind, ist projektbezogen festzulegen; ebenso die Höchstwassermenge, bis zu der die Wassererschwernisse zu kalkulieren sind. Art und Ort der Wassermessung sind in der Ausschreibung festzulegen.

(2) Ist beim Vortrieb mit erheblichen Beeinträchtigungen durch Wasserzutritt zu rechnen, sind Minderungen der Vortriebsleistungen bei Überschreiten der anzugebenden Grenzwassermenge, gestaffelt nach Wassermenge und getrennt nach Vortriebsklassen, vertraglich zu regeln.

Für die Wasserableitung während der Bauausführung (Abschn. 1.4.6.3) sind anzugeben:

(2) – Art und Ort der Wassermessung,
  – Menge und Zeitspanne von gegebenenfalls aus einem Nachbarbaulos abzuführendem Wasser,
  – umweltgerechte Behandlung der aus dem Tunnel austretenden Berg- und Betriebswässer oder deren Einleitung in die Vorflut,
  – Menge und Chemismus des erwarteten Bergwassers,
  – Kostentragung für allfällige Kanalgebühren.

Zu den Nebenleistungen (Abschn. 2.4.1), die mit den vereinbarten Preisen abgegolten sind, zählen für die Ableitung:

(10) Instandhaltung, Reinigung und Räumung der Anlagen für die Wasserableitung (Drainagen, Schächte und dgl.),
(11) Herstellung der Pumpensümpfe sowie deren Zubetonierung. Ein allenfalls erforderliches Überpumpen des Wassers während der Ausführung von Wassergräben, von Drainagen oder des Sohlbetons und dgl. wird nicht gesondert vergütet.

Zu den Leistungen, die als Hauptleistungen zu werten und, sofern nicht anders vereinbart, gesondert zu vergüten sind, werden die laufende Messung der Schüttung von Quellen und/oder des Grundwasserstandes genannt (Abschn. 2.4.2 (2)).

Vorschlag zur Quantitätsmessung. Bei Vortriebs- und Sicherungsarbeiten sollte das Wasser ca. 10 m hinter der Ortsbrust bzw. dem jeweiligen Vortriebsort gemessen werden. Zusätzlich ist am Anstich die Gesamtwassermenge zu bestimmen (Abb. 7.3). Es wird hier davon ausgegangen, daß die Ausbruchs- und Sicherungserschwernisse ca. 10 m hinter dem jeweiligen Vortriebsort (Kalotte oder Strosse) durch die in diesem Bereich anfallenden Wassermengen kostenmäßig je Vortriebsort erfaßt werden. Der Wassserandrang wird in l/s angegeben. Für verschiedene Erschwernisstufen sind in der Ausschreibung Grenz-

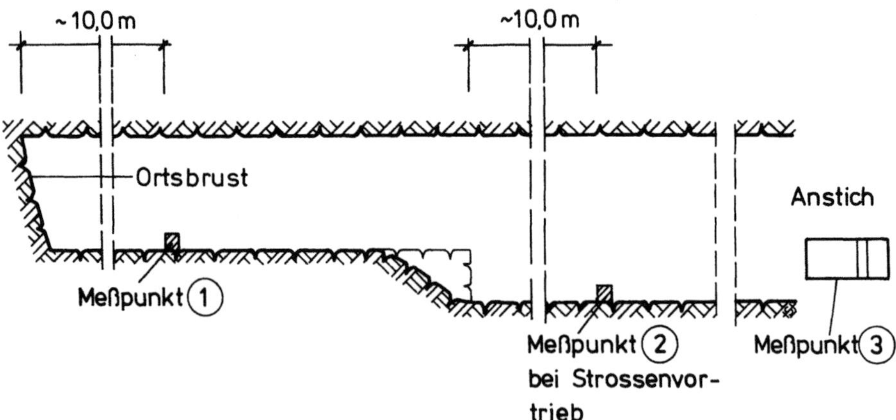

Abb. 7.3. Wassermeßstellen bei der Auffahrung eines Tunnels [85]

werte festzulegen, die nach den unterschiedlichen geologischen Bedingungen und deren Einflüssen auf die Erschwernisse beim Sprengverfahren zu untergliedern sind (s. dazu Kap. 7.2.3).

7.3
Verfahren zur Fassung und Ableitung des Bergwassers

Die möglichen baubetrieblichen Maßnahmen zur Sicherung des Bauablaufs werden in den folgenden Abschnitten erläutert. Je nach Bauverfahren, Örtlichkeit und Untergrund werden die in Tabelle 7.8 dargestellten Wasserhaltungsmaßnahmen einzeln oder in Kombination angewendet.

Tabelle 7.8. Wasserhaltungsmaßnahmen

Maßnahme	Zweck/Eigenschaft
Drainagegräben	Entfernung von Grundwasser, Sicker-, Brauch- und Tagwasser aus den Tunnelvortrieben (offene Wasserhaltung)
Bohrlochdrainagen	Abbau des statischen Wasserdrucks
Drainagestollen	werden sowohl innerhalb als auch außerhalb (bei Hang- oder Kluftwasserströmung) des Querschnitts angelegt, um Vortriebsarbeiten möglichst wenig zu beeinflussen
Vakuumlanzen	Erzeugung von Unterdruck, um ein erforderliches Druckgefälle für den Fließvorgang zu erhalten; dadurch Entzug des kapillar gebundenen Wassers aus dem Boden
Druckluftverfahren/ hydrostatische Stützung	Stabilisierung des Wassers im Boden
Injektionen/Vereisung	Absperrung des anstehenden Wassers

Auf die Entwässerung des Bodens mit „Vakuumlanzen" bzw. dem „Druckluft-Verfahren" wird hier nicht weiter eingegangen. Zu empfehlende Literatur: [85], [100].

7.3.1
Maßnahmen zur Wasserfassung

Um die Beeinträchtigung der Arbeiten im Tunnel durch anfallendes Bergwasser möglichst gering zu halten, sollte das Wasser schon an der Tunnellaibung gefaßt und in die zuvor beschriebene Drainage geführt werden. Hierzu stehen je nach Intensität und Erscheinungsart des Wassers an der Tunnellaibung die in Tabelle 7.9 dargestellten Ausführungsmöglichkeiten der Wasserfassung zur Verfügung.

Im folgenden wird auf einige wichtige Maßnahmen eingegangen.

Kunststoffhalbschalen. Kunststoffhalbschalen mit verschiedenen Profilen (Abb. 7.4) werden bei örtlich austretendem Wasser angewandt. Die aus Weich-

Tabelle 7.9. Ausführungsmöglichkeiten der Wasserfassung [189]

Punktuelle Fassung	Linienhafte Fassung	Flächenhafte Fassung
• Bohrung • Steckschlauch • Tropfrinne	• Oberhasli-Verfahren (nur Handarbeit – veraltet) • Filterschläuche (gelocht mit Filtermantel) • Halbschalendrainung (viel Handarbeit, Verstopfung beim Einmörteln) • Filterstreifen • aus Noppenfolien bzw. Stegfolien • aus Drainplatten • aus Strukturmatten	• Einkornbeton-Außenschalen (aufwendige Tunnelkonstruktion der sechziger Jahre) • Einkornbetonverfüllung statt Baustoffeinschlämmung beim mehrschaligen Streckenausbau möglich • U-Stein-Drainung • Noppendrainplatten, -folien, Stegdrainfolien und Strukturmatten • Schutzvlies als Drain- und Schutzelement von Folienabdichtungen • Sohlfilter nach Art der Frostschutzkoffer

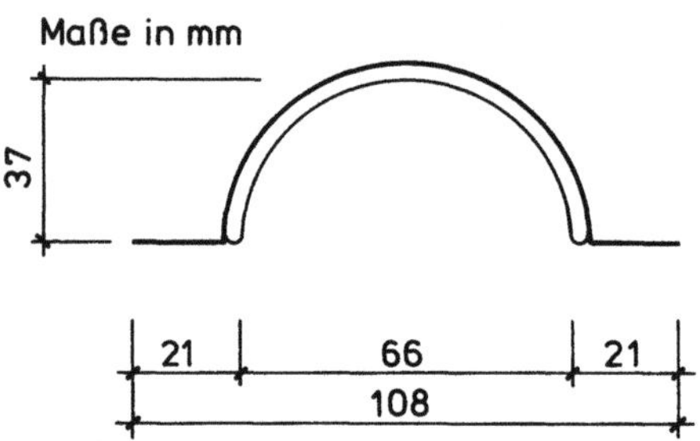

Form U: 66/108 mm breiter Halbkreisquerschnitt mit 19 cm² Abfluß; Rolle: 25 m, 240 g/m

Abb. 7.4. Drainagerinne aus Kunststoff [Aliva AG]

PVC hergestellten und mit Stahldraht längs- und querversteiften Rinnen werden von Hand mit schnellbindendem Zementmörtel oder mit gestielten Gabeln provisorisch fixiert, bis sie mit einer nur wenige Zentimeter dicken Spritzbetonschicht überdeckt werden.

Schutzvlies. Die Hauptaufgabe von üblicherweise zwischen vorübergehender und endgültiger Sicherung angeordneten Vliesen, ist der Schutz der Kunststoffdichtungsbahnen vor mechanischer Beschädigung, beispielsweise in Form von Perforation durch die körnige Oberflächenstruktur des darunter befindlichen Spritzbetonauftrages. Zusätzlich sollen die Schutzvliese eine flächenhafte Fassung und Ableitung von Bergwasser ermöglichen. Für die

Abb. 7.5. Noppenmatte aus Kunststoff
[Aliva AG]

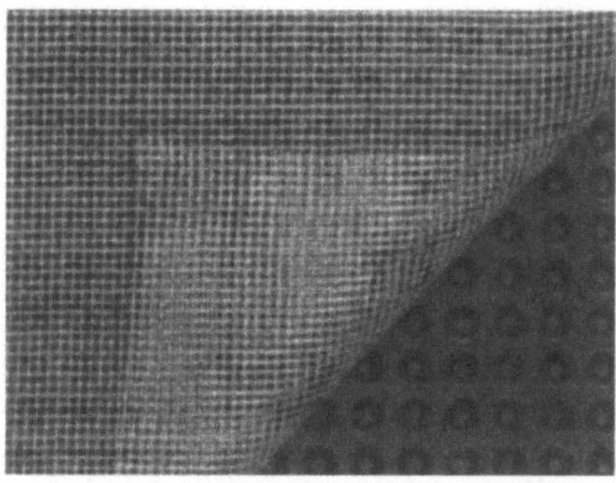

gesicherte Übernahme dieser Aufgabe sind qualitative und soweit möglich auch quantitative Nachweise über die möglichen Durchflußmengen und Maßnahmen zur Vermeidung von Versinterungen durchzuführen.

Drainage- bzw. Noppenmatten. Drainagematten aus Kunststoff (Abb. 7.5) werden bei größeren Mengen flächenhaft austretenden Bergwassers verwendet. Die Noppenseite sollte idealerweise beim Anbringen nach außen also gegen den Fels gerichtet sein. Da das Aufbringen des Spritzbetons auf die Noppenfolie praktisch kaum möglich ist, wird diese vielfach auf die Spritzbetonsicherung aufgebracht und dagegen eine Ortbetonschale mit oder ohne Abdichtung betoniert.

7.3.2
Maßnahmen zur Wasserableitung, offene Wasserhaltung

Die offene Wasserhaltung dient der Beseitigung von Wässern, die in den Tunnel eintreten, sowie der Ableitung des Tag- und Brauchwassers. Bei Drainagegräben läßt man das Wasser in den unterirdischen Hohlraum eindringen und leitet es durch seitliche Gräben ab [85]. Diese können je nach Gebirgsart befestigt werden. In der Praxis wird vielfach beobachtet, daß einer sauberen Wasserhaltung viel zu wenig Aufmerksamkeit gewidmet wird.

Rinnen und Rohre. Das Standardleistungsbuch StLB 007 „Untertagebauarbeiten" [163] sieht Entwässerungsrinnen im Mörtel- oder Sandbett vor. Ein Mörtelbett empfiehlt sich, wenn mit starkem Wasserandrang von der Sohle her zu rechnen ist. Die Rinnen können aus Betonfertigteilen, Steinzeug, Ortbeton, Stahl oder Kunststoff hergestellt werden. Die lichte Weite und die lichte Durchflußhöhe sollten 0,3 m nicht unterschreiten. Das Gefälle sollte mindestens 2 % betragen, um wegen der angestrebten Selbstreinigung eine Fließgeschwindigkeit von mindestens 0,5 m/s zu gewährleisten. Anstelle der Rinnen können auch PVC-Rohre verwendet werden, die mit Filterbeton zu sichern sind. Es ist sicherzustellen, daß Rohre oder Rinnen durch chemische Eigenschaften des eindringenden Wassers nicht beschädigt werden. Bei sehr aggressiven Wäs-

sern oder aus Gründen der Reinigungstechnik können vorfabrizierte Beton-
kanäle im Verbund mit Halbschalen (Rinnen) aus Polyesterharzbeton oder
Halbschalen aus Polyesterharz verwendet werden.

Pumpen. Bei zu schwachem Gefälle oder fallendem Vortrieb muß das Wasser in
Pumpensümpfen gefaßt und mit Schmutzwasserpumpen abgepumpt werden.
Je nach Wasserstand schaltet sich die Pumpe automatisch ein und aus.

7.3.3
Bohrlochdrainagen und Drainagestollen

Dem Vortrieb folgende Bohrlochdrainagen. Ein dichter Spritzbeton auf der Tunnellaibung stellt durch Verschluß der Wasserwege einen Wasserstauer dar. In
unmittelbarer Umgebung des Hohlraums wird damit das Strömungsgefälle
und somit der Strömungsdruck vergrößert. Dem Vortrieb folgende Bohrlochdrainagen, auch häufig Kurzdrains genannt, verhindern dies und haben
gleichzeitig den Vorteil, statische Drücke abzubauen. Damit ist eine gezielte,
nach Möglichkeit örtlich begrenzte Wasserfassung in Kluftzonen zu erreichen.
Inwieweit der Grundwasserdruck durch Entwässerungsbohrungen abgebaut
wird, hängt von folgenden Faktoren ab:

- Lage der Bohrung im grundwasserführenden Horizont,
- Richtung der Bohrungen bezüglich der Raumstellung der Klüfte,
- Abstand, Länge und Durchmesser der Bohrungen in Abhängigkeit von
  Trennflächengefüge und Wasserdruck.

Ein vollständiger Druckabbau an allen Stellen der Hohlraumlaibung ist dann
gegeben, wenn sich die druckabbauende Wirkung zweier Bohrungen über-
schneidet. Die Bohrungen werden an die offene Wasserhaltung angeschlossen
und bleiben in der Regel als Entlastungsdrains für die Spritzbetonschale bis
zum Erhärten der Innenschale in Betrieb. Die Anordnung ist so vorzunehmen,
daß sie vom Vortrieb nicht zerstört wird.

Die günstigste Kombination von Abstand der Bohrungen, Bohrlochlängen
und Bohrlochdurchmesser muß experimentell gefunden werden, wobei der
wirtschaftliche Aspekt auch hier eine Rolle spielen sollte. So ist es sicherlich
billiger, mit ohnehin vorhandenen Bohrgeräten mehr oder längere Bohrlöcher
kleineren Durchmessers zu bohren, als weniger Bohrlöcher mit größeren
Durchmessern, wenn die Geräte dafür extra beschafft werden müssen.

In Abb. 7.6 ist der Einfluß auf das Wasserdruckgefälle in der Hohlraumum-
gebung durch Maßnahmen wie Bohrlochdrainagen, Injektionen und dichte
Auskleidungen dargestellt.

Dem Vortrieb vorauseilende Bohrlochdrainagen. (Horizontaldrains) sind immer
dann sinnvoll, wenn

- großer Wasserandrang erwartet wird,
- plötzliche, aber nicht vorhersehbare Wassereinbrüche zu erwarten sind
  (z. B. bei stehenden Wässern, oder wenn weiträumige Vorausbohrungen in

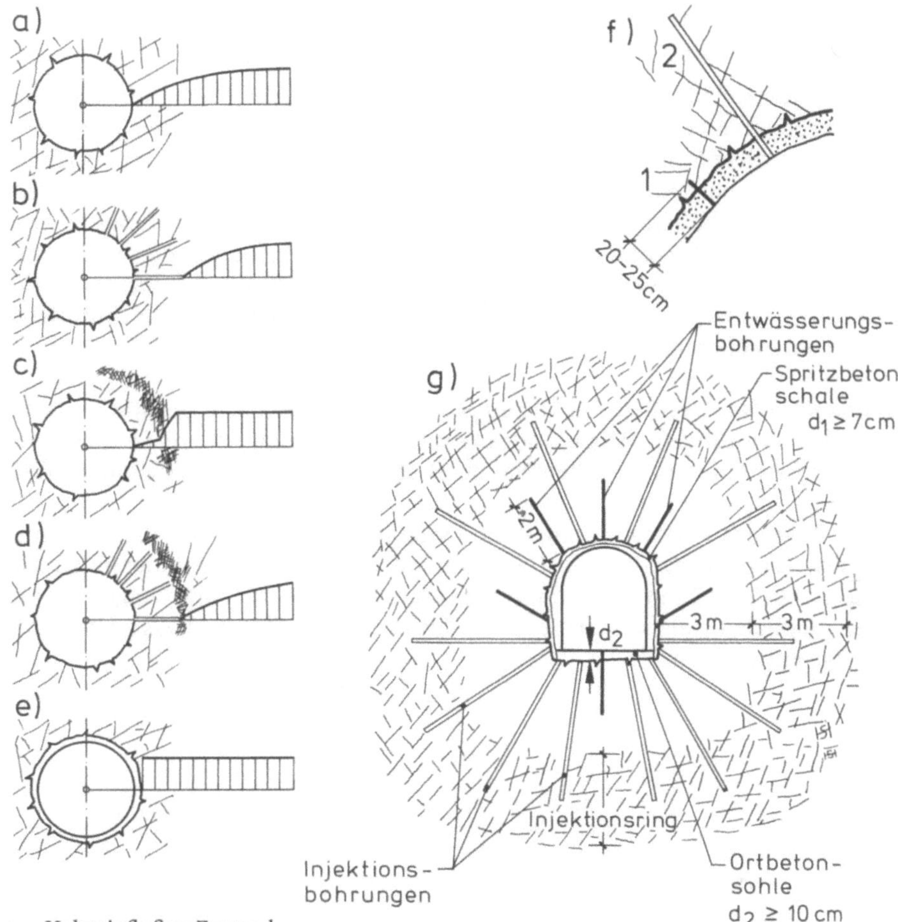

a   Unbeeinflußter Zustand
b   Druckverlagerung durch Bohrlochdrainagen
c   Druckverlagerung durch Injektionen
d   Druckverlagerung durch Injektionen und Bohrlochdrainagen
e   Druckverlagerung durch dichte Auskleidung
f 1   Bohrlöcher für Kontaktinjektionen
f 2   Bohrlöcher für Gebirgsverfestigungs- und Wasserverdrängungsinjektionen
g   Grundsätzliche Anordnung der Injektions- und Entspannungsbohrungen im Plöckenstollen der Pipeline Triest–Ingolstadt

Abb. 7.6. Gebirgswasserdruckgefälle in der Stollenumgebung [106]

Karstgebirgen zugleich der Vorerkundung druckwasserführender geöffneter Spalten dienen),
- durch vorauseilende Entwässerung erhebliche Erleichterungen für den weiteren Vortrieb und die Sicherung zu erwarten sind (z. B. in rolligen Böden),
- Strömungsdrücke die Standsicherheit erheblich beeinträchtigen (Schwimmsand, schwimmendes Gebirge),

- eventuell auftretende Wasserlinsen erfaßt werden sollen,
- hohe Kluftwasserdrücke abzubauen sind.

Vorauseilende Drainagebohrungen sollten möglichst tief sein, um die Vortriebsarbeiten nicht zu häufig durch das Bohren neuer Löcher unterbrechen zu müssen. In diese Bohrungen von 35 bis 100 mm $\varnothing$ werden oft gelochte oder geschlitzte PVC-hart-Rohre oder perforierte Kunststoff-Drainagerohre mit Glaswollefilter geschoben, wenn die hydrogeologischen Untersuchungen eine rückschreitende Erosion befürchten lassen. Am Bohrlochmund werden die Rohre meist durch flexible Kunststoffrohre verlängert, die das Wasser in die seitliche Drainage oder in an der Wand hängende provisorische Entwässerungsrohre ableiten.

Drainagestollen. Der Bau von Drainagestollen empfiehlt sich bei starkem und vor allem einseitigem Wasserandrang oder, wenn noch andere Aufgaben erfüllt werden können, zum Beispiel als Belüftungs-, Erkundungs- oder Pilotstollen.

Im Zuge des Vortriebs dienen die Drainagestollen auch zur Verbesserung der Wasserableitung. Von dort aus können weitere Drainagebohrungen mit Längen von 2 bis 5 m vorgenommen werden. Diese Bohrlochdrainagen sollten dann möglichst viele wasserführende Klüfte durchstoßen und das anstehende Gebirge entwässern.

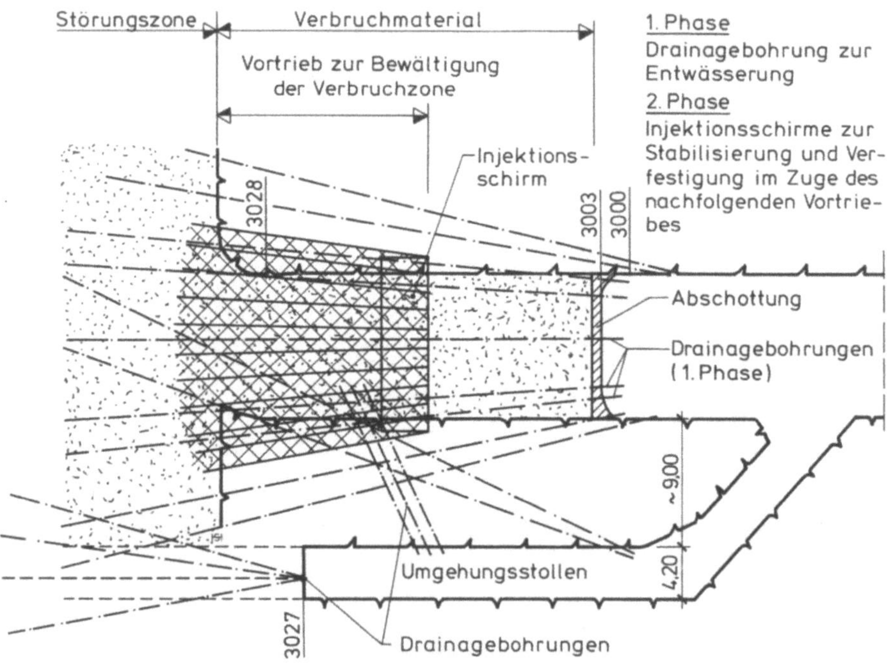

Abb. 7.7. Bewältigung des Verbruchbereiches im neuen Karawankentunnel (1987) [96]

Als Beispiel sind hier die Maßnahmen beim Bau des 7864 m langen Karawankentunnels (Bauzeit 1987–1991) zu nennen [96]. Die Wasserhaltung während der Bauzeit war auf eine konsequente Drainierung des Gebirges ausgelegt. Dadurch sollten auch eventuell auftretende hohe Drücke abgebaut werden. Systematische Vorbohrungen dienten neben der geologischen Erkundung auch der Gebirgsentwässerung. Während des Vortriebs ereignete sich ein Verbruch an der Kalottenbrust, bei dem große Mengen von Wasser und ca. 4000 m³ Material in den Hohlraum eindrangen. Zur Bewältigung dieses Verbruchs wurden von einem Drainagestollen und vom Haupttunnel aus Bohrungen zur Entwässerung und Injektion vorgetrieben, die über den Bereich der vermuteten Störzone hinausgingen (Abb. 7.7). Zusätzlich wurde der Kalottenbereich des Haupttunnels durch weitere Bohrungen vom Umgehungsstollen aus entwässert.

7.4 Behinderungen und Leistungsminderung

7.4.1 Allgemeine Darstellung

Vor dem Auffahren eines untertägigen Hohlraums steht das Wasser in den Klüften oder Spalten des Gebirges oder bewegt sich entsprechend seinem Potentialgradienten. Durch die geringe Bewegung des Wassers besteht keine Gefahr des Auswaschens von Feinstanteilen; das Wasser hat keine ausreichende Schleppkraft. Diese Situation verändert sich mit dem Auffahren des Hohlraums. Das Druck- und Geschwindigkeitsgefälle und damit die Schleppkraft des Wassers werden plötzlich vergrößert, so daß Feinstanteile aus dem Kornverband gelöst und abtransportiert werden. Das Wasser stellt nun eine unmittelbare Gefahr für den Vortrieb dar. Aus den für den Sprengvortrieb erstellten Bohrlöchern, die mit den wasserführenden Spalten Verbindung haben, können die Sprengladungen durch den Wasserdruck herausgeschoben werden, wenn nicht besondere Vorkehrungen getroffen werden [106]. Beim Ankersetzen besteht die Gefahr der Ankerausspülung, wenn eine Wasserader angebohrt wird und das Wasser durch das Bohrloch in den Hohlraum eindringt. Insbesondere werden auch die Spritzbetonarbeiten durch flächenhaft auftretendes Wasser beeinträchtigt, da die Haftung und das Abbinden negativ beeinflußt werden [86].

Wasserhaltung. Das in den Hohlraum eindringende Wasser stellt immer eine zusätzliche Erschwernis in der Abwicklung der Bauarbeiten dar. Ist der Tunnelvortrieb *steigend,* kann das anfallende Wasser in offener Wasserhaltung über seitlich angeordnete Drainagegräben, die selbstverständlich ständig dem Vortrieb folgend gebaut und schlammfrei gehalten werden müssen, aus dem Tunnelinneren in den Vorfluter abgeleitet werden.

Bei einem *fallenden* Tunnelvortrieb sammelt sich das Wasser vor der Ortsbrust, wo es die Arbeiten erheblich behindert. Erforderlich ist hier der sorgfältige Bau einer Wasserhaltung mit zwischengeschalteten Pumpensümpfen, aus denen das angesammelte Wasser über an der Wand befindliche Rohrleitungen in die Vorfluter gepumpt wird. Insbesondere beim fallenden Tunnelvortrieb ist es unerläßlich, eventuelle Veränderungen des Gebirges infolge Wassereinwirkung zu untersuchen.

Untersuchungen zur Wassereinwirkung. Hierzu können Schürfe angelegt werden, die etwa einen Monat lang ununterbrochener Wassereinwirkung ausgesetzt werden. Solche Untersuchungen wurden zum Beispiel im mittleren Buntsandstein des Tunnels Landrücken-Nord zur Beurteilung von Setzungseinflüssen im Kalottenfußbereich durchgeführt. Die im Schürfbereich entnommenen Gesteinsproben ergaben für den mittleren Buntsandstein, daß das anstehende Gebirge keinerlei geomechanische Veränderungen infolge Wassereinwirkung, wie Verwitterungserscheinungen oder veränderte Gesteinsfestigkeit durch Aufweichung aufwies. Somit war also nicht mit einer Einstanzung der Kalottenfüße unter Wassereinwirkung bei normalen Gebirgs- und Druckverhältnissen zu rechnen, ausgenommen eventuell vorhandener Schlotbereiche. Diese Bereiche waren dann weitestgehend gegen Wassereinwirkung zu schützen, zum Beispiel durch Rinnen aus Beton oder Kunststoff.

7.4.2
Einfluß des Bergwassers auf die Vortriebsleistung

Bergwasser beeinflußt abhängig von der Art und dem Umfang seines Auftretens die Dauer eines Abschlagszyklusses und damit die Vortriebsleistung (Tabelle 7.10).

Zur Abschätzung des Einflusses des Bergwassers auf die Vortriebsleistung können sechs Bergwasserklassen BWKL (BWKL 1 = kein Wasser, BWKL 2 = 0 bis 5 l/s, usw. bis BWKL 6 ≥ 60 l/s) definiert werden [167]. Während es in der Bergwasserklasse 1 zu keinen und in den Klassen 2 und 3 nur zu geringfügigen Behinderungen im Vortrieb kommt, wird die Vortriebsleistung ab einer Wassereintrittsmenge von 15 l/s im Vortriebsbereich deutlich beeinträchtigt. In den folgenden Tabellen und Abbildungen werden die Art der Behinderung sowie eine Abschätzung des Ausmaßes der Behinderung von Bergwasser auf die Vortriebsleistung dargestellt.

Ausmaß der Behinderung. Das Ausmaß der Behinderung von Bergwasser auf die einzelnen Teile des Abschlagszyklusses ist in den Abbildungen 7.8 und 7.9 beispielhaft unter Anwendung der Gebirgstypendefinitionen der ÖNorm B 2203 [111] in Prozent der Normaldauer des jeweiligen Vorganges dargestellt. Dabei wird grundsätzlich zwischen zwei unterschiedlichen Gebirgstypen, B1 und C2, unterschieden. Gebirgstyp B1 beschreibt ein gebräches Gebirge mit rasch abklingenden Deformationen sowie geringen Auflockerungen im First- und oberen Ulmenbereich. Der Gebirgstyp C2 beschreibt ein druckhaftes Gebirge mit ausgeprägten Deformationen, Bruchvorgängen und plastischen Zonen, in dem ein systematischer Stützmitteleinbau im First- und Ulmenbereich erforderlich ist (s.a. Kap. 12 „Klassifizierung des Gebirges").

Tabelle 7.10. Art der Behinderung des Vortriebs durch Bergwasser [167]

Vorgänge des Abschlagszyklusses	Art der Behinderung
Bohrzeit	Erschwernisse beim Bohren ergeben sich durch den Wasseraustritt aus Bohrlöchern, durch Flächenwasser im Bereich der Ortsbrust und durch Erosionserscheinungen an der Ortsbrust. Die Verlegung von Bohrlöchern kann bis zu deren Zusammenfallen führen. Zusätzlich können örtliche Auswaschungen von Klüften auftreten. Durch Verzögerungen beim Rückzug des Bohrgestänges sowie durch die generelle Verschlechterung der Arbeitsbedingungen kommt es zu einer weiteren Verminderung der Bohrleistung.
Ladezeit	Eine Erhöhung der Ladezeit kann sich aufgrund verlegter Bohrlöcher sowie der schlechteren Arbeitsbedingungen ergeben.
Schutterzeit	Durch eine aufgeweichte Sohle und eventuellen Mehrausbruch kann sich auch die Schutterdauer erhöhen.
Zeit für die Sicherung	Die Spritzdauer nimmt durch den erhöhten Spritzbetonrückprall zu. Eine längere Ankereinbauzeit ergibt sich aus einer verringerten Bohrleistung und einer erhöhten Ankermanipulationsdauer. Bei der Sicherung sind zusätzliche Maßnahmen zur Entwässerung wie Abschlauchen, Flächenabdichtungen und Pumpgräben zu treffen. Auch bei den Sicherungsmaßnahmen haben die schlechteren Arbeitsbedingungen Einfluß auf die Arbeitsleistung.

Im schlechteren Gebirgstyp (C2) ist die prozentuale Erhöhung der Dauer der Sicherungszeit geringer als im besseren Gebirge (B1), da der Sicherungsaufwand im schlechteren Gebirge auch ohne Bergwasser erheblich ist. Der Anteil der Sicherungen macht im Gebirgstyp C2 etwa 50 % der Abschlagszeit aus.

Abbildung 7.10 zeigt das Ergebnis von Untersuchungen zur Vortriebsleistung in Abhängigkeit von der Bergwassermenge [76].

7.4.3
Einfluß des Bergwassers auf die Vortriebskosten

Neben dem Einfluß auf die Vortriebsleistung hat das Bergwasser auch durchgreifenden Einfluß auf die Gesamtvortriebskosten des Tunnels. Die kostenbeeinflussenden Faktoren sind im folgenden dargestellt:

Gerätekosten. Durch die bergwasserbedingt geringere Vortriebsleistung erhöht sich die mittlere Geräteeinsatzzeit pro lfm Tunnelvortrieb. Daneben ist mit höherem Maschinenverschleiß und höheren Reparaturkosten der Geräte zu rechnen. Als zusätzliche Geräte müssen z.B. Pumpen berücksichtigt werden.

Materialkosten. Neben dem aufgrund des höheren Rückpralls größeren Spritzbetonverbrauch müssen zusätzlich die Materialkosten der für die Wasserhaltung erforderlichen Ableitungs- und Abdichtungsmaßnahmen berücksichtigt werden.

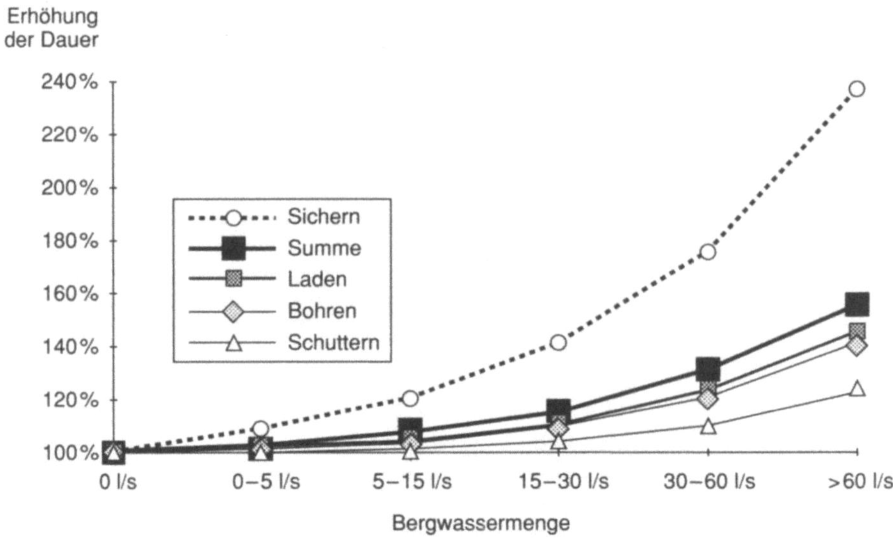

Abb. 7.8. Ausmaß der Behinderung durch Bergwasser (Gebirgstyp B1 lt. ÖNorm B 2203 [111])

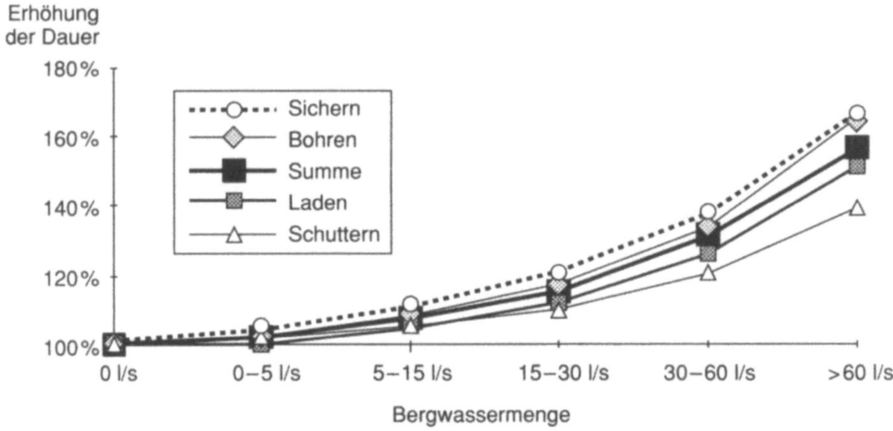

Abb. 7.9. Ausmaß der Behinderung durch Bergwasser (Gebirgstyp C2 lt. ÖNorm B 2203 [111])

Personalkosten. Aufgrund der auch erheblich schlechteren Arbeitsbedingungen ist generell mit geringeren Leistungswerten zu rechnen. Durch die unterschiedlichen Erschwernisse vermindert sich die Vortriebsleistung, wodurch sich wiederum die Personalkosten pro lfm Tunnel erhöhen. Der Personalkostenanteil von etwa 40% ist auch der kostenbestimmende Anteil für die bergwasserbedingten Mehrkosten und kann bis zu 60% über dem ursprünglichen Anteil liegen.

Ergebnisse der in diesem Zusammenhang für die beiden Gebirgstypen B1 und C2 durchgeführten Untersuchungen zeigen eine durch Bergwasser be-

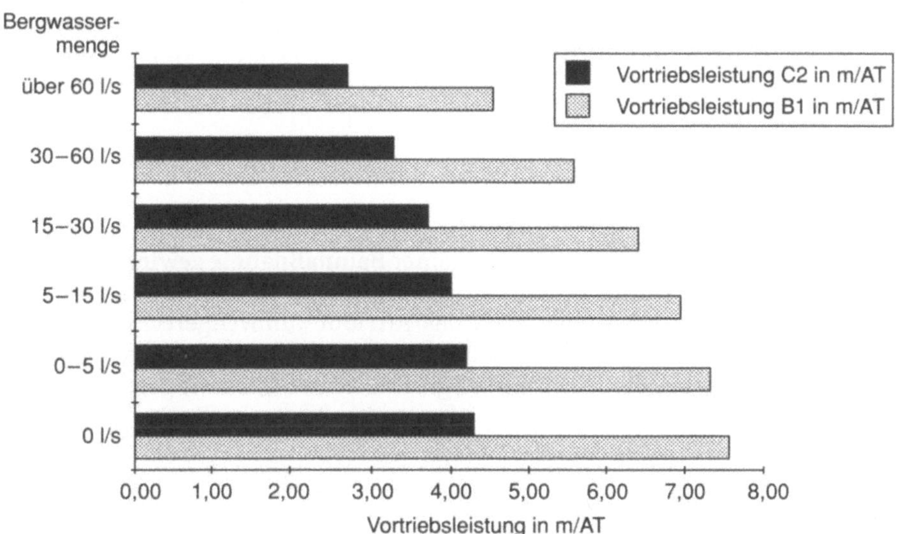

Abb. 7.10. Mittlere Vortriebsleistung für die Gebirgstypen B1 und C2 in Abhängigkeit der Bergwassermenge [76]

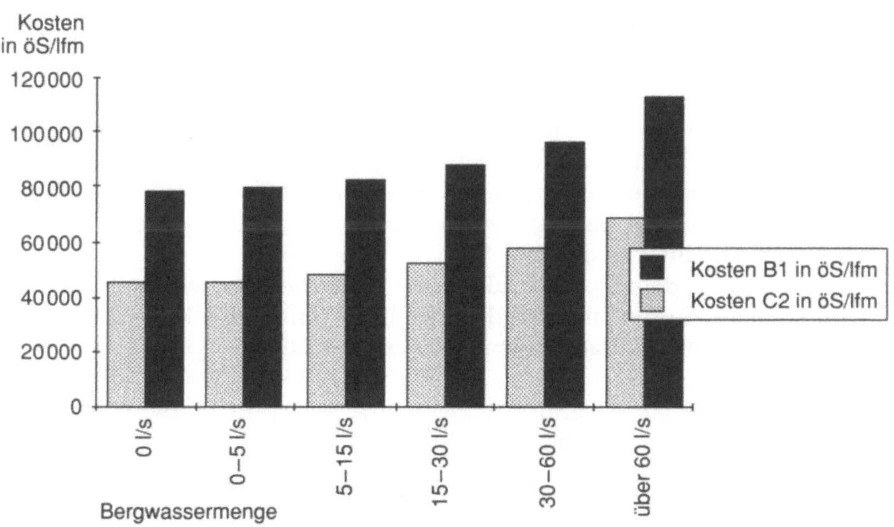

Abb. 7.11. Mittlere Vortriebskosten für die Gebirgstypen B1 und C2 in Abhängigkeit der Bergwassermenge (DM bzw. CHF ≈ 1/7 ÖS)

dingte Kostensteigerung von bis zu 50 %. Die mittleren Kosten für einen konventionell durchgeführten Kalottenvortrieb (50 m²) sind in Abhängigkeit der Bergwassermenge in Abb. 7.11 dargestellt [76].

7.5
Umwelteinflüsse und Reinigung

Der Aspekt der Umweltverträglichkeit einer Baumaßnahme gewinnt aufgrund eines gestiegenen Umweltbewußtseins zunehmend an Bedeutung. Um bei Tunnelbauwerken, denen eigentlich das Attribut „umweltgerecht" zuzuordnen ist, keine möglichen Ansatzpunkte für Kritik zu bieten, muß den Einflüssen auf das umgebende Grundwasser große Aufmerksamkeit geschenkt werden.

7.5.1
Einflüsse auf den Grundwasserhaushalt

Beim Fassen und Ableiten von Bergwasser wird durch Gebirgsentwässerung bis zum Beharrungszustand der Bergwasserspiegel abgesenkt und die Strömungsverhältnisse innerhalb des Gebirges verändert.

Dieser Eingriff in den Grundwasserhaushalt kann unter ungünstigen hydrogeologischen Verhältnissen und bei großen Entnahmemengen Auswirkungen zeigen, die bis an die Geländeoberfläche zu bemerken sind. Die möglichen Folgen reichen vom zeitweiligen Trockenfallen kleinerer Quellen über Baugrundschäden hin bis zu massiven Veränderungen in ökologischen Systemen. Allerdings trifft dies nur für besonders grundwassersensible Bereiche zu. Langjährige Beobachtungen im Zusammenhang mit Tunnelbaumaßnahmen zeigen unter normalen Bedingungen keinerlei Veränderungen des ökologischen Gleichgewichtes an der Oberfläche.

Heute gehören detaillierte Studien der möglichen Auswirkungen, unter Einbringung der Gesamtsituation des jeweiligen Tunnelprojektes, zum Untersuchungsprogramm für das Baugenehmigungsverfahren.

Grundwasserabsenkung. Grundsätzlich unterscheidet man zwischen temporären und permanenten Grundwasserabsenkungen.

Temporäre Grundwasserabsenkung. Bei einer temporären Grundwasserabsenkung wird der Grundwasserspiegel nur für die Dauer des Vortriebs abgesenkt. Sie ist aus technischer Sicht dann erforderlich, wenn das anstehende Grundwasser den Vortrieb zu sehr behindern oder gar unmöglich machen würde. Dies ist in der Regel in grundwassergefüllten Lockergesteinen mit hohem Porenvolumen (30 % und mehr) bzw. großem k-Wert nötig. Einsatzgrenzen für den Sprengvortrieb sind z. B. Tunnel ab einer gewissen Länge im wassergesättigten Lockergestein oder auch Festgestein mit großen Wasserzuflußmengen, wo dann Schildvortriebsmaschinen mit einem geschlossenen Schild wirtschaftlicher sind [97].

Permanente Grundwasserabsenkung. Bei der permanenten Grundwasserabsenkung kommt es durch eine dauernde Drainierung des Tunnels sowohl während des Bau- als auch während des Endzustandes zu einer langfristigen Absenkung des Grundwasserspiegels. Dieser Eingriff in den Grundwasserhaushalt und die bei einigen Bahntunneln jährlich erforderlichen hohen Wartungs- und Betriebsausfallkosten durch Spülungen der versinterten Entwässerungsleitungen [28] haben dazu geführt, daß zur Zeit bei der Deutschen Bahn AG darüber nachgedacht wird, die Tunnel künftig grundsätzlich wasserdicht und ohne Bergwasserdrainagen auszuführen [50]. Eine solche Entscheidung stellt veränderte Anforderungen an die Machbarkeit der Abdichtungsmaßnahmen und an eine wirtschaftliche Bemessung der Auskleidung auf Wasserdruck (s.a. Kap. 6.3). Je nach Querschnittsgröße sind ab ca. 7,5 bar Wasserdruck Innenschalen nicht mehr sinnvoll konstruierbar.

Bei der Entscheidung für eine temporäre oder permanente Grundwasserabsenkung wird immer schrittweise ein Kompromiß erarbeitet werden müssen, der auf die gegebenen und die gewählten Randbedingungen der jeweiligen Tunnelbaumaßnahme optimal abzustimmen ist. Speziell bei Tunnelbauwerken mit hohem Wasserandrang und hohen Wasserdrücken werden in Zukunft u.a. Kombinationslösungen nötig sein, wie der Einsatz eines Druckwasserbegrenzungssystems. Hierbei wird das Bergwasser kontrolliert nur in einer solchen Menge abgeleitet, daß der Wasserdruck den Bemessungswert für Auskleidung und Abdichtung nicht überschreitet. Erste Erfahrungen mit einem solchen System konnten beim Bau des ca. 7 km langen Freudensteintunnels (Bauzeit 1987–1990) im Zuge der Eisenbahnneubaustrecke Mannheim–Stuttgart gewonnen werden [68].

Grundwasserüberwachungskonzept. Für die betroffenen Quellen, Oberflächenwässer und Grundwasserverhältnisse läßt sich unter Berücksichtigung der Daten des Einzugsgebiets (z.B. Lage, Fläche, mittlere Höhe) ein Überwachungskonzept ausarbeiten. Die Überwachungsdauer ist einerseits von der Entfernung des Einzugsgebiets zum Tunnel und andererseits von der Gebirgsdurchlässigkeit abhängig. Sie steigt mit abnehmender Gebirgsdurchlässigkeit und zunehmender Distanz zum Tunnel. Die über die Bauarbeiten hinausgehende Beobachtungszeit des Quellen- und Gewässersystems ergibt sich in Abhängigkeit der erfolgten Tunnelabdichtung durch Fließzeitberechnungen unter Verwendung hydraulischer Modelle [23].

7.5.2
Einflüsse auf die Grundwasserqualität

In den Drainagegräben wird neben dem Bergwasser das von außen zugeführte Brauchwasser abgeleitet. Durch den Baubetrieb werden diese Wässer stark verschmutzt. Das Abwasser enthält mineralische Feststoffe aus zerriebenem oder zerfallenem Gestein und ist auch im Chemismus verändert. Bei der Herstellung von Spritzbeton oder Ortbeton ist mit erhöhten pH-Werten zu rechnen, die auf aus dem Zement bzw. dem Erstarrungsbeschleuniger ausgelaugte Bestandteile zurückzuführen sind.

Das Regelwerk der Deutschen Bahn AG, die DS 853 [37], geht in Abs. 91 auf die Behandlung der Tunnelwässer wie folgt ein:

91	– Gefaßtes Bergwasser und Betriebswasser sind wie Abwasser zu behandeln.
zu 91	– Eine Nachbehandlung des gefaßten Wassers ist in der Regel nicht erforderlich, wenn der pH-Wert zwischen 6 und 9 und die absetzbaren Stoffe unter 0,3 mg/l liegen.

Liegen die gemessenen Werte außerhalb dieser Grenzen, kommen für die Nachbehandlung der Tunnelwässer, z.B. Absetzbecken und Neutralisationsanlagen in Frage.

Das Arbeitsblatt A 115 der Abwassertechnischen Vereinigung [112] schreibt folgende Richtwerte für das Einleiten von Abwasser in öffentliche Reinigungsanlagen (Kanäle, Kläranlagen) vor:

- Abwassertemperatur $< 35\,^{\circ}C$,
- pH-Wert zwischen 6,5 und 8,5,
- Minimierung der Aufsalzung bei der Neutralisationsreaktion.

Präventivmaßnahmen. Durch betriebliche Maßnahmen muß versucht werden, Verschmutzungen der Tunnelwässer zu vermeiden.

Läßt sich bei vorhandener, offener oder geschlossener seitlicher Wasserableitung ein Aufweichen der ungesicherten Sohle durch den Fahrverkehr nicht vermeiden, empfiehlt sich eine Befestigung der Sohle mit Schotter. Der Schotter muß entweder beigefahren oder kann durch geeignetes Ausbruchmaterial ersetzt werden.

Bei der Lagerung und Verarbeitung aller Baustoffe (Zement, Erstarrungsbeschleuniger, Injektionsmittel usw.) müssen deren wassergefährdende Potentiale berücksichtigt werden. Beispielsweise empfiehlt sich beim Einsatz von Spritzbeton die getrennte Entfernung des Rückpralls vor der Bohrphase des Folgeabschlags, um ein Auswaschen löslicher Stoffe zu verhindern.

Reduzierung des pH-Wertes. Auch der ausgehärtete Zementstein enthält Bestandteile, die von jedem natürlichen Wasser aus der Zementmatrix gelöst werden können. Dabei handelt es sich vor allem um das bei der Hydratation des Zements entstehende Calciumhydroxid sowie Kalium und Natrium, die ebenfalls zumeist in Hydroxid-Form vorliegen und hauptsächlich durch den Einsatz von Abbindebeschleunigern in den Beton gelangen.

Das gelöste Calciumhydroxid wird beim Antreffen von Kohlendioxid als Calciumcarbonat ausgefällt und verursacht so Versinterungen der Tunnelentwässerung. Die wesentlich leichter löslichen Natrium- und Kaliumhydroxide sind für die erhöhten pH-Werte des Drainagewassers verantwortlich.

Als Maßnahmen zur Vermeidung dieser Mechanismen sind die folgenden Lösungsansätze möglich [69], [99]:

- Reduzierung der Wasserströmung an der Betonoberfläche (Fassung des Bergwassers innerhalb des Gebirges),
- Erhöhung der Dichtigkeit des Betongefüges (optimierte Herstellungsverfahren, Einsatz von Flugasche oder Microsilica),
- Reduzierung der auslaugbaren Stoffe (Einsatz von kalkfreien Zuschlägen, Spritzzementen ohne Beschleuniger, alkalifreien Beschleunigern), (s. dazu auch Kap. 6.4.2).

Eine nachträgliche Neutralisation alkalischer Wässer kann durch Zugabe von CO_2 wie z.B. durch eine Begasung in 1,5 bis 2 m tiefen Becken (Solvocarb-B-Verfahren) erreicht werden. Der Einsatz von Kohlendioxid hat gegenüber dem Einsatz von Mineralsäuren (HCL, H_2SO_4, HNO_3, H_3PO_4) verschiedene umweltrelevante Vorteile. So wird die Salzfracht im Gewässer nicht erhöht, die Lagerung von Säuren ist nicht erforderlich, und mit Hilfe von CO_2 wird die Gefahr einer Übersäuerung verhindert.

Abwasserbehandlung. Eine gewisse Verschmutzung des Tunnelwassers läßt sich nicht vermeiden. In Abhängigkeit von den Einleitbedingungen des genutzten Vorfluters werden Maßnahmen zur Abwasserbehandlung erforderlich. Die dazu erforderlichen Einrichtungen können unter oder über Tage angeordnet werden (Tabelle 7.11).

Kläreinrichtungen unter Tage. In Abb. 7.12 ist eine mögliche Anordnung der Kläreinrichtungen unter Tage dargestellt. Das an der Ortsbrust gefaßte Wasser durchläuft mehrere hintereinandergeschaltete, transportable Absetzbecken, um bereits in diesem Stadium die Möglichkeit der Feststoffabtrennung zu nutzen. Die Zwischenpumpensümpfe und der Hauptpumpensumpf dienen ebenfalls als Absetzanlage, ein einfacher Stahlblechbehälter kann als Vorklärbecken ausgestattet werden. Die Becken müssen täglich mit einem Vakuumsaugwagen vom abgesetzten Schlamm gesäubert werden.

Kläreinrichtungen über Tage. Der Planung der Kläranlage über Tage (Abb. 7.13) sollten folgende Randbedingungen zugrunde liegen:

- max. Wasseranfall in l/s,
- Verweildauer bei maximalem Wasseranfall,
- Bau von mindestens zwei Absetzbecken, die unabhängig voneinander betrieben werden können (Reinigung eines Beckens),

Tabelle 7.11. Einrichtungen zur Abwasserklärung [36]

Unter Tage	Über Tage	
- Transportable Absetzbecken	- Mechanische Verfahren:	Absetzanlage
- Zwischenpumpensümpfe als Absetzbecken	- Chemische Verfahren:	Fällung Neutralisation
- Hauptpumpensumpf mit Vorklärbecken als Absetzanlage	- Schlammbehandlung:	Kammerfilterpresse
- Einsatz von Vakuumsaugwagen	- Kontrolleinrichtungen:	pH-Meter Mengenmessung

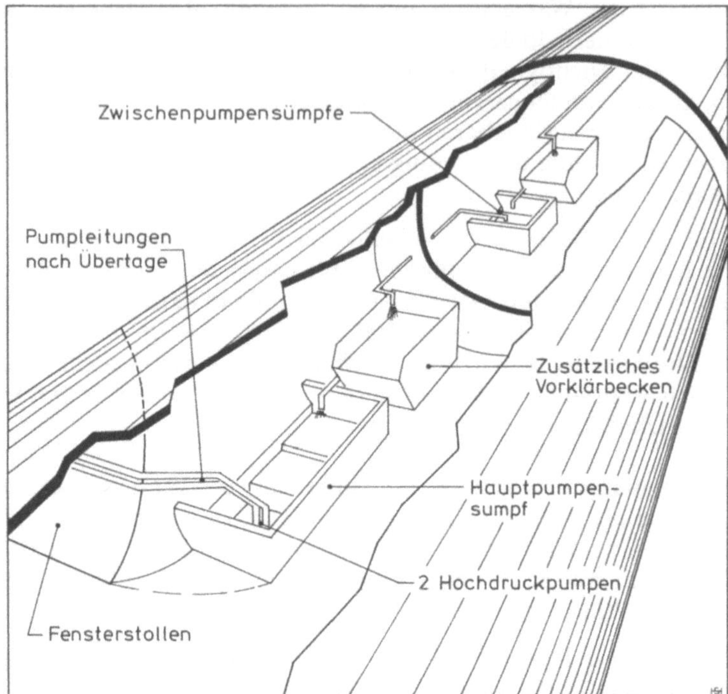

Abb. 7.12. Hauptpumpensumpf unter Tage [36]

- Berücksichtigung von zusätzlichen Verfahrensstufen in Abhängigkeit von der geforderten Reinigungswirkung (Fällung, Neutralisation, Schlammentwässerung).

Eine Tauchwand am Beckenende hält eventuell noch vorhandene Leichtflüssigkeiten zurück, die abgeschöpft werden können. Die Ablaufrinne ist beidseitig mit Zahnschwellen auszustatten, um ein gleichmäßiges Ablaufen über die ganze Beckenbreite sicherstellen zu können [36]. Eine Kammer mit Meßeinrichtungen sollte zur Überprüfung des gereinigten Wassers und zur Quantitätsmessung ebenfalls vorgesehen werden.

7.6
Bergwassersperrung

Neben der Fassung und Ableitung des Bergwassers während der Bauzeit besteht außerdem die Möglichkeit, wassersperrende Maßnahmen vorzusehen, die in Form von Injektionen oder Vereisung ausgeführt werden können.

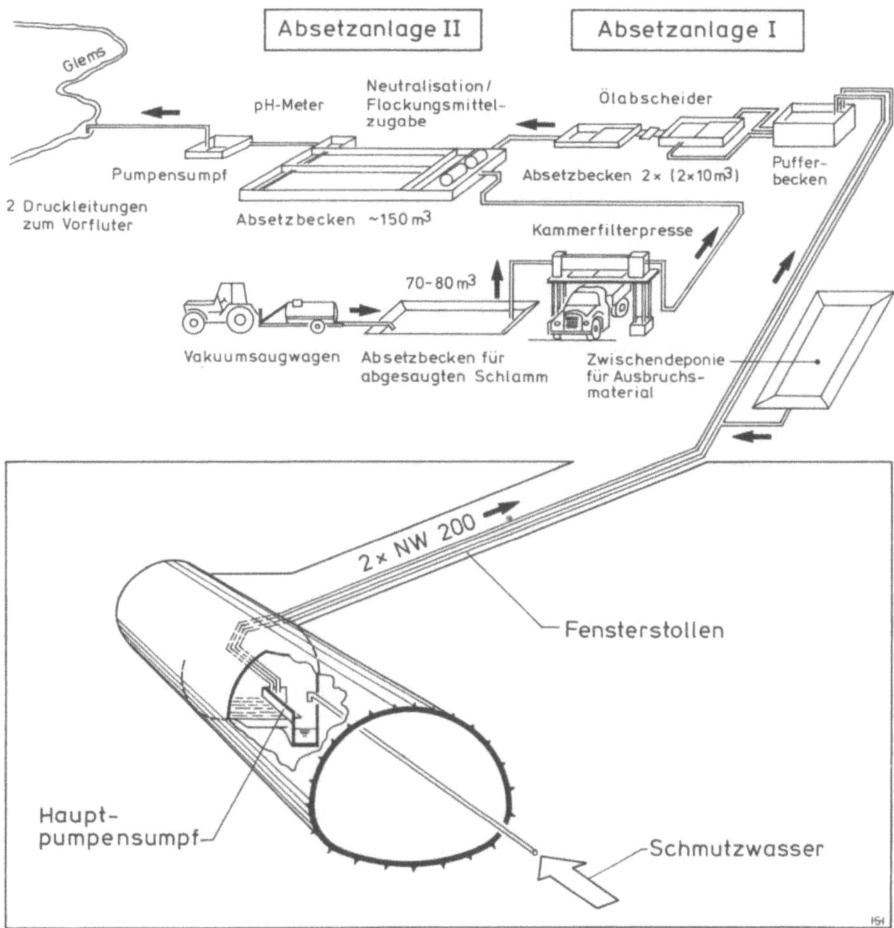

Abb. 7.13. Wasserklärung und Ableitung über Tage [36]

7.6.1
Injektionsverfahren

Bei Injektionsverfahren werden die Hohlräume des Gebirges durch Einpressen geeigneter Flüssigkeiten verschlossen. Dadurch wird die Wasserdurchlässigkeit verringert und gleichzeitig die Standfestigkeit des Gebirges erhöht. Dabei kann grundsätzlich anhand der eingesetzten Injektionsmittel nach Zementinjektionen, chemischen Injektionen und Kunstharzinjektionen unterschieden werden.

Die Injizierbarkeit eines Bodens bzw. die Eignung eines Injektionsmittels sind von folgenden geologischen, hydrologischen und chemischen Einflußfaktoren abhängig:

- mineralogische Zusammensetzung des Bodens,
- Kornverteilung,
- Schichtmächtigkeit und Raumstellung der Grenzen,
- Kluftnetz des Gebirges,
- Wasserdurchlässigkeit des Gebirges,
- hydrostatischer Druck des Grundwassers,
- Richtung und Geschwindigkeit der Grundwasserströmung,
- chemische Eigenschaften des Grundwassers (z. B. Salzgehalt).

Forschungs- und Entwicklungstendenzen zeigen, daß der Einsatz von Injektionsverfahren insbesondere bei sehr hohen Kluftwasserdrücken mit geringem Kluftvolumen als geeignet erscheint. Dabei kann bei diesen Verfahren der umgebende Baugrund zur Lastabtragung herangezogen werden, was für Tunnelbauten unter dem Einfluß sehr hoher Wasserdrücke von besonderer Bedeutung ist. Die Weiterentwicklung dieser Grundgedanken zur Praxisreife ist zukunftsweisend für die wirtschaftliche Konstruktion von Tunnelschalen bei hohen Wasserdrücken.

Dem Vortrieb vorauseilend wird ein Injektionskörper in der Form eines geschlossenen Ringes hergestellt. Aufgrund des erhöhten Strömungswiderstands wird durch eine Entwässerung innerhalb des Ringes der Potentialgradient im injizierten Gebirge gesteigert, was zu einer Aufnahme des hydrostatischen Druckes durch den Injektionsring führt (Abb. 7.14).

Erfahrungen mit dem Einsatz von Injektionsverfahren bei sehr hohen Wasserdrücken konnten beim Bau des im Sprengvortrieb aufgefahrenen 23,5 km langen Unterwasserabschnittes des Seikan-Tunnels (Gesamtbauzeit 1964–1984) in Japan gewonnen werden [85]. Ein hydrostatischer Druck von 24 bar und die Gefahr von Meerwassereinbrüchen erforderten umfangreiche Injektionen mit Zement und auf Wasserglasbasis (Abb. 7.15).

Abb. 7.14. Injizierter Tragring im Gebirge unter hydrostatischem Druck nach [41]

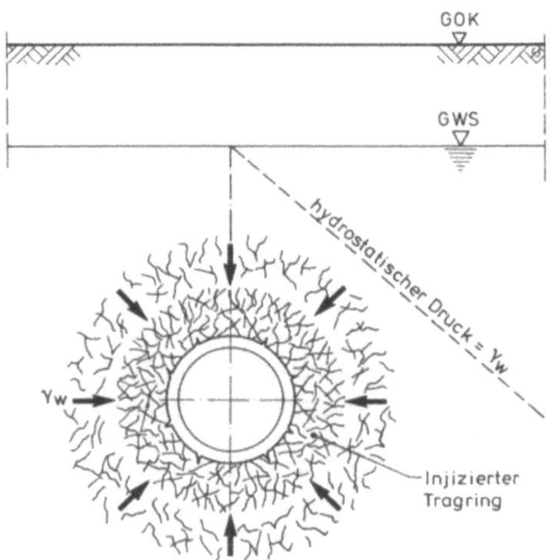

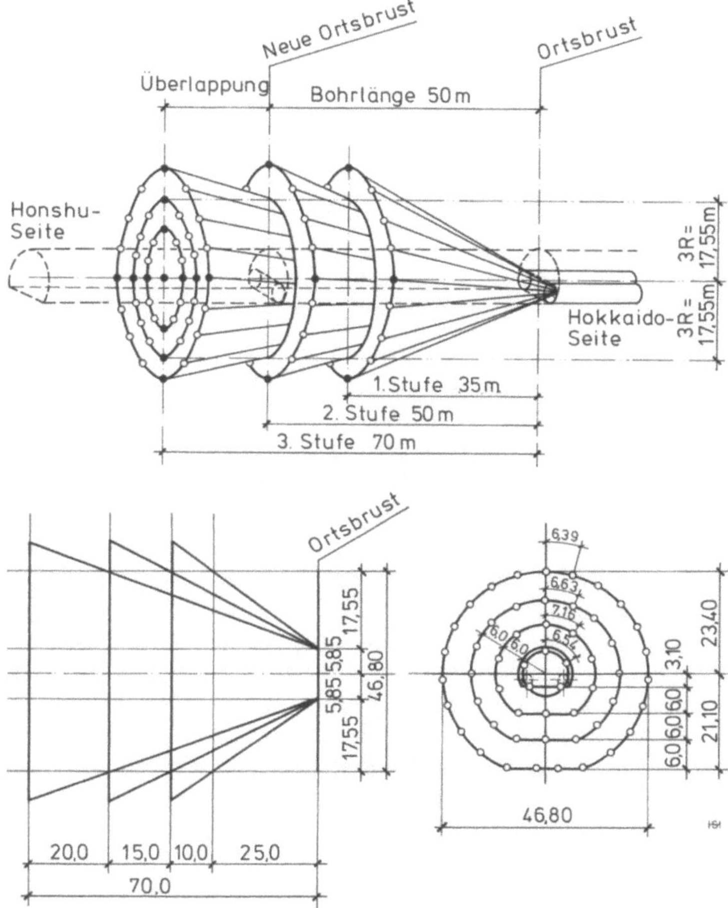

Abb. 7.15. Injektionsschema im Haupttunnel des Seikan-Unterwasserabschnittes [103]

7.6.2
Gefrierverfahren

Das Gefrierverfahren bietet die Möglichkeit einer vorübergehenden Abdichtung und Baugrundverbesserung für nicht injizierbare, aber wasserführende Verhältnisse. Das Verfahren beeinträchtigt, im Gegensatz zum Injektionsverfahren, die Grundwasserverhältnisse nur während der Bauzeit.

Anwendbar ist das Verfahren bei einem Wassergehalt des Bodens von mehr als 5 % bis 7 % und einer Grundwassergeschwindigkeit von weniger als 1 bis 3 m/d [85].

Vertiefende Informationen zum Thema Bergwassersperrung sind in [85], [100], [106] zu finden.

KAPITEL 8

Bauhilfsmaßnahmen

8.1
Allgemeines

Unter Bauhilfsmaßnahmen werden Tätigkeiten zusammengefaßt, für deren Ausführung und Berechnungen der Unternehmer verantwortlich zeichnet. Wohl aus einem falschen Verständnis heraus werden immer häufiger Tätigkeiten, die der Stabilisierung des Gebirges dienen, unter den Begriff „Bauhilfsmaßnahmen" eingereiht; Maßnahmen, für deren Erfolg der Projektierende und der Bauherr ebenso bestimmend wirken wie der Unternehmer, denn der Baugrund selbst und damit die Maßnahmen zu dessen Verbesserung sind rechtlich dem Bauherrn zuzuordnen.

Im folgenden werden die echten Bauhilfsmaßnahmen besprochen, bei denen die Bewetterung eine Sonderstellung einnimmt, sie kann vom Unternehmer nur zweckmäßig behandelt und eingerichtet werden, wenn der Bauherr schon im Projekt die notwendigen Randbedingungen vorsieht.

8.2
Bewetterung

Die Arbeitsgänge Bohren, Sprengen und Schuttern erzeugen eine hohe Menge von Gasen und Stäuben. Sie verunreinigen die feuchte und oft warme Tunnelluft und gefährden dadurch die Gesundheit des unter Tage arbeitenden Menschen in hohem Maß. Zustände des letzten Jahrhunderts zeigt die Schilderung einer Begehung 1878 beim Bau des St.-Gotthard-Eisenbahntunnels [104]:

„Rufen Sie Ihre Kollegen, sammeln Sie die Aktionäre und kommen Sie in den Tunnel, damit Sie sich endlich ein Bild von der Wirklichkeit machen können.

Als Aktionär haben sie ja ein ganz besonderes Interesse an dieser Arbeit. Mit dem definitiven Aktientitel ist ein Genußschein verbunden, „un bon de jouissance", dank dem Ihnen ein Drittel der beim Tunnelbau erzielten Ersparnisse zufließen wird. Das heißt: Wenn die Kosten je laufenden Meter des Tunnels ohne Mauerung, doch mit doppelspurigem Oberbau niedriger ausfallen als 3733 Franken, so erhalten Sie – und nicht etwa die Subventionskantone und -staaten oder Favre oder die Ingenieure und Arbeiter –, ohne daß Sie Ihren

Geist oder Ihre Hände auch nur im geringsten anzustrengen brauchen, ohne überhaupt zu wissen, wo und was der Tunnel ist, einen Drittel der Differenz.

Schaffen Sie ihn aus der Welt, diesen trügerischen Drittel, denn diese Ersparnisse sind ja nichts anderes als die Verluste Favres, verzichten Sie anständigerweise auf diesen fragwürdigen Genußschein. Vielleicht fällt Ihnen das Opfer leichter, wenn Sie nun erleben, was ein Tunnel ist und was es heißt, in einem Tunnel zu arbeiten.

Bis m 2600 mit der Lokomotive, ganz wie die Arbeiter, in den Rollwagen kauernd, auf der Kante sitzend. Jetzt müssen wir aussteigen. Wir stehen vor der bekannten Druckpartie. Sie haben vielleicht davon gehört, über uns liegen 300 Meter faules Gestein, das Gewölbe muß erneuert werden, darum das viele Holz, so daß nur noch ein Rollwagen durchkommt. Passen Sie auf, daß Sie nicht den Kopf anschlagen! Rutscht dort nicht ein Balken? Nein, keine Angst, so schlimm ist es nicht. Möglich zwar, daß heute oder morgen die ganze Geschichte zusammenstürzt. Merkwürdig, nicht wahr, daß diese Arbeiter da in der Erweiterung und jene im Sohlenschlitz nicht von einer Panik ergriffen werden. Gott sei Dank, daß es so sorglose Menschen gibt.

Wie kommt Ihnen der Weg vor? Etwas unangenehm, nicht? Löcher, Wasserpfützen, Steine. Und die schwüle Luft, man hat eine gewisse Mühe mit dem Atmen, immer schwieriger wird es, man wird müde, das ist schlimmer als Bergsteigen. Was für eine merkwürdige Beklommenheit. Man darf nicht an die Gesteinsmasse denken, die über einem liegt, nicht an die Druckpartie hinter einem, die den Rückweg verschließen kann. Sie fragen sich wohl: was hab' ich in diesem Tunnel zu tun, warum ließ ich mich verleiten, über diese Schwellen und Steine zu stolpern mit dieser armseligen Rübőllampe in der Hand? Man ist schlaff und benommen, man muß einen Augenblick stehenbleiben, nein, besser noch, sich auf einen Stein setzen, wenn das nicht gefährlich ist. Denn gibt's nicht Steine, an einer Generalversammlung hat man davon gesprochen, die unversehens von oben herunterfallen? Aber trotzdem, man muß sich setzen, wenn man nicht ohnmächtig werden will. Ach, wenn man nur nicht so stark schwitzte, die Kleider sind ganz durchnäßt, es ist einem, als wär' man in brühwarmes Wasser getaucht. Begreiflich, daß die Arbeiter die Kleider wegwerfen und nackt in den Stiefeln arbeiten. Sie können ja auch die Kleider wegwerfen und nackt weiter marschieren, nur Schuhe brauchen Sie, alles andere ist überflüssig. Ein Bild für die „Illustrierte Zeitung", die „Gartenlaube" oder „Über Land und Meer": Zug der nackten Aktionäre, das Bild könnte weltberühmt werden. Aktionäre, die ihre Sache ernst nehmen, ist das überhaupt schon jemals vorgekommen?

Wie fühlen Sie sich? Können wir wieder aufstehen und weitergehen? Ja, gut. Es ist nicht mehr so weit, nur noch 1000 Meter, dann sind wir vor Ort, dann hören wir den Lärm der Bohrmaschinen, dann können wir den beiden Feuerwerkern zusehen, wenn sie die Ladungen in die Löcher packen, dann können wir mit ihnen wieder zurückgehen und das Donnern der Schüsse abwarten und zuschauen, wie sich die Mineure nach vier Stunden Arbeit in einer Erweiterung auf ein paar Planken werfen, um die nächste Attacke abzuwarten, zweimal bohren sie, ehe sie wieder aus dem Tunnel gehen. Und wir gehen wieder nach vorn, um dem Schuttern zuzusehen. Acht Stunden rechnet man je Mann, um einen Kubikmeter Stein in die Wagen zu verladen. Mit schmalen langen Rollwagen sind sie auf einem neben dem Hauptgeleise liegenden Hilfsgeleise von 30 Zentimeter Spurweite nach vorn gefahren, 18 Mann sind an der Arbeit, ein Postenchef und 17 Handlanger, „mariniers", lustiger Name, nicht? Und bei diesen Mariniers unterscheidet man wiederum Sappeurs, die die Körbe füllen, Rouleurs, die die Körbe nehmen, sie auf die Wägelchen setzen und die Last zu den Wagen schieben, die auf dem Hauptgeleise hinter dem Bohrgestell und den Materialwagen stehen, und Chargeurs, die die Rollwagen beladen. Die Temperatur ist noch gestiegen, denn jetzt fehlt der Zustrom der kühlen, durch ihre Ausdehnung Kälte erzeugenden Preßluft, man wird durstig, jetzt sollte man die von dem berühmten Berliner Physiologen du Boys-Reymond für diesen Tunnel empfohlenen Eispillen mit Branntwein haben. Was für ein unangenehmer Rauch, vielleicht ist die Explosion nicht ganz vollkommen gewesen, vielleicht waren die Sprenglöcher zu naß und es hat sich salpetrige Säure gebildet, die Augenlider brennen, man hustet und wird das Husten nicht mehr los, dazu Schwindel und Kopfschmerzen von verstäubtem Nitroglyzerin.

Wollen Sie noch länger zuschauen oder wollen Sie umkehren? Ja, kehren wir um, es ist ja immer das gleiche, und der Rückweg von 3000 Metern wird Ihnen noch genug zu tun geben. Wollen Sie etwas von den Theorien hören, die Stapff in bezug auf die Wärmezunahme unter dem Gebirge aufgestellt hat? Haben Sie Lust, seine Formeln kennenzulernen oder genügt Ihnen die Mitteilung, daß die mittlere Wärmezunahme auf je 100 Meter überlagerndes Gebirge zwei Grad beträgt? Sie nicken, Sie haben kein Bedürfnis, darüber nachzudenken, es ist Ihnen alles gleichgültig. Begreiflich, im Tunnel ist man am Anfang kein normaler Mensch mehr. Nach und nach gewöhnt man sich daran. Der Mensch gewöhnt sich an alles. Ob diese Gewöhnung mit Schädigungen verläuft oder nicht, das weiß man natürlich nicht, aber das braucht weder Favre noch Sie zu kümmern. Also vorwärts, dem Portale zu, da sind schon die Lichter der Druckpartie, wo man wieder ein paar Balken erneuert. Sie hat gehalten, der Fels ist gnädig, wir haben sie glücklich hinter uns, da steht die Lokomotive, da warten die Wagen. Sie haben nichts dagegen, merkwürdig, wie müde man ist. Nur vom Gehen schon. Und die Arbeiter müssen ja nicht nur den gleichen Weg unter die Füße nehmen, sondern auch noch etwas tun!

Herrlich, die frische Luft! Warum man wohl da drinnen im Tunnel ein so unangenehmes Gefühl hat? Die Feuchtigkeit, meine Herren. Ein tropisches Klima. Man sollte die Luft trocknen können. Aber das ist eine komplizierte Geschichte. Immerhin leiden die Arbeiter unter diesem tropischen Klima nicht so stark wie die Besucher. Der Organismus paßt sich an. Am stärksten wird man herangenommen, wenn man nach wochenlangen Zwischenpausen die Tunnelarbeiten wieder aufnimmt. Stapff hat das nach seinem Unglücksfall erfahren.

Und nun sehen Sie die Arbeiter im Tageslicht. Bleich sind sie, gelb sind sie, mit einem Stich ins Grüne, Schwindsüchtigen gleichen sie oder Leuten, die am Magenkrebs leiden. Ihre Lebensdauer dürfte verhältnismäßig kurz sein. Aber das ist in den meisten Bergwerken der Fall. Die Blutarmut der Grubenarbeiter, „l'anémie des mineurs", ist bekannt, nichts zu machen. Im Gotthardtunnel werden sogar die Pferde und Maultiere blutarm. Dr. Fodéré behauptet es wenigstens, von 42 Pferden auf der Südseite stürben im Monat 8 an Anämie, sagt er. Die Hitze soll dran schuld sein, das fehlende Tageslicht, die Gase des neuen Dynamits."

Nicht nur annehmbare, vielmehr gute Luftverhältnisse herbeizuführen ist primär ein Gebot der Menschlichkeit. Es wird aber auch zur wirtschaftlichen Notwendigkeit. Auf längere Sicht belasten und beeinflussen die Gase die menschliche Handlungsweise derart negativ, daß Schäden auch an Geräten und Material in nicht mehr vernachlässigbarem Umfang entstehen. Eine wirkungsvolle Tunnelbewetterung wird deswegen auch zum wirtschaftlichen Vorteil. Wer wollte sich denn die eigene „Gurgel" zuschnüren!

8.2.1
Die Tunnelluft belastende Stoffe

Tabelle 8.1 gibt einen Überblick über die im Untertagebau die Tunnelatmosphäre belastenden Stoffe und ihre Gefährdung, ohne aber Anspruch auf Vollständigkeit zu erheben.

Fremdstoffe aus Bauemissionen. Für die meisten dieser Fremdstoffe liegen Grenzwerte einer gerade noch erträglichen Konzentration vor, die für eine täg-

Tabelle 8.1. Belastung der Tunnelluft durch Bauemissionen und Erdgase

Bauemissionen

Art des Auftretens	plötzlich		kontinuierlich			
Arbeitsphase	Sprengen		Schuttern			Bohren
Stoffe	Mineralstaub	Sprenggase	Mineralstaub	Dieselrauch	Dieselgase	Mineralstaub
Gefährdung	Silikose	Gasvergiftung	Silikose	Krebserzeugung, Sichttrübung	Reizung Vergiftung	Silikose

Erdgasemissionen

Art des Auftretens und Gefahr	plötzlich	kontinuierlich
Explosionsfähige Erdgase	als Bläser aus Klüften mit Explosionsgefahr	Ausgasung aus Gesteinsporen mit Explosionsgefahr
Schwefelwasserstoff	Reizung bis Vergiftung	Reizung bis Vergiftung
Radon	–	Verstrahlung

liche Arbeit in der kritischen Atmosphäre während acht Stunden als zulässig angenommen wird. Dieser Wert wird als MAK-Wert (Maximale-Arbeitsplatz-Konzentration) bezeichnet.

Eine besondere Problematik liegt in der Beurteilung eines Gemisches von schädlichen Luftverunreinigungen. Gilt der MAK-Wert des einzelnen Stoffes oder ein gewichteter Misch-MAK-Wert für Stoffe ähnlicher Schadenswirkung? Die Schweizerische Unfallversicherungsanstalt SUVA hat sich 1970 der Auffassung der Arbeitsgruppe für „die Lüftung der Tunnel während dem Ausbruch" angeschlossen, Misch-MAK-Werte anzuwenden. Die seither geforderten Frischluftmengen basieren auf diesen Fakten; im Laufe der Zeit leicht angepaßt, entsprechen sie den erweiterten Versuchsergebnissen in situ.

Gefordert werden in der Schweiz heute (ähnliche Werte verlangen auch die TBG in Deutschland und die AUVA in Österreich) [13], [170], [178]:

- Frischluftförderung in Funktion der gemittelten Strömungsgeschwindigkeit im größten ausgebrochenen Profil, v_{min} = 0,30 m/s bei einer Sprengpause von 15 min,
- mindestens 1,5 m³ Frischluftzufuhr pro Minute auf jeden Beschäftigten (in Deutschland 2,0 m³/min pro Beschäftigtem),
- Dieselbetrieb: 4 m³ Frischluftzufuhr pro Minute und kW-Nennleistung aller in Betrieb stehender Großgeräte für das Laden und den Transport des abgebauten Gesteins sowie der Transportgeräte für Beton und den Betonpumpen, letztere im Falle eines Dieselantriebes.

Für kürzere Tunnel reichen diese Grundlagen für die Dimensionierung der Bewetterung aus. Für längere Lüftungsabschnitte stellen sich aber bedeutende zusätzliche Probleme ein:

- Probleme des Mineralstaubgehaltes der Tunnelluft bei der blasenden Bewetterung beim Durchgang des Sprengschwadens,
- Probleme des Mineralstaubgehaltes beim Aufbringen des Spritzbetons namentlich bei hohen Quarzanteilen des Sandzuschlages,
- Probleme mit den emittierten Rußpartikeln der Dieselmotoren.

Der MAK-Wert von 4 mg Feinstaub, jedoch nur 0,15 mg Feinstaub als Quarz pro Kubikmeter Atemluft, läßt sich unter solchen Bedingungen nur einhalten mit der Erfassung der Stäube, vor allem bei Spritzbetonarbeiten [172].

Die umfangreiche Versuchsreihe der SUVA, TBG und AUVA für die projektierten alpenquerenden Transitlinien hat zwar gezeigt, daß das Naßspritzverfahren zu einer Verminderung der Staubbelastung führt, die Begleitung verschiedener Einsätze auf Baustellen durch die SUVA führte aber zur Erkenntnis, daß damit die Problemlösung noch nicht steht.

Die Bemessung der Baubewetterung stößt bei langen Tunneln mit einem beachtlichen Anteil an dieselmotorisch betriebenen Baumaschinen an die Machbarkeitsgrenze.

Die neuesten Erkenntnisse aus dem gemeinsamen Projekt VERT [171] der zuständigen Institutionen SUVA, TBG und AUVA (VERT für „Verminderung der Emissionen von Realmaschinen im Tunnelbau"; Realmaschinen entsprechen Geräten neuerer Bauart, sind aber keine Neuentwicklungen) zeigen Wege, die zu einer beachtlichen Emissionsminderung führen. Mit guten Rußfiltern lassen sich 90% bis 95% der Rußpartikel ausscheiden, womit der sehr strenge schweizerische Grenzwert für die Partikelkonzentration von 0,2 mg/m^3 der Atemluft eingehalten werden kann.

Mit der Anwendung und der entsprechenden Wartung solcher Filter darf nach Ansicht des Verfassers die für die Verdünnung der Dieselabgase notwendige Frischluftmenge gegenüber den bisher bekannten Forderungen angepaßt werden:

	mit Filter:	ohne Filter:
– Ladegeräte	4 m^3/kW min	6 m^3/kW min
– Transportgeräte	2 m^3/kW min	3 m^3/kW min

Der mittlere Wert von 4 m^3 Frischluft pro Minute und kW-Nennleistung für Dieselemittenten entstand aus einer gemittelten Belastung von Lademaschinen und Transportgeräten. Für längere Tunnel scheint deren getrennte Behandlung für die Bemessung der Bewetterung sinnvoll.

Erdgasemissionen

Gasgefahr. Gasaustritte in Untertagebauten haben in der Schweiz, in Österreich und in Deutschland zu Vortriebsstillständen und zu Unfällen geführt.

Die hauptsächliche Gefahr geht vom Methan und den höheren Kohlenwasserstoffen aus. Andere Gase wie Schwefelwasserstoff, Kohlendioxid und Radon sind im Einzelfall zu beachten.

- Methan CH_4 und höhere Kohlenwasserstoffe bergen die größte Gefahr in sich, je nach Ausströmverhalten entstehen rasch explosionsfähige Gemische.
- Schwefelwasserstoff H_2S weist zwar eine sehr niedrige Geruchsschwelle auf, der menschliche Geruchssinn ermüdet aber erfahrungsgemäß sehr rasch (oft schon innerhalb von 2–15 min bei Konzentrationen von 100 ppm). Starke Reizwirkungen sind die entsprechenden Folgeerscheinungen.
- Kohlendioxid CO_2 ist zu berücksichtigen beim Betreten von Schächten für Bergwasserleiter, wenn kohlensäurehaltiges Wasser sich im Entwässerungssystem entgasen kann.
- Radon kann in Ausnahmefällen zu Problemen führen. In der Regel wird eine für die Verdünnung anderer Fremdstoffe notwendige Bewetterung auch die Radonkonzentration unter den Grenzwert von 3000 Bq/m^3 im Monatsmittel bringen.

Voraussetzungen für die Gasgefahren und deren Prognose. Das Auftreten und Ausströmen von Methan – darunter kann man auch alle anderen Kohlenwasserstoffe, die zusammen mit Methan auftreten können, verstehen – wird bestimmt durch [142]:

- Muttergesteine, in denen sich aus organischen Bestandteilen nach der Sedimentation Methan bilden konnte,
- Reservoirgesteine, denen ein genügendes Hohlraumvolumen eigen ist, um aus dem Muttergestein migriertes Gas zu speichern, wofür poröse, geklüf-

tete oder verkarstete Gesteine in Betracht kommen; verkarstete, sofern sie durch gefüllte Siphons oder durch Schlamm abgedichtet sind,

- das Ausströmverhältnis, das bestimmt wird durch den vorhandenen Gasdruck und die Art und Größe der wirksamen Hohlräume im Gestein.

Die eigentliche Gasprognose hat der Geologe auszuführen, sie erfolgt in Teilschritten:

- Schritt 1: Prognose von Gasvorkommen,
- Schritt 2: Prognose der Größe eines Gasvorkommens,
- Schritt 3: Prognose des Ausströmverhaltens.

Prognose eines Gasvorkommens. Gasvorkommen treten auf, wenn gewisse Randbedingungen erfüllt sind (Abb. 8.1).

- Ist ein potentielles Muttergestein vorhanden, das entweder gequert wird oder aus dem Gas in ein Reservoirgestein migriert ist, welches zu durchörtern sein wird?
- Wird ein potentielles Reservoirgestein gequert, und ist dieses nach oben abgedichtet oder ist die Tiefenlage des Untertagebaus entsprechend?

Durch die systematische Anwendung dieses ersten Schrittes der Gasprognose läßt sich ein Gasvorkommen als nicht gegeben, als unwahrscheinlich oder als möglich eingrenzen.

Prognose der Größe eines Gasvorkommens. Die Einstufung der Größe eines Gasvorkommens richtet sich in erster Linie nach der Ausdehnung des Reservoirvolumens, in zweiter Linie nach dessen Bruchzonen.

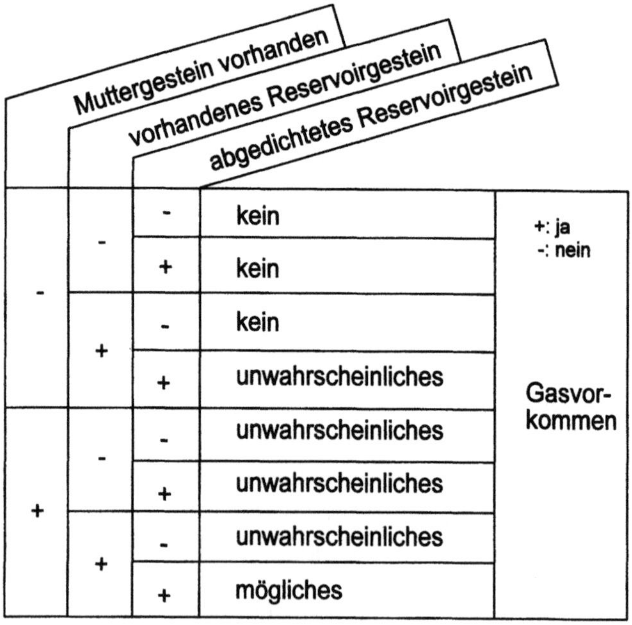

Muttergestein vorhanden	vorhandenes Reservoirgestein	abgedichtetes Reservoirgestein	
−	−	−	kein
−	−	+	kein
−	+	−	kein
−	+	+	unwahrscheinliches
+	−	−	unwahrscheinliches
+	−	+	unwahrscheinliches
+	+	−	unwahrscheinliches
+	+	+	mögliches

+: ja
−: nein

Gasvorkommen

Abb. 8.1. Beurteilung eines Gasvorkommens

Abb. 8.2. Einstufung der Größe eines Gasvorkommens

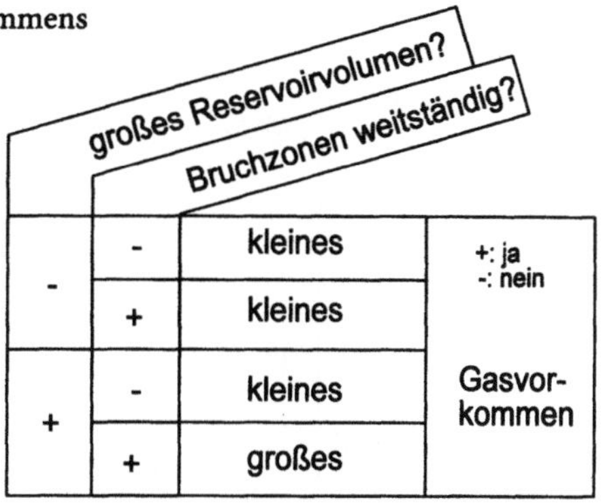

Abbildung 8.2 ermöglicht den schematischen Weg der Einstufung der Größe des Gasvorkommens in Abhängigkeit vom Reservoirvolumen und von den Bruchzonen.

Prognose des Ausströmverhaltens eines Gasvorkommens. Die Bewertung der Art des Ausströmens möglicher Gasvorkommen, langsam oder schnell, erfolgt nach dem Schema in Abb. 8.3. Dabei wird die Größe des mutmaßlichen Gasdruckes und der Umfang des wirksamen Hohlraums bewertet.

Bestimmung der Gasgefahr. Die Bestimmung der Gasgefahr und deren Einstufung in Gefahrenklassen erfolgt für alle zu durchörternden Gesteinsschichten als Superposition der dargestellten drei Hauptfaktoren:

- Vorhandensein eines Gasvorkommens,
- Größe eines potentiellen Gasvorkommens,
- Ausströmverhalten eines Gasvorkommens.

Abbildung 8.4 zeigt den Weg der Superposition zur Bestimmung dieser Gasgefahr und der entsprechenden Gefahrenstufe.

Ein mögliches Gasvorkommen großen Ausmaßes, mit langsamem Ausströmen, führt zu einer großen Gasgefahr der Stufe 4. Ein gering wahrscheinliches

Abb. 8.3. Ausströmverhalten eines Gasvorkommens

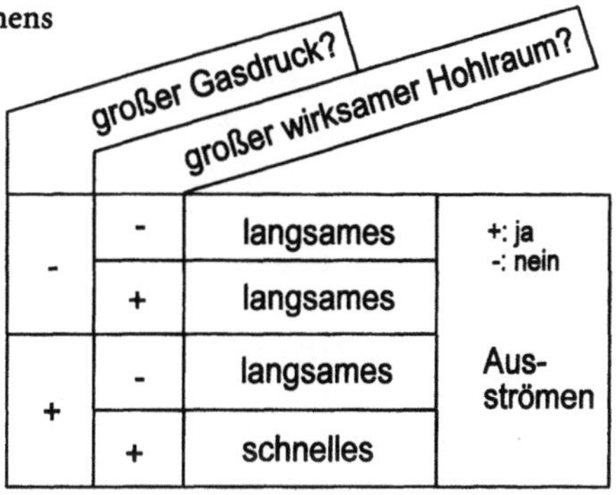

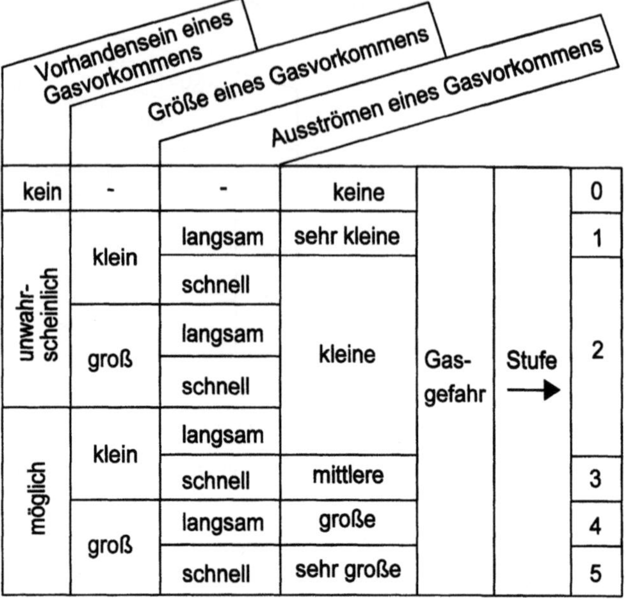

Abb. 8.4. Schematischer Ablauf zur Bestimmung der Gasgefahr

Gasvorkommen großen Ausmaßes, mit potentiell schnellem Ausströmen, führt zu einer kleinen Gasgefahr der Stufe 2.

Maßnahmen zur Beherrschung der Gasgefahr. Die geologische Prognose der möglichen Gasgefahr für die zu durchörternden Schichten des Untertagebaus wird gestellt nach dem vorstehenden System in den Gefahrenstufen:

- Stufe 0   keine Gasgefahr,
- Stufe 1   sehr kleine Gasgefahr,
- Stufe 2   kleine Gasgefahr,
- Stufe 3   mittlere Gasgefahr,
- Stufe 4   große Gasgefahr,
- Stufe 5   sehr große Gasgefahr.

Der Geologe wird diese Gasgefahreneinstufung zweckmäßigerweise in sein geologisches Längenprofil aufnehmen. Diese Einstufung der Gefahr bildet die Grundlage für eine Unterstellung der Baustelle unter die entsprechende Länderrichtlinie zur Verhütung von Unfällen bei der Erstellung von Bauten in erdgasführenden Gesteinsschichten (für die Schweiz: SUVA Richtlinie 1497) [174].

Für die Abschätzung der Ausgasmenge pro Zeiteinheit werden vorteilhafterweise Rückrechnungen aus ähnlich gelagerten Fällen herangezogen. Sowohl untere als auch obere Werte aus Wahrscheinlichkeitsbetrachtungen dienen der Eingrenzung einer möglichen Bandbreite der Ausgasung.

Die für die Beherrschung der Gasgefahr notwendige Luftverdünnung und damit die notwendige Frischluftzuführung ergibt sich direkt aus der Ausgasungsprognose. Im Minimum muß die Luftführung eine Luftströmung von 0,5 m/s [174] im größten freien Profil sicherstellen, damit eine Schichtbildung des Methans im Hohlraumscheitel vermieden wird.

Mögliche Maßnahmen für den Sprengvortrieb sind in Tabelle 8.2 dargestellt.

8.2.2
Lüftungskonzepte, Lüftungssysteme

Grundsätzliches. Schadstoffe in der Tunnelluft sind durch geeignete Maßnahmen entweder am Entstehungsort zu fassen, abzuleiten oder auszuscheiden oder aber zu verdünnen.

Das Lüftungskonzept darf aber selbst als sog. Bauhilfsmaßnahme nicht allein dem Zuständigkeitsbereich des Unternehmers zugewiesen werden, vielmehr hat der Projektverfasser mit der Bauprojektierung den Grundstein für eine ausreichende Baubelüftung zu legen. Er wird tunlichst vorgesehene Zusatzbauten wie Seitenstollen, Sicherheitsfenster, Schächte etc. für die Bewetterung dem Unternehmer zur Verfügung stellen.

Lüftungssysteme

Allgemeines. Als Lüftungssysteme kommen je nach Bauobjekt und nach Bau- und Betriebsweise normalerweise in Betracht:

- blasende bzw. drückende Bewetterung und
- Umluftsysteme.

Möglich, aber aus baubetrieblichen und wirtschaftlichen Gründen weniger angewandt sind:

- saugende Lüftung mit Zusatzlüftung vor Ort,
- reversierbare Lüftung mit Zusatzlüftung vor Ort und
- Sauglüftung mit dem Ventilator vor Ort (Stofflutte wird blasend betrieben).

Ein Lüftungssystem soll in aller Regel einfach zu betreiben sein. Nur dadurch läßt sich eine ausreichende Funktionssicherheit mit geringem Einsatz von Sonderpersonal dauernd aufrechterhalten.

Blasende Bewetterung. Über eine Lutte wird Frischluft vor Ort geblasen. Die schadstoffhaltige Luft strömt im freien Profil zum Portal. Die Arbeitsstellen vor Ort werden mit Frischluft versorgt, während rückwärtige Arbeitsstellen voll im Rückstrom schadstoffbelasteter Luft liegen. Die blasende Lüftung (Abb. 8.5) ist sinnvoll und möglich, wenn:

- die Belegschaft vor Ort nach der Sprengung den Tunnel verläßt oder sich in einen Frischluftstrom oder einen gesondert belüfteten Schwadencontainer zurückziehen kann, bis die Schwade vorbeigeströmt ist;
- Erdgase aus dem Gebirge ausströmen;

Tabelle 8.2. Erdgasschutzmaßnahmen für den Sprengvortrieb [144]

Gef.-stufe	Messungen	Maßnahmen
0	keine	keine
1	– regelm. Handgerätemessungen – Überwachungsgerät auf Person (z. B. Polier)	keine
2	– regelm. Handgerätemessungen – Überwachungsgerät auf Person – evtl. Barometer vor Portal	– Auslegung d. Belüftung auf mögl. Gasmenge, jedoch mind. 0,5 m/s in jedem Querschnitt, wenn diese nicht einfach nachgebaut werden kann
3	– regelm. Handgerätemessungen – Überwachungsgerät auf Person – Barometer vor Portal – evtl. fest installierte Meßanlage auf Bohrjumbo – evtl. einzelne Bohrlöcher mit doppelter Tiefe und Messung der Erdgaskonzentration	– Auslegung d. Belüftung auf mögl. Gasmenge, jedoch mind. 0,5 m/s in jedem Querschnitt – Vorlüften nach Arbeitspausen (3 × Luftwechsel auf mind. 200 m) – Organisation eines geeignet ausgerüsteten Rettungsdienstes – evtl. Betrieb d. Lüftung mit nur mind. 0,3 m/s – Beizug Erdgas-Fachmann u. Bildung SIKO
4	Wie Stufe 3, außerdem: – intensive Handgerätemessungen – Überwachungsgerät auf Personen (Poliere) – Barometer vor Portal – Gassensor im Portalbereich – einzelne Bohrlöcher mit doppelter Tiefe und Messung der Erdgaskonzentration inkl. Rapportierung – fest installierte Meßanlage auf Bohrjumbo – Erdgasalarm bei 1,0 Vol.% CH_4	Wie Stufe 3, außerdem: – Auslegung u. Betrieb der Lüftung auf mögl. Gasmenge, jedoch mind. 0,5 m/s in jedem Querschnitt bis vor Ort – Kontrolle des Lüftungskonzeptes durch einen Erdgas-Fachmann – Installation für Vorausbohrungen – Vorlüften nach Arbeitspausen (mind. 20′) – antistatische oder geerdete Lutten – evtl. Strömungsüberwachung im Profil oder im Zuluftstrom mit Alarm vor Ort – evtl. explosionsgeschützte elektrische Anlagen – evtl. weitere Maßnahmen nach Entscheid Erdgas-Fachmann
5	Wie Stufe 4, zudem: – permanente Messung der Bohrluft der Erkundungsbohrungen inkl. Rapportierung	Wie Stufe 4, zudem: – systemat. Erdgas-Erkundungsbohrungen bis mind. 15 m vor die Ortsbrust – Zündstelle mind. 300 m hinter der Sprengstelle – Strömungsüberwachung im Profil oder im Zuluftstrom mit Alarm vor Ort – evtl. Vorbereitungen für Gasabsaugung und -ableitung

Generelles:

- Erdgas-Fachmann im Sinne der SUVA ist der Fachmann, der über das erforderliche Fachwissen über den Umgang mit Erdgasgefahren beim Untertagebau verfügt, insbesondere was meßtechnische, lüftungstechnische, elektrische und weitere Explosionsschutzmaßnahmen betrifft. Er führt den Vorsitz der SIKO (Sicherheitskommission), überprüft die technischen Konzepte, zieht u.U. geologische Fachleute bei und erläßt die erforderlichen organisatorischen Weisungen.
- Der Entscheid über die Ausführung der als „evtl." bezeichneten Maßnahmen liegt beim Erdgas-Fachmann bzw. der SIKO oder für die Gasgefahrenstufe 2 beim Projektleiter.

Abb. 8.5. Schema einer blasenden Bewetterung

- dieselmotorisch betriebene Lade- und Transportgeräte eingesetzt werden, weil die damit verbundene größere Luftmenge die Sprenggase zusätzlich verdünnt.

Die Verdünnung der Sprengschwade und damit auch der mineralischen Stäube reicht für eine fortlaufende Betriebsweise nur dann aus, wenn die Frischluftmenge durch die eingesetzten Dieselmotoren bestimmt wird. Werden ausschließlich elektrisch betriebene Geräte verwendet, wodurch sich die Frischluftmenge aus der geforderten mittleren Luftströmung im freien Profil errechnet (CH = 0,3 m/s; D und A = 0,2 m/s) [13], [170], [178], sind Zusatzmaßnahmen als Entstauber, insbesondere beim quarzhaltigen Gestein, unumgänglich.

Umluftsysteme. Für lange Tunnel sind Umluftsysteme möglichst immer anzustreben, entweder als Ganzes oder in Teilbereichen. Sie zeichnen sich insbesondere durch verlustfreie Luftführung aus. Große Luftmengen lassen sich äußerst wirtschaftlich umwälzen. Abbildung 8.6 zeigt verschiedene Möglichkeiten von Umluftsystemen, teilweise kombiniert mit Luttenlüftungen.

Umluftsysteme erweisen sich als äußerst vorteilhaft, wenn aus bauprogrammlichen Gründen eine fortlaufende Betriebsweise erwünscht ist.

8.2.3
Auslegung der Lüftungssysteme

Luttenberechnung. Lüftungssysteme berechnete man schon früh mit den allgemein bekannten Rohrreibungsgleichungen. Die Mengenverluste, die bei jedem Rohrstrang unvermeidlich sind, wurden meist linear als Erfahrungszahl zugeschlagen. Erst mit der 1978/1983 veröffentlichten Theorie des undichten Rohres [51], [151] gelang es, Luttenstränge rechnerisch zu erfassen.
Abbildung 8.7 zeigt die Unterschiede der Luttenauslegung mit linearem Verlauf, wie sie schon 1917 an der ETH-Zürich gelehrt wurde, gegenüber dem Verlauf mit der Theorie des undichten Rohres. Im Vergleichsfall bestehen bis zu einer Länge des Luttenstranges von 2000 m keine bedeutenden Unterschiede. Die neuere Berechnungsart führt zu leicht günstigeren Werten. Ab 2000 m hingegen laufen die Resultate beider Berechnungsarten stark auseinander. Dieses Phänomen tritt in der Praxis meist bei einem Verhältnis L/D (L = Luttenlänge, D = Luttendurchmesser) von 1800–3000 ein. Die Variation entsteht zum einen aus dem linearen Zuschlag der alten Berechnungsweise

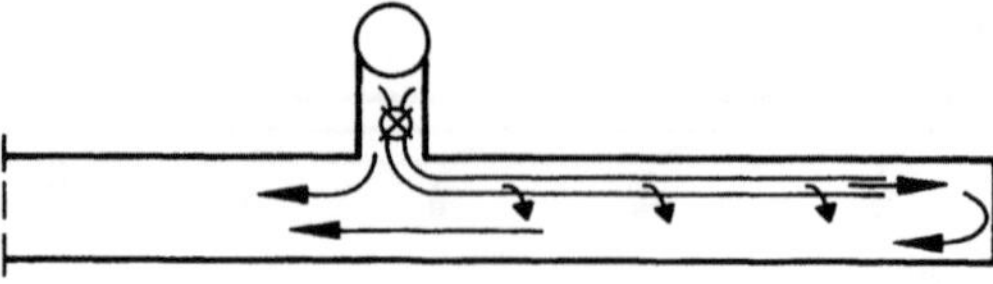

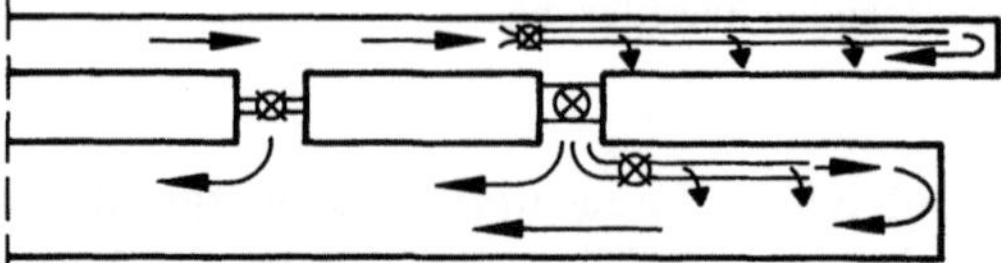

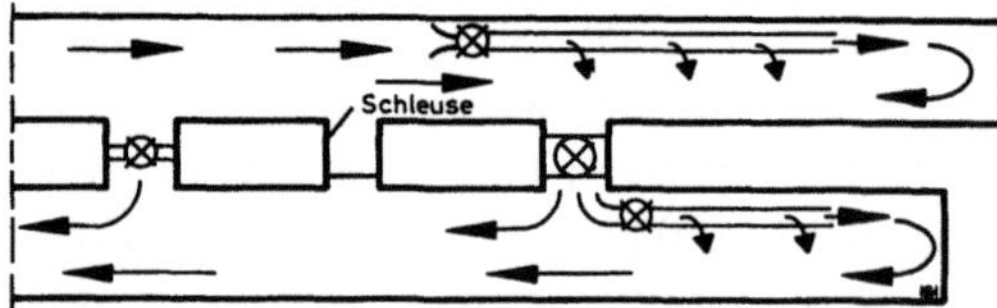

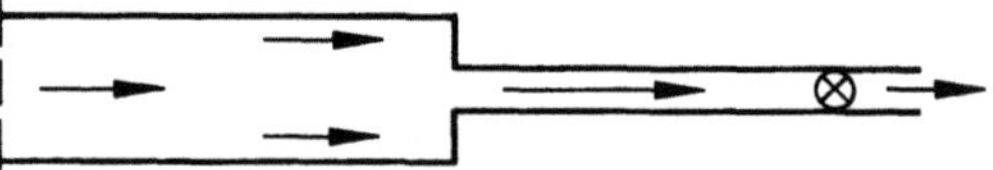

Abb. 8.6. Umluftsysteme, teils kombiniert mit Luttenabschnitten für Vortriebe außerhalb der eigentlichen Umluft (die Pfeile entsprechen der qualitativen, nicht der quantitativen Luftführung)

und zum anderen aus dem Grad der Undichtheit, d.h. dem angenommenen Zustand der Lutte der neuen Berechnungsart.

Als Grundgleichungen für die Änderung des statischen Luttendruckes und für die Änderung der Strömungsgeschwindigkeit als Folge der Mengenverluste der undichten Leitung resultieren:

$$\frac{dp}{dx} = -\lambda \frac{1}{D} \frac{\varrho}{2} u^2 \qquad (8.1)$$

$$\frac{du}{dx} = \frac{4f'}{D} \sqrt{\frac{p}{\frac{\varrho}{2}(1+\zeta)}} . \qquad (8.2)$$

Das Differentialgleichungspaar ist für den Praktiker in der Anwendung der Luttenberechnung wenig geeignet. In der Empfehlung SIA 196 „Baulüftung

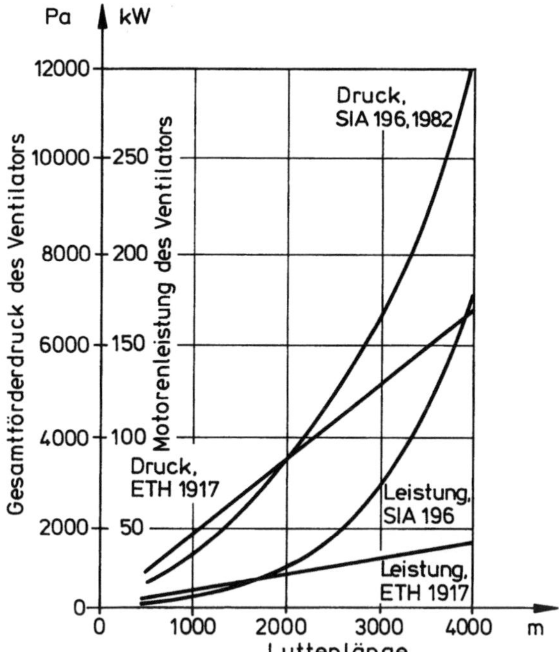

Abb. 8.7. Vergleichsberechnung eines Luttenstranges mit Rohrreibungsgleichung und mit der Theorie des undichten Rohres [51], [151]

von Untertagebauten" [151] ist die Berechnung in leicht anwendbare Nomogramme umgesetzt.

Abbildung 8.8 zeigt das Nomogramm für eine Lutte der Güteklasse A mit einem tiefen Rauhigkeitsbeiwert $\lambda = 0,018$ und einer geringen Gesamtleckfläche $f^* \leq 10$ mm^2/m^2. Einer solchen Lutte entsprechende Verhältnisse sind gegeben mit neuen Stofflutten in einer einfachen Betriebsweise. Für lange Luttenschüsse, wie man sie mit Luttenspeichern einsetzt, fällt der f^*-Wert etwas günstiger aus, gleichsam einer A$^+$Lutte.

Das im Nomogramm eingetragene Beispiel entspricht einer 2200 m langen Lutte mit Durchmesser 1,0 m, einem Q_0 von 10 m^3/s und einer Luftdichte ϱ von 1,2 kg/m^3.

Die Berechnung ergibt: L/D = 2200, $p_0 = 0$, $u_0 = 12,7$ m/s;

$\omega = 1,4$, $\Pi = 53$, beide aus dem Nomogramm.

Der statische Druck errechnet sich mit $\quad p_1 = \Pi_1 \dfrac{\varrho}{2} u_0^2 = 5150 \; Pa.$ $\qquad$ (8.3)

Die vom Ventilator zu fördernde Luftmenge beträgt: $Q_1 = \omega \, Q_0 = 14$ m^3/s.
Der notwendige Kraftbedarf ergibt sich mit:

$$N = \frac{Q_1 \cdot p_{tot}}{\eta_{vent} \cdot \eta_{motor} \cdot 10^3} \; [kW] \qquad p_{tot} = (p_1 + p_{dyn} + p_x). \qquad (8.4)$$

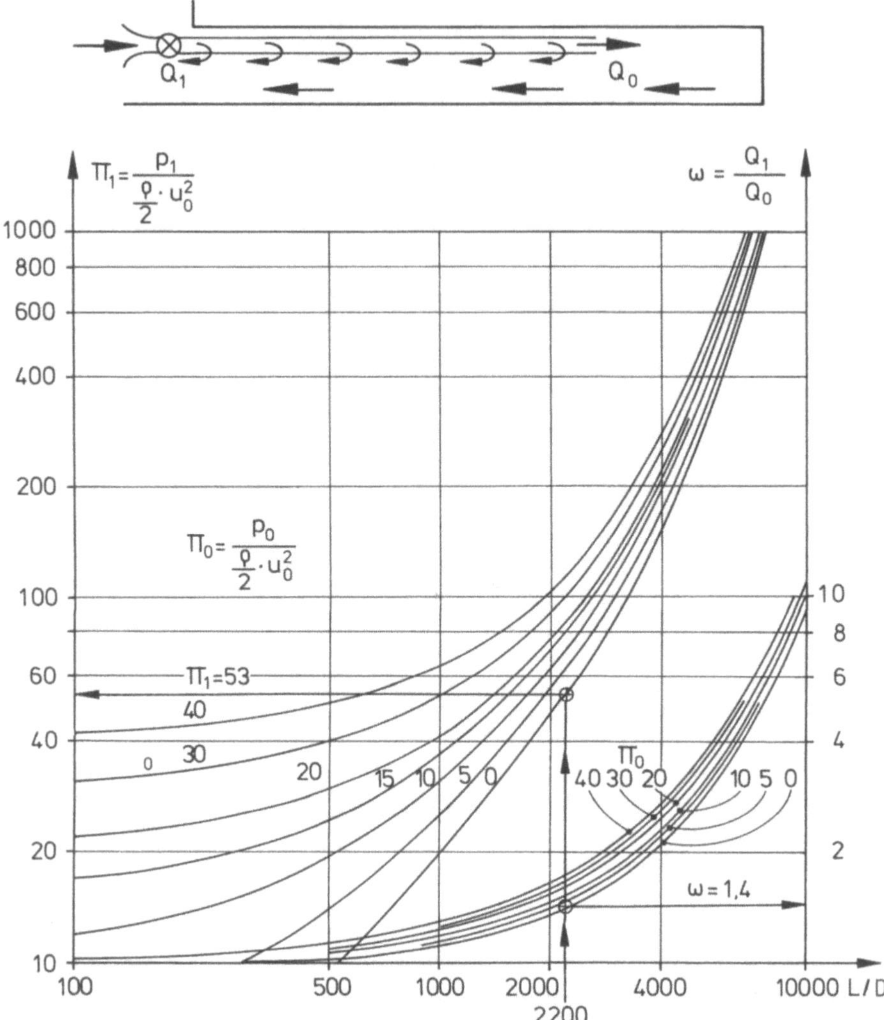

Abb. 8.8. Nomogramm für die Luttenberechnung, Lutte der Güteklasse A

Für die verschiedenen möglichen Einzeldruckverluste gibt die Empfehlung SIA 196 praxisnahe Werte an [151].

Auf diese Weise lassen sich Luttenstränge recht einfach berechnen. Man setzt dabei voraus, daß die Luftmenge Q_0 der Luftmenge zur Verdünnung der Fremdstoffe in der Tunnelluft entspricht. Dies trifft zu für Emittenten vor Ort. Im Falle einer Dieseltraktion wird die Tunnelluft aber auf der ganzen befahrenen Strecke belastet. Es wird deswegen zulässig, entsprechend der Luftbelastung auf der Strecke, die Frischluftverdünnung dieses Dieselausstoßes ebenfalls über die ganze Fahrstrecke verteilt auszublasen. Wirtschaftlich sinnvoll wird eine solche Maßnahme insbesondere bei langen Luttensträngen. Die Leckluft als Differenz der Luftmenge $Q_1 - Q_0$ darf der Verdünnung dieser Dieselabgase angerechnet werden. Oft reicht diese Leckluft nicht aus; dann müßten künstliche Ausblasöffnungen im Luttenstrang geschaffen werden, beispielsweise durch periodische Verwendung von Coandalutten.

Umluftsysteme. Umluftsysteme sind in der Regel mengenverlustfrei. Damit darf die Rohrgleichung nach Bernoulli angewandt werden. Der statische Druckunterschied beträgt damit:

$$p_1 = \lambda \cdot \frac{L}{D} \cdot \frac{\varrho}{2} u^2 \; [Pa] \tag{8.5}$$

Für den Rohrreibungsbeiwert λ gelten nachstehende Werte in Abhängigkeit von der Wandrauhigkeit:

- mit schalungsbetonierten Wänden $\lambda = 0{,}03$
- mit TBM gebohrte, nicht verkleidete Stollen $\lambda = 0{,}03$
- gesprengte Stollen ohne Einbauten $\lambda = 0{,}08$
- Stollen mit Stahleinbau $\lambda = 0{,}10$
- Profile mit Spritzbeton   kleine $\lambda = 0{,}04$
      große $\lambda = 0{,}03$.

Weil sich die Umluftsysteme mit wenigen Ausnahmen mengenverlustfrei betreiben lassen, sind sie als besonders wirtschaftlich einzustufen.

Betrieb der Lüftungsanlagen. Eine Lüftungsanlage darf, einmal eingerichtet, für die ganze Betriebszeit nicht sich selbst überlassen bleiben. Die notwendige Instandhaltung setzt eine periodische Kontrolle voraus, die sich nicht nur auf eine visuelle Überprüfung beschränken darf. Vielmehr schließt sie laufende Messungen der Förderdrücke und der geförderten Luftmenge ein. Der laufende Vergleich der Messung zur Rechnung fördert Unregelmäßigkeiten zutage.

Hohe Betriebsdrücke sollte man tunlichst vermeiden, weil die Leckverluste progressiv mit dem Betriebsdruck steigen, damit rufen sie wiederum eine höhere Förderleistung mit nochmals größeren Leckverlusten hervor, gleichsam einer sich immer schneller drehenden Spirale.

Hohe Drücke sind insbesondere bei einer Methangasgefahr zu vermeiden, weil Lutten dann nicht mehr im Betrieb repariert werden können, längere Ventilationsunterbrechungen aber bereits zu übergroßen Konzentrationen und damit zur Explosionsgefahr führen könnten.

8.2.4
Betriebskosten von Luttensystemen

Die Betriebskosten des Lüftungssystems sind direkt abhängig vom Förderdruck des Ventilators. Die Abbildungen 8.9 bis 8.11 unterstützen diese Aussage in aller Deutlichkeit.

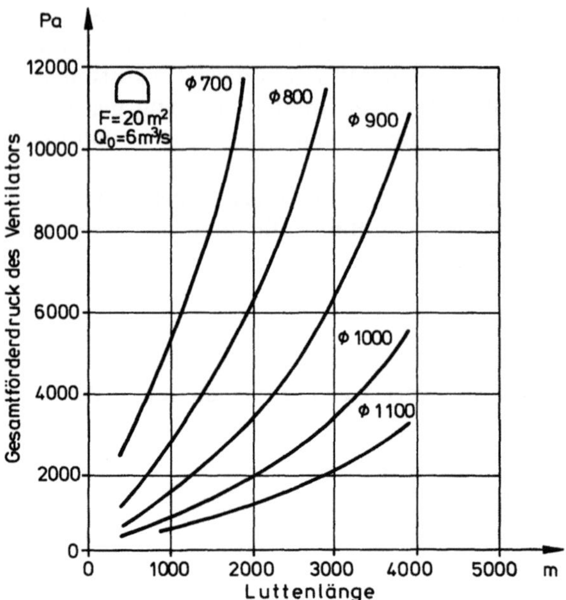

Abb. 8.9. Gesamtförderdruck des Ventilators für Lutten ⌀ 700–1100 mm für einen Stollen mit 20 m² Querschnitt und einem Q_o von 6 m³/s

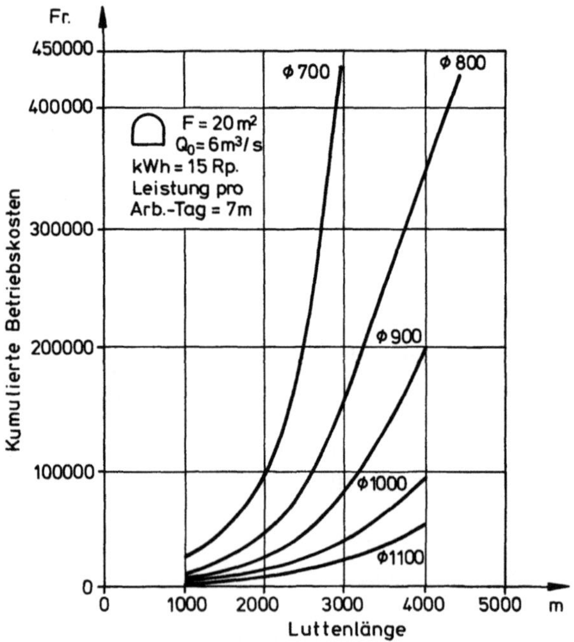

Abb. 8.10. Kumulierte Betriebskosten einer Bewetterung für einen Stollen mit 20 m² Querschnitt (annäherungsweise kann die DM dem sFr gleichgesetzt werden)

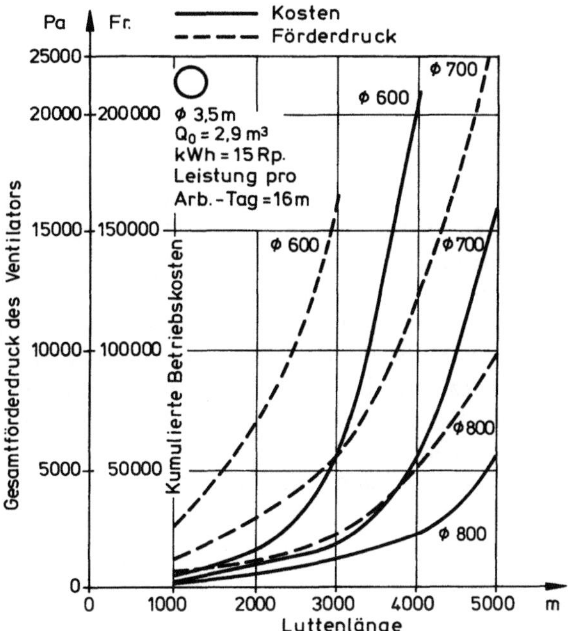

Abb. 8.11. Kumulierte Betriebskosten einer Bewetterung für einen Stollen mit 3,5 m Durchmesser (annäherungsweise kann die DM dem sFr gleichgesetzt werden).

Hohe Förderdrücke ziehen auch entsprechend hohe Investitionen für die Lüfter nach sich. Zwar steigen auch die Anschaffungskosten der Lutten mit zunehmendem Durchmesser, sie bleiben aber in der Regel unterhalb der Mehrkosten für die erforderliche Lüfterbeschaffung. So steigen für Luttensysteme geringeren Durchmessers bei zunehmenden Förderdrücken nicht nur insgesamt die Betriebskosten, sondern auch die Investitionen. Abbildung 8.10 zeigt die kumulierten Betriebskosten einer Bewetterung für einen Stollen mit $20\ m^2$ Querschnitt in Abhängigkeit vom Luttendurchmesser bei einer angenommenen mittleren Vortriebsleistung von 7 m pro Tag.

Das fortgesetzte Bestreben, möglichst Lutten mit geringeren Durchmessern zu verwenden, weil diese im Profil weniger stören, ist mit den dadurch entstehenden sehr hohen Förderdrücken selbst mit Sonderqualitäten der Luttenmaterialien bezüglich Arbeitssicherheit widersinnig und überdies völlig unwirtschaftlich. Abbildung 8.11 stellt dies eindrücklich dar.

Für Dieseltraktionen in langen Tunneln und Stollen wirken sich Filteranlagen in der Gesamtbetrachtung sehr bald kostensparend aus, weil, wie oben dargestellt, die notwendige Luftumwälzung sich stark vermindern läßt.

8.3
Zusätzliche Bauhilfsmaßnahmen

8.3.1
Beleuchtung und Baustrom

Für die technische Ausgestaltung beider Bauhilfsmaßnahmen bestehen
umfangreiche Vorschriften der Länder, die vor allem Fragen der Sicherheit be-
treffen. Die Ausleuchtung der Arbeitsstellen bleibt aber nicht allein eine Frage
der Sicherheit, vielmehr wirkt sich eine gute Ausleuchtung auch wirtschaftlich
vorteilhaft aus. Verkehrswege sollten entweder derart beleuchtet werden, daß
der Maschinenführer Personen und Hindernisse auf der Fahrbahn rechtzeitig
erkennt, oder man verzichtet besser auf eine quasi durchgehende Beleuchtung. Dann allerdings haben alle sich auf der Strecke befindenden Personen
eine Stollenlampe mitzuführen.

Baustromversorgungen werden tendenziell für höhere Spannungen eingerichtet (z.B. 16 kV).

8.3.2
Transportsysteme

Transportsysteme werden primär bestimmt durch die Bau und Betriebsweise,
den Hohlraumquerschnitt und die Transportdistanz. Lange Transportwege
verlangen aus Wirtschaftlichkeitsgründen auch heute noch den Gleisbetrieb.
Dabei stößt man aber rasch an die Leistungsgrenzen einer Rollbahn, eine solche wird durch den Maschinenführer auf Sicht betrieben. Längere Tunnel, die
aus bauprogrammlichen Gründen in fortlaufender Betriebsweise aufgefahren
werden, verlangen eine besondere Logistik für die Entsorgung, ebenso aber
auch für die Versorgung mit den nicht zu unterschätzenden Massengütern.
Dazu eignet sich eigentlich nur das Prinzip der gesteuerten Bahn (vgl. hierzu
Kap. 5 „Schutterbetrieb").

8.3.3
Nischen und Querschläge

Kaum ein Tunnel kann ohne eine bestimmte Zahl von Annexbauten in Betrieb
gehen. Eine Ausnahme bilden lediglich relativ lange Wasserüberleitstollen.
Annexbauten wie Nischen oder Querschläge dienen auch den baubetrieblichen Notwendigkeiten des Bauunternehmers als Standorte für Trafostationen,
als belüftete Aufenthaltsräume der Mannschaften beim Schwadendurchgang
oder bei Querschlägen auch als Lüfterstandort für Umluftlüftungen, der Baubewetterung dienend.

Es wird deswegen zum Gebot der Wirtschaftlichkeit, solche Annexbauten
zeitgerecht zu planen, um sie dem Unternehmer als baubetriebliche Räume
freizustellen.

KAPITEL 9

Sicherheit und Sicherheitsplanung im Sprengvortrieb

9.1
Allgemeines

Der Begriff Sicherheit wird definiert als Zustand des Seins ohne Bedrohung, der sich objektiv ergibt aus dem Vorhandensein von Schutzeinrichtungen oder dem Fehlen von Gefahren und subjektiv von Individuen oder sozialen Gruppen als Gewißheit über die Zuverlässigkeit von Sicherungs- und Schutzeinrichtungen empfunden wird. Sicherheitsbetrachtungen setzen deswegen das Erkennen von Gefahren und der sich daraus ergebenden Risiken voraus.

Sicherheit darf nicht allein auf das Tragwerk bezogen bleiben. Die Sicherheit im integralen Sinne (Abb. 9.1) umfaßt drei wesentliche Teilbereiche, die alle in die Betrachtungen einzubeziehen sind.

Grundsätzlich ist im Rechtsstaat jeder am Bau Beteiligte im Rahmen seiner Aufgabe auch für die Sicherheit verantwortlich. Für die Sicherheit des Bauwerks selbst liegt dies schon im klassischen Denkprozeß des Ingenieurs. Gefordert wird zu Recht schon in der Projektierung, auch die Belange der Arbeitssicherheit einfließen zu lassen, sei dies in der Profilwahl oder in der Festlegung der Bauvorgänge und Arbeitsabläufe. Erst dadurch wird es dem Unternehmer möglich, die notwendigen Schutzmaßnahmen zur Unfallverhütung und Gesundheitsvorsorge richtig zu treffen [152].

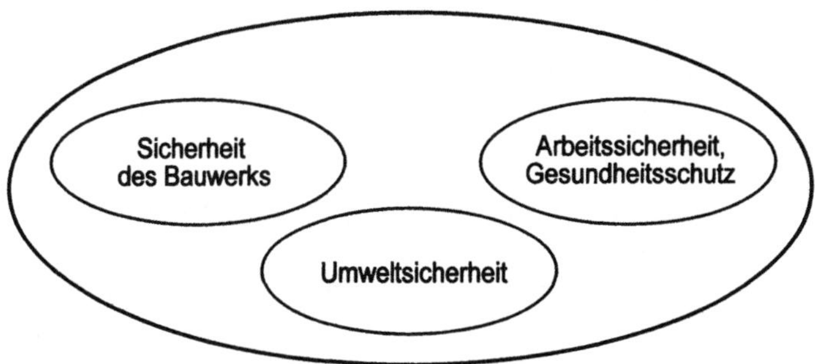

Abb. 9.1. Integrale Sicherheit

9.2
Internationale Richtlinien und nationale Vorschriften

Die Europäische Union behandelt die Sicherheitsbereiche „Arbeitssicherheit"
und „Gesundheitsschutz" in diversen Richtlinien, wodurch sich auch für den
Tunnelbau im Sprengvortrieb grundsätzliche Regelungen ergeben.

Für die Mitgliedsländer der EU besteht die Verpflichtung, alle Richtlinien
ins nationale Recht zu übernehmen.

Dabei ist zu unterscheiden zwischen

- den auf Artikel 100a und
- den auf Artikel 118a des EWG-Vertrages gestützten Richtlinien des Rates
  der Europäischen Gemeinschaften.

Von den auf Artikel 100a basierenden Richtlinien, deren Ziel die Beseitigung
von technischen Handelshemmnissen ist, ist im Bereich der Sprengtechnik die
Richtlinie 93/15/EWG des Rates zur Harmonisierung der Bestimmungen über
das Inverkehrbringen und die Kontrolle von Explosivstoffen für zivile Zwecke
maßgebend [130]. Den Mitgliedsländern der EU ist es – wie bei allen Richtlinien nach Artikel 100a – untersagt, über die Richtlinie hinausgehende strengere Regelungen zu treffen, da dies gleichbedeutend mit einem Handels-
hemmnis wäre.

Die auf Artikel 118a des EWG-Vertrages gestützten Richtlinien beziehen
sich auf den Bereich des Arbeitnehmerschutzes. Es handelt sich dabei um
Mindestvorschriften, die von den einzelnen Ländern nicht unterschritten
werden dürfen, strengere Regelungen dürfen aber getroffen werden; beste-
hende, für die Arbeitnehmer günstigere Regelungen werden davon nicht betroffen.

In Geltung und von Bedeutung für den Bereich Arbeitssicherheit im Tunnelbau sind im wesentlichen:

- die Rahmenrichtlinie 89/391 über die Durchführung von Maßnahmen zur
  Verbesserung der Sicherheit und des Gesundheitsschutzes der Arbeitnehmer bei der Arbeit [131]; in dieser Rahmenrichtlinie sind die allgemeinen
  Grundsätze des Arbeitnehmerschutzes verankert, sowie
- die 8. Einzelrichtlinie 92/57 über die auf zeitlich begrenzte oder ortsveränderliche Baustellen anzuwendenden Mindestvorschriften (Baustellen-
  Richtlinie) [129].

Eine spezielle Richtlinie zur Verbesserung der Sicherheit und des Gesund-
heitsschutzes der Arbeitnehmer bei der Herstellung, Lagerung und Verwendung von Explosivstoffen existiert derzeit nicht, befindet sich aber im Vorbe-
reitungsstadium.

Eines ist allen zitierten Richtlinien gemeinsam: Sie wurden bisher zwar von
einigen, lange aber nicht von allen Staaten der Europäischen Union ins nationale Recht umgesetzt.

9.2.1
Richtlinie 93/15/EWG zur Harmonisierung der Bestimmungen über das Inverkehrbringen und die Kontrolle von Explosivstoffen für zivile Zwecke

In jedem Staat der Europäischen Union unterliegen Explosivstoffe für zivile Zwecke umfassenden Vorschriften, insbesondere dürfen Explosivstoffe nur in Verkehr gebracht werden, wenn eine Genehmigung hierfür erteilt ist, die auf einer Reihe von Prüfungen beruht.

Zur Harmonisierung der voneinander abweichenden einzelstaatlichen Vorschriften einerseits und zur Beibehaltung des hohen Schutzniveaus andererseits werden in der Richtlinie die grundlegenden Anforderungen festgelegt, die bei den Konformitätsprüfungen für Explosivstoffe erfüllt werden müssen. Eine Regelung dieser grundlegenden Anforderungen durch europäische Normen ist noch nicht erfolgt, wird aber als wünschenswert und notwendig bezeichnet und gefordert. Diese Normen werden derzeit von der CEN, dem Europäischen Komitee für Normung, erarbeitet.

Als Explosivstoffe bezeichnet die Richtlinie jene Stoffe und Gegenstände, die gemäß den „Empfehlungen der Vereinten Nationen über die Beförderung gefährlicher Güter" als eben solche betrachtet werden und die in der in diesen Empfehlungen festgelegten Klasse 1 eingestuft sind (es fällt also auch Munition in den Anwendungsbereich der Richtlinie).

Grundlegend wird gefordert, daß alle Staaten das Inverkehrbringen von Explosivstoffen, die der Richtlinie entsprechen, nicht untersagen, einschränken oder behindern dürfen.

Die Explosivstoffe müssen spätestens ab dem 01.01.2003 mit der CE-Kennzeichnung versehen und einer Konformitätsbewertung unterzogen sein sowie grundlegende Anforderungen an die Betriebssicherheit erfüllen.

Die CE-Kennzeichnung wird, sofern dies möglich ist, direkt auf den Explosivstoffen, ansonsten auf der Verpackung gut sichtbar, leserlich und dauerhaft angebracht.

9.2.2
Richtlinie 89/391/EWG über die Durchführung von Maßnahmen zur Verbesserung der Sicherheit und des Gesundheitsschutzes der Arbeitnehmer bei der Arbeit

Die Rahmen-Richtlinie über den Arbeitsschutz gibt sich nicht mit dem passiven Beachten den Vorschriften zufrieden, sondern fordert ein aktives Handeln von den Arbeitgebern, aber auch von den Arbeitnehmern, zur Verbesserung der bestehenden Arbeitsbedingungen.

Arbeitgeberpflichten. Im speziellen fordert die Rahmen-Richtlinie, daß folgende Grundsätze zur Gefahrenverhütung umzusetzen sind: die Vermeidung von Risiken, die Abschätzung nichtvermeidbarer Risiken, die Gefahrenbekämpfung an der Quelle, die Berücksichtigung des Standes der Technik sowie die Ausschaltung oder Verringerung von Gefahrenmomenten.

Gefahrenermittlung. Angewendet auf den Tunnelbau sollen gemäß der Richtlinie von jedem an der Herstellung des Tunnels beteiligten Unternehmen die einzelnen Arbeitsmittel, Arbeitsvorgänge und Arbeitsverfahren – unter Berücksichtigung des Standes der Ausbildung und Unterweisung der betroffenen Arbeitnehmer – auf mögliche Gefahren für Sicherheit und Gesundheit untersucht werden, danach sollen diese Gefahren beurteilt und Schutzmaßnahmen dagegen festgelegt werden (Evaluierung). Eine schriftliche Dokumentation der Beurteilung und der festgelegten Schutzmaßnahmen ist vorzunehmen.

Im Prinzip stellt diese Gefahrenermittlung und die damit verbundene Festlegung der Schutzmaßnahmen natürlich nichts grundsätzlich Neues dar, es ist dies nichts anderes als jener Teil der Arbeitsvorbereitung, der aus dem Blickwinkel des Arbeitnehmerschutzes zu sehen ist.

In der Praxis bedeutet dies, daß die Bauunternehmen die bei den einzelnen Arbeitsschritten auftretenden Gefahren für Sicherheit und Gesundheit bereits in der Projektphase als Bestandteil der Arbeitsvorbereitung und des Qualitätsmanagements erfassen, die erforderlichen Schutzmaßnahmen festlegen und dies zur Hilfestellung für die Verantwortlichen vor Ort und als Grundlage für die Unterweisung der im Tunnel tätigen Arbeiter dokumentieren.

Weitere Aufgaben der Bauunternehmen sind, ihre Arbeiten und auch ihre Schutzmaßnahmen mit den anderen auf der Baustelle tätigen Unternehmen zu koordinieren – und damit dafür zu sorgen, daß Gefahren für Sicherheit oder Gesundheit der Arbeitnehmer vermieden werden – sowie die Hinweise der für den Tunnelbau eingesetzten Koordinatoren zu berücksichtigen.

9.2.3
Richtlinie 92/57/EWG (Bau-Richtlinie) über die auf zeitlich begrenzte oder ortsveränderliche Baustellen anzuwendenden Mindestvorschriften für die Sicherheit und den Gesundheitsschutz

Die für die Durchführung von Bauarbeiten aller Art geltende Bau-Richtlinie basiert auf der aus Analysen gewonnenen Erkenntnis, daß mehr als zwei Drittel aller Bauunfälle – und parallel dazu auch aller Qualitätsmängel – ihre Ursache nicht in der Ausführungsphase eines Bauwerks haben, sondern durch entsprechende Maßnahmen in der Planungsphase und im Management hätten vermieden werden können.

So werden nach dem Verursacherprinzip primär der Bauherr, der von ihm beauftragte „Bauleiter" und indirekt damit auch die beauftragten Planer in die Verantwortung für die Sicherheit der Arbeitnehmer am Bau miteingebunden [115].

Der Bauherr. Der Bauherr bzw. der von ihm eingesetzte Bauleiter setzt Koordinatoren für Sicherheit und Gesundheitsschutz für die Phase der Bauvorbereitung (Projekt-Koordinatoren) und für die Phase der Bauausführung (Baustellen-Koordinatoren) ein [116]. Der Bauherr bzw. der Bauleiter sorgt weiter dafür, daß vor Beginn der Baustelle ein Sicherheits- und Gesundheitsschutzplan (im Regelfall vom Projekt-Koordinator) erstellt wird, in dem die auf das betreffende Tunnelprojekt anwendbaren maßgebenden Schutzbestimmungen aufgeführt sind.

Bauherr bzw. Bauleiter, und damit die beauftragten Planer, berücksichtigen weiter bei der technischen und organisatorischen Planung und bei der Abschätzung der voraussichtlichen Dauer der Arbeiten alle Grundsätze zur Verhütung von Gefahren für Sicherheit und Gesundheit.

Das bedeutet, daß bereits bei der Planung des Tunnelprojekts die notwendigen Schutzmaßnahmen sowohl für diejenigen Arbeitnehmer, die den Tunnel errichten, aber auch für die Arbeitnehmer, die später mit Erhaltungsarbeiten beschäftigt sein werden, zu berücksichtigen sind.

Die Projekt-Koordinatoren. Aufgabe der Projekt-Koordinatoren ist es, die Anwendung der oben beschriebenen Aufgaben in der Planungsphase zu koordinieren.

Eine weitere Aufgabe ist es, einen Sicherheits- und Gesundheitsschutzplan auszuarbeiten (oder ausarbeiten zu lassen), in dem die für das Tunnelbauvorhaben charakteristischen Bestimmungen erfaßt sind und der spezifische Maßnahmen für Arbeiten mit besonderen Gefahren, also vor allem für den Umgang mit Sprengmitteln aber auch die Stützungs- und sonstigen Sicherungsmaßnahemn des Tunnelbaus, enthält. Dieser Sicherheits- und Gesundheitsschutzplan ist zweifellos als Weiterführung und Ergänzung des Bauzeitplans bzw. des Bauablaufplans zu verstehen, wobei speziell die Gefahren durch das räumliche und zeitliche Miteinanderarbeiten der verschiedenen Unternehmen zu berücksichtigen sind. Weiterer Inhalt des Sicherheits- und Gesundheitsschutzplans werden die Gestaltung der Verkehrswege, die Zufahrtsmöglichkeiten für Rettungs- und Feuerwehrfahrzeuge und ein Katastropheneinsatzplan sein (s. a. Kap. 9.3).

Dieser Sicherheits- und Gesundheitsschutzplan sollte jedenfalls allen bauausführenden Unternehmen bekannt und am besten Bestandteil der Ausschreibung sein.

Zusätzlich stellen die Projekt-Koordinatoren eine Unterlage hinsichtlich Sicherheit und Gesundheitsschutz zusammen, die bei späteren Arbeiten, wie Instandhaltungs- und Sanierungsarbeiten, aber auch bei vorgesehenen Tunnelerweiterungen, berücksichtigt wird.

Die Baustellen-Koordinatoren. Zu den Aufgaben der Baustellen-Koordinatoren gehört es, mit den ausführenden Firmen die Anwendung der allgemeinen Grundsätze für Sicherheit und Gesundheitsschutz, d.h. die von den einzelnen Tunnelbauunternehmen aufgrund der durchgeführten Gefahrenermittlung vorgesehenen Maßnahmen, zu koordinieren und somit an der Detailablaufplanung mitzuwirken.

Weitere Aufgaben sind die Umsetzung des Sicherheits- und Gesundheitsschutzplans sowie der Unterlage für spätere Arbeiten in die Praxis – mit den eventuell erforderlichen Anpassungen – und die Organisation der Zusammenarbeit und der Koordinierung der Tätigkeiten zwischen den bauausführenden Unternehmen.

Darüber hinaus kontrollieren die Baustellen-Koordinatoren die Arbeiten der Bauunternehmen hinsichtlich Sicherheit und Gesundheitsschutz und geben den Arbeitgebern (bzw. den von den Arbeitgebern auf der Baustelle benannten Verantwortlichen) diesbezügliche Hinweise.

Selbstverständlich soll und darf diese Tätigkeit der Baustellen-Koordinatoren speziell im Tunnelbau nicht losgelöst vom eigentlichen Baugeschehen gesehen und ausgeführt werden.

9.2.4
Nationale Vorschriften

Deutschland. Das grundlegende Gesetz für das Sprengwesen in Deutschland ist das Gesetz über explosionsgefährliche Stoffe (Sprengstoffgesetz-SprengG) [160], worin vor allem Regelungen über verantwortliche Personen, die Aufbewahrung, Zulassung, Kennzeichnung und Verpackung von Explosivstoffen enthalten sind.

Weitere nationale Regelungen über die Beförderung von Explosivstoffen finden sich in der Gefahrgutverordnung Straße, die neben dem Europäischen Übereinkommen ADR [1] in Deutschland Geltung hat.

Für die sichere Durchführung von Sprengarbeiten ist in Deutschland die Unfallverhütungsvorschrift Sprengarbeiten VBG 46 [186] mit ihren Durchführungsanweisungen maßgebend, in der allgemeine Bestimmungen über Sprengarbeiten und in Abschn. VIII zusätzliche Bestimmungen für Sprengungen unter Tage enthalten sind. Daneben sind für den Tunnelbau im allgemeinen die „Sicherheitsregeln für Bauarbeiten unter Tage" [178] zu beachten.

Schweiz. In der Schweiz regeln das Gesetz über explosionsgefährliche Stoffe (Sprengstoffgesetz) [160] und die zugehörige Sprengstoffverordnung [161] das Sprengwesen. Hierin sind die Grundsätze über verantwortliche Personen, über den Umgang mit Sprengmitteln, über die Lagerung, Beförderung, Verwendung und Vernichtung von Sprengmitteln geregelt. Nähere Schutzbestimmungen gibt die Schweizerische Unfallversicherungsanstalt (SUVA) in ihren Richtlinien und „Blättern für Arbeitssicherheit" an.

Österreich. In Österreich ist die Erzeugung, Lagerung, der Verschleiß und die Beförderung von Sprengmitteln im Schieß- und Sprengmittelgesetz [138] und in der zugehörigen Schieß- und Sprengmittel-Monopolsverordnung [137] sowie in der Zündkapselverordnung gesetzlich verankert, die Zulassung von Sprengmitteln für die Verwendung ist in Österreich generell in der Sprengmittel-Zulassungsverordnung für den Bergbau [159] geregelt.

Zum ADR ergänzende, in Österreich geltende Regelungen über die Beförderung von Explosivstoffen auf Straßen enthält das Gesetz zur Gefahrgutbeförderung (GGSt) [46].

Die erforderlichen Schutzmaßnahmen bei der Durchführung von Sprengarbeiten sind in der Sprengarbeitenverordnung enthalten, Sonderregelungen für den Tunnelbau sind im 13. Abschnitt der Bauarbeiterschutzverordnung [13] verankert.

9.3
Integraler Sicherheitsplan

9.3.1
Der Sicherheitsplan im Umfeld der Managementpläne

Die Sicherheit als umfassendes Thema fließt schon mit der frühesten Umsetzung der Bauherrenziele in die Planung ein. Der Planer ist deswegen gehalten, schon im generellen Projekt, spätestens aber im Vorprojekt, die Belange der Sicherheit aufzunehmen. Damit wird die Sicherheit zu einem Teil des Qualitätsmanagements, analog zur Gebrauchsfähigkeit, Wirtschaftlichkeit oder Umweltverträglichkeit des Werkes.

Der integrale Sicherheitsplan wird deswegen eingebettet in den Nutzungsplan und den Qualitätsmanagementplan des Bauwerks. Er hat Auskunft zu geben über die Bereiche:

- Sicherheitsziele,
- Gefährdungsbilder mit Risikoanalysen,
- Maßnahmenplan mit den Maßnahmen zur Schadenverhinderung bzw. zur Schadenminderung und
- Rettungskonzept mit der Alarmorganisation.

9.3.2
Sicherheitsziele

Generell gelten Sicherheitsziele dann als erreicht, wenn die Gefährdung jeglicher Art auf das jeweils akzeptable Maß reduziert wurde.

Im Sicherheitsplan sind die Sicherheitsziele bezüglich Arbeitssicherheit, Gesundheitsschutz und Umweltsicherheit zu behandeln. Eine Sonderstellung nimmt die Ausbruchssicherung ein, die einerseits als Teil des Bauwerks im Nutzungsplan beschrieben und bewertet wird. Andererseits kommt der zeitlich frühen Wirksamkeit der Ausbruchsicherung hohe Bedeutung für die Arbeitssicherheit zu, so z.B. der Frühfestigkeit des Spritzbetons in den ersten Stunden.

9.3.3
Gefährdungsbilder und Risikoanalysen

Das Erkennen der Gefahr wird zum wichtigsten Faktor in der ganzen Risikoanalyse, denn die nicht erkannte Gefahr ist die größte Gefahr.

Um die Gefahr rational zu erfassen, wählt man daher die entsprechenden Gefährdungsbilder, was intensiv erfolgen kann über die praktische Erfahrung, die Kombinationsfähigkeit, die Intuition und die Fähigkeit, Diskrepanzen zu erkennen. Ein eher analytischer, systematischer Weg führt über Fehlerbäume, Ereignisbäume oder Ursachen-Folgediagramme [145].

Das Risiko ist eine wenigstens nach Tragweite und Wahrscheinlichkeit des Eintretens bewertete Gefahr (Abb. 9.2). Nach dieser Definition lassen sich alle

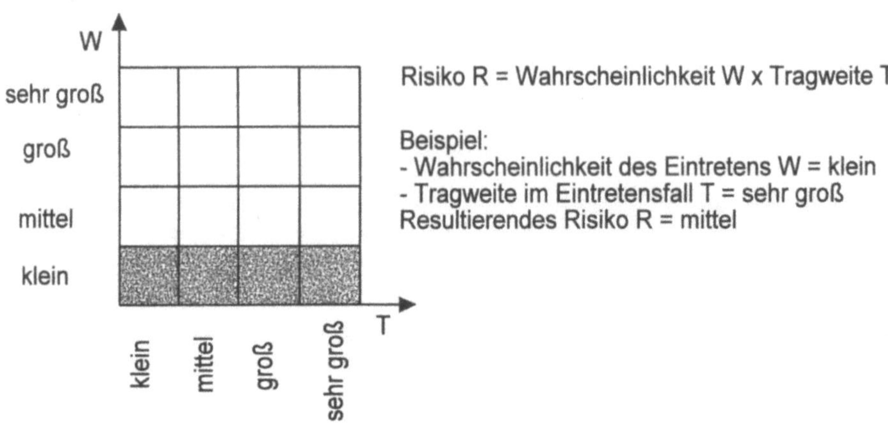

Abb. 9.2. Definition des Risikos R

Gefahren als Risiko durch das Produkt der Tragweite im Eintretensfall mit der Wahrscheinlichkeit des Eintretens erfassen.

Risikomindernde Maßnahmen, gezielt ergriffen, vermögen das erstbewertete Risiko auf ein tragbares, meist kleines Restrisiko zu vermindern. Bei der Auflistung der Gefahren und der Risikobewertung darf man annehmen, daß der Bauherr einen kundigen Unternehmer beauftragt, dessen Personal die anerkannten Regeln für die Tätigkeit unter Tage kennt.

In den Sicherheitsplan sind Gefährdungsbilder der nachstehenden Bereiche aufzunehmen [143]:

- Baustelleneinrichtungen:
  - Verkehrs- und Transportanlagen über Tage,
  - Naturgefahren wie Steinschlag, Hochwasser, Lawinen,
  - Lärm, bezogen auf die Baustelle selbst und auf die Umgebung;
- Bewetterung:
  - Ventilationsunterbruch durch Ventilatordefekt, Stromunterbruch,
  - Durchgang der Sprengschwade durch Arbeitsstellen (evtl. Schwadencontainer),
  - ungenügende Frischluftmenge zur Verdünnung der Schadstoffe,
  - Anstieg der Erdgaskonzentrationen durch erhöhten Gasanfall oder durch Unterbruch der Ventilation,
  - Beschädigung der Lutten im rückwärtigen Bereich,
  - Schadstoffkonzentration und Lüftung nach Durchschlag;
- Brandfall im Tunnel:
  - Brand eines Einzelfahrzeugs oder durch Zusammenstoß zweier Fahrzeuge mit Verrauchung des Tunnels/mit Verbrennung der Lutte,
  - Brand durch Bauarbeiten (bauchemische Produkte) auch im rückwärtigen Bereich,
  - Brand nach Durchschlag;

- Transportanlagen für Material- und Personenbeförderung:
  - Anfahren, Überfahren von Personen vor Ort und im rückwärtigen Bereich (Rückwärtsfahren im Pneubetrieb; ungenügende Sicht des Lokführers im Gleisbetrieb),
  - Anfahren von Arbeitsgerüsten,
  - Freilaufen von Wagen im Gleisbetrieb,
  - Abstürze in Schächte wegen ungenügend gesicherter Verkehrswege oder Arbeitsbühnen;
- Beleuchtung:
  - Personenschäden wegen ungenügender Beleuchtung des Arbeitsplatzes, der Verkehrswege oder der Personen außerhalb der Arbeitsplätze;
- Baustromversorgung:
  - Personenschäden durch unsachgemäß erstellte Hochspannungsanlagen (z. B. Kabelführungen im Fahrbereich),
  - Brände oder Explosionen,
  - Folgeschäden durch Stromausfall (Entwässerung, Belüftung, Meß- und Überwachungsanlagen);
- Ausbruch und Sicherung:
  - Personenschäden durch Niederbrüche oder Bergschlag (Frühfestigkeit des Spritzbetons in den ersten Stunden),
  - Personenschäden infolge Steinfall (Schutzdächer auf Geräten),
  - Wasser- und Schlammeinbruch,
  - Hohe Staubkonzentrationen beim Spritzbeton,
  - Personenschaden durch Unfälle aufgrund unsachgemäßer Handhabung der Sprengmittel;
- Gasaustritte:
  - Explosionen bei zu hohen Erdgaskonzentrationen,
  - Verstrahlung durch zu große Radonkonzentrationen.

Diese Bereiche sind objektbezogen vollständig auf mögliche Gefährdungsbilder zu untersuchen.

9.3.4
Maßnahmenplan

Sicherheitsmaßnahmen organisatorischer oder materieller Art dienen der völligen oder wenigstens teilweisen Abwehr der Gefahr, sie vermindern die Risiken auf das tragbare Maß. Für den trotz allem eintretenden Schaden ist im Maßnahmenplan ein Rettungskonzept mit zugehörigen Alarmorganisationen zu integrieren.

Die Länderorganisationen SUVA, TBG, AUVA haben Behelfe, Leitfäden und Richtlinien veröffentlicht, die jedem Planer helfen, den Naßnahmenplan zu den Gefährdungsbildern zu erstellen (z. B. Tunnelbau „Sicher Arbeiten" der TBG) [173], [179].

Für das Rettungskonzept eignet sich eine dreiteilige Gliederung mit strukturellen, materiellen und personellen Maßnahmen. Im folgenden werden diese Maßnahmen mit Beispielen erläutert.

Strukturelle Maßnahmen. Sie dienen der Sicherstellung der Kommunikation und der Brandfallmaßnahmen:

- Kommunikation,
- Alarmorganisation,
- Brandfall mit Melde- und Löschsystem,
- Rettungskonzepte mit Fluchtwegen, baustelleninternen Transporteinrichtungen, Helikopterlandeplatz etc.

Materielle Maßnahmen. Sie umfassen Meßeinrichtungen, Rettungsmaterial, Feuerlöschmaterial:

- Meßgeräte, mobile und ortsfeste, für die zu erwartende Gasbelastung, inkl. Sauerstoff,
- Rettungsmaterial, Selbstretter, Kreislaufgeräte für die Rettung, Sanitätsmaterial,
- Feuerlöschmaterial wie Löschschlauch, Handfeuerlöscher etc.

Personelle Maßnahmen. Sie dienen der Ausbildung der Nothelfer, der Rettungstruppen:

- Nothelferausbildung allgemein,
- Ausbildung der Selbstretter-Handhabung,
- Ausbildung der Rettungstruppen in Handhabung der Atemschutzgeräte und der Gasdetektoren.

9.4
Transport, Lagerung und Handhabung von Explosivstoffen

9.4.1
Der Transport zur Baustelle

Der Transport von Explosivstoffen ist ein Problem der Sicherheit der Allgemeinheit und für die verschiedenen Verkehrsträger durch eine Reihe von internationalen Vorschriften geregelt, zu denen noch die nationalen Vorschriften hinzukommen.

Für den Straßenverkehr ist das Europäische Übereinkommen über die internationale Beförderung gefährlicher Güter auf der Straße (ADR) [1], für den Schienenverkehr die Regeln der Ordnung für die internationale Eisenbahnbeförderung gefährlicher Güter (RID) [132] in Kraft, auch für den Schiffs- und Luftverkehr existieren einschlägige, einander ähnliche Vorschriften.

Alle diese internationalen Vorschriften enthalten

- eine Klasseneinteilung der Gefahrstoffe,
- ein System zur Kennzeichnung der Gefahrstoffe,
- Vorschriften über die Verpackung,
- Vorschriften für die Beförderungspapiere,
- Vorschriften über die Beförderungsmittel,

- Vorschriften über notwendige Ausbildungen für den Gefahrguttransport und
- Zusammenladevorschriften.

Infolge der umfangreichen Anforderungen an den Transport von Explosivstoffen außerhalb der Baustelle wird für Tunnelbauvorhaben der Antransport der Explosivstoffe im Regelfall nicht von den Bau- und Sprengunternehmen durchgeführt, sondern dem Vertreiber der Explosivstoffe überantwortet. Aus den genannten Gründen wird auf diese Anforderungen nicht näher eingegangen.

Im Aufgabenbereich des Bauunternehmens, das den Tunnelvortrieb durchführt, bleibt somit die Aufbewahrung und Lagerung der Explosivstoffe auf der Baustelle sowie deren Transport vom Baustellenlager zur Verwendungsstelle an der Tunnelortsbrust.

Von Interesse für den Verwender sind die international geregelten Verpackungsvorschriften für die Sprengmittel, da bereits aus der auf der Verpackung angebrachten Kennzeichnung der Inhalt und die Explosionsgefährlichkeit ersichtlich sind.

Verpackungsvorschriften. In allen internationalen Vorschriften sind Explosivstoffe in Klasse 1 zusammengefaßt. Im folgenden werden die wesentlichen Bestimmungen wiedergegeben, wie sie im Anhang A des ADR [1] aufgeführt sind.

Gefährlichkeit. Nach ihrer Gefährlichkeit sind die Explosivstoffe in Unterklassen eingeteilt, beginnend mit der Unterklasse 1.1. (die Stoffe und Gegenstände sind massenexplosiv, d.h., die gesamte Ladung explodiert nahezu gleichzeitig) bis hin zur Unterklasse 1.6. (extrem unempfindliche Explosivstoffe).

Diese Zuordnung der Stoffe und Gegenstände erfolgt gemäß dem UN-Prüfhandbuch aufgrund praktischer Prüfungen.

Verträglichkeit. Zusätzlich gibt es eine Unterteilung in Verträglichkeitsgruppen. Im Regelfall werden mit der Verträglichkeitsgruppe B sprengkräftige Zünder, mit D Schwarzpulver, brisante Sprengstoffe und Sprengschnüre und mit S nicht sprengkräftige elektrische Zünder und Zündschnuranzünder bezeichnet.

Grundsätzlich dürfen Stoffe der Verträglichkeitsgruppe B nicht mit Stoffen der Verträglichkeitsgruppe D zusammengeladen werden.

Klassifizierung. Die Kombination von Unterklasse und Verträglichkeitsgruppe wird als Klassifizierungscode bezeichnet.

Alle brisanten Sprengstoffe haben den Klassifizierungscode 1.1.D, Emulsionssprengstoffe und ANC-Sprengstoffe können auch unter 1.5.D erfaßt sein.

Sprengschnüre sind mit 1.1.D oder auch 1.4.D, Sprengkapseln, Sprengzünder und Sprengverzögerer mit 1.1.B oder, wenn sie nicht massenexplosiv sind, mit 1.4.B klassifiziert.

Kennzeichnung. Auf dem Versandstück müssen die UN-Nummer (aus den UN-Empfehlungen), die Benennung des Stoffes (durch Kursivschrift hervorgehoben) entsprechend dem ADR, bei Sprengstoffen der Handelsname sowie der Gefahrzettel angebracht sein, wobei der Klassifizierungscode dem Gefahrzettel zu entnehmen ist.

Der Gefahrzettel ist ein orangefarbenes, auf der Spitze stehendes Quadrat mit schwarzer Randlinie, bei dem

- für die Unterklassen 1.1., 1.2., 1.3. die obere Hälfte eine Bombe, die untere Hälfte den Klassifizierungscode und die untere Ecke eine kleine Ziffer 1 und
- für die anderen Unterklassen die obere Hälfte die Unterklasse, die untere Hälfte die Verträglichkeitsgruppe und die untere Ecke wiederum die kleine Ziffer 1 zeigt.

9.4.2 Die Lagerung auf der Baustelle

Da für den Tunnelvortrieb täglich beträchtliche Mengen an Sprengmitteln benötigt werden, ist die Errichtung eines Sprengmittellagers auf der Baustelle in den meisten Fällen unumgänglich.

Derartige Lager können grundsätzlich über Tage, aber auch unter Tage angeordnet sein.

Gesundheitsgefahren. Die Gesundheitsgefahren bei der Lagerung von Sprengmitteln sind im wesentlichen auf gelatinöse Sprengstoffe beschränkt.

Im Falle eines Brandes ist zu bedenken, daß Sprengstoffe unter Bildung von besonders giftigen Schwaden verbrennen.

Unfallgefahren. Wegen der hohen Handhabungssicherheit der im Tunnelbau verwendeten Sprengmittel ist eine unbeabsichtigte Detonation durch äußere Einflüsse zwar unwahrscheinlich, kann aber natürlich nicht mit absoluter Sicherheit ausgeschlossen werden.

Eine weitaus höhere Unfallgefahr ist bei sprengkräftigen Zündmitteln gegeben, die hochbrisante, bereits durch Flamme oder Schlag zur Detonation zu bringende Initialsprengstoffe enthalten.

Im Brandfall muß berücksichtigt werden, daß die gelagerten Sprengstoffe zwar anfangs verbrennen, die Verbrennung im Katastrophenfall aber in eine Detonation übergehen kann.

Schutzmaßnahmen. Durch entsprechende künstliche und/oder natürliche Durchlüftung der Lager kann die Konzentration der Sprengöldämpfe derart abgesenkt werden, daß für die Arbeitnehmer keinerlei Gesundheitsrisiko besteht.

Primär muß angestrebt werden, daß es zu keinerlei gefährlichen mechanischen oder thermischen Einflüssen auf die Sprengmittel im Baustellenlager kommen kann. Sekundär sollten für den Katastrophenfall eines unbeabsichtigten Zündschlags die Folgen für Personen und Auswirkungen auf die Umgebung auf ein Minimum beschränkt sein.

Als oberstes Prinzip sind daher Springmittellager auf der Baustelle derart zu errichten, daß sie primär durch mechanische Einwirkungen, wie Steinschlag oder Wurfstücke durch Sprengungen, nicht gefährdet sind. Sekundär sollten aber im Katastrophenfall des unbeabsichtigten Zündschlags die Auswirkungen auf die Umgebung durch Luftdruck, Erschütterungen und Wurfstücke, aber auch durch giftige Gase in den Schwaden, auf ein zumutbares Minimum begrenzt sein.

In jedem Fall müssen die Sprengmittellager einen entsprechenden Sicherheitsabstand zu Verkehrswegen, Arbeits- und Wohnbereichen sowie sonstigen Baulichkeiten aufweisen. Die Tür zum Lager muß verschließbar sein und wird dabei nach jener Richtung angeordnet, wo im Falle eines Zündschlags die geringste Gefährdung besteht und die geringsten Zerstörungen zu erwarten sind.

Darüber hinaus werden die Sprengmittellager derart ausgebildet, daß sie genügend Widerstand einerseits gegen unbefugtes Eindringen und andererseits gegen mechanische (Wurfstücke, Steinschlag) und thermische Einwirkungen (Brand, Feuer) bieten. Dies kann durch den Einbau des Lagers in Fels oder standfestem Boden gewährleistet werden sowie aufgrund der Verwendung widerstandsfähiger Baumaterialien. Entspechende Blitzschutzanlagen sind vorzusehen, die elektrische Beleuchtung ist explosionsgeschützt auszubilden.

In organisatorischer Hinsicht ist dafür zu sorgen, daß im Lager keine Feuerstellen der Öfen vorgesehen sind und keinerlei sonstige Materialien mit den Sprengmitteln mitgelagert werden. Zur Vermeidung jeder Gefährdung durch mechanische Einflüsse muß mit den Sprengmitteln (Öffnen der Kisten, Schachteln und Pakete, Ausgabe der Sprengmittel) außerhalb des eigentlichen Lagerraums hantiert werden. Jeder Umgang mit Feuer und offenem Licht sowie das Rauchen ist im und um das Lager zu untersagen.

Brisante Sprengstoffe und Sprengschnüre werden von sprengkräftigen Zündmitteln getrennt und voneinander entfernt so gelagert, daß – im Katastrophenfall – sich eine Detonation der Zündmittel nicht auf die gelagerten Sprengstoffe und Sprengschnüre übertragen kann.

Des weiteren werden Sprengstoffe nicht in ihrer Gesamtmenge, sondern möglichst in kleineren Mengen und voneinander soweit entfernt gelagert, daß – im Katastrophenfall – die Detonationen sich nicht übertragen.

Sprengmittellager über Tage. Zur Lagerung der benötigten größeren Sprengstoffmengen werden die Sprengmittellager entweder in gewachsenem Fels oder standfestem Boden eingebaut oder haben eine entsprechend dimensionierte

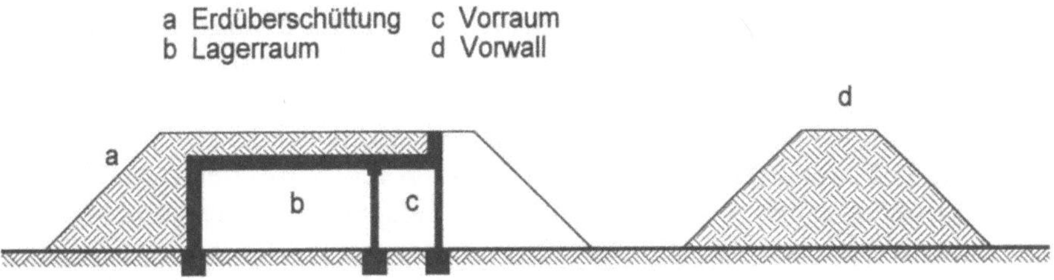

Abb. 9.3. Sprengmittellager über Tage

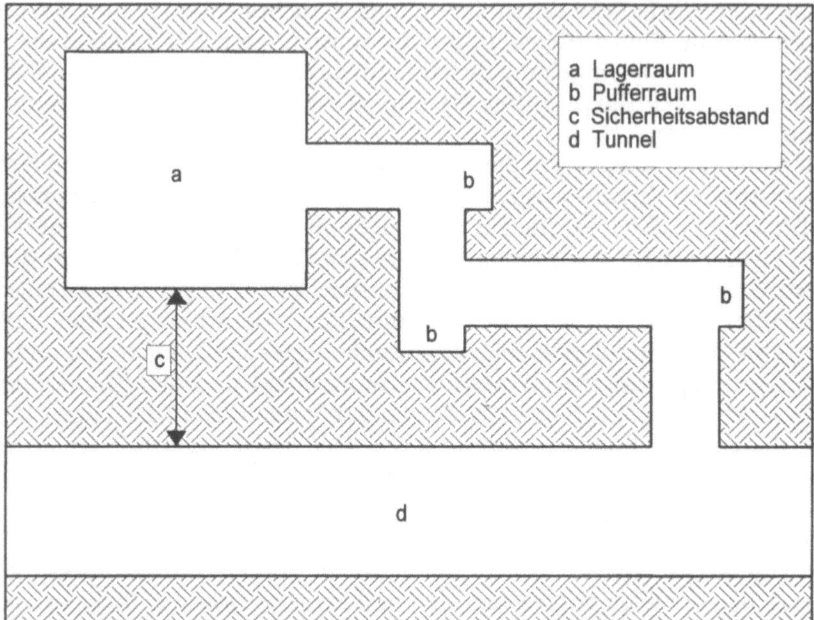

Abb. 9.4. Sprengmittellager unter Tage

Erdüberschüttung. Vor dem Zugang zum Lager wird ein Erdwall angelegt, die Zündmittel werden in einer eigenen Kammer unter Verschluß aufbewahrt.

Sprengmittellager unter Tage. Der Zugang zum Lager wird mit mehreren Knicken und an den Knickstellen mit Pufferräumen („Prellsäcken") versehen, um die Detonationsauswirkungen möglichst gering zu halten. Vom Lagerraum zum Tunnel bzw. zu anderen zu schützenden Räumen muß ein ausreichender Sicherheitsabstand vorhanden sein (Abb. 9.4).

Zwischenlager. Zusätzlich zum eigentlichen Sprengmittellager auf der Baustelle kann es bei sehr langen Tunneln zweckmäßig sein, die benötigten Sprengmittel nicht erst unmittelbar vor ihrer Verwendung aus dem Baustellenlager zu holen, sondern bereits zu Schichtbeginn die für die Arbeitsschicht benötigten Sprengmittel vom Lager in die Nähe der Tunnelortsbrust zu transportieren und dort zwischenzulagern.

Derartige Zwischenlager werden für den Tagesbedarf ausgelegt, die Lagerung kann in Räumen (Container, Magazin) oder bei kleineren Mengen in Behältern („Schießkiste") erfolgen.

Auch für diese Zwischenlager gilt der Grundsatz, daß sie in genügender Entfernung zur Tunnelortsbrust vor jeder äußeren mechanischen oder thermischen Einwirkung gesichert aufzustellen und versperrt zu halten sind und daß Sprengstoffe von Zündmitteln möglichst weit voneinander entfernt gelagert und außer den Sprengmitteln keine anderen Gegenstände oder Materialien mitgelagert werden.

9.4.3
Der Transport auf der Baustelle

Die Sprengmittel können vom Sprengmittellager auf der Baustelle zur Verwendungsstelle an der Tunnelortsbrust entweder von Personen getragen oder von Fahrzeugen transportiert werden.

Gesundheitsgefahren. Die Gesundheitsgefahren beim Transport von Sprengmitteln liegen bei gelatinösen Sprengstoffen in der möglichen Aufnahme des Sprengöls durch die Haut oder über die Atemwege.

Unfallgefahren. Unfallgefahren beim Transport von Sprengmitteln liegen in der unbeabsichtigten Detonation der Sprengmittel und hier vor allem der sprengkräftigen Zündmittel, die Initialsprengstoffe enthalten.

Akute Gefahr besteht, wenn elektrische Sprengzünder von Kraftfahrzeugen lose, ohne Lieferverpackung und ohne Tragmittel, transportiert werden. Bei einem Kontakt der Zünderdrähte mit der Masse des Kraftfahrzeugs kann es zur Zündung kommen.

Schutzmaßnahmen. Alle zum Transport der Sprengmittel genutzten Fahrzeuge werden entsprechend gekennzeichnet, so daß für alle Beteiligten ersichtlich ist, daß ein Sprengmitteltransport durchgeführt wird.

Bei sprengölhaltigen Sprengstoffen ist das Hantieren mit bloßen Händen zu vermeiden, es werden daher Schutzhandschuhe benutzt. Das Risiko, Sprengöldämpfe über die Atemwege aufzunehmen, ist als gering zu bezeichnen, da die Sprengstoffe in den Originalverpackungen oder in geeigneten Behältnissen transportiert werden.

Zur Minimierung der Unfallgefahren gilt auch hier der sicherheitstechnische Grundsatz der Trennung der Sprengstoffe und Sprengschnüre von den Zündmitteln. Es sind daher grundsätzlich Sprengstoffe und Sprengschnüre einerseits sowie Zündmittel andererseits in getrennten Fahrzeugen oder durch verschiedene Personen zu transportieren. Von diesem Grundsatz wird nur für Kleinmengen abgegangen, was in allen nationalen Bestimmungen vorgesehen ist. In einem Behälter aus nicht funkenziehenden Materialien können kleine Mengen an Sprengstoff und Zündmitteln gemeinsam, aber in getrennten Abteilen des Behälters transportiert werden.

Alle Sprengmittel sind grundsätzlich in ungeöffneten Lieferverpackungen zu transportieren. Wenn dies nicht möglich ist, werden die Sprengmittel in geeigneten Tragmitteln aus nicht funkenziehenden Materialien befördert.

Beim Transport mit Fahrzeugen werden die Sprengmittel so verstaut, daß keine gefährliche Bewegung des Ladegutes möglich ist, daß also die Ladung gegen Verrutschen, gegen Stoß und Schlag sowie gegen Herabfallen gesichert ist.

Selbstverständlich ist aus Sicherheitsgründen beim Transport von Sprengmitteln das Rauchen generell untersagt.

9.4.4
Handhabung

Gesundheitsgefahren

Sprengöl. Beim Umgang mit gelatinösen Sprengstoffen kann das verwendete Sprengöl, also Nitroglykol oder ein Gemisch von Nitroglykol und Nitroglyzerin, entweder durch die Haut oder durch Einatmen der Sprengöldämpfe in den menschlichen Körper gelangen.

Nitroglykol und ebenso Nitroglyzerin dringt durch die Haut oder über die Atemwege in den Körper ein, wirkt gefäßerweiternd und greift die Herzkranzgefäße an. Durch die blutdruckvermindernde Wirkung können Kopfschmerzen, Schwindelanfälle, Übelkeit und Bewußtlosigkeit als Folgeerscheinung auftreten.

Schwaden. Bei der Durchführung von Tunnelbauarbeiten sind die betroffenen Arbeitnehmer einer Vielzahl von Arbeitsstoffen ausgesetzt, die ihre Gesundheit beeinträchtigen können. Dazu gehören – neben der möglichen Aufnahme von Sprengöl – die hohe Feinstaubbelastung (primär durch das Aufbringen des Spritzbetons im Naß- und besonders im Trockenverfahren) sowie die hohen Dieselmotoremissionen (nitrose Gase und Partikel), aber auch die gesundheitsgefährlichen Gase, die bei der Umsetzung der Sprengstoffe entstehen (s. a. Kap. 9.5.2).

Unfallgefahren

Nachbohren von Bohrlochbüchsen. Die größte Unfallgefahr besteht darin, daß in Bohrlochbüchsen („Bohrlochpfeifen"), das sind vom letzten Abschlag stehengebliebene Bohrlochreste, vom Bohristen nachgebohrt wird und sich in diesen Bohrlochpfeifen Sprengstoffreste befinden, die durch die Energie des drehschlagenden Bohrers zur Detonation kommen können. Versuche haben gezeigt, daß gelatinöse Sprengstoffe durch Anbohren mit großer Wahrscheinlichkeit zur Detonation gebracht werden, während Emulsionssprengstoffe mit ebenso hoher Wahrscheinlichkeit nicht zur Umsetzung kommen.

Sprengstoff im Haufwerk. Ferner besteht die Möglichkeit, daß Sprengstoff nicht zur Detonation gelangte, sondern aus dem Bohrloch ausgeworfen wurde und im Haufwerk zu liegen kommt. Diese Gefahr ist bei Einbruch- und Helferschüssen, bei denen die Patronen entsprechend verdichtet wurden, eher als gering zu bezeichnen, auch wenn die Bohrlöcher nicht besetzt wurden. Konkrete Gefahr besteht vor allem bei Kranzbohrlöchern, bei denen die kleinkalibrigen Patronen nicht verdichtet werden, wenn die Bohrlöcher nicht mit Dämmschirmen verschlossen wurden.

Besonders gefährlich ist der äußerst seltene Fall, daß ein Sprengzünder trotz gemessenem Stromdurchgang nicht zur Zündung kam (Versager im Verzögerungsstück) und die Schlagpatrone mit ins Haufwerk ausgeworfen wurde. Hierbei kann es, wenn das Haufwerk maschinell abtransportiert wird, durch mechanische Beschädigung des Sprengzünders zur Detonation kommen.

Laden vor Ende der Bohrarbeiten. Vor allem bei größeren Ausbruchquerschnitten und, wenn entsprechendes, nicht für Bohrarbeiten eingesetztes Sprengpersonal zur Verfügung steht, wird aus Gründen der Zeitersparnis mit den Ladearbeiten noch vor dem Ende der Bohrarbeiten begonnen. Dabei besteht die Gefahr, daß unbeabsichtigt ein bereits geladenes Nachbarbohrloch angebohrt wird und dadurch die Ladung detoniert.

Schlagende Wetter. Eine weitere spezielle Unfallgefahr des Tunnelbaus stellen die schlagenden Wetter dar, ein Gemisch aus Methan und Luft. Da Methan in einem Verhältnis von 5–15 % mit Luft gemischt einen explosiblen Stoff bildet, besteht einerseits von der Sprengung unabhängig die Gefahr, daß durch einen Funken das explosible Gemisch zur Explosion kommt, andererseits können mit der Sprenung auch die schlagenden Wetter zur Detonation kommen und ungewollt die Sprengwirkung verstärken.

Streuströme. Speziell beim Schienentransport mittels E-Lok besteht die Gefahr von Streuströmen (vagabundierenden Strömen), die unter Umständen genügend Energie haben, um eine unbeabsichtigte Frühzündung der elektrischen Zünder zu bewirken.

Gewitter. Auch die Entladung von Gewittern kann eine unbeabsichtigte Frühzündung der elektrischen Zünder bewirken, sofern der Tunnel noch nicht ausreichend tief in das Gebirge vorgedrungen ist.

Vortrieb von beiden Seiten. Wenn sich die beiden Vortriebe entsprechend genähert haben, kann eine bei einem Vortrieb durchgeführte Sprengung am Gegenort zu Gefahrensituationen (Abstürzen von Gesteinsteilen etc.) führen.

Schutzmaßnahmen. Um die betroffenen Arbeitnehmer möglichst in geringem Ausmaß Gesundheitsgefahren durch Sprengöl, Kohlenmonoxid und nitrose Gase auszusetzen, sollen – nach dem Grundsatz der EG-Richtlinie, Gefahren an der Quelle zu bekämpfen und Gefahrenmomente zu verringern – möglichst solche Sprengstoffe verwendet werden, bei denen es zu möglichst geringen Schadstoffkonzentrationen kommt. Dies spricht eindeutig für die vorzugsweise Verwendung von Emulsionssprengstoffen.

Sprengöl. Bei der Verwendung von Emulsionssprengstoffen, die kein Sprengöl enthalten, kann es zu keinerlei Aufnahme von Nitroglykol oder Nitroglyzerin durch die Haut oder die Atemwege kommen. Die häufig von den Mineuren beklagten Kopfschmerzen beim Laden von gelatinösen Sprengstoffen können bei Emulsionssprengstoffen daher nicht auftreten. Werden hingegen gelatinöse Sprengstoffe verwendet, so sollte jede Berührung der Sprengstoffe mit der bloßen Hand vermieden werden (Tragen von Schutzhandschuhen).

Schwaden. Werden Emulsionssprengstoffe verwendet, so tritt bei der Umsetzung nur ein Bruchteil an gesundheitsgefährdenden Komponenten in den Schwaden auf, nämlich verglichen mit gelatinösen Sprengstoffen etwa die Hälfte an Kohlenmonoxid und ein Drittel an nitrosen Gasen.

Um die Bildung von Giftstoffen in den Schwaden weiter zu minimieren, sollte sichergestellt sein, daß die Initiierung durch einwandfreie Zündmittel erfolgt (Gefahr der zu schwachen Initiierung). Es sollten geeignete, frische, unverdorbene, möglichst schadstoffarme Sprengstoffe mit ausreichendem Sauerstoffüberschuß verwendet werden. Werden pulverförmige Sprengstoffe verwendet, ist darauf zu achten, daß diese beim Ladevorgang weder feucht noch verdichtet werden.

Eine weitere Schadstoffreduktion bringt ein sorgfältiges Besetzen der Schüsse, insbesondere mit Wasserbesatzpatronen, und ein ausreichendes Abspritzen des Haufwerks mit sich, wo sich die nitrosen Gase ansammeln.

In jedem Fall ist durch eine ausreichende Bewetterung eine entsprechende Verdünnung der Schadstoffe sicherzustellen (s. a. Kap. 8.2 „Bewetterung").

Nachbohren von Bohrlochbüchsen. Der Unfallgefahr, daß in Bohrlochbüchsen Sprengstoffreste durch Anbohren zur Detonation gebracht werden, kann primär dadurch begegnet werden, daß die Schlagpatrone immer im Bohrlochtiefsten angeordnet wird. Dadurch ist praktisch auszuschließen, daß nach der Detonation noch Sprengstoffreste verbleiben. Darüber hinaus ist unbedingt sicherzustellen, daß in Bohrlochpfeifen niemals nachgebohrt wird.

Sprengstoff im Haufwerk. Bei Anordnung eines Besatzes, vor allem aber bei Kranzbohrlöchern durch die Anordnung von Dämmschirmen, kann das Auswerfen von Sprengstoff praktisch ausgeschlossen werden. Zusätzlich ist das Haufwerk vor seinem Abtransport genau auf mögliche Sprengstoffreste abzusuchen.

Laden vor Ende der Bohrarbeiten. Ein unbeabsichtigtes Anbohren eines bereits geladenen Bohrloches kann dann ausgeschlossen werden, wenn sichergestellt ist, daß zwischen dem Bohrhammer und dem nächstgelegenen geladenen Bohrloch ein seitlicher Sicherheitsabstand, der mindestens der Bohrlochtiefe entspricht, eingehalten ist.

Schlagende Wetter. Beim Auftreten von schlagenden Wettern muß eine unbeabsichtigte Detonation dieses explosiblen Methan-Luft-Gemisches – bereits ein Funken kann dies auslösen – vermieden werden. Daher ist in allen Tunneln, in denen aufgrund der geologischen Verhältnisse das Auftreten von schlagenden Wettern nicht von vornherein ausgeschlossen werden kann, durch kontinuierlich arbeitende Meßgeräte das Auftreten explosibler Gemische zu überprüfen. Bei Erreichen von 50 % der unteren Explosionsgrenze von Methan (also 2,5 % Methangehalt der Luft) müssen aus Sicherheitsgründen nicht nur die Sprengarbeiten, sondern alle Arbeiten solange unterbrochen werden, bis durch entsprechende Bewetterung dieser Wert unterschritten ist.

Darüber hinaus sollten für die Fälle, in denen mit schlagenden Wettern zu rechnen ist, ausschließlich Wettersprengstoffe (und die dafür vorgesehenen Sprengzünder mit Kupferhülse) verwendet werden. Diese haben zwar den Nachteil der geringeren Sprengwirkung, bringen dafür aber schlagende Wetter mit der Sprengung nicht zur Detonation. Als zusätzliche Maßnahmen wird die Schlagpatrone als letzte geladen, und alle Bohrlöcher werden mit Besatz sorgfältig abgedichtet.

Streuströme. Der Gefahr der Frühzündung durch Streuströme wird primär durch die Verwendung von hochunempfindlichen Zündern begegnet.

Schienen, Rohre und parallel laufende elektrische Leiter werden in gewissen Abständen, im Regelfall alle 50 m, durch Querleitungen untereinander leitend verbunden und geerdet. Die Zünderkette und auch die Zündleitung sollten von Schienen, Rohrleitungen etc. einen ausreichenden Abstand, im Regelfall mindestens 50 cm, aufweisen.

Gewitter. Bei der Verwendung von elektrischen Zündern in Nähe der Erdoberfläche ist bereits bei aufsteigendem Gewitter jede Sprengarbeit einzustellen, vorhandene zündfertige Ladungen sind abzutun.

Vortrieb von beiden Seiten. Ab einer gefahrbringenden Annäherung der beiden Vortriebe aneinander, im Regelfall ab 25 m, werden vor einer Sprengung die Arbeiter des Gegenortes verständigt, worauf sie ihre Arbeitsstelle vor Ort verlassen und eine gesicherte Stelle aufsuchen. Haben sich die beiden Vortriebe noch weiter, im Regelfall auf 10 m, genähert, darf nur noch von einer Seite vorgetrieben werden.

9.5
Auswirkungen der Sprengung auf die Umgebung

9.5.1
Erschütterungen

Die Zündung des Sprengstoffs läßt eine Detonationsfront entstehen, die sich im Boden in Form von Wellen fortpflanzt.

Als wichtigste Wellenarten treten bei einer Sprengung auf:

- P-Wellen oder Kompressionswellen; die Partikel schwingen dabei in der Richtung der Wellenausbreitung,
- S-Wellen, auch als Scherwellen bezeichnet; die Partikel schwingen quer zur Wellenfortpflanzungsrichtung, S-Wellen weisen geringere Geschwindigkeiten auf als Kompressionswellen,
- Oberflächenwellen mit meist niedrigen Frequenzen.

Geologische und geotechnische Schichten dämpfen mehr oder minder die Wellen, Schichtgrenzen führen zu Reflexionen. Die dämpfende Wirkung des Bodens wird aber häufig überschätzt. Verspiegelungen bei Schichtgrenzen im Fels haben bei niedrigen Wellenfrequenzen eine sehr untergeordnete Bedeutung.

Liegt die Frequenz der Welle nahe der Eigenfrequenz einer Bodenschicht, tritt Resonanz auf. Aufschaukelungen finden in solchen Fällen viel häufiger als gemeinhin angenommen statt.

Die theoretische Erfassung der Erschütterungsausbreitung ist zwar möglich, sie setzt aber die genauen Kenntnisse der räumlich geometrischen Verhältnisse und der geotechnischen Eigenschaften des Bodens voraus. Weil aber gerade diese Faktoren zusätzlich zur Erschütterungsintensität der Erschütterungsquelle ungenügend bekannt sind, sind Versuchssprengungen sehr zweckmäßig und in jedem Fall empfehlenswert.

Im Gegensatz zu den sehr langsamen Wellen der Erdbeben, bei denen der potentielle Schaden proportional zur Beschleunigung entsteht, gilt für schnellere Schwinggeschwindigkeiten, wie sie bei Sprengungen entstehen, die Abhängigkeit des Schadenmaßes von der Schwinggeschwindigkeit.

Für die Zusammenhänge bei Sprengerschütterungen zwischen der Partikelgeschwindigkeit eines bestimmten Ortes mit Abstand D zur Sprengstelle und der gezündeten Lademenge pro Zündstufe (theoretisch nur für Momentanzündung richtig, weil die Intervall-Ungenauigkeit auch schon zu Unterschieden führt) hat sich folgende Funktion bewährt [47]:

$$v = k \cdot \frac{L^p}{D^q} \tag{9.1}$$

v = Partikelgeschwindigkeit (mm/s)
L = Lademenge pro Zündstufe (kg)
D = Abstand zur Sprengstelle (m)
p = Faktor $1/3 < p < 1/2$
q = Faktor $2 < q < 1$
k = Koeffizient mit Berücksichtigung Bodenkennwerte, Ladung, Verspannung, Sprengstoff.

Durch Sprengversuche lassen sich die Faktoren k, p, q bestimmen. Der Faktor p ist für eine punktförmige Sprengung i.d.R. mit 1/3 anzusetzen, weil sich die Wellen kugelförmig ausbreiten. Der Faktor q wurde in Versuchen von Langefors mit 3/2, von Haller mit 2 ermittelt. Die zahlreichen Formeln weichen im maßgebenden Frequenzbereich von 20 bis 150 Hz eigentlich recht wenig voneinander ab. Generell führt eine große Ladung oder eine geringe Distanz zum Sprengpunkt zu großen Schwinggeschwindigkeiten.

Als Beurteilungskriterium gilt in den meisten Ländernormen [157] der Geschwindigkeitsvektor v_R

$$v_R = \sqrt{(v_x^2 + v_y^2 + v_z^2)} \, . \tag{9.2}$$

Für den Regelfall ist dagegen nichts einzuwenden. Für Sprengungen, die im Zusammenhang mit einer Tunnelerneuerung innerhalb eines bereits bestehenden Bauwerks ausgeführt werden – mit ihren Auswirkungen auf Fahrraumdecken oder Trennwänden – wird ein Geschwindigkeitsvektor v_R oft unrealistisch. Meist interessiert die Kompressionswelle in der Plattenebene wenig, ganz im Gegensatz zur Wellengeschwindigkeit senkrecht zu einer Betonscheibe.

Abbildung 9.5 zeigt den typischen Verlauf einer Sprengerschütterung als Geschwindigkeitsvektor der Einzelkomponenten mit einer normalen Zünderreihe. Demgegenüber stellt Abb. 9.6 die Erschütterungen an derselben Stelle, hingegen mit anderen Zündintervallen durch Auslassen von Stufen innerhalb der Tunnelserie (20 ms 0 3 6 9 12 15 18, 40 ms 11 13 15 17, 80 ms 10–15, 1/2 sec 3–5) dar. Neben einem leicht geringeren Gesamterschütterungsvektor neigt

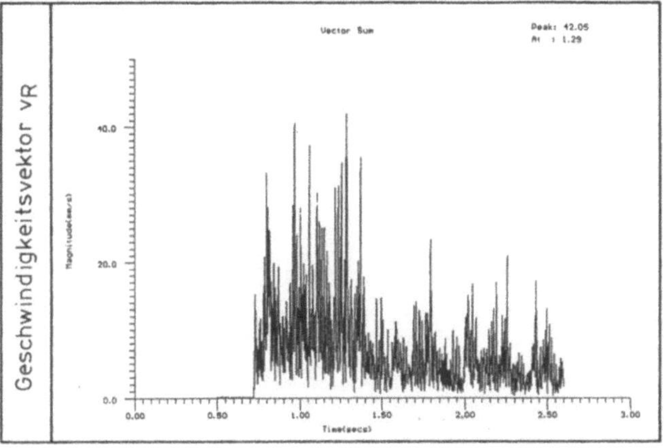

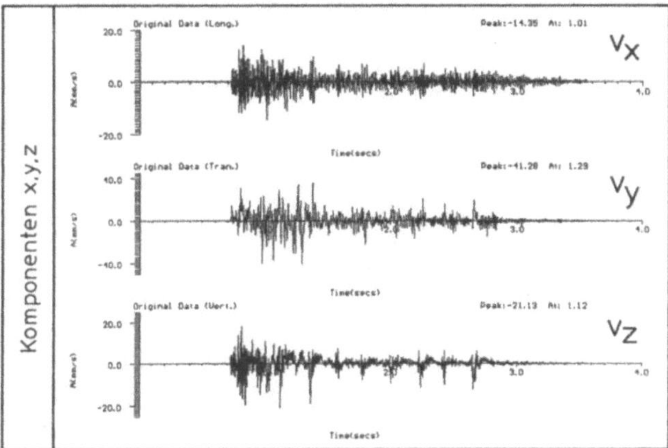

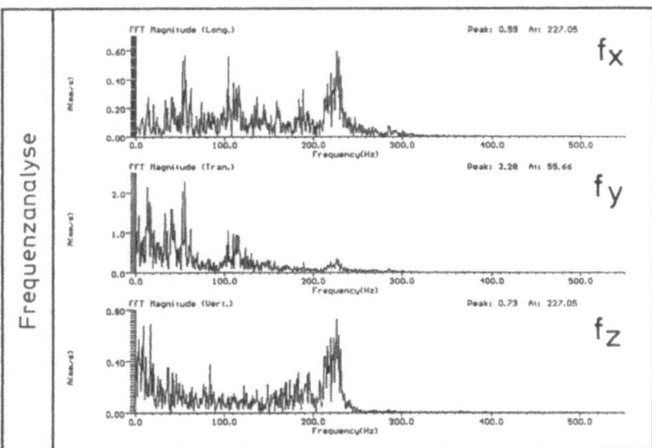

Abb. 9.5. Sprengerschütterung mit normaler Zündfolge der Tunnelserie [156]

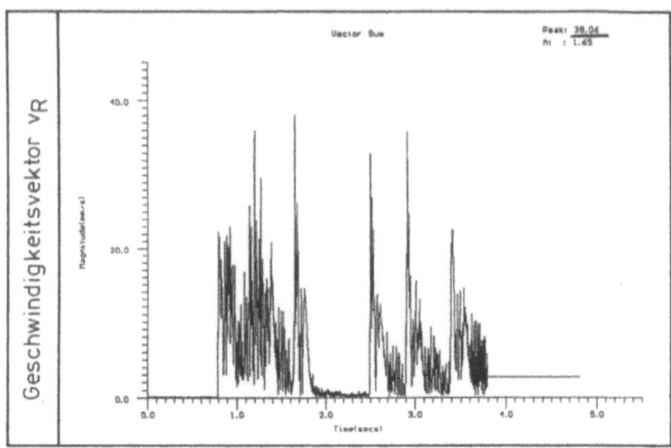

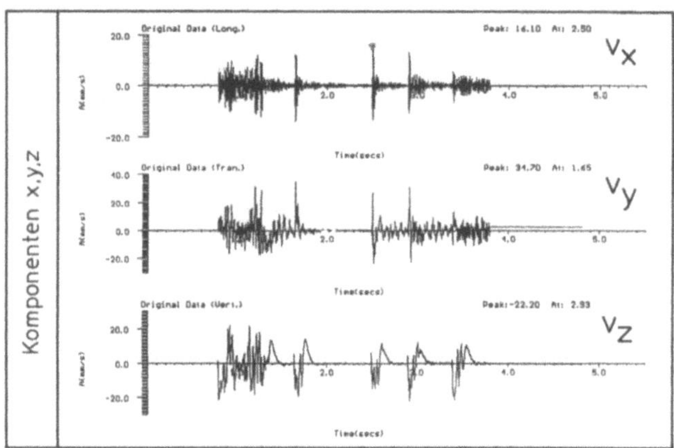

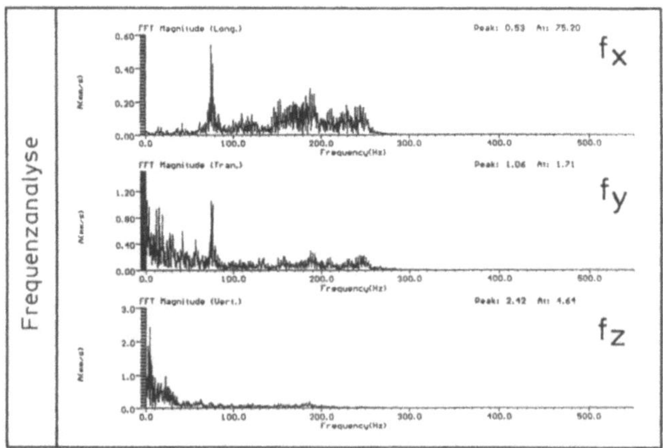

Abb. 9.6. Sprengerschütterungen mit verlängerten Zündintervallen [156]

eine solche Sprengung viel weniger zu Aufschaukelungen in den entsprechenden Böden.

Beurteilung der Erschütterungen in der Schweiz. Die Ländernormen für die Erschütterungseinwirkungen auf Bauwerke setzen Richtwerte für zulässige Erschütterungen in Abhängigkeit von der Eintretenshäufigkeit, den maßgebenden Frequenzen und der Erschütterungsempfindlichkeit des zu betrachtenden Objekts [35], [113], [157]. Eine einfache Beurteilung erlaubt die Schweizer Norm SN 640 312 a, Ausgabe 4/92 [157]. Sprengerschütterungen streuen wegen der vielen Einflußfaktoren in relativ breiten Bereichen. Gerade deswegen wirkt sich ein einfaches Beurteilungsverfahren äußerst vorteilhaft aus.

Generell hat der Ingenieur die Beurteilung der möglichen Schadenswirkung von Erschütterungen nach den Kriterien Gebäudeschaden, Belästigung der Anwohner und Schäden an empfindlichen Geräten und Einrichtungen vorzunehmen.

Vom Menschen werden Erschütterungen als unangenehm, ja, als sehr lästig empfunden, lange bevor ein Gebäudeschaden entsteht. Gezielte Informationen der Bevölkerung führen allerdings meist zu einem beachtlichen Verständnis.

Bei Sprengerschütterungen sind in der Regel Bauwerke und empfindliche Geräte oder Einrichtungen bedeutsam. Die einem Bauwerk zumutbaren Erschütterungen lassen sich über die Einstufung der Häufigkeit mit Tabelle 9.1 (wobei Sprengungen als gelegentlich einzustufen sind), der Empfindlichkeitsklassen (Tabelle 9.2) sowie der Richtwerte (Tabelle 9.3) ermitteln.

Beurteilung der Erschütterungen in Deutschland. In Deutschland erfolgt die Beurteilung der Bauwerkserschütterungen nach der DIN 4150, T.3 [35], Ausgabe 5/86. Im Vergleich zu der Schweizer Norm sind für die mittleren und höheren Frequenzen leicht höhere Werte zugelassen, sie beziehen sich aber auf die maximale Einzelkomponente und nicht auf den Gesamtvektor (Tabelle 9.4).

Tabelle 9.1. Häufigkeitsklassen [157]

Häufigkeitsklassen	Typische Erschütterungsquellen
gelegentlich	– Sprengungen
Ereignisse wesentlich kleiner als 1000	– Verdichtungsgeräte und Vibrationsrammen, wenn sie nur beim Starten und Abstellen größere Schwingungen erzeugen
häufig	– häufige Sprengungen – Schlag- und Vibrationsrammen – Verdichtungsgeräte – Abbauhämmer bei gelegentlichem Einsatz – Notstromgruppen, die häufig in Betrieb genommen werden
permanent	– Verkehr
Ereignisse wesentlich größer als 100000	– Festinstallierte Maschinen – Abbauhämmer bei längerem Einsatz

Tabelle 9.2. Empfindlichkeitsklassen für Erschütterungen [157]

Empfindlich-keitsklassen	Hochbau	Tiefbau
(1) sehr wenig empfindlich		– Brücken in Stahlbeton oder Stahl – Stützbauwerke aus Stahlbeton, Beton oder massivem Mauerwerk – Stollen, Tunnel, Kavernen, Schächte in Festgestein oder gut verfestigtem Lockergestein – Kran- und Maschinenfundamente – offen verlegte Rohrleitungen
(2) wenig empfindlich	– Industrie- und Gewerbebauten in Stahlbeton oder Stahlkonstruktion, in der Regel ohne Mörtelverputz – Silos, Türme, Hochkamine in Massivbauweise ohne Mörtelverputz oder Stahlkonstruktion – Gittermasten Voraussetzung: Die Bauwerke sind nach den allgemeinen Regeln der Baukunde gebaut und sachgerecht unterhalten.	– Kavernen, Tunnel, Schächte, Rohrleitungen in Lockergestein – unterirdische Parkbauten – Werkleitungen (Gas, Wasser, Kanalisation, Kabel), im Boden verlegt – Trockenmauern
(3) normal empfindlich	– Wohnbauten mit Mauerwerk in Beton, Stahlbeton oder künstlichen Bausteinen – Bürogebäude, Schulhäuser, Spitäler, Kirchen mit Mauerwerk oder künstlichen Bausteinen mit Mörtelverputz Voraussetzung: Die Bauwerke sind nach den allgemeinen Regeln der Baukunde gebaut und sachgerecht unterhalten.	– Quellfassungen – Reservoirs – Gußeisenleitungen – Kavernen, Zwischendecken und Fahrbahndecken in Tunnels – empfindliche Kabel
(4) erhöht empfindlich	– Häuser mit Gips- oder Hourdisdecken – Riegelbauten – Neuerstellte und frischrenovierte Bauten der Klasse (3) – Historische und geschützte Bauten	– alte Bleikabel – alte Gußleitungen

Beurteilung der Erschütterung in Österreich. In der ÖNorm S 9020 „Bauwerkserschütterungen – Sprengerschütterungen und vergleichbare impulsförmige Immissionen" [113], Ausgabe 8/86, werden im Vergleich zu Deutschland die Gebäudearten in vier Klassen eingeteilt (Tabelle 9.5). In Tabelle 9.6 sind für die verschiedenen Gebäudeklassen Richtwerte der zulässigen resultierenden Schwinggeschwindigkeit $v_{R,max}$ angegeben. Dabei sind einheitliche Bodenverhältnisse mit einer Ausbreitungsgeschwindigkeit von $c_L = 500$ m/s zugrunde

Tabelle 9.3. Richtwerte für zulässige Erschütterungen in Abhängigkeit von der Frequenz [157]

Empfindlichkeitsklassen	Häufigkeitsklassen	Maximalwerte des Geschwindigkeitsvektors v_R (mm/s) maßgebende Frequenzen		
		< 30 Hz[a]	30 – 60 Hz	> 60 Hz[b]
(1) sehr wenig empfindlich	gelegentlich häufig permanent	Richtwerte: bis zu den 3fachen entsprechenden Werten der Empfindlichkeitsklasse (3)		
(2) wenig empfindlich	gelegentlich häufig permanent	Richtwerte: bis zu den 2fachen entsprechenden Werten der Empfindlichkeitsklassen (3)		
(3) normal empfindlich	gelegentlich häufig permanent	15 6 3	20 8 4	30 12 6
(4) erhöht empfindlich	gelegentlich häufig permanent	Richtwerte: zwischen den Richtwerten der Klasse (3) und der Hälfte davon		

[a] Bei Frequenzen unter 8 Hz sind tiefere Richtwerte anzusetzen.
[b] Bei Frequenzen über 150 Hz können höhere Richtwerte angesetzt werden.

Tabelle 9.4. Anhaltswerte für die Schwinggeschwindigkeit v_i zur Beurteilung der Wirkung von kurzzeitigen Erschütterungen nach DIN 4150, T.3 [35]

Zeile	Gebäudeart	v_i (mm/s)			
		Fundament			Deckenebene des obersten Vollgesch.
		Frequenzen (Hz)			alle Frequenzen
		< 10	10 bis 50	50 bis 100[a]	
1	gewerblich genutzte Bauten, Industriebauten u. ähnlich strukturierte Bauten	20	20 bis 40	40 bis 50	40
2	Wohngebäude u. in ihrer Konstruktion und/oder Nutzung gleichartige Bauten	5	5 bis 15	15 bis 20	15
3	Bauten, die wegen ihrer besonderen Erschütterungsempfindlichkeit nicht denen nach Zeile 1 und 2 entsprechen und besonders erhaltenswert (z. B. unter Denkmalsschutz stehend) sind	3	3 bis 8	8 bis 10	8

[a] Bei Frequenzen über 100 Hz dürfen mindestens die Anhaltswerte für 100 Hz angesetzt werden.

Tabelle 9.5. Gebäudeklassen nach der ÖNorm S 9020 [113]

Gebäude-klasse	Gebäudeart
I	Industrie- und Gewerbebauten – Stockwerkrahmen (mit oder ohne Kern) mit tragender Konstruktion aus Stahl oder Stahlbeton – Wandscheibenbauten (Ortbeton, Fertigteil) – Ingenieurmäßige Holzkonstruktionen (Hallen o.ä.)
II	Wohnbauten – Stockwerkrahmen (wie bei I) – Wandscheibenbauten (wie bei I) – Gebäude mit Decken aus Ortbeton, aufgehendes Mauerwerk aus Betonsteinen, Ziegeln oder anderen künstlichen Bausteinen mit Zement- oder Kalkmörtel – Holzbauten, ausgenommen ausgemauerte Fachwerkbauten
III	Gebäude mit geringerer Rahmensteifigkeit als bei I und II Gebäude mit Kellerdecken aus Beton oder Ziegelgewölbe, in den oberen Stockwerken Fertigteil-, Holzbalken- oder Ziegelfertigteildecken Ausgemauerte Fachwerkbauten
IV	denkmalgeschützte Gebäude, die hinsichtlich ihrer Bauweise oder ihres Zustandes besonders erschütterungsanfällig sind

Tabelle 9.6. Richtwerte der zulässigen Schwinggeschwindigkeit $v_{R,\,max}$ am Gebäudefundament nach der ÖNorm S 9020 [113]

Gebäudeklasse	Richtwert $v_{R,\,max}$ (mm/s)
I	30
II	20
III	10
IV	5

gelegt worden. Die Richtwerte gelten für Sprengerschütterungen aus regelmäßigen Gewinnungssprengungen oder aus gleichwertigen Sprengungen im Zuge von Bauvorhaben.

Wenn der Richtwert laut Tabelle 9.6 überschritten wird, sind neben den Erschütterungsmessungen am Gebäudefundament noch zusätzlich die dynamischen Eigenschaften des Untergrunds zu erfassen. Hierzu ist die Ausbreitungsgeschwindigkeit der seismischen Wellen bei Flachgründungen in der Tiefe der Fundamentunterkanten zu messen [113]. Maßgeblich ist die Ausbreitungsgeschwindigkeit der Longitudinalwellen. In Abb. 9.7 sind für die verschiedenen Gebäudeklassen Richtwertkurven zusammengestellt, die die zulässige resultierende Schwinggeschwindigkeit $v_{R,\,max}$ als Funktion der Ausbreitungsgeschwindigkeit c_L der Longitudinalwellen wiedergeben. Wird bei den Erschütterungsmessungen die jeweils zugehörige Richtwertkurve nicht überschritten, sind die Sprengerschütterungen als zulässig zu beurteilen.

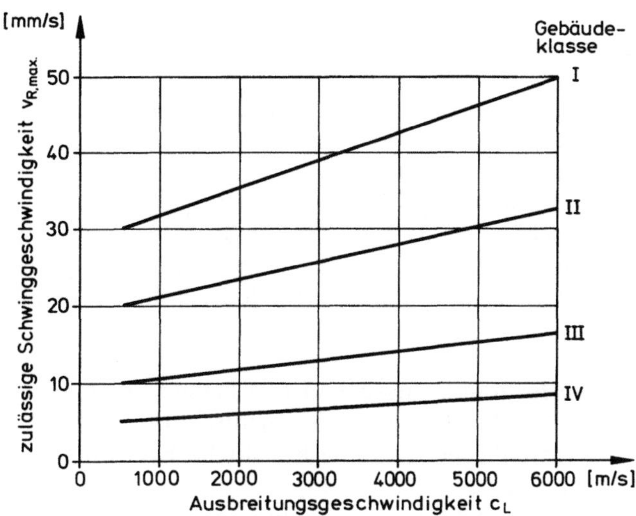

Abb. 9.7. Erschütterungsrichtwertkurven [113]

Zusätzlich besteht zur Beurteilung der Erschütterungseinwirkungen die Möglichkeit, die in den baulichen Anlagen auftretenden dynamischen Beanspruchungen durch Messung oder durch Berechnung zu ermitteln und unter Berücksichtigung der Häufigkeit ihres Auftretens mit den zulässigen Beanspruchungen zu vergleichen. Für die Beurteilung leichter Schäden sind diese Verfahren jedoch nicht geeignet [35].

Versuchssprengungen und ein entsprechendes Meßprogramm, das von Fall zu Fall über die ganze Vortriebszeit vorgesehen wird, erlauben meist die notwendige Optimierung der Sprengarbeiten auch unter Wahrung der Eigentumsinteressen des Einzelbürgers. Allerdings kommt man häufig nicht ohne Maßnahmen zur Verminderung der Erschütterungen aus.

Verminderung von Sprengerschütterungen. Sprengerschütterungen können an der Quelle vermindert werden. Die Beschränkung der Lademenge pro Zündstufe ist dann tauglich und einfach, wenn die gesamte mögliche Zündreihenfolge des Herstellers dazu ausreicht. Zwar ließe sich die Lademenge pro Zündstufe unter der Voraussetzung einer Querschnittsunterteilung in Teilausbrüche weiter vermindern, sie erreicht aber relativ rasch wirtschaftliche Grenzen. Neben den üblichen Möglichkeiten der Anpassungen des Sprengplans, der Zündstufen oder der Sprengstoffwahl sowie der Unterteilung des Querschnitts oder auch entsprechend großer Leerbohrungen, besteht eine wirkungsvolle Alternative in einem mechanisch ausgebrochenen Pilotstollen. Dadurch wird für alle Folgeausbrüche der Verspannungsgrad drastisch vermindert, ein Faktor, der für das Maß der Sprengerschütterung maßgebend zeichnet.

9.5.2
Zusammensetzung und Auswirkung der Sprenggasemission

Allgemeine Bemerkungen. Der bei der Sprengung entstehende Schwaden mit seinen hohen Konzentrationen an Gasen und Stäuben gefährdet durch seine Toxizität das Personal vor Ort und im rückwärtigen Bereich. Die Sprenggase selbst, insbesondere die Komponenten „Nitrose Gase", belasten unter Umständen durch Auswaschungen das unter Tage anfallende Bergwasser. Die Gefährdung von Grundwasser durch Auswaschungen des abgelagerten Ausbruchmaterials wird im Zeichen erhöhter Umweltsensibilität ebenfalls zu berücksichtigen sein.

Zusammensetzung der Primärschwaden. Unter Primärschaden versteht man die Gas- und Staubwolke, die sich vor Ort in Vermischung mit der Tunnelluft nach der Sprengung einstellt, jedoch ohne künstliche Belüftung. Meist ist deren Ausdehnung nach 3–5 min erreicht [48].

Viele Faktoren beeinflussen die Staub- und Gaskonzentration dieser Primärschwaden, die wichtigsten sind:

- Ladedichte (kg Sprengstoff pro m² Tunnelquerschnitt),
- Gebirge,
- Wasser im Berg,
- Sprengstoffart (und Verpackung),
- Zündung und
- Besatzart (Wasserbesatz).

Messungen von Primärschwaden zeigen wegen der vielen variablen Einflußfaktoren nur in den seltensten Fällen eine Übereinstimmung in den Gaszusammensetzungen mit Versuchen in Sprengkammern. Einer besonders hohen Schwankung ist dabei offenbar die Bildung von nitrosen Gasen unterworfen.

Eine recht umfangreiche Untersuchung der Zusammensetzung von Primärschwaden in sechs Objekten mit sehr unterschiedlichen Querschnitten und einer großen Variabilität der geologischen Verhältnisse, ausgeführt in den Jahren 1964–1967, hat die in Tabelle 9.7 aufgeführten Primärschwadenkonzentrationen ergeben [48].

Eine große Zahl von Messungen im rückwärtigen Bereich, die von der SUVA seither beim Schwadendurchgang in Tunnel mit blasender Bewetterung durchgeführt wurden, bestätigen mit Rückrechnung die Werte der Tabelle 9.7. (s. Kap. 4 „Sprengbetrieb").

Nicht zu unterschätzen bleibt die hohe Feinstaubkonzentration in den Sprengschwaden. Abbildung 9.8 zeigt die zu erwartende Feinstaubmenge in der Primärschwade, basierend auf einer größeren Anzahl an Messungen.

Diese Primärschwadenkonzentrationen für Gase und Stäube bildeten die Grundlage der Ländervorschriften für eine notwendige Verdünnung. Die vereinfachte Basis der mittleren Strömungsgeschwindigkeit im größten Profil (CH 0,3 m/s, D und A 0,2 m/s) liefert dabei die Grundanforderung der Bewet-

Tabelle 9.7. Zusammensetzung von Primärschwaden [48]

Gesteinsart	Spreng-stoff	Lade-dichte (kg/m²)	Schwaden-länge (m)	CO (ppm)	CO₂ (ppm)	Nitrose Gase (ppm)
Paragneise	Typ A	4.9	120–140	400	7000	200
Molasse-sandstein	Typ A	3	100	700–1000	4000	350
Molasse-sandstein	Typ A	1.1	120–140	80	2000	40
Dolomit	Typ B	5.25	105–120	1500	6000	100
Dolomit	Typ B	6.3	105–120	2000	8000	100

Typ A = gelatinöser Ammoniumnitrat-Sprengstoff mit Nitroglycerinanteil.
Typ B = pulverförmiger Ammoniumnitrat-Sprengstoff mit kleinem Anteil des Typs A.

Abb. 9.8. Feinstaubentwicklung bei verschiedenen Gesteinen

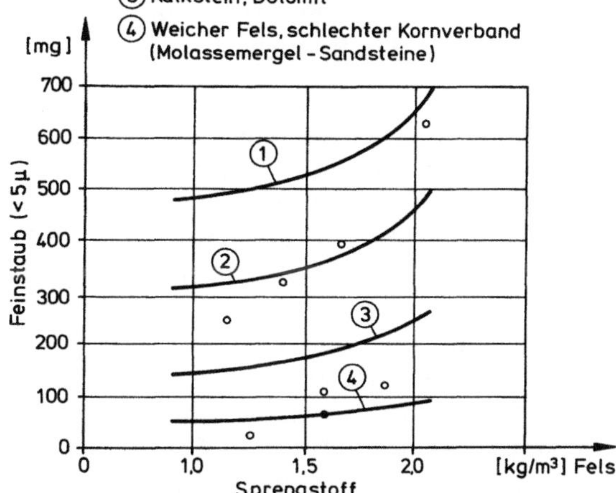

terung im Sprengvortrieb mit elektrischer Traktion und Ladegeräten ohne Verbrennungsmotoren.

Einflüsse auf die Umwelt

Luft. Sprenggase und Stäube entstehen plötzlich. Im Gegensatz zu Dieselabgasen, deren Produktion kontinuierlich anfällt und ebenso kontinuierlich verdünnt werden kann, lassen sich die Sprengschwaden vor dem Austritt in die freie Atmosphäre vor dem Portal nicht auf eine völlig gleichmäßige Belastung verdünnen. Im Falle der früher üblichen, heute aber selten eingerichteten

Sauglüftung bleibt ein erheblicher Teil des Schwadens unverdünnt. Eine Anordnung der Lutte als Kamin mit einer hohen Lüftungsgeschwindigkeit ist deswegen gefordert.

Die heute übliche blasende Bewetterung führt zu einer Ausbreitung des Sprengschwadens, wobei mit zunehmender Distanz vom Sprengort die Konzentration der Gase und Stäube sinkt. Die Belastung der Umwelt bleibt, sofern die Angriffstelle sich nicht in bebautem Gebiet befindet, vernachlässigbar klein, dies vor allem wegen der täglich sehr kurzen Expositionszeit. Für den Vortrieb selbst ergeben sich keine Probleme, solange die Frischluftfassung der blasenden Lutte in genügendem Abstand zum Portal liegt.

Wasser. Die Belastung des Bergwassers durch Stickstoffkomponenten, meist als Nitrite und Nitrate, rührt beileibe nicht allein von der Sprengung her. Mögliche Emittenten sind:

- Sprenggase, die am Haufwerk haften oder die Poren des Haufwerks füllen und durch Bebrausen zur Staubminderung ausgewaschen werden,
- Dieselabgase, als Teile haftend an feuchten Oberflächen oder herrührend von Dieselwäschern, deren Waschflüssigkeit unsachgemäß entsorgt wurden,
- Betonzusatzmittel, in selteneren Fällen durch den Einsatz von Nitriten als Korrosionsinhibitoren; Nitrate aus Frostschutzmitteln kommen dagegen unter Tage nicht in Betracht.

Haufwerk bzw. Ablagerung des Tunnelausbruchs. In den Hohlräumen des Haufwerks bleibt ein Teil des Primärschwadens mit seinen hohen Gaskonzentrationen liegen. Am feuchten oder zur Staubbindung durch Bebrausen benetzten Haufwerk bleiben aus nitrosen Gasen umgewandelte Nitrite oder Nitrate haften. Auswaschungen des Haufwerks in der Ablagerung durch Niederschläge schwemmen die oberflächlich haftenden Nitrite und Nitrate in eine mögliche Vorflut oder ins Grundwasser. Zu einer möglichen Nitrit- oder Nitratbelastung tragen auch Dieselabgase bei, wenn der Auspuff durch das geladene Haufwerk geleitet wird, wie es bei einigen unter Tage verwendeten Transportern üblich ist.

Auswaschversuche, die Jodl [62] für den Zammertunnel der ÖBB ausgeführt hat, zeigen ebenso wie Parallelversuche in der Schweiz, daß der Nitritwert im Grenzbereich der derzeitigen Einleitbedingungen in Gewässer liegen kann. Es handelt sich dabei um Einzelwerte bei einer intensiven Auswaschung, bei den erreichten Grenzwerten zudem um Kleinstversuche im Literbereich. Solche Kleinstversuche sind aber zur Feststellung, ob ein Haufwerk die Bedingungen eines Inertmaterials aufweist, nicht geeignet.

Der gemessene Nitratwert betrug einen Bruchteil des derzeitigen Grenzwertes für Einleitbedingungen.

Gesamtbetrachtungen. Die Betrachtungen zu den Bereichen Luft, Wasser, Haufwerk zeigen Verschiebungen der „Nitrose-Gas"-Belastungen vom einen zum anderen. Eine gute Staubbindung vor der Aufnahme des Schuttervorganges durch eine intensive Bebrausung des vor Ort liegenden Haufwerks vermindert die Belastung der Tunnelluft durch nitrose Gase, sie vermehrt die Haftung von Nitriten und Nitraten am Haufwerk, und bei einem sehr starken Wasserverbrauch ergibt sich eine teilweise Haufwerkauswaschung zu Lasten einer Anreicherung des abfließenden Bergwassers.

Der Sprengaushub eines Tunnels darf in der Regel als nicht belastetes Material gelten. Bei kritischen Ablagerungsstellen, wenn diese im Bereich von Grundwasser liegen, sind Maßnahmen während der Bauausführung vorzusehen. Von Transportfahrzeugen mit einer Durchleitung des Dieselauspuffs durch das geladene Haufwerk ist dann abzusehen.

9.6
Ausbildung des Fachpersonals

In der Rahmenrichtlinie der EU [131] wird keinerlei Nachweis der besonderen Fachkenntnisse für die Durchführung von Sprengarbeiten gefordert. Es wird nur generell der Arbeitgeber verpflichtet, bei der Übertragung von Aufgaben an einen Arbeitnehmer dessen Eignung in bezug auf Sicherheit und Gesundheit zu berücksichtigen.

Aufgrund der bestehenden Gefahren verlangen die meisten nationalen Vorschriften einerseits den Nachweis der persönlichen Zuverlässigkeit und andererseits eine spezielle fachkundige Ausbildung, eine entsprechende Qualifikation aller Personen, die mit Sprengmitteln berufsmäßig umzugehen haben, im speziellen aber der Sprengfachleute, die für die sichere Durchführung der Sprengungen verantwortlich sind. Dauer und Art der Ausbildungen, die mit einem Befähigungsnachweis zur Durchführung von Sprengarbeiten abschließen, sind in den nationalen Vorschriften äußerst unterschiedlich geregelt.

Zusätzlich ist in den nationalen Vorschriften Deutschlands, der Schweiz und Österreichs geregelt, daß beim Vorliegen von Gründen, die eine sichere Durchführung der Sprengarbeiten nicht mehr gewährleistet erscheinen lassen (z. B. wenn ein Fehlverhalten zu einem Unfall geführt hat, in der Schweiz nur nach einer rechtskräftigen Verurteilung), der Befähigungsnachweis entzogen werden kann.

Deutschland. Um im Tunnelbau Sprengarbeiten durchführen zu dürfen, muß ein Arbeitnehmer in Deutschland, bevor er zum eigentlichen, eine Woche dauernden Grundlehrgang für Sprengarbeiten unter Tage zugelassen und so zum „Sprengberechtigten" wird, erst einmal bei 16 einschlägigen Sprengungen als Helfer teilgenommen haben. Diesem Grundlehrgang für Sprengarbeiten unter Tage ist gleichwertig die erfolgreiche Teilnahme an einem Grundlehrgang für allgemeine Sprengarbeiten (mit der Vorbedingung, bei 50 Sprengungen als Helfer teilgenommen zu haben) und ein nachfolgender Sonderlehrgang für Sprengungen für unterirdische Hohlräume. Darüber hinaus müssen die Sprengberechtigten nach fünf Jahren einen Wiederholungskurs, in dem neue Kenntnisse vermittelt werden, absolvieren.

Der Sprengberechtigte ist für die sichere Aufbewahrung und den sicheren Transport der Sprengmittel auf der Baustelle sowie die sichere Durchführung der Sprengarbeiten verantwortlich. Er kann zu seiner Unterstützung geeignete Sprenghelfer beiziehen, denen er allerdings nur in den Unfallverhütungsvorschriften geregelte, mindergefährliche Arbeiten überantworten darf.

Schweiz. In der Schweiz ist für die Durchführung von Sprengarbeiten im Tunnelbau der Sprengleiter verantwortlich, der seine Sprengberechtigung durch eine Prüfung (nach absolviertem Kurs) zum sog. C-Ausweis erworben hat. Der Sprengleiter ist auch für die entsprechende Unterweisung aller betroffenen Arbeitnehmer verantwortlich.

Österreich. Ähnlich den deutschen Bestimmungen ist in Österreich für die sichere Aufbewahrung und den sicheren Transport der Explosivstoffe auf der Baustelle sowie für die sichere Durchführung der Sprengarbeiten der sog. Sprengbefugte verantwortlich. Der Sprengbefugte muß einen ca. 80stündigen, allgemeinen Grundausbildungskurs erfolgreich absolvieren, um dann für alle Sprengarbeiten – auch für Sprengungen unter Tage – berechtigt zu sein. Zu einem derartigen Kurs werden nur Personen zugelassen, die eine von der Sicherheitsbehörde ausgestellte Bescheinigung über ihre Verläßlichkeit beibringen [117].

Für gewisse, in der Sprengarbeitenverordnung geregelte, einfache und mindergefährliche Tätigkeiten kann der Sprengbefugte Sprenggehilfen heranziehen.

KAPITEL 10

Mechanisierung und Automatisierung

10.1
Allgemeines

Mechanisierung und Automatisierung haben das Ziel, Tätigkeiten der Menschen zu erleichtern oder deren Arbeitsbelastung zu vermindern, die Sicherheit zu verbessern sowie die Leistung zu erhöhen. Sehr viel einfacher wird der Entschluß zur Mechanisierung, wenn sich der Unternehmer gleichzeitig einen wirtschaftlichen Vorteil verspricht. Eines der genannten Elemente muß aber erfüllt sein, sonst verkommt die Mechanisierung zur Spielerei.

Um Mechanisierung und Automatisierung sinnvoll anwenden zu können, müssen die Arbeitsbereiche Bohren, die Sprengarbeit, die Bereiche Schuttern und auch die Ausbruchsicherung in ihrer Gesamtheit als Zyklus betrachtet werden.

Abbildung 10.1 stellt schematisch für zwei unterschiedliche Abschlagszyklen diese Tätigkeiten jeweils verhältnismäßig dar.

Der schematische Ablauf des Vortriebs in Abb. 10.1a zeigt einen Abschlagszyklus in einem Gebirge hoher Vortriebsklasse. Der Aufwand für das Aufbrin-

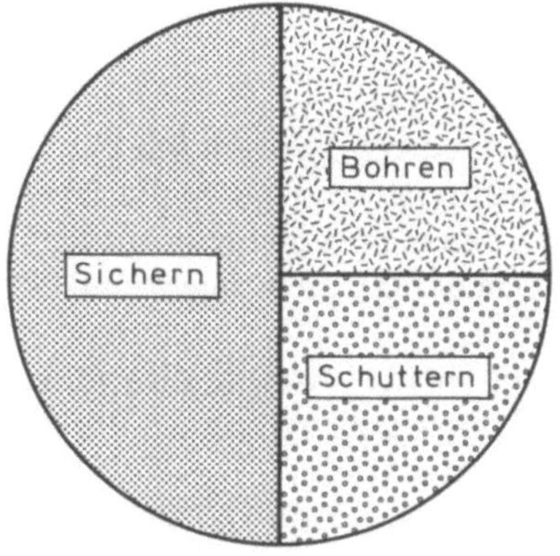

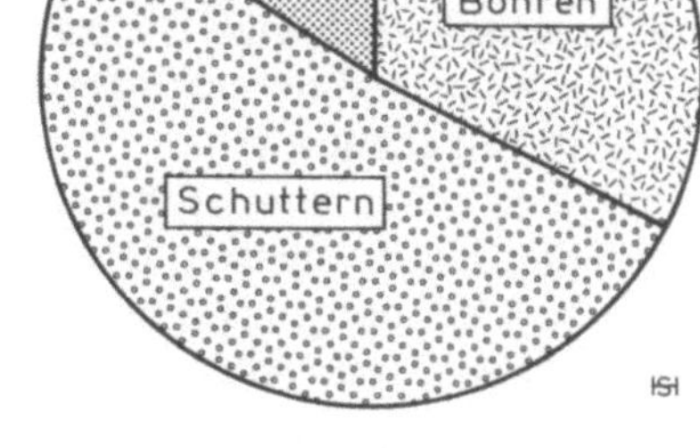

a) Hohe Vortriebsklasse   b) Niedrige Vortriebsklasse

Abb. 10.1. Ausbruchsphase, verhältnismäßiger Ablauf der Tätigkeiten zweier unterschiedlicher Abschlagszyklen

gen der Ausbruchsicherung wird im Verhältnis zur Bohrzeit und Schutterzeit groß. Demgegenüber zeigt das Schema der Abb. 10.1b den Vortrieb einer niedrigen Vortriebsklasse mit geringem Ausbruchsicherungsaufwand, der überdies einen verlängerten Abschlag zuläßt.

Ohne eine gesamtheitliche Betrachtung aller Tätigkeiten, die, wie dargestellt, stark ineinandergreifen, kann die Mechanisierung eines einzelnen Arbeitsbereiches nicht den gewünschten Erfolg bringen.

Es könnte demnach durchaus sinnvoll sein, die Abschlagslänge nicht bis zu einem Maximum zu steigern, weil damit der Sicherungsaufwand steigt, eine höhere Vortriebsklasse zur Anwendung kommt oder die Schutterkapazität nicht ausreicht.

10.2
Mechanisierungsschwerpunkte

Mechanisierung und Automatisierung wurden in den 80er Jahren verstärkt im mechanischen Ausbruch, insbesondere beim Einsatz der Vollschnittmaschinen (TBM), der Schild-TBM und aller Varianten von mechanisierten Schilden gepflegt und entsprechend weit entwickelt.

Der Sprengvortrieb, in den letzten beiden Jahrzehnten in einigen Ländern wie der Schweiz stark zurückgedrängt, verblieb ohne wesentliche Entwicklungsschübe.

Seit den späten 80er Jahren haben die geplanten langen Alpendurchstiche (Brenner und Semmering in Österrreich, Neat in der Schweiz) mit Strecken in zum Teil sehr harten Felsformationen und einer großen Überlagerungshöhe mit hohem Gebirgsdruck jedoch dazu geführt, daß auch der Sprengvortrieb verstärkt wieder das Interesse der Tunnelbauer gefunden hat.

10.2.1
Bohren und Sprengen

In den letzten Jahren wurde die Bohrtechnik verfeinert. Hydraulisch betriebene Bohrgeräte sind auf den Baustellen weit verbreitet und haben die Pneumatik praktisch verdrängt. Die Bohrjumbos werden mehr und mehr mit Elektronik versehen, rechnergestützte und -gesteuerte Bohreinrichtungen sind auf den Baustellen anzutreffen.

Aber auch bei der Sprengtechnik wurden Fortschritte gemacht, dies vor allem bei den Zündsystemen. Die Schlauchzündung wurde verfeinert, bei der elektrischen Zündung das Angebot erweitert (Tunnelserie).

Neu auf dem Markt ist die elektronische Zündung (s. a. Kap. 4). Die Zünder, mit Kondensatoren und Mikrochips versehen, sind alle gleich aufgebaut. Ihre Verzögerung ist entsprechend den Vorstellungen des Sprengsachverständigen oder des Sprengmeisters zeitlich regelbar. Diese Steuerbarkeit der Zündfolge bringt nicht nur Vorteile bei großen Zündserien, auch das Sprengen sauberer Profile wird damit zusätzlich wesentlich erleichtert.

Entsprechend den vorläufig kleinen Mengen, die produziert werden, und den wenigen und mit hohen Entwicklungskosten behafteten Zündcomputern, ist das elektronische Zündsystem noch nicht konkurrenzfähig. Der regelmäßige Einsatz auf den Baustellen wird jedoch in naher Zukunft selbstverständlich sein.

10.2.2
Sichern

Mechanisierungs- und Automatisierungsbestrebungen für die Sicherungsarbeiten gibt es seit den fünfziger Jahren. Dazu gehören Einbauhilfen für Stahlbögen, Ankerhilfen und insbesondere Verbesserungen für das Einbringen von Spritzbeton.

Die Qualität des Spritzbetons bzw. Stahlfaser-Spritzbetons für die Vortriebssicherung wird auch heute noch maßgeblich von den handwerklichen Arbeiten des ausführenden Personals beeinflußt. Schlechte Arbeitsbedingungen und Gesundheitsrisiken können dabei zu mangelnder Motivation und letztendlich zu mangelhafter Ausführung der Spritzbetonarbeiten führen.

Durch die gezielte Einführung der Mechanisierung mit Automatisierung in die Spritzbeton-Verfahrenstechnik verbessern sich nicht nur die Arbeitsplatzbedingungen, es können auch Qualität und Wirtschaftlichkeit des Spritzbetons erheblich gesteigert werden.

10.2.3
Logistik

Lange Tunnelstrecken stellen besondere Anforderungen an die Logistik. Bohren, Sprengen, Schuttern, Sichern sowie Materialzutransporte müssen optimal aufeinander abgestimmt sein. Entsorgung und Versorgung eines Sprengvortriebs sind als Ganzes zu planen. Die Optimierung, z. B. einer Abschlagslänge, darf nicht Selbstzweck der Sprengtechnik sein, sie ist in den Gesamtablauf einzubinden (s. a. Kap. 3 „Bohrbetrieb").

10.3
Bohren

Die Einführung der auf den Baustellen üblichen, hydraulisch betriebenen Bohrhämmer hat gegenüber dem Druckluftbetrieb eine Steigerung der Bohrleistung um 50 % gebracht.

10.3.1
Elekronische Steuerung

Die hydraulischen Gesteinsbohrhämmer wurden nach und nach mit elektronischen Komponenten ausgerüstet, die Anpreßdruck, Rotation und Schlagwerksregelung optimal aufeinander abstimmten.

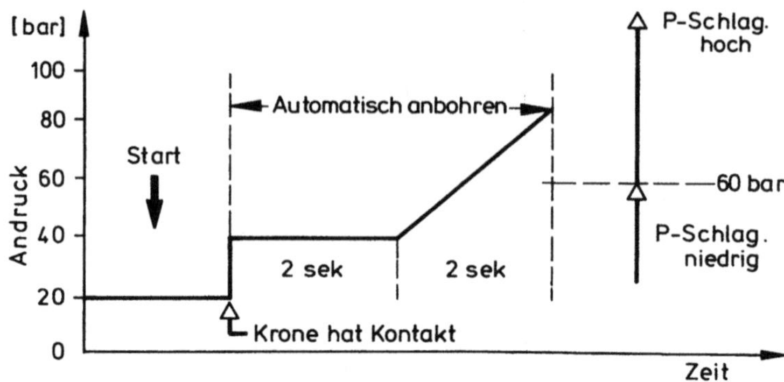

Abb. 10.2. Automatisches Anbohren [191]

Das hat dazu geführt, daß je nach abzubohrendem Fels z. B. die Schlagleistung zugunsten des Anpreßdruckes oder des Drehmomentes reduziert wird. Am augenfälligsten geschieht dies beim automatischen Anbohren (Abb. 10.2):

Zunächst werden Rotation und Spülung eingeschaltet und der Bohrhammer vorgefahren. Bei Kontakt mit dem Gestein und dadurch steigendem Andruck startet der Bohrhammer mit niedrigem Schlagwerkdruck für zwei Sekunden. Während der folgenden zwei Sekunden erhöht sich der Schlagwerkdruck auf den maximal eingestellten Wert. Daraus resultierende, höhere Standzeiten für Kronen und Bohrstangen erhöhen die Wirtschaftlichkeit.

Selbstverständlich regelt die Steuerung auch Menge und Druck des Spülwassers sowie das Reagieren auf ein mögliches Festklemmen des Bohrers.

10.3.2
Rechnergestützte Bohrwagen

Voraussetzung für ein wirtschaftliches Lösen des Gebirges mittels Sprengstoff ist das genaue Bohren.

Der entworfene Bohrplan sollte optimal an der Ortsbrust umgesetzt werden. Der Wunsch nach einer Steuerung, die nicht nur die Bohrhämmer führt, sondern alle Bohrarme des Jumbos koordiniert, ist erfüllt worden.

Ein auf dem Bohrwagen installierter Rechner erlaubt es dem Bohrmineur, über den Bildschirm die Lafettenstellung mit dem Bohrplan zur Deckung zu bringen. Damit kann der mittels einer CAD-Software im Büro entworfene Bohrplan über ein transportables Speichermedium in den Rechner des Bohrwagens eingelesen werden (Abb. 10.3/10.4).

Zum Einmessen wird der Bohrwagen vor der Ortsbrust in Position gebracht. Ein Laserstrahl, der eine Lafette des Jumbos über Zieltafeln erfaßt und damit im Hohlraum örtlich definiert, reicht dazu aus (Abb. 10.5).

Solche computergestützten Bohrwagen bringen große Vorteile. Das zeitraubende händische Anzeichnen der Bohrlöcher entfällt. Die Vereinfachung der Bohrschemata, um diese vor Ort mit möglichst handlichen Mitteln auf die Brust übertragen zu können, ist nicht mehr notwendig. Bohrpläne können in

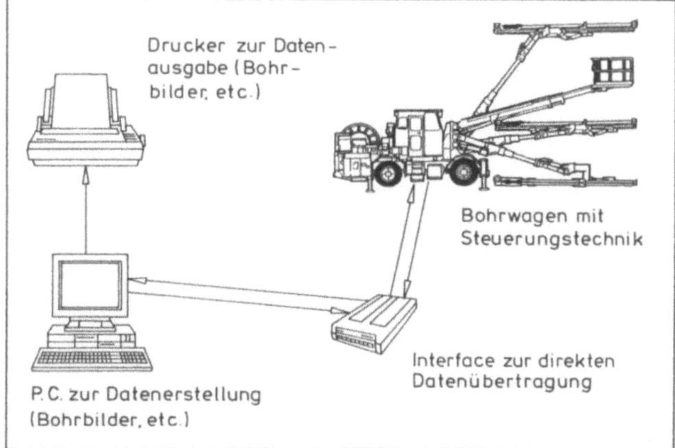

Abb. 10.3. Schematischer Weg zwischen dem Bohrplan im Büro zum Bohrwagen vor Ort, nach [10]

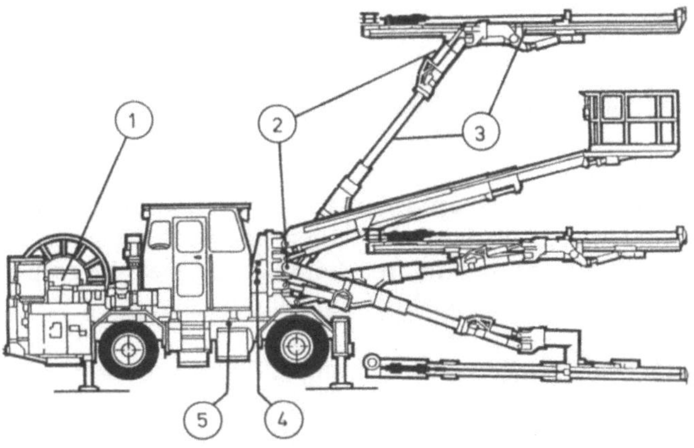

Abb. 10.4. Komponenten zur Automatisierung der Steuerungstechnik bei einem Hochleistungsbohrwagen, nach [10]

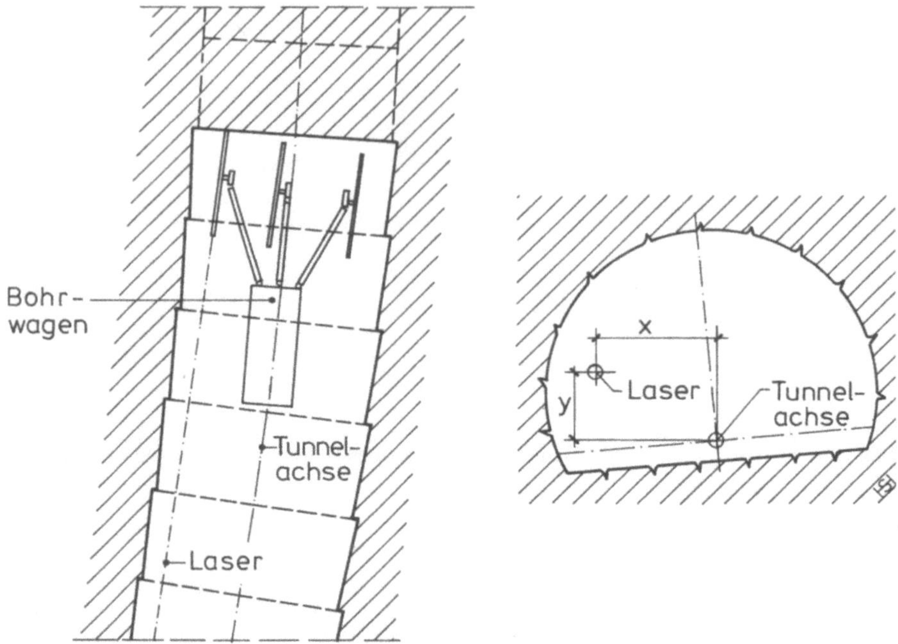

Abb. 10.5. Einmessen der Bohrlafetten mit Richtungslaser [5]

vollem Umfang sprengtechnisch optimiert entworfen und umgesetzt werden.

Notwendige Korrekturen an den Bohrplänen sind nach der Beurteilung des Sprengerfolges einfacher und in kürzerer Zeit möglich, weil die gespeicherten Informationen aller Bohrvorgänge abruf- und änderbar sind.

Zusammenfassung. Die aktuellen Bohrleistungen liegen z. Zt. um 200 cm/min, was über 100 m Bohrloch pro Jumbo-Arm und Stunde ergibt.

Das Optimieren der Bohrarbeit mittels elektronischer Steuerung läßt eine gegenseitige Abstimmung der Bohrstangen und Kronen zu. Stangen mit Durchmessern von $1^{1}/_{2}$ oder $1^{3}/_{8}$ Zoll können auf $1^{1}/_{8}$ und 1 Zoll und Kronen von 45 mm Durchmesser auf 38–32 mm vermindert werden. Dadurch wird die Bohrgeschwindigkeit gesteigert.

Eine hohe Bohrgenauigkeit ist Voraussetzung für ein gutes Sprengergebnis. Sie beginnt bereits beim Anzeichnen der Löcher, das mit den rechnergestützten Bohrgeräten entfällt. Das Verlaufen der Löcher wegen Bohrens mit zu großem Druck oder wechselnden geologischen Bedingungen ist seltener geworden. Die Stechwinkel werden ebenfalls über die Elektronik der Abschlagslänge angepaßt.

Die Bohrinstallationen sind sehr flexibel ausführbar. Zwischem dem vollautomatischen und dem handgesteuerten Bohren sind viele Zwischenlösungen möglich. Der Vortriebsbohrwagen kann demzufolge auch für das Bohren der Ankerlöcher genutzt werden.

Die Arbeitsplatzhygiene ist gesteigert und die Arbeitsplatzbelastung verringert worden, denn der Schallpegel moderner Bohrgeräte ist erheblich geringer als früher und der Luft-Ölnebel, welcher die Tunnelluft beim pneumatischen Bohren trübte, gehört der Vergangenheit an.

Die Speicherung der Bohrvorgänge bei den computergestützten Bohrwagen sowie die Verknüpfung dieser Daten mit den Unterlagen des Vermessungsingenieurs haben zu einem wirtschaftlichen Vorgehen geführt.

10.4
Schuttern und Vortriebslogistik

Die Mechanisierung des Schutterbetriebs lohnt sich vor allem bei längeren Baulosen. Das Beladen des Transportmittels und der Transport selbst bis zur Kippe sind als Gesamtheit zu betrachteten.

Die früher durchweg praktizierten Vortriebsverfahren mit vielen Arbeitsstellen verlangten nur für den Sohlstollen Wagenwechsel. Als Alternative wurden beim St.-Gotthard-Eisenbahntunnel (Bauzeit 1872–1882) parallel zum Hauptgleis zwei Miniaturrollbahnen geführt, auf denen die vor Ort gefüllten Kleinbehältnisse, oft waren es Körbe, über die ganze Länge des Streckenzuges verfahren werden konnten. Die Ausweitung zum vollen Profil in verschiedenen Stufen erfolgte immer entlang eines schon erstellten Hauptverkehrsträgers des Pilotstollens.

Demgegenüber verlangt wenigstens der schienengebundene Transport beim Ausbruch in vollen oder in großen Teilquerschnitten, wie er durch die Mechanisierung der Bohrarbeit und die Einführung der Lademaschinen möglich wurde, Maßnahmen zur Beladung eines Zuges vor Kopf.

Die Vortriebslogistik umfaßt die Transportketten für die Versorgung des Vortriebs sowie die Entsorgung des gesprengten Haufwerks. Um mögliche Friktionen auszuschalten, sind die Hauptverkehrsträger wenigstens im Vortriebsbereich zu entflechten. Eine geeignete Staffelung der Arbeiten zwischen Vortrieb und rückwärtigen Bereichen hilft überdies, Unfälle zu vermeiden.

Mit Einrichtungen für den Wagenwechsel im Vortrieb, wie seitliche Schiebebühnen, die Vertikale ausnützende Cherry Picker oder die Kaliforniaweichen (s. Kap. 5) gelang es, die Zeitspanne für den Wagenwechsel, die immer einer Totzeit des gesamten Ladevorganges entspricht, zu vermeiden, nicht aber, sie grundsätzlich zu verhindern.

Bei schienengebundenen Transportinstallationen wurde der Schiebeboden (Sliding floor) entwickelt, um im Vortriebsbereich eine einfache Gleisveränderung möglich zu machen. Der Wagenwechsel für das Ausbruchsmaterial mußte nach wie vor ausgeführt werden. Nachteilig wirkt sich ein solcher Sliding floor aber aus, wenn vom Vollausbruch auf einen Teilausbruch umgestellt werden muß.

Kontinuierliche Schuttervorgänge wurden erst mit der Verwendung von Förderbändern möglich. Erste Versuche im Tunnel Großer St.-Bernhard – als Pionierleistung einzustufen – waren nicht gerade vielversprechend, wohl weil es noch nicht gelang, das Haufwerk kleinstückig zu sprengen und weil die För-

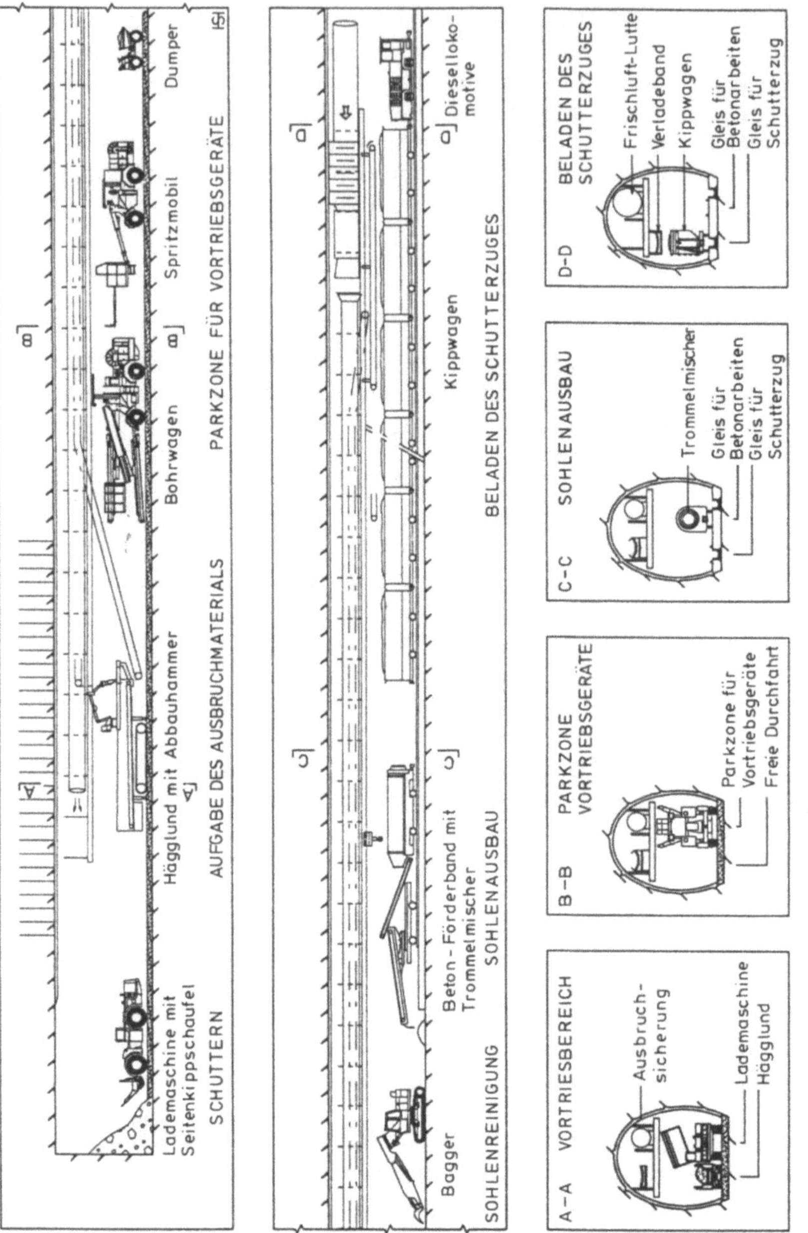

Abb. 10.6. Schematische Darstellung des Nachlaufsystems im Sprengvortrieb, Tunnel Vereina Süd [6]

derbänder in der notwendigen Größe und Robustheit nicht der gängigen Technik entsprachen.

Für kleine Profile stellten der Bunkerzug und später die Hägglunds einen echten Innovationsschritt dar.

Mit der Weiterentwicklung vor allem der Förderbandkonstruktionen und breiteren Transportbändern konnten unterschiedliche Transportniveaus (Kalottenvortrieb, Strossenabbau) überwunden werden. Das anfallende, gesprengte Haufwerk mußte früher wegen der unregelmäßigen Blockgröße zum Teil vorgebrochen werden (Großer Sankt Bernhard). Die nunmehr hohen Bohrleistungen lassen das Abbohren der Tunnelbrust mit kleinen Lochabständen zu. Der im Vergleich zur Mannstunde immer günstiger werdende Sprengstoff, nicht mehr so sparsam verwendet, führt mit den vermehrten Bohrlöchern zu einer gleichmäßigen Kleinstückigkeit des Haufwerks. Das Bearbeiten des gelösten Gebirges wird einfacher, die breiten Transportbänder führen das Material über die brustnahen Teilbaustellen in den rückwärtig liegenden Verladeraum.

Die horizontale Querschnittsunterteilung ist auch dank der Entwicklung der Ankertechnik sowie der Ankermaterialien attraktiv geworden.

Nachlaufsysteme, wie sie für die Ver- und Entsorgung der Tunnelbohrmaschinen entwickelt werden, lassen sich nun auch im Sprengvortrieb verwenden. Die aufgehängte Bühne trägt das Förderband, Strom- und Wasserversorgungsleitungen sowie die Luttenspeicher zur unterbruchsfreien Verlängerung der Bewetterungslutte. Hängekräne dienen der Feinverteilung des über das Gleis antransportierten Baumaterials zu den unter der Bühne liegenden Baustellen. Die integrierte Fußgängerbrücke bietet Gewähr für eine maximale Sicherheit der Belegschaft.

Abb. 10.7. Nachlaufsystem des Tunnels Vereina Süd bei Aufgabe des Ausbruchmaterials (links) und beim Beladen des Schutterzuges (rechts) [ROWA AG]

Die Möglichkeiten der horizontalen Trennung sind groß. Sie reichen vom reinen Förderband bis zur mitfahrenden Kleinwerkstatt mit Handmagazin.

Ein im kleineren Profil ausgeführtes Nachlaufsystem wird im Pilotstollen des Semmering-Basistunnels eingesetzt.

Im Vereina-Tunnel Los Süd (Bauzeit 1993–1997) gelangt ein umfangreiches System zur Anwendung. Der relativ lange Schmalspur-Eisenbahntunnel (7500 m) mit einem Minimalquerschnitt von 39 m² erlaubt einen größeren Innovationsschritt (Abb. 10.6/10.7).

10.5
Spritzbetontechnik

Die Spritzbetontechnik ging in den vergangenen Jahren konsequent den Weg der Mechanisierung und Automatisierung. Die Maschinentechnik konnte dabei von „Druckluftschleudern" zu hochtechnisierten Spritzmaschinen weiterentwickelt werden. Neue Ergebnisse sind noch im Bereich der Steuerung und Regelung zur Einhaltung der Mengenzugabe und der Druckluftkomponenten erforderlich, denn die konsequente Forschung hat gezeigt, daß die Qualität maßgeblich von den verfahrenstechnischen Parametern abhängig ist [86]. Gleichzeitig wurde auch die Handhabung vor Ort durch Manipulatoren erheblich erleichtert. Selbst der Einsatz von Robotern wäre heute in weiten Bereichen möglich, doch in dem stets „traditionsbewußten" Tunnelbau arbeiten immer noch genügend Düsenführer, die diese schweren, schmutzigen und gefährlichen Tätigkeiten ausführen. Dabei gibt es kaum ein anderes Gebiet im Bereich des Bauwesens, für das ein Robotereinsatz besser geeignet wäre. Im folgenden wird der Entwicklungsstand der Manipulatoren und Roboter gezeigt.

10.5.1
Manipulatoren

Ansätze der Mechanisierung der Düsenführung mittels ferngesteuerter Manipulatoren (Abb. 10.10/10.11) zeigen bereits Verbesserungen sowohl hinsichtlich der Arbeitssicherheit, der arbeitshygienischen Verhältnisse und der Wirtschaftlichkeit des Bauverfahrens als auch hinsichtlich der Materialqualität und der Hohlraumstabilität (Tabelle 10.1).

Als Unterscheidungskriterium für die konstruktive Auslegung sowohl der Auslegervorrichtung als auch der Spritzdüse dient die angewandte Kinematik. Aufgrund der gegebenen Randbedingungen einer Tunnelbaustelle (z.B. Kollisionsgefahren, staubige Umgebung) wird daher eine einfach strukturierte Kinematik mit großer Reichweite und kleinem Raumbedarf angestrebt.

Außerdem spielt eine Rolle, daß eine geringe Anzahl an Gelenken die Steuerung des Geräts vereinfacht, was der Forderung der schnellen Anlernbarkeit der Bedienung der Geräte entspricht. Um räumliche Bewegungen zu realisieren, sind mindestens drei Freiheitsgrade notwendig (die nicht alle auf der gleichen Ebene liegen dürfen). Mögliche Kinematiken von Auslegervorrichtungen mit drei Freiheitsgraden zeigt Abb. 10.8.

Tabelle 10.1. Vorteile der Anwendung von Spritzmanipulatoren

Gebiet	Vorteil
• Arbeitssicherheit	• Entfernung des Düsenführers aus dem unmittelbaren Gefahrenbereich • Entlastung des Düsenführers von schwerer körperlicher Arbeit • Steigerung des Sicherheitsgefühls • Entfall von Gerüsten
• Wirtschaftlichkeit	• Rückprallminderung • Steigerung der Durchsatzleistungen (> 20 m³/h) • Erhöhter Ausnutzungsgrad der Spritzbetonmaschinen • Erhöhung der Vortriebsleistung
• Materialqualität	• optimale Düsenführungstechnik
• Hohlraumstabilität	• frühzeitige Versiegelung bzw. Randverstärkung • Verhinderung der Gebirgsauflockerung

Während ein Dreh- oder Rotationspaar nur eine Relativbewegung zwischen den Gliedern durch eine Drehung um die Paarachse ermöglicht, wird diese beim Gleit- oder prismatischen Paar durch die Translation der Elemente zueinander erreicht. Aus den in Abb. 10.8 dargestellten Möglichkeiten werden jedoch im allgemeinen nur 4 Kinematiken genutzt. Variante 1 wird als XYZ oder kartesische Konfiguration, Variante 4 als Zylinderkonfiguration, Variante 7 als

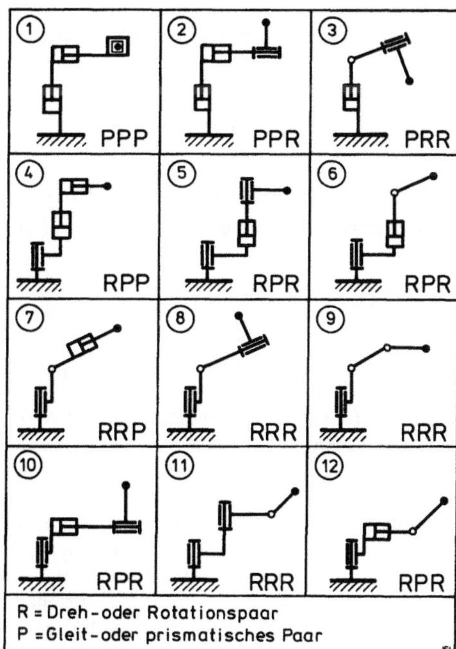

Abb. 10.8. Mögliche Kinematiken von Auslegervorrichtungen mit drei Freiheitsgraden [102]

Abb. 10.9. Kinematik eines fernbedienbaren, mechanischen
Spritzarmes mit einer selbsttätig kreisenden Spritzdüse [Schwing]

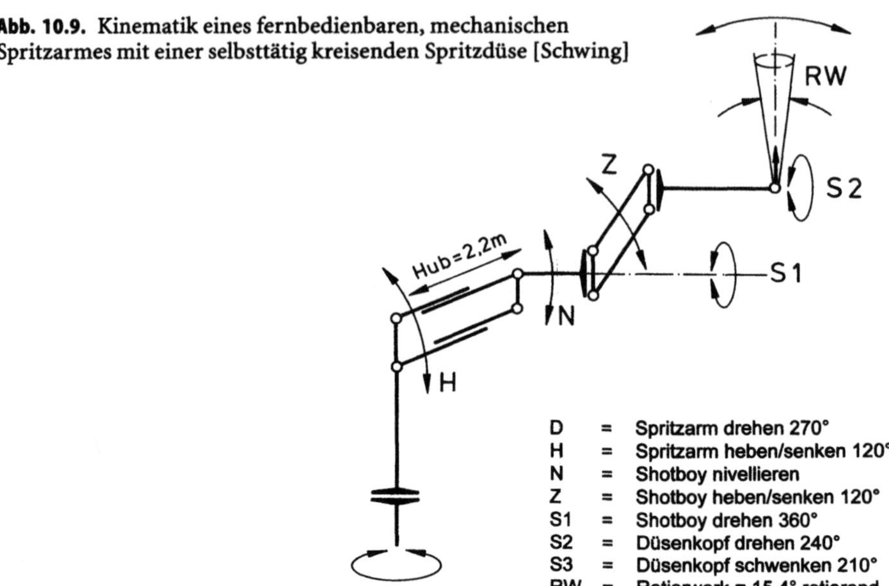

polare oder Kugelkonfiguration und Variante 9 als Knickarm oder Drehge-
lenkskonfiguration bezeichnet.

Die Mehrzahl der heute auf dem nationalen und internationalen Markt an-
gebotenen Manipulatoren kann hinsichtlich ihrer kinematischen Auslegung
den in Tabelle 10.2 aufgeführten Systemen zugeordnet werden. Zwei Beispiele
sind in den Abb. 10.10 und Abb. 10.11 wiedergegeben.

10.5.2
Roboter

Die Unattraktivität des Spritzbeton-Arbeitsplatzes auf der Tunnelbaustelle, re-
sultierend aus den extremen Belastungen des Düsenführers, kann auch mit

Tabelle 10.2. Systematik der Spritzmanipulatoren

Trägersystem	Antrieb	Auslegervorrichtung	Spritzdüse

• Raupenfahrzeug
• Pneufahrzeug
• Gleiswagen
• Einschienen-
  hängebahn
	• pneuma-
	  tisch
	• hydrau-
	  lisch
		• schwenk- u. neigbarer Teleskopausleger
		• schwenk- u. neigbarer Ausleger in Kom-
		  bination mit einer teleskopierbaren
		  Lafette
		• Haupt- und zwei Nebenarme
		• Doppelgelenkarmkonstruktion
		• Schiebebaum mit drehbarem Teleskop-
		  ausleger
		• Hängegerüstkonstruktion
			• Schwenk-
			  und Neig-
			  barkeit
			• Drehpen-
			  delbewe-
			  gung
			• Rotations-
			  bewegung

Abb. 10.10. Manipulator mit 360° drehbarem Spritzbetonverteilerarm („Shot-Boy") und 360° rotierender Spritzdüse [Schwing]

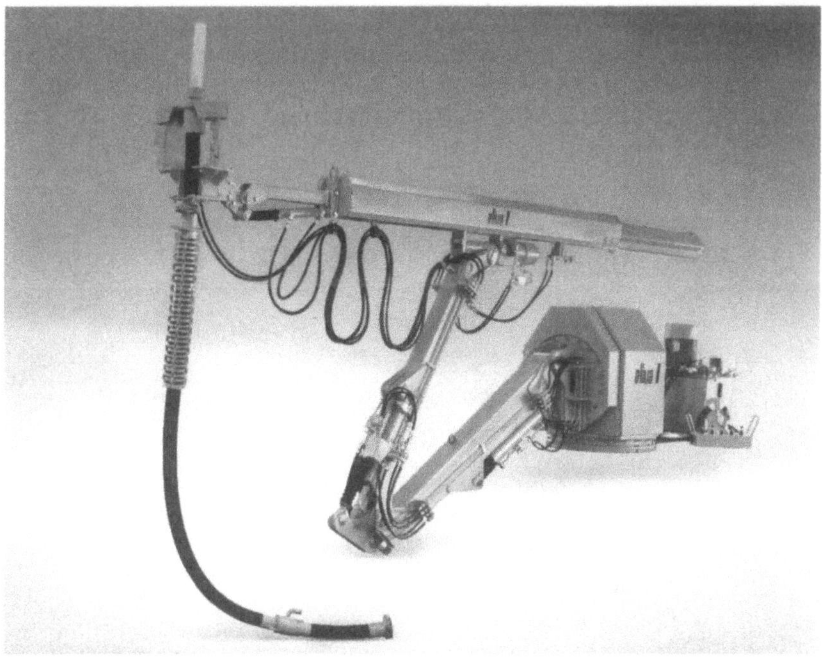

Abb. 10.11. Auslegervorrichtung mit Drehbarkeit um die Längsachse [Aliva]

Hilfe von Manipulatoren nur zum Teil reduziert werden; ein Aufenthalt im Sichtbereich des Spritzbetonauftrags bleibt erforderlich.

Des weiteren zeigen die Grundlagenuntersuchungen zur Spritzbetontechnologie, daß gerade die Düsenführungstechnik einen deutlichen Einfluß auf die Baustoffqualität einschließlich der Anforderungen an die Gleichmäßigkeit, den Rückprall und die Feinstaubentwicklung hat und nur durch einen Spritzbetonroboter optimal anzuwenden ist [86].

Abbildung 10.12 zeigt eine japanische Entwicklung, die eine automatische Spritzdüsenführung entsprechend vorher eingegebener Querschnittsdaten des Tunnels ermöglicht. Eine elektronische Positionsbestimmung des Manipulators mittels zweier Laser ist ebenfalls verwirklicht.

Berichten über Baustellenerprobungen dieses ersten roboterähnlichen Geräts ist jedoch zu entnehmen, daß erhebliche Probleme hinsichtlich der Abmessungen, der Steuerungshandhabung und vor allem der Flexibilität auftraten mit dem Resultat erheblicher Störungen des Bauablaufs. Insgesamt führte die mangelhafte wechselseitige Anpassung der drei Faktoren Maschinentechnik, Bauverfahrenstechnik und Personal dazu, daß die Geräte, wie bei vielen prototypischen Bauurobotern in der ganzen Branche, keine nennenswerte Akzeptanz für den praktischen Baustelleneinsatz erzielen konnten und die Entwicklungsarbeiten nach der Prototyperprobung gestoppt wurden.

Der einzige außerhalb Japans entwickelte Spritzroboter „SAM" (Shotcrete Automatic Manufacturing) wird an der Ruhr-Universität Bochum am Lehrstuhl für Bauverfahrenstechnik, Tunnelbau und Baubetrieb als Düsen-

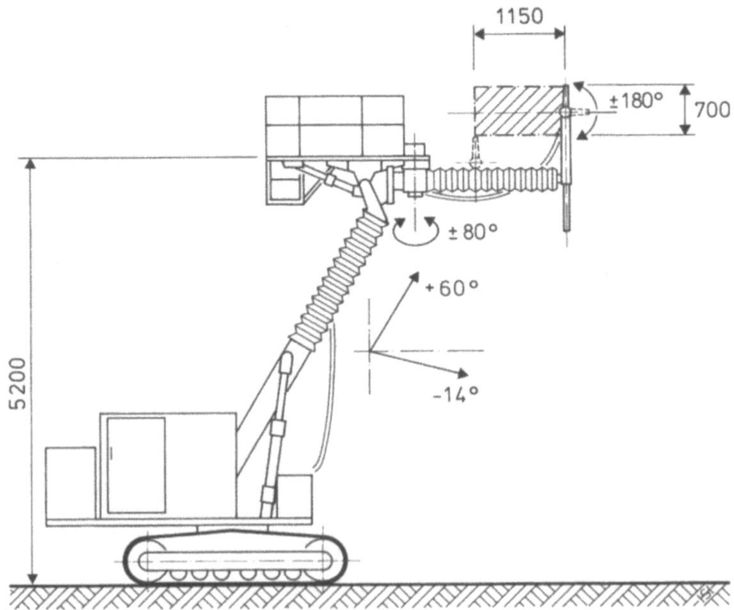

Abb. 10.12. Spritzbetonroboter, Japan 1988 [109]

führungssystem zur Untersuchung betontechnologischer und verfahrenstechnischer Einflüsse auf die Spritzbetonherstellung betrieben [86]. Bei diesem Gerät handelt es sich um einen speziell für Spritzbetonarbeiten auf dem Versuchsstand der Ruhr-Universität Bochum umgerüsteten, handelsüblichen Roboter aus der stationären Industriefertigung (Abb. 10.13). Mechanisieren bzw. automatisieren lassen sich mit ihm in Kombination mit Zusatzgeräten die Komponenten Düsenführung, Düseneigenbewegung, Wasserzugabe beim Trockenspritzverfahren, Druckluftzugabe, Erstarrungsbeschleuniger- und Massenstromdosierung.

Den äußerst positiven Einfluß der Leistungen des Roboters auf die materialtechnologischen und verfahrenstechnischen Anforderungen verdeutlicht die Tabelle 10.3, die aus umfangreichen wissenschaftlichen Untersuchungen des Lehrstuhls hervorgegangen ist.

Vertiefende Informationen über die angesprochenen Automatisierungsmöglichkeiten sind in [86] nachzulesen.

Ein Demonstrationsvorhaben in der Praxis hat ergeben, daß der Spritzroboter „SAM" durchaus in der entwickelten Form auf den Baustellenprozeß übertragbar ist (Abb. 10.14). Die gesamte Spritzbetoneinrichtung inklusive des Spritzroboters wurde dazu im Januar 1991 in einer Strecke der Versuchsgrube Tremonia in Dortmund installiert [95]. Damit war der erste erfolgreiche Spritzbeton-Robotereinsatz unter baustellengerechten Bedingungen realisiert.

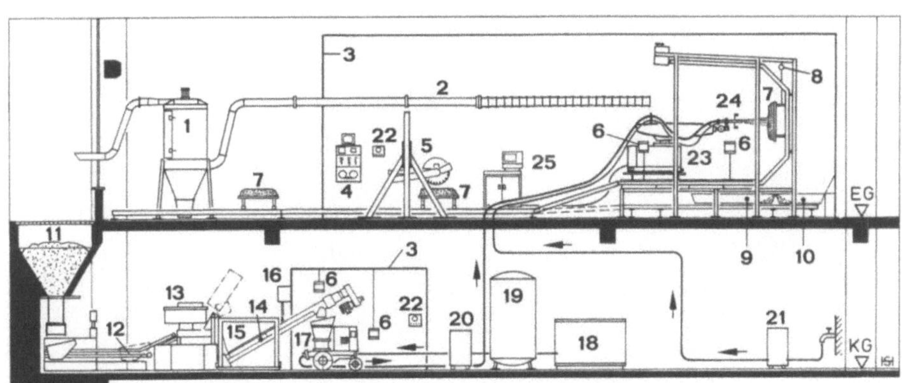

1 Absaug- und Entstaubungsanlage	14 Dosierschnecke
2 Be- und Entlüftung	15 Vorratssilo, Waage
3 Staubdichte Umhausung	16 Zugabe Erstarrungsbeschleuniger
4 Meßwerterfassung	17 Spritzbetonmaschine
5 Bohr- und Sägestand	18 Kompressor
6 Staubmeßgeräte	19 Druckluftkessel
7 Verfahrbare Spritzpalette	20 Meß- und Regeleinheit (Luft)
8 Palettenwaage	21 Meß- und Regeleinheit (Wasser)
9 Rückprallwaage	22 Gegensprechanlage
10 Waage Differenzmenge	23 Spritzroboter
11 Depot: Zuschlag, Zement	24 Abstandsmeßsystem
12 Dosierung: Zuschlag, Zement	25 Steuereinheit, Spritzroboter
13 Zwangsmischer	

Abb. 10.13. Spritzbetonversuchsstand mit integriertem Roboter SAM [86]

Tabelle 10.3. Überblick der Lösungskonzepte im Trocken-/Naßspritzverfahren (++ äußerst pos. Einfluß, + pos. Einfluß, +/– wiss. nicht untersucht, o kein Einfluß, – neg. Einfluß) [91]

		Materialtechnologische Anforderungen							Verfahrenstechnische Anforderungen			
		Festigkeit	Frühfestigkeit	Gleichmäßigkeit	Umweltbeständigkeit	Dichtigkeit	Rückprall	Staubentwicklung	Flexibilität	Leistung	Zeitl. Unabhängigkeit	Automatisierung
Trocken-spritzver-fahren	Manipulator	+	o	+	+	+	+	+	+/–	+	o	+
	Roboter	++	o	++	++	++	++	++	+/–	++	o	++
Naß-spritzver-fahren	Manipulator	+	o	+	+	+	+	+	o	+	o	+
	Roboter	++	o	++	++	++	++	++	+/–	++	o	++

Abb. 10.14. Spritzbetonroboter auf der Versuchsgrube Tremonia [95]

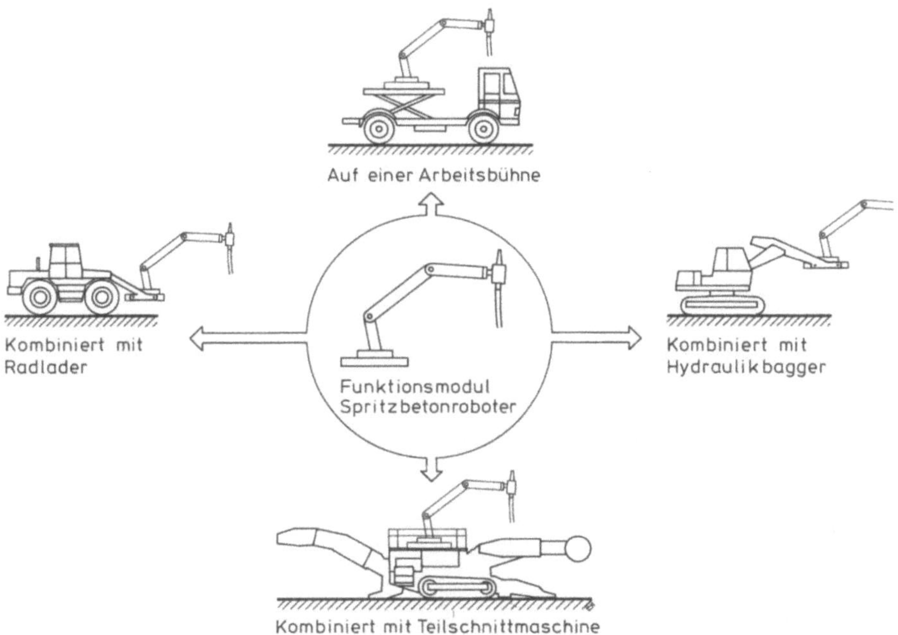

Abb. 10.15. Funktionsmodul Spritzbetronroboter als Element eines Baukastensystems

Einsetzbar ist das Gerät in der heutigen Ausstattung zum Spritzen von definierten Innenschalen, z. B. bei der einschaligen Bauweise für Spritzbeton, insbesondere bei der Verwendung von Stahlfasern.

Funktionsmodul Spritzbetonroboter. Abbildung 10.15 verdeutlicht schematisch den Lösungsansatz „Funktionsmodul Spritzbetonroboter", der unter (bau)-verfahrenstechnischen, arbeitswissenschaftlichen, wirtschaftlichen und technisch-konstruktiven Gesichtspunkten konzipiert wurde [94]. Eine hohe Anpassungsfähigkeit an einen automatisierten Bauablauf wurde dabei berücksichtigt.

Das gesamte System besteht aus einer Grundkinematik, die manuell gesteuert die Positionierung des Funktionsmoduls Spritzbetonroboter im Querschnitt realisiert. Angeflanscht ist das mit einer automatisierten Steuerung versehene Funktionsmodul, das ausgehend von der Grundposition die eigentliche Düsenführungsbewegung ausführt. Bei diesem Konzept kann sich als wesentlicher Vorteil neben der einfachen Anpassung des Gesamtgeräts an verschiedene Querschnittsgrößen (Austausch des Grundgeräts) auch eine Vereinfachung der Kinematik des Funktionsmoduls Spritzbetonroboter und damit der zu lösenden Automatisierungsaufgabe erweisen.

Optimiertes Bauverfahren. Abbildung 10.16 zeigt beispielhaft ein optimiertes Bauverfahren mit Gebirgsabbau durch Sprengen. Die Nutzung eines Spritzbe-

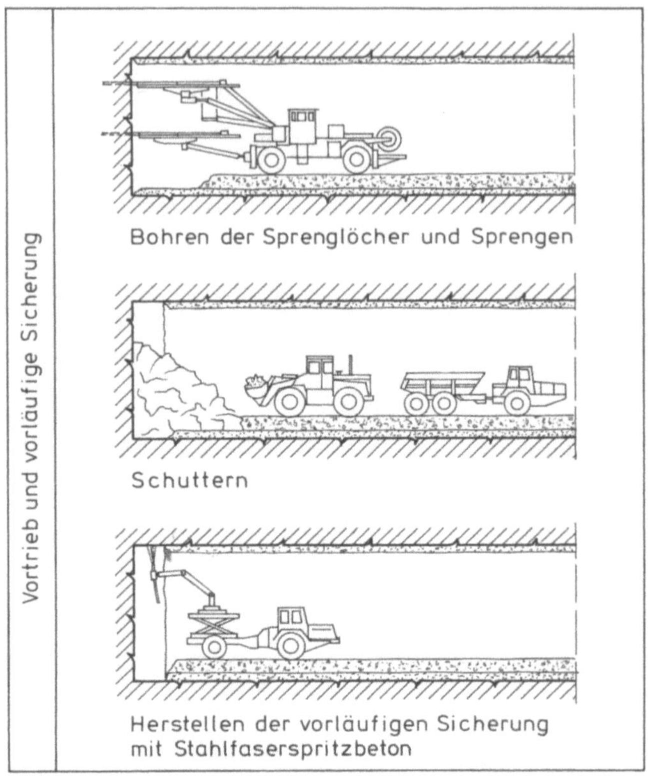

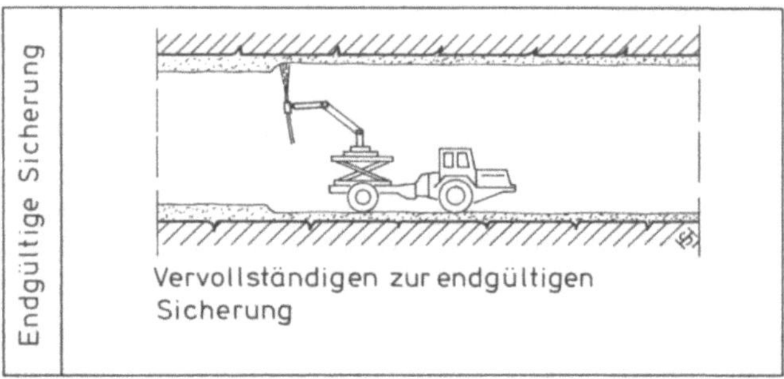

Abb. 10.16. Bauablauf eines optimierten Bauverfahrens mit Gebirgsabbau durch Sprengen
[94]

tonroboters sowie die konsequente Anwendung sowohl des Baustoffes Stahlfaser-Spritzbeton und als auch der einschaligen Bauweise vereinfachen den
Bauablauf erheblich. In der Vortriebsphase ist nur noch eine jeweils einmalige
Positionierung der Geräte im Vortriebszyklus erforderlich. Die Anwendung
des Stahlfaser-Spritzbetons macht den Einbau von Bögen und Baustahlmatten
überflüssig. Für die Erstellung der endgültigen Sicherung, die in einem vom
Vortrieb unabhängigen Betrieb kontinuierlich eingebracht werden kann, las-

sen sich die Geräte der vorläufigen Sicherung verwenden. Zusätzlich könnte der Aspekt des Kopfschutzes für die Mannschaft entfallen, da lediglich der Spritzbetonroboter im ungesicherten Bereich arbeiten muß.

Insgesamt wird somit eine kontinuierlichere Betriebsweise ermöglicht [88].

Computersimulationen. Die heute zur Verfügung stehenden großen Rechenkapazitäten sowie die geeignete Software ermöglichen die Entwicklung von Computersimulationsprogrammen, um eine genaue Darstellung der Bewegungsabläufe eines Spritzbetonroboters zeigen zu können (Abb. 10.17). Ebenfalls sind Bauablaufstörungen, die durch die Integration einer neuen Maschinenkomponente entstehen, dadurch bereits in der Planungsphase zu visualisieren und frühzeitig zu erkennen [94].

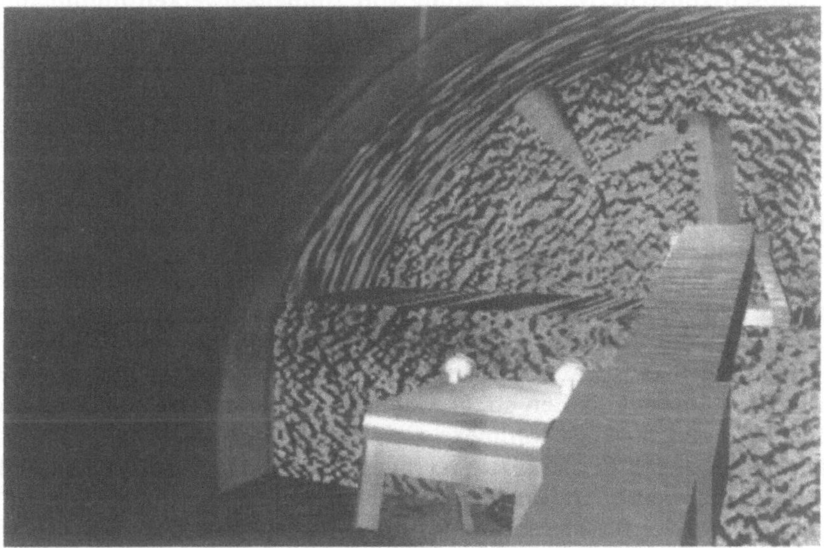

Abb. 10.17. Computersimulation eines Spritzbetonroboters

KAPITEL 11

Grundzüge der statischen Nachweise und der geotechnischen Messungen

11.1
Allgemeines zur statischen Berechnung

Die statisch-konstruktive Bearbeitung von Tunnelbauwerken nimmt innerhalb des Konstruktiven Ingenieurbaus eine Sonderstellung ein. Ausgehend von den Lastannahmen über die Modellbildung und die Berechnungsmethoden bis hin zur Dimensionierung unter Berücksichtigung sinnvoller Sicherheitskoeffizienten muß die übliche Praxis im Beton- und Stahlbetonbau den Bedingungen in der Geotechnik angepaßt werden.

Die Sonderstellung des Tunnelbaus wird in erster Linie durch das Gebirge begründet. Das Gebirge ist belastendes und tragendes Element zugleich. Die Belastungen aus dem Gebirge werden mit gewissen statistischen Unsicherheiten ermittelt, die durch die Erfahrung der Tunnelbauingenieure eingegrenzt werden. Mit der gleichen Sicherheit kann auch nur die Belastbarkeit des Gebirges beurteilt werden, wobei hier dem Unterschied zwischen den Eigenschaften des Gesteins und des Gebirges besondere Bedeutung zukommt. Aus den stichprobenartigen Vorerkundungen muß der planende Ingenieur das komplexe Gebilde Gebirge dann in ein Modell zwängen, das er mit den ihm zur Verfügung stehenden Berechnungsmethoden bearbeiten kann. Dieses Vorgehen setzt eine Vielzahl von Annahmen voraus, die bei der Interpretation der Berechnungsergebnisse beachtet werden müssen [85].

Weiterhin hat die Auswahl der Sicherungsmaterialien und ihr Einbauzeitpunkt eine große Bedeutung für das Tragverhalten des Verbundsystems Gebirge/Sicherung. Mit der Festigkeitsentwicklung der Sicherungsmaterialien werden die Gebirgsdruckentwicklung und die Entwicklung der Deformationen direkt beeinflußt. Im gleichen Zusammenhang ist die Auswahl des Bauverfahrens zu sehen. Die Wahl der Querschnittsgröße und -form sowie die Bau- und Betriebsweise prägen entscheidend das tatsächliche Last- und Verformungsverhalten von Gebirge und Sicherung.

Ziel der statischen Berechnung und damit der Dimensionierung der Sicherung ist es daher in erster Linie nicht, die Sicherung für sich selbst zu optimieren, sondern diese dahingehend wirtschaftlich zu bemessen, daß das Gebirgsverhalten so beeinflußt wird, daß die Eigentragfähigkeit des Gebirges möglichst ausgenutzt wird.

Die folgenden Darstellungen sind eine konzentrierte Auswahl für den eher praxisorientierten Leser. Ein Tunnelbauingenieur mit weiterreichendem statischen und geotechnischen Interesse wird sich anhand der Literaturangaben durch die umfangreiche, aber auch z.T. sehr widersprüchlich gehandhabte Thematik arbeiten müssen.

11.1.1
Gebirgsdruckarten

Durch den Bau des Tunnels wird das natürliche Gleichgewicht der im Gebirge herrschenden Spannungen gestört. Dieses natürliche Gleichgewicht wird der primäre Spannungszustand genannt. Der primäre Spannungszustand ist ein räumlicher Spannungszustand, der durch die Gebirgsentwicklungsgeschichte, durch die Gesteins- und Gebirgsart sowie die Schichtung, die Klüftung, den Verwitterungsgrad, die Tektonik und die Lage des Tunnels bestimmt wird. Im Vorfeld ist es das Ziel der ingenieurgeologischen Untersuchungen, diesen primären Spannungszustand zu beschreiben und durch geotechnische Kennwerte für eine numerische Berechnung zu quantifizieren.

Durch die Störung „Tunnelvortrieb" müssen diejenigen Spannungen, die im Bereich des Tunnels vorherrschen, nach dem Gleichgewichtsprinzip in andere Bereiche des Gebirges umgelagert werden. Diesen Zustand nennt man den sekundären Spannungszustand.

Die Vielfalt und die Verschiedenartigkeit der Gesteine bzw. Gebirge in Verbindung mit den unterschiedlichen Bauverfahren erfordern in der Regel Parameterstudien zur Abschätzung des Gebirgsverhaltens. Die getroffenen Aussagen müssen während der Bauausführung ständig durch vortriebsbegleitende Messungen überprüft werden.

Beim Gebirgsdruck können nach den klassischen Definitionen von Rabcewicz [126] und Stini [168] vier Arten unterschieden werden:

1. Überlagerungsdruck: Der Überlagerungsdruck setzt sich aus dem Gewicht des den Tunnel überlagernden Gebirges zusammen. Einflüsse auf seine Größe haben dabei die Topographie und die Lage des Tunnels.
2. Tektonischer Druck: Der tektonische Druck resultiert aus den Bewegungen der Erdkruste.
3. Umlagerungsdruck: Der Umlagerungsdruck entsteht durch Spannungs- und Massenumlagerungen aus der Störung des Gleichgewichts durch einen technischen Eingriff, durch Volumenvergrößerung der Gesteinsmasse als Quell- oder Schwelldruck.
4. Auflockerungsdruck: Der Auflockerungsdruck entsteht durch die aus der Entspannung bzw. Verformung und/oder Sprengeinwirkung des Gebirges resultierenden Auflockerungen des Gebirges.

Die historischen Gebirgsdrucktheorien gingen von einer sich um den „Tunnel" bildenden Schutzzone aus, die sich im Gebirge nach dem Ausbruch bildet [126].

Mit dem Aufkommen der numerischen Berechnungsmethoden tritt an die Stelle der Gebirgsdrucktheorie der Gebirgsdruck als rechnerische Modellgröße, der in die Modelle als Parameter für die Belastungs- und Verformungsgröße eingebracht wird. Dabei wird der zeitliche Herstellungsverlauf des Tunnels mit unterschiedlichen Gebirgsdruckarten für die jeweiligen Gebirgs- und Tunnelmodelle simuliert. Die dazugehörigen Gebirgsdruckarten können durch Beobachtungen und durch Messungen analysiert werden [85].

Grundsätzlich unterscheidet man bezüglich der Belastungsansätze und der Modellbildung für die Berechnung Tunnel im Lockergestein und Tunnel im Festgestein. Für die Tunnel im Lockergestein wird zusätzlich zwischen oberflächennahen und tiefliegenden Tunneln unterschieden, wobei ein Tunnel als tiefliegend gilt, wenn er eine Überdeckung von mindestens dem Zweifachen seines Durchmessers bzw. äquivalenten Durchmessers für nicht kreisrunde Querschnitte aufweist (Abb. 11.1).

Die Unterscheidung zwischen den drei Gruppen von Tunneln ist vor allem bei der analytischen Berechnung von Bedeutung. Mit der Verbreitung der numerischen Berechnungsmethoden – vor allem der Finite-Element-Methode (FEM) – ist diese Einteilung immer weiter in den Hintergrund gerückt. Im folgenden werden kurz die analytischen Verfahren angesprochen. Danach wird dann der Stand der Technik bei den numerischen Berechnungsmethoden dargestellt.

11.1.2
Analytische Verfahren und ihre Modellbildung

Grundsätzlich werden für die drei Gruppen die zweidimensionalen Modelle vorgestellt, die zur Zeit am häufigsten verwendet werden. In der letzten Zeit wurden jedoch immer mehr dreidimensionale Modelle gewählt, da diese aufgrund der sich entwickelnden elektronischen Datenverarbeitung für den alltäglichen Gebrauch immer handhabbarer werden.

Modellbildung für oberflächennahe Tunnel im Lockergestein. Oberflächennahe Tunnel im Lockergestein werden in der Regel nach dem Modell der überschütteten Röhre berechnet. Es wird davon ausgegegangen, daß das Gebirge bzw. der Boden keinen Tragring bilden kann und damit die Last vollständig durch

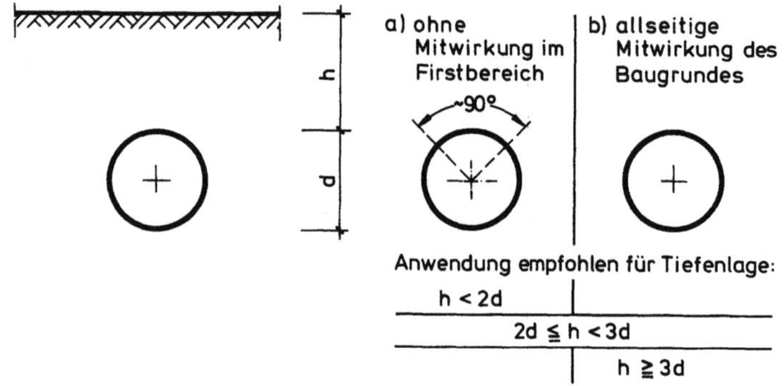

Abb. 11.1. Ansätze für die stützende Mitwirkung des Baugrundes [30]

die Tunnelsicherung übernommen werden muß. Tunnel dieser Art werden bei Überdeckungen bis zum Einfachen ihres Durchmessers häufig offen aufgefahren, da dem Boden keine angemessene Standzeit zugerechnet werden kann, bis die entsprechende Sicherung ausreichend tragfähig ist.

Modellbildung für tiefliegende Tunnel im Lockergestein. Bei tiefliegenden Tunneln geht man davon aus, daß entsprechend der sog. Silotheorie nach Terzaghi [177], [181] der tatsächliche Gebirgsdruck nahezu unabhängig von der tatsächlichen Überlagerung ist und durch die Gebirgseigenschaften bestimmt wird. Das Modell setzt voraus, daß aufgrund der inneren Reibung des Gebirges sich in einer gewissen Höhe ein Gewölbe ausbildet, das die darüberliegenden Lasten trägt. Das Entstehen des Gewölbes ist von einer Verformung des Gebirges bzw. des Bodens abhängig, die durch die Entspannung an der Tunnellaibung durch das Auffahren des Querschnitts entsteht. Einen ähnlichen Effekt kann man in einem Silo beobachten, wenn sich das Silogut an den Seitenwänden aufgrund der Reibung zwischen Silogut und der Wandoberfläche „aufhängt" und trotz gefülltem Silo kein Abfluß nach unten stattfindet.

Das sich so ausbildende Gewölbe gibt seine Auflagerkräfte in seitlich des Tunnels liegende Gebirgsbereiche ab, die dadurch zusätzlich zu der durch die größere Überlagerung erhöhten Verdichtung eine weitere Kompression erfahren, so daß eine gewisse Bettungsreaktion zu erwarten ist.

Daher idealisiert man diese Tunnel als Kreisring im elastischen Kontinuum bzw. Teilkontinuum, wobei der Firstbereich des Gebirges in diesem Fall (ca. zwei- bis dreifacher Durchmesser) als volle Belastung angenommen wird (bei größeren Überlagerungen erfolgt eine grundsätzliche Abminderung). Die übrigen Bereiche werden als Verbundtragsystem Tunnel-Sicherung und Gebirge idealisiert (Abb. 11.2).

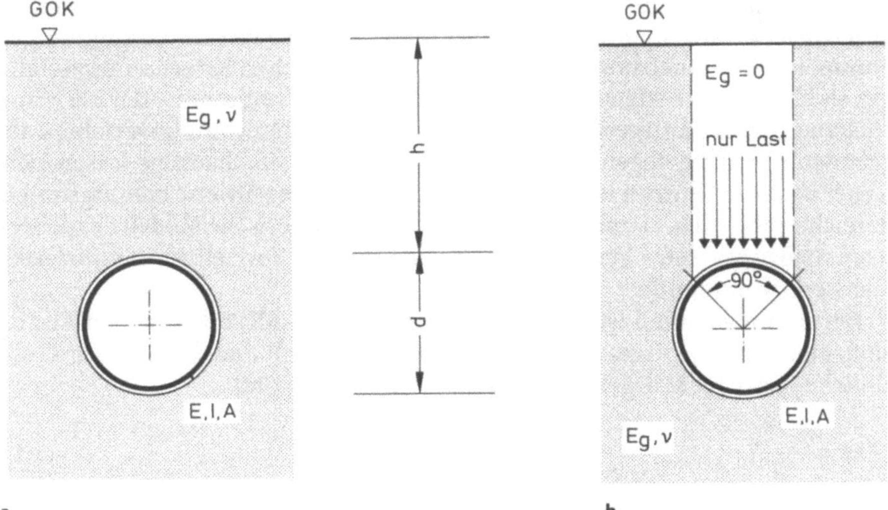

Abb. 11.2. Kreisring im elastischen Kontinuum (a) und im Teilkontinuum (b) [3]

Modellbildung für Tunnel im Festgestein. Im Festgestein geht man von einer sehr intensiven Verbundwirkung zwischen Tunnelsicherung und Gebirge aus. Ein großer Teil der Tragwirkung wird der Eigentragfähigkeit des Gebirges zugeordnet. Im Extremfall ist die Eigentragfähigkeit des Gebirges so groß, daß keine Sicherung benötigt wird. Idealisiert wird dieser Fall durch die elastische, gelochte Scheibe [85]. Die in der elastischen Berechnung auftretende Überbeanspruchung der Gesteinsfestigkeit kann durch dieses Modell jedoch nicht erläutert werden. So hat Kastner das Modell durch die Einführung plastischer Zonen um den Tunnelquerschnitt herum weiterentwickelt [66].

Die analytischen Verfahren haben heute noch dort ihren Stellenwert, wo man mit relativ geringem Aufwand brauchbare Näherungslösungen für die anstehenden Fragestellungen erzielen kann. Sobald die Lösungen nichtlineare Materialgesetze enthalten oder komplizierte Geometrien abgebildet werden sollen, stoßen die analytischen Verfahren an ihre Grenzen.

Ein weiterer Nachteil der analytischen Verfahren ist, daß sie im allgemeinen keine Informationen über Versagensmechanismen enthalten. Die Ermittlung der Bruchlast bzw. die Bestimmung des Versagenszustands ist jedoch eine der wichtigsten Aufgaben der Geomechanik, da der Bruchzustand meist als Basis zur Definition von Sicherheiten herangezogen wird [148].

Diese Nachteile und vor allem die häufig von der idealen Kreisform abweichenden Querschnitte im Tunnelbau sind die Gründe für die Entwicklung der numerischen Methoden.

Balkenmodelle mit Bettung. Die Wechselwirkung zwischen Gebirge und Tunnelkonstruktion wird bei diesem Berechnungsmodell durch das sog. Bettungs- bzw. Steifemodulverfahren simuliert. Der Tunnel wird durch Balken abgebildet und ist ganz oder teilweise mit einer Bettung umgeben. Eine Bettungsreaktion wird geweckt, sobald Deformationen in Richtung des Gebirges auftreten, diese simulieren dann die Tragwirkung des Gebirges. Gesteuert durch den Bettungsmodul wird ein gewisser Lastanteil von der Bettung aufgenommen. Die Tunnelkonstruktion kann bei analytischen Berechnungsverfahren als elastisch gebetteter Kreisring im elastischen Kontinuum oder bei komplexeren Querschnittsgeometrien mit numerischen Berechnungsverfahren als gebetteter Stabzug abgebildet werden. Durch gebettete Stabzüge lassen sich ferner auch die Geometrien von Teilquerschnitten mit teilweise bettungsfreien Bereichen abbilden. Häufig angewandt wird das numerische Modell des gebetteten Stabzuges unter Verwendung speziell für den Tunnelbau modifizierter Stabwerksprogramme.

Der Bettungsmodul ist keine Bodenkonstante, sondern hängt vom Elastizitätsmodul des Gebirges E_g, dem Radius des Tunnels R und dem Beiwert C ab. Übliche Werte für C liegen zwischen 0,5 und 3,0 [3], [106]:

$$ks = \frac{C \cdot E_g}{R} .$$

(11.1)

Neben den allseitig kontinuierlich gebetteten Systemen werden teilweise gebettete Systeme angewandt. Bei letzteren wird in der Regel ein 90° großes, bettungsfreies Firstsegment angesetzt, da sich in diesem Bereich die Sicherung nicht gegen den Baugrund verschiebt. Bei der Berechnung ist generell darauf zu achten, daß Verschiebungen ins Tunnelinnere keine Zugkräfte in der Bettung hervorrufen, da diese in der Realität nicht vom Gebirge aufgenommen werden können. Der Verlauf der Bettung kann, insbesondere bei Systemen mit bettungsfreier Firste, nicht über den Umfang konstant, sondern linear oder abgestuft angesetzt werden. Man unterscheidet je nach Wirkungsrichtung zwischen radialer und tangentialer Bettung. Während der Ansatz einer radialen Bettung immer realistisch ist, muß im Gegensatz dazu der Ansatz einer tangentialen Bettung und ihrer Größe immer auf Zulässigkeit überprüft werden. Dies gilt insbesondere bei der Berechnung von Innenschalen bei zweischaligen Konstruktionen, die durch eine Folie getrennt sind.

Der vertikale Überlagerungsdruck wird je nach Lage des Tunnels voll oder bei tiefliegenden Tunneln abgemindert als äußere Belastung angesetzt. Der horizontale Lastanteil bestimmt sich aus dem jeweiligen Seitendruckbeiwert. Bei der Anwendung des gebetteten Stabzuges sind je nach Ausstattung des verwendeten Stabwerkprogramms unterschiedliche Varianten möglich. Optimal läßt sich die Tunnelgeometrie durch einen Korbbogen aus gekrümmten Stäben abbilden. Die Annäherung durch einen polygonalen Stabzug ist jedoch auch möglich. Falls keine kontinuierlich gebetteten Stäbe zur Verfügung stehen, kann die Bettung auch durch radiale und tangentiale Einzelfedern oder Pendelstützen in den Knotenpunkten dargestellt werden (Abb. 11.3).

Auch in der Zeit der komplexen Berechnungsprogramme hat der gebettete Stabzug als Modell noch vor allem seine Bedeutung im oberflächennahen Tunelbau im Lockergestein. Aufgrund der relativ einfachen Handhabbarkeit ist die Bearbeitungszeit im Vergleich zu anderen numerischen Verfahren gering. Nachteilig wirkt sich jedoch der Ergebnisumfang aus, da außer den Stabschnittgrößen und Stabdeformationen sowie den Bettungsreaktionen keine weiteren Aussagen, insbesondere über Setzungen an der Oberfläche, gemacht werden können. Diese können nur über die Verformung des Balkenmodells zur Oberfläche extrapoliert und so abgeschätzt werden.

11.1.3
Numerische Methoden

Die Arbeitsmethode der analytischen Verfahren beruht auf der exakten Lösung der das jeweilige Problem beschreibenden Differentialgleichung.

Für die numerischen Methoden wird dagegen ein genügend großer Berechnungsausschnitt in einer geeigneten Form diskretisiert, d.h. in Elemente einer endlichen Größe – finite Elemente – zerlegt. Dadurch wird erreicht, daß die unbekannte Funktion (z.B. die Verschiebung der Sicherung), die analytisch nur mit einer unendlich großen Anzahl von Parametern exakt in jedem Punkt des Bereichs ermittelt werden könnte, durch eine endliche Anzahl von Unbekannten ersetzt wird. Das sich durch die Diskretisierung ergebende lineare oder nichtlineare Gleichungssystem liefert eine Näherungslösung der Differentialgleichung, deren Genauigkeit von der Diskretisierung abhängt [148].

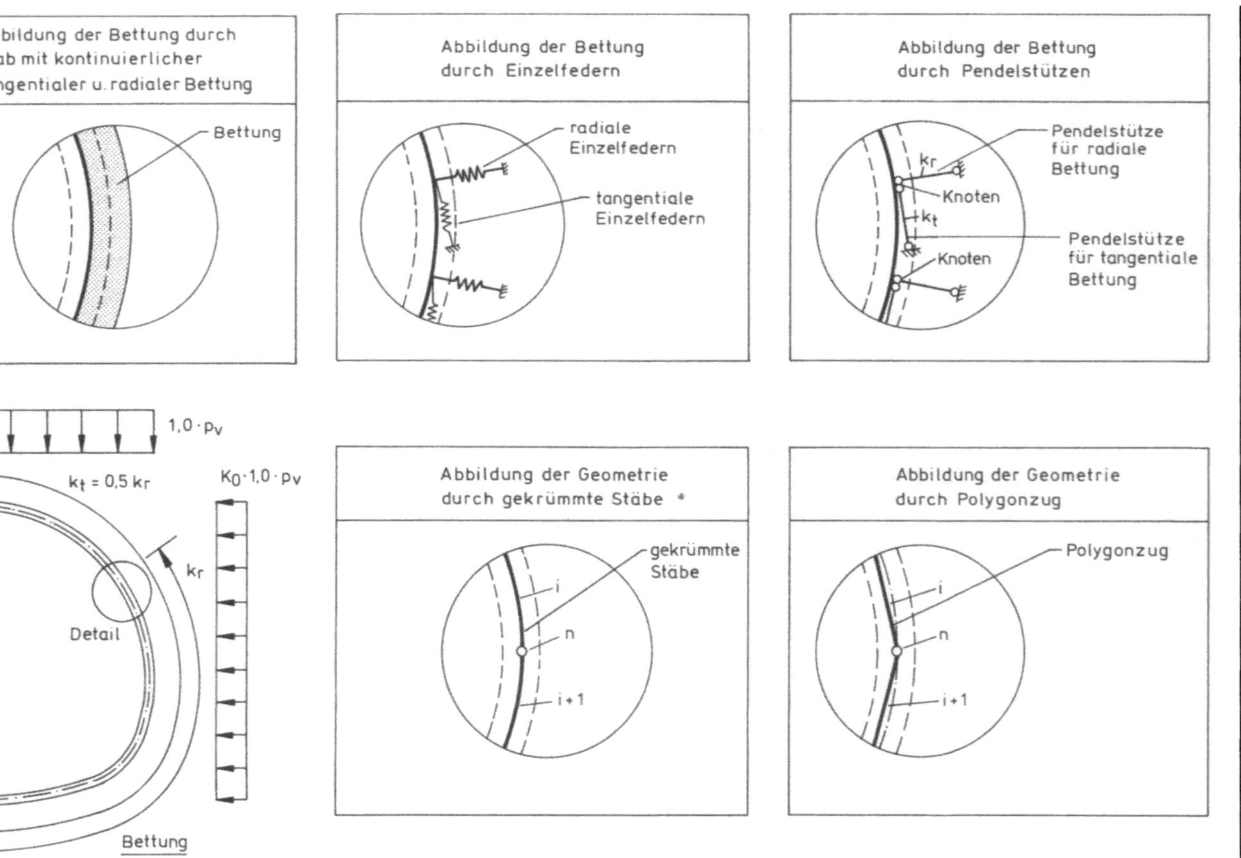

Abb. 11.3. Möglichkeiten der Diskretisierung für gebettete Stabzugberechnungen

Man unterscheidet vier Arten der in der Geotechnik verwendeten numerischen Verfahren:

- Finite-Differenzen-Methode (FDM),
- Finite-Element-Methode (FEM),
- Rand-Element-Methode (REM),
- Koppelung Finite-Element-/Rand-Element-Methode.

Finite-Differenzen-Methode (FDM). Die Methode der finiten Differenzen besteht darin, daß (partielle) Ableitungen in der Diffferentialgleichung in den Netzpunkten, die sich aus der Diskretisierung ergeben, durch algebraische Operationen ersetzt werden. Diese Methode kann jedoch nur unter Schwierigkeiten angewendet werden, wenn Berandungen des Berechnungsausschnitts nicht geradlinig verlaufen. Daher findet diese Methode im Tunnelbau keine bedeutende Anwendung.

Finite-Element-Methode (FEM). Im Gegensatz zur Finite-Differenzen-Methode wird hierbei die gesuchte Funktion durch den Ansatz eines angenommenen Verlaufs innerhalb eines Elements angenähert. Dadurch ist die Beziehung zwischen den Knoten nicht durch die Diskretisierung festgelegt und beliebige Geometrien sind möglich. Deswegen hat die FEM im Tunnelbau eine herausragende Bedeutung gewonnen.

Ein weiterer Vorteil besteht darin, daß sowohl plastisches als auch zeitabhängiges Materialverhalten für Gebirge und Sicherung simuliert werden kann.

Rand-Element-Methode (REM). Bei der Rand-Element-Methode (engl.: Boundary Element Method, BEM) ist nicht der gesamte Raum um den Tunnel betroffen, sondern lediglich die Bereichsränder werden diskretisiert (Abb. 11.4). Solche Ränder können neben der Tunnellaibung zum Beispiel auch Regionsgrenzen der Geologie oder Störungen sein. Der Diskretisierungs- und Berechnungsumfang wird dadurch relativ gering. Den Randelementen

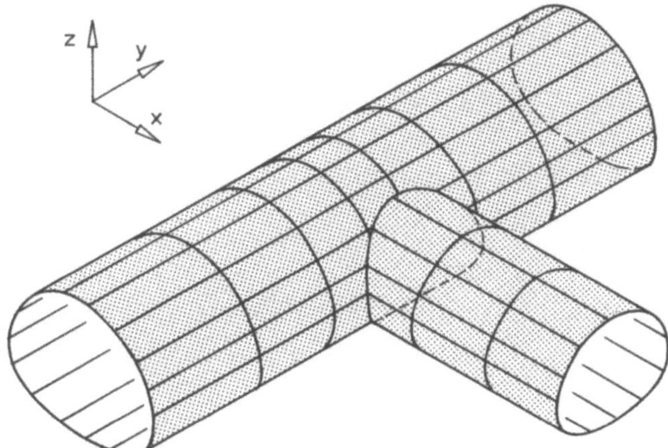

Abb. 11.4. Diskretisierungsbeispiel für die Rand-Element-Methode (REM)

liegen die analytischen Fundamentallösungen zugrunde, für die die jeweiligen Randbedingungen festgelegt werden müssen. Zwar liegen Ergebnisse unmittelbar nur für die Ränder vor, durch eine Nachlaufrechnung können jedoch Spannungen und Verzerrungen für jeden beliebigen Punkt bestimmt werden, da die Verläufe funktional bekannt sind. Der entscheidende Nachteil der REM ist, daß lediglich elastisches Materialverhalten abgebildet werden kann [149].

Koppelung Finite-Element-/Rand-Element-Methode. Für den Tunnelbau bietet sich die Koppelung der Rand-Element-Methode mit der Finite-Element-Methode an, da in der unmittelbaren Umgebung des Tunnels eine Plastifizierung des Gebirges auftreten kann. Außerhalb dieser plastischen Zonen bleibt das Gebirge jedoch elastisch. Die Koppelung der FEM mit der REM bewirkt, daß die Vorteile beider Methoden genutzt und die Schwächen ausgeglichen werden. Der innere, plastische Bereich wird durch die FEM, der äußere elastische Bereich durch die REM abgebildet. Der Vorteil ist, daß trotz einer guten Abbildung der realen Verhältnisse der Diskretisierungs- und Berechnungsaufwand relativ gering ist (Abb. 11.5).

Abbildung 11.6 zeigt eine typische Anwendung. Der innere, geometrisch komplexe Bereich wird durch die Finite-Element-Gruppen A, B und C diskretisiert. Die Abbildung des Gebirges bis ins Unendliche erfolgt durch die Randelementgruppe D.

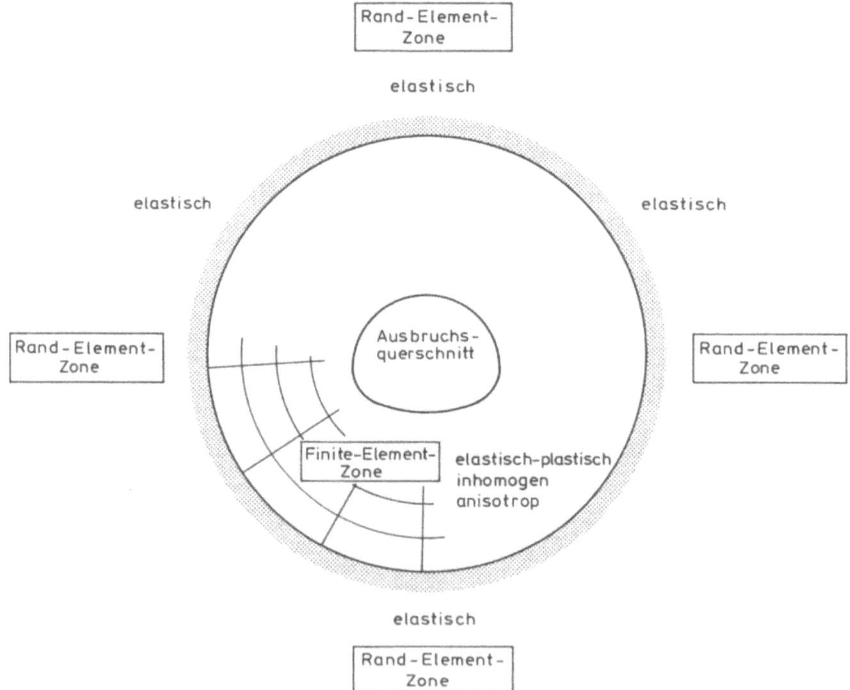

Abb. 11.5. Anwendungszonen bei der gekoppelten Finite-Element-/Rand-Element-Methode im Tunnelbau

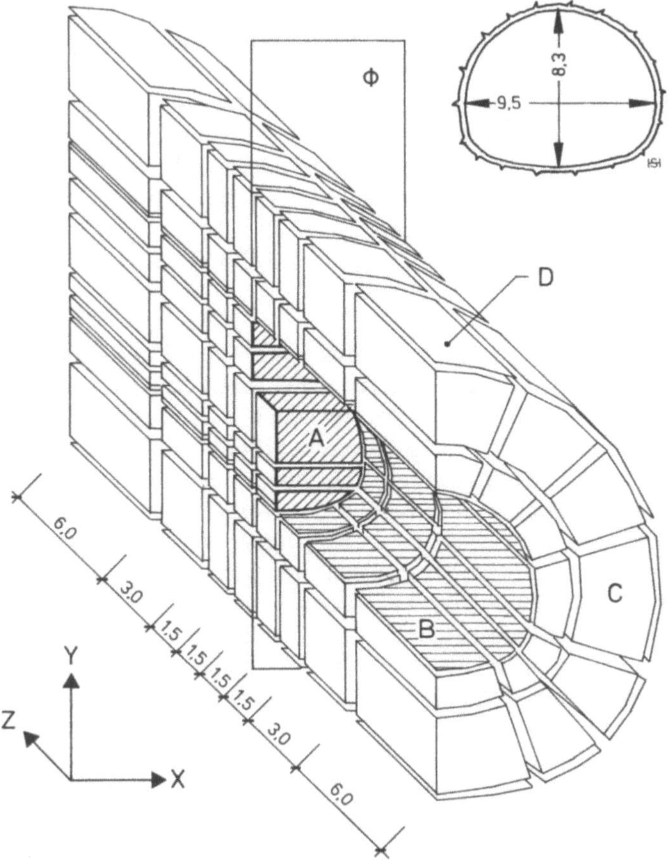

A: Bereich des Ausbruches
B: Schalenelemente zur Abbildung der Spritzbetonsicherung
C: Nichtlineare Verhältnisse (plastische Zone)
D: Lineare Verhältnisse (elastische Zone)

Abb. 11.6. Gekoppeltes Finite-Element-/Rand-Element-Netz [15]

11.1.4
Die Anwendung der Finite-Element-Methode im Tunnelbau

Durch die flexiblen Diskretisierungsmöglichkeiten hat die Finite-Element-Methode im Tunnelbau große Bedeutung erlangt. Die ersten erfolgreichen Versuche wurden bei sehr flachliegenden Tunneln gemacht, einem Bereich, bei dem die Interaktion von Spritzbeton und Boden noch von untergeordneter Bedeutung ist. Der nächste Schritt war die Berücksichtigung der Vorentspannung zur Simulation der räumlichen Tragwirkung. Da selbst bei vollständig bekannten geomechanischen Parametern, vom Elastizitäts-Modul bis zu den Bruchkriterien, eine Aussage über das Maß der Vorentspannung in ebenen

Modellen nicht möglich ist, wurde von Anfang an der Weg beschritten, diese durch Einbeziehung von Verformungsmessungen zu bestimmen. Dieses Verfahren stellt auch heute noch den Regelfall dar.

Durch die Berechnung tiefliegender Tunnel kommt heute der Simulation des Zusammenwirkens zwischen Sicherung und dem Gebirge sowie der Simulation des Tunnelvortriebs eine besondere Bedeutung zu [31]. Die grundsätzliche Vorgehensweise ist dabei keineswegs neu und in der Literatur unter [14], [38], [39], [93], [106] nachzulesen.

Im folgenden werden in Anlehnung an [127] drei neuzeitliche Beispiele der FEM dargestellt.

„Step-by-Step"-Technik. Die Grundidee dieser Methode besteht darin, den Bauvorgang beim Vortrieb des Tunnels in mehreren Schritten, die näherungsweise dem Vorgehen in der Praxis entsprechen, zu simulieren.

Die Vorgehensweise zur schrittweisen Simulation eines Tunnelvortriebs wird in Abb. 11.7 am Beispiel eines hinsichtlich des Tunnelquerschnitts idealisierten Kalottenvortriebs veranschaulicht. Ausgehend von einem Zustand, dem Primärzustand, in dem der Berechnungsausschnitt ausschließlich durch das Eigengewicht des Gebirges (γ_F) belastet wird, wird der Kalottenvortrieb simuliert. Für den 1. Bauzustand wird angenommen, daß die Kalotte in einem Schritt über eine größere Länge ausgebrochen und gleichzeitig die Spritzbetonschale eingebaut wird. Die Sicherung wird dabei nicht bis an die temporäre Ortsbrust herangezogen. Es verbleibt ein ungesicherter Tunnelabschnitt, dessen Länge der Abschlagtiefe entspricht. Die Ortsbrust wird um diese Länge in den weiteren Arbeitsgängen vorgetrieben. Die gesamte Länge der im 1. Bauzustand ausgebrochenen und gesicherten Kalotte wird entsprechend der oben genannten Länge gewählt, nach der der räumliche Einfluß eines Vortriebs in etwa nach 1,5 bis 2 D abgeklungen ist.

Die Simulation wird dadurch erreicht, daß den ausgebrochenen Elementen die Steifigkeit 0 zugeordnet wird. Somit sind diese Elemente nicht mehr in der Lage, Spannungen zu übertragen.

Iterationsverfahren. Diese Methode geht davon aus, daß sich beim Vortrieb eines Tunnels bei einem gleichbleibenden Bauverfahren mit jedem Abschlag die Änderung in der Beanspruchung des Gebirges und der Spritzbetonauskleidung wiederholt. Der Tunnel hat hierbei eine zur horizontalen Geländeoberfläche parallele Tunnelachse und in Vortriebsrichtung gleichen Untergrund mit zeitabhängigem Spannungs-Dehnungs-Verhalten. Der Verschiebungs- und Spannungszustand in der Umgebung der Ortsbrust, der sich mit fortschreitendem Vortrieb nicht mehr verändert und der bei Anwendung der „Step-by-Step"-Technik durch die schrittweise Simulation des Tunnelvortriebs erreicht wird, wird mit Hilfe eines Iterationsverfahrens berechnet.

Grundlage dieses Iterationsverfahrens ist ein Berechnungsausschnitt, der in Vortriebsrichtung wandert. Die äußeren Abmessungen des Berechnungsausschnittes werden so gewählt, daß sich die Spannungen und Verschiebungen im

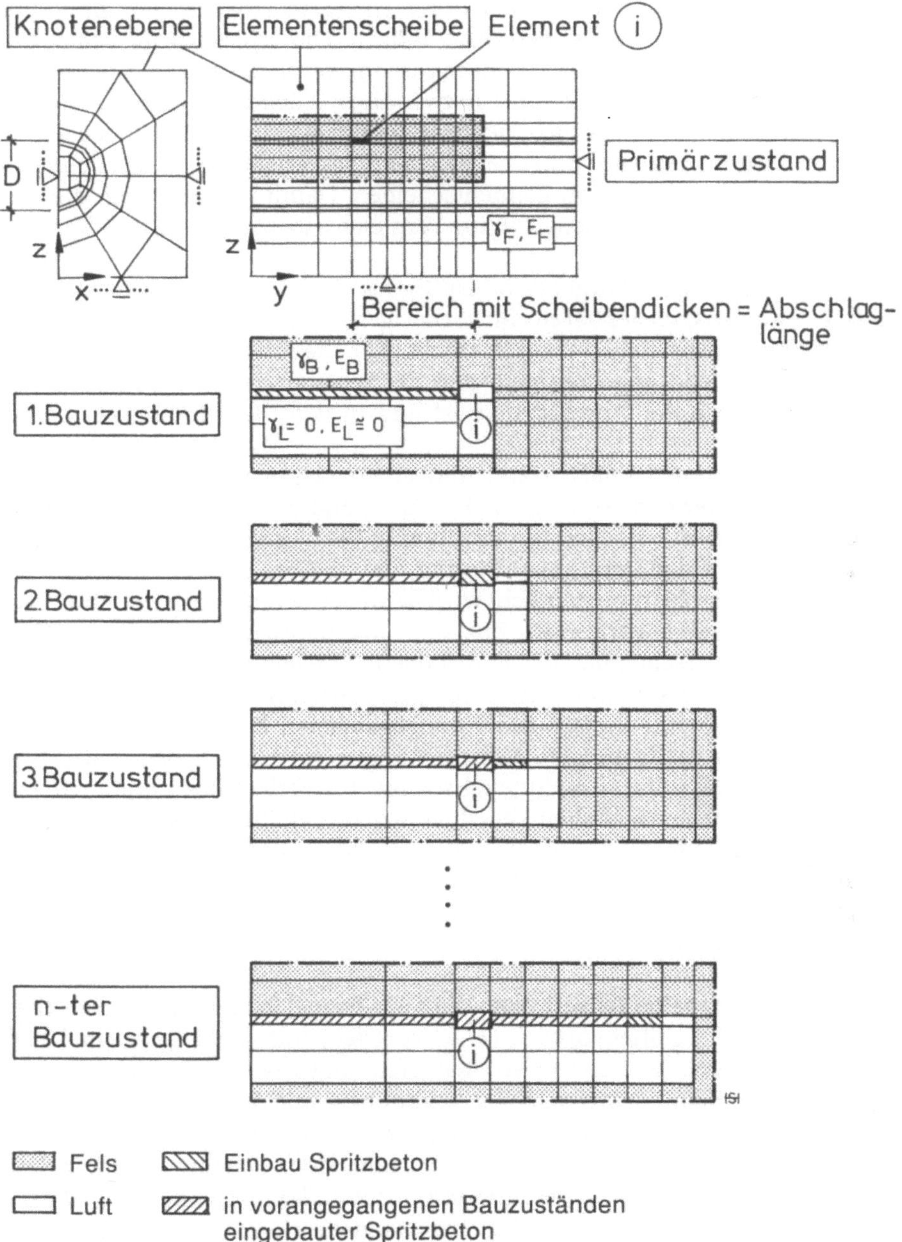

Abb. 11.7. Simulation des Tunnelvortriebs gemäß der „Step-by-Step"-Technik [127]

Bereich der vertikalen Berandungen durch ein Verschieben der Ortsbrust um eine Abschlagtiefe nicht nennenswert ändern. Die erforderliche Länge des Ausschnitts in der Tunnellängsrichtung ist im Vergleich zu der bei Anwendung der „Step-by-Step"-Technik notwendigen Länge, die unter anderem nach der Anzahl der in Vortriebsrichtung aufeinanderfolgenden Bauzustände zu wählen ist, kürzer. Dies führt bei gleicher Diskretisierung in der Ebene zu einer geringeren Anzahl von Elementscheiben. Damit reduziert sich die Anzahl der erforderlichen Elemente im Vergleich zur „Step-by-Step"-Technik deutlich.

Die grundsätzliche Vorgehensweise dieses Berechnungsverfahrens ist in Abb. 11.8 am Beispiel des bereits im vorherigen Abschnitt verwendeten idealisierten Kalottenvortriebs veranschaulicht. Für die folgenden Erläuterungen wird vereinfachend angenommen, daß die Scheibendicke, wie in Abb. 11.8 dargestellt, gleich der Abschlagtiefe ist und in dem Berechnungsausschnitt konstant bleibt.

Ausgehend vom Primärzustand und einem daran anschließenden Ausgangszustand, der dem erläuterten 1. Bauzustand entspricht, wird in einem 3. Rechenschritt in einer Iterationsrechnung der Vortrieb der Kalotte simuliert. Im Verlauf der Iterationsrechnung, die in Abb. 11.8 durch den 1. bis m-ten Iterationsschritt verdeutlicht wird, wird der Berechnungsausschnitt gegenüber dem jeweils vorherigen Zustand um eine Abschlagtiefe in der Vortriebsrichtung verschoben. Dabei wird das Betonelement i-1, das hinter der Ortsbrust in dem ersten mit Spritzbeton gesicherten Abschlag liegt, jeweils in das bereits verformte System des vorangegangenen Rechenschrittes eingebaut. Die dafür maßgebenden Verschiebungen sind gleich denen des Elements i im ungesicherten Kalottenabschnitt. Im Verlauf der Iterationsrechnung werden die tatsächlichen Verschiebungen und Spannungen, die sich in der Praxis mit jedem Vortriebsschritt im Gebirge und in der Spritzbetonschale einstellen, angenähert. Dabei ist es möglich, die Größe der vortriebsbedingten Verschiebungen und die maßgebliche Beanspruchung der Spritzbetonschale zu ermitteln.

Simulation entkoppelter Teilvortriebe. Wird ein Tunnel in mehreren Teilvortrieben, z. B. einem Kalottenvortrieb (1. Teilvortrieb) mit nachfolgendem Strossen-/Sohlausbruch (2. Teilvortrieb), aufgefahren, so verändern sich mit dem Auffahren des Kalottenvortriebs der Spannungs- und Verschiebungszustand des Gebirges. Der auf den Kalottenvortrieb folgende Vortrieb von Strosse und Sohle erfolgt in einem gegenüber dem ursprünglichen Primärzustand, in dem das Gebirge unverritzt war, veränderten Zustand. Kennzeichnend für diesen Zustand ist der nunmehr im Gebirge vorhandene Hohlraum, der ganz oder teilweise mit einer Spritzbetonschale gesichert ist. Die Lasten, die vor dem Auffahren der Kalotte über das im Bereich des Hohlraumquerschnitts liegende Gebirge abgetragen wurden, werden um die Spritzbetonschale geleitet. Dabei ist die Spritzbetonschale durch die nach dem Einbau auftretenden, aus dem fortschreitenden Vortrieb resultierenden Veschiebungen beansprucht worden. Durch den nachfolgenden Strossen-/Sohlausbau erfahren der im Gebirge

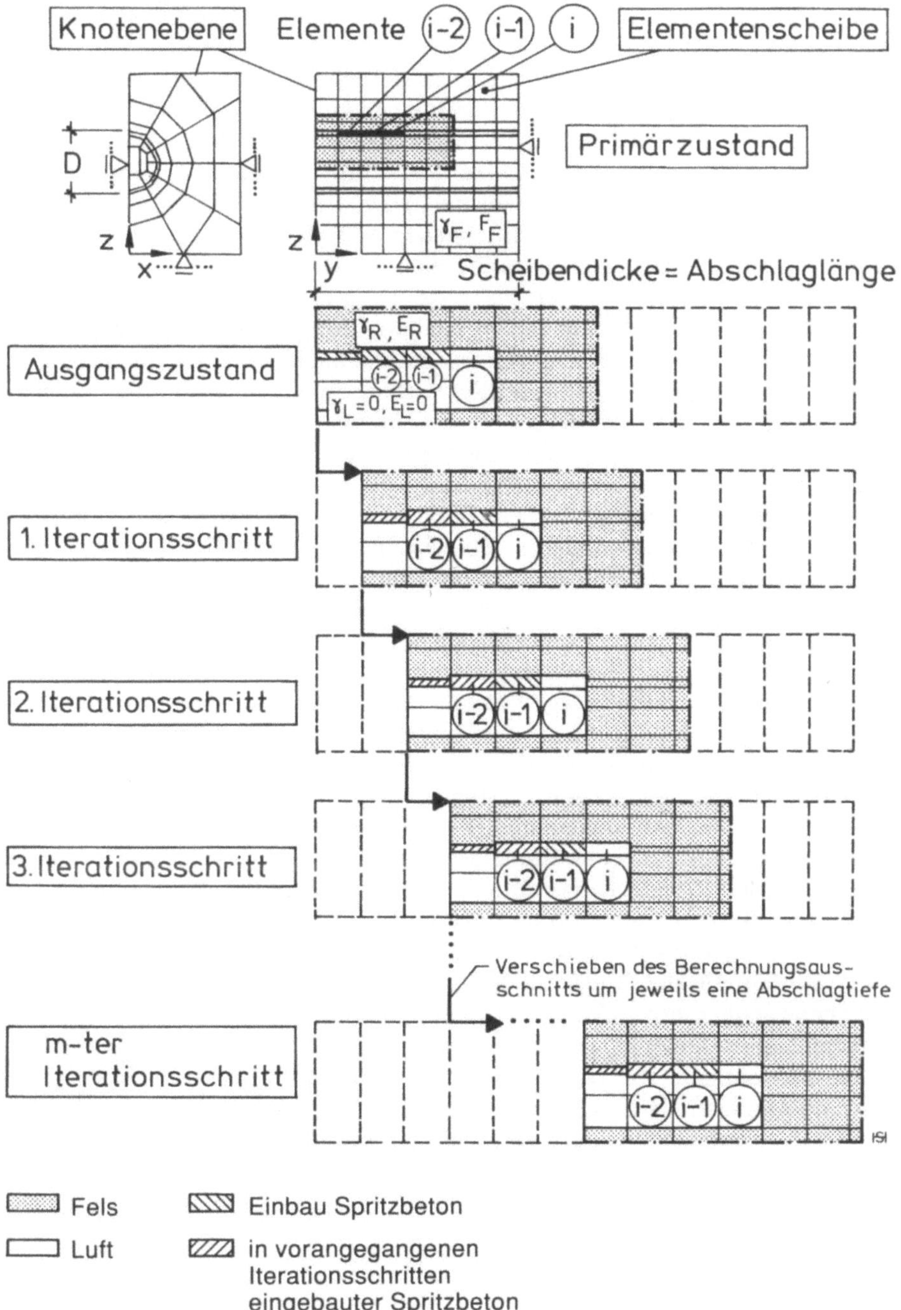

Abb. 11.8. Simulation des Tunnelvortriebs nach dem Iterationsverfahren [127]

und in der Spritzbetonschale vorhandene Veschiebungs- und Spannungszustand wieder Änderungen.

Für die Berechnung des infolge eines weiteren Teilvortriebs veränderten Spannungs- und Verschiebungszustands ist grundsätzlich die schrittweise Simulation des Tunnelvortriebs gemäß der „Step-by-Step"-Technik geeignet. Der Teilvortrieb erfolgt hierbei entkoppelt vom vorangegangen Teilvortrieb. Bei der Simulation zweier oder mehrerer Teilvortriebe ist die Lage des Berechnungsausschnitts in Vortriebsrichtung so zu wählen, daß der jeweils nachfolgende Teilvortrieb nicht im Einflußbereich der Ortsbrust des vorangegangenen Teilvortriebs liegt. Bei der Diskretisierung des Berechnungsausschnitts sind in den Ebenen senkrecht zur Vortriebsrichtung die zu jedem Teilvortrieb gehörenden Ausbruchquerschnitte nachzubilden. Für die Elementenscheiben in Vortriebsrichtung sind die in der Regel unterschiedlichen Abschlagtiefen zu berücksichtigen. Dieses führt zu einer Größe von FE-Netzen und damit zu Gleichungssystemen, die mit einem wirtschaftlich vertretbaren Aufwand vielfach nicht mehr berechnet werden können. Sollen dennoch mehrere Teilvortriebe mittels der „Step-by-step"-Technik simuliert werden, so ist dies nur mit entsprechend grob diskretisierten Berechnungsausschnitten, in denen unterschiedliche Abschlagtiefen vereinfachend berücksichtigt werden, möglich.

Die Methode zur Simulation mehrerer aufeinanderfolgender Teilvortriebe basiert auf der Idee, daß für den vorangegangenen Teilvortrieb die ermittelten Spannungen und Verschiebungen dem nachfolgenden Teilvortrieb als Ausgangszustand zugrunde gelegt werden. Als maßgebend sind der Verschiebungs- und Spannungszustand eines Bereichs anzusehen, der nicht mehr vom Vortriebsgeschehen an der Ortsbrust beeinflußt ist. Für die Berechnung der einzelnen Teilvortriebe sind die „Step-by-Step"-Technik und das Iterationsverfahren gleichermaßen geeignet. Dies trifft jedoch nur zu, wenn für den zu untersuchenden Bereich das Tunnelprofil konstant und das Gebirge homogen ist und sich die Überlagerungshöhe bzw. der Primärspannungszustand im Gebirge in der Tunnellängsrichtung nicht ändert. Voraussetzung ist ferner, daß für die Untersuchung der einzelnen Teilvortriebe Berechnungsausschnitte gewählt werden, die sich hinsichtlich der Abmessungen und Diskretisierung in der Ebene senkrecht zur Vortriebsrichtung nicht unterscheiden. Bei der Diskretisierung ist der zu jedem Teilvortrieb gehörende Teilausbruchquerschnitt zu berücksichtigen. Die Diskretisierung ist für jeden Teilvortrieb abhängig von der jeweiligen Abschlagtiefe zu wählen. Für die Abmessungen des Berechnungsausschnitts gelten im übrigen die bei der „Step-by-Step"-Technik genannten Kriterien.

Abbildung 11.9 zeigt die Diskretisierung für eine vorher beschriebene Berechnung.

11.1.5
Spezielle Anwendungen der FEM im Tunnelbau

Im folgenden sollen zur Verdeutlichung der Möglichkeiten der FEM im Tunnelbau zwei spezielle Anwendungen dargestellt werden.

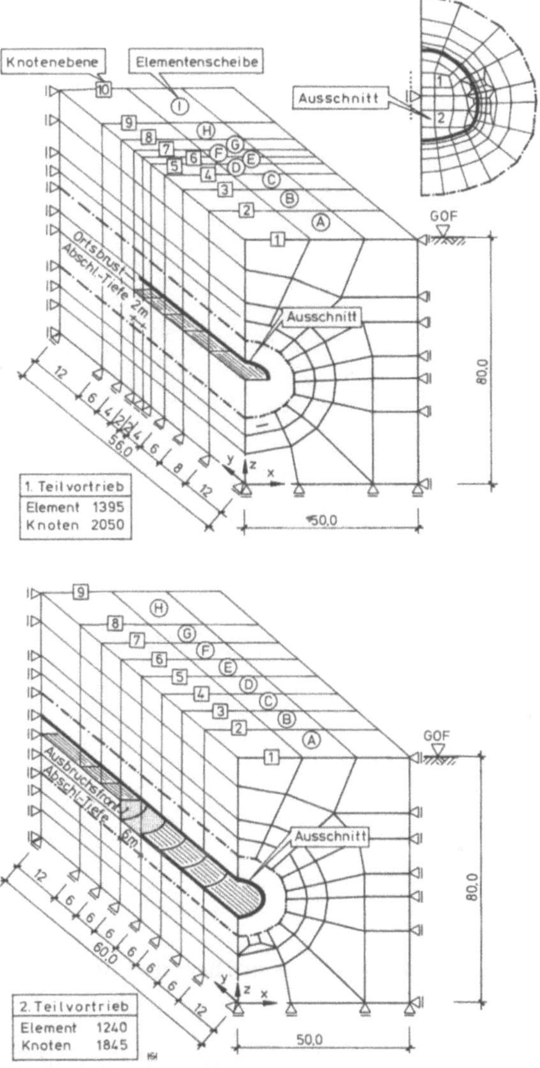

Abb. 11.9. Berechnungsausschnitt – Elementnetz [127]

Modellierung von Deformationsschlitzen. Bei tiefliegenden Tunneln im Fels kann es bei ungünstiger Geologie, z.B. bei stark druckhaftem Gebirge, zu Problemen mit großen Deformationen kommen. Aus diesem Grund wurden erstmals beim Bau des Tauerntunnels in die Spritzbetonschale in Tunnellängsrichtung Bewegungsschlitze eingebaut, welche die Schale vor Zerstörungen bei größeren Deformationen weitgehend bewahren. Beim Inntaltunnel wurde das Verfahren konsequent angewandt und mit statischen Nachweisen belegt.

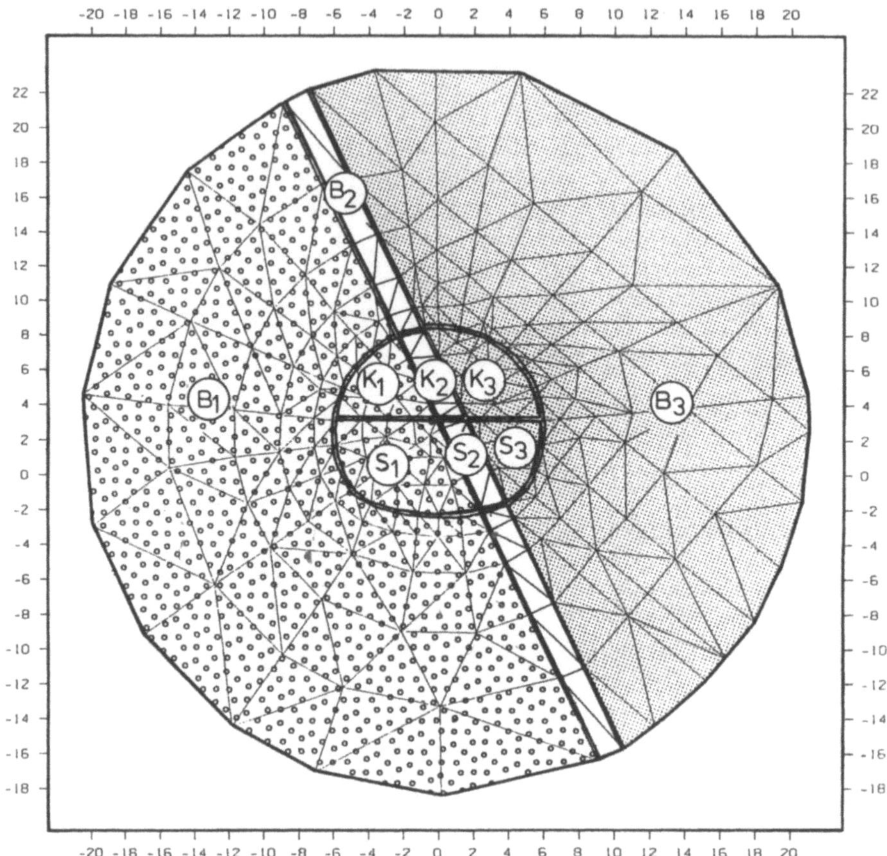

$K_{1,2,3}$ Kalotte mit unterschiedlichen Gesteinen
$S_{1,2,3}$ Strosse und Sohle mit unterschiedlichen Gesteinen
$B_{1,2,3}$ unterschiedliche Gesteine

Abb. 11.10. Numerisches Modell mit geologischen Bereichsdefinitionen [175]

In [175] wird von der entsprechenden Maßnahme und ihrer numerischen Modellierung berichtet. Abbildung 11.10 zeigt die Diskretisierung des Gebirges mit der für den Vortrieb sehr ungünstigen Geologie.

Abbildung 11.11 zeigt die Modellierung des Schlitzes in der Spritzbetonschale.

Bis zum vollständigen Schließen des Schlitzes werden keine oder sehr geringe Normalkräfte vom Spritzbetonbereich A zum Bereich B übertragen. Eine geringe Übertragung wirkt durch den „Restspritzbeton" in den Schlitzen bzw. über die Tunnelbögen. Kontaktelemente bieten sowohl die Möglichkeit der Vorgabe eines Kluftabstandes a als auch einer elastischen Steifigkeit in der Kluft. Das heißt, daß Kräfte nur dann über dieses Element übertragen werden können, wenn der Abstand a überwunden wird. Die dieser Annahme zugrundeliegende Arbeitslinie ist aus Abb. 11.11 ersichtlich.

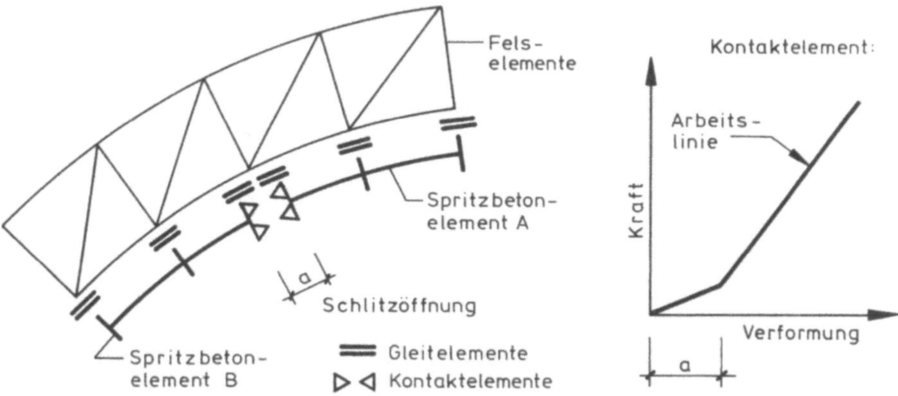

Abb. 11.11. Numerisches Modell des Bewegungsschlitzes [175]

Eine weitere wichtige Eigenschaft ist der Gleitvorgang zwischen der durch Anker mit dem Gebirge verbundenen Spritzbetonschale und dem Gebirge. Auch hier können die gezeigten Gleitelemente, die ebenfalls auf der Theorie der entkoppelten Finite-Elemente beruhen, diese Vorgänge sehr gut über die Verwendung eines Coulombschen Bruchkriteriums beschreiben.

Für die Modellierung der Spritzbetonschale wird ein Balkenelement verwendet, das ohne nachträgliche Integration von Spannungen Normalkräfte, Momente und Querkräfte liefert.

Ermittlung der Gebirgsauflockerung infolge der Sprengung. Eine weitere Anwendungsmöglichkeit der FEM im Tunnelbau wird in [176] dargestellt. Es handelt

Abb. 11.12. Keileinbruch mit FE-Modell [176]

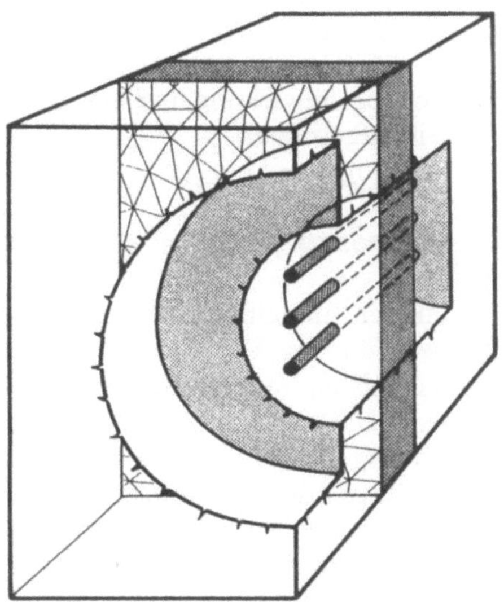

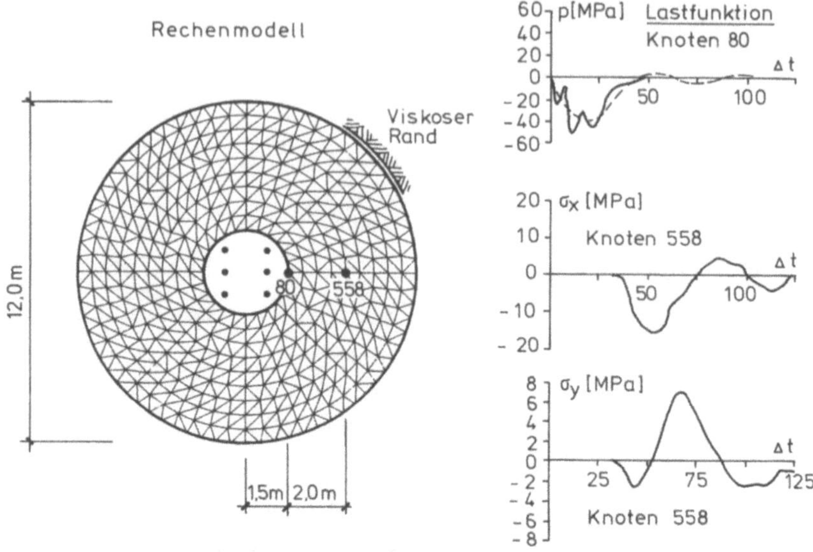

Abb. 11.13. Spannungsverläufe mit FE-Netz [176]

sich um ein Rechenmodell, das erste Ansätze zur Betrachtung der geänderten Gebirgstragwirkung infolge des Sprengvortriebs liefern soll.

Das Besondere an dieser Anwendung ist die Tatsache, daß hierbei eine dynamische Belastung simuliert werden muß, die sich wellenförmig im Kontinuum ausbreitet. So müssen z.B. bei der Diskretisierung die Wellenlänge und die Reflexion der Wellen an den Rändern beachtet werden. Da z.B. die Reflexion am Rand der Diskretisierung die Ergebnisse der Berechnung beeinflussen würde, wurden am Rand Elemente eingebaut, die eine viskose Dämpfung simulieren. Abbildung 11.12 zeigt die Modellierung eines Keileinbruchs, und Abb. 11.13 verdeutlicht das gesamte FE-Netz mit der eingegebenen Lastfunktion der Sprengwirkung und die Spannungsverläufe als Ergebnis, jeweils über die Zeit aufgetragen.

11.2
Allgemeines zu geotechnischen Messungen

Im heutigen Tunnelbau sind Messungen ein wichtiger Bestandteil der statischen Nachweisführung. Vor allem die meßtechnische Überwachung der Standsicherheit des Felshohlraumes und der Vergleich der Meßergebnisse mit den Berechnungsergebnissen tragen zu einer technisch und wirtschaftlich erfolgreichen Ausführung des Tunnelbauwerks bei. Auf ingenieurgeologische Messungen wie die Ermittlung des primären Spannungszustands wird an dieser Stelle nicht eingegangen. Hierzu sei auf die entsprechende Fachliteratur verwiesen.

Die Planung des Meßprogramms geschieht unter Beachtung der ingenieurgelogischen und felsmechanischen bzw. bodenmechanischen Voruntersuchungen, der statischen Nachweise als Vorberechnungen sowie der Bauverfahren. Es ist besonders wichtig, das Meßprogramm derart auszulegen, daß die getroffenen Annahmen sowie die Ergebnisse der statischen Nachweise überprüft werden können.

Der Umfang des Meßprogramms und die Anordnung der Meßquerschnitte werden von der Anforderung bestimmt, daß die Meßergebnisse für größere Bereiche hinsichtlich der Gebirgskennwerte als repräsentativ angesehen und extrapoliert werden können.

Ein möglichst früher Zeitpunkt des Meßgeräteeinbaus ermöglicht die Beobachtung der Gebirgsreaktionen von Anfang an und hilft, mögliche Fehlerquellen bei der Interpretation der Meßergebnisse aus Vorentspannungen des Gebirges zu verhindern. Besondere Bedeutung kommt hierbei dem Zeitverzug zwischen Entnahme der Meßergebnisse und deren Auswertung zu. Eine bedeutende Entwicklung stellt dabei die sog. Echtzeitauswertung dar, die heute dank der Entwicklung der Elektronik möglich ist. Die Meßgeräte sind mit einem Computer verbunden, der die Ergebnisse im Augenblick der Messung mit Hilfe einer Meßsoftware derart aufbereitet, daß die Bauleitung sofort über die Veränderungen im Gebirge und in der Sicherung informiert ist [18].

Die Häufigkeit der Messungen richtet sich nach der Verformungs- oder Belastungsgeschwindigkeit. Die Messungen werden solange fortgeführt, bis auch nach dem letzten Ausbruchzustand die Zunahme der Verformung oder Belastung eindeutig gegen Null tendiert und sich das weitere Messen erübrigt.

11.2.1
Meßquerschnitte für den Bauzustand

Während der Bauzeit unterscheidet man zwischen Standardmeßquerschnitten, Hauptmeßquerschnitten und Oberflächenmessungen. Die Messungen und die dazugehörigen Geräte werden in Kap. 11.2.3 beschrieben.

Standardmeßquerschnitte. Der Aufbau eines Standardmeßquerschnitts ist in Abb. 11.14 dargestellt. Dabei sind Konvergenzmessungen und Nivellements vorgesehen.

Die Messungen werden im Bereich der Vortriebsarbeiten in der Regel täglich durchgeführt und dienen zur Beurteilung der Standsicherheit der vorübergehenden Sicherung. Beide Messungen ermitteln Verformungen der Sicherung, aus denen dann im Vergleich mit den Vorausberechnungen auf das Verhalten des Gebirges geschlossen werden kann. Weiterhin dienen diese Messungen zur Kontrolle der Profilgenauigkeit, damit Über- oder Unterprofile durch die Innenschale ausgeglichen werden können und der notwendige Regellichtraum gewährleistet ist.

Standardmeßquerschnitte werden in der Regel in den folgenden Abständen angelegt, wobei die genannten Werte als grobe Anhaltswerte anzusehen sind:

- standfestes Gebirge $a \approx 30\,\mathrm{m}$,
- gebräches Gebirge $a < 20\,\mathrm{m}$,
- druckhaftes Gebirge $a < 10\,\mathrm{m}$.

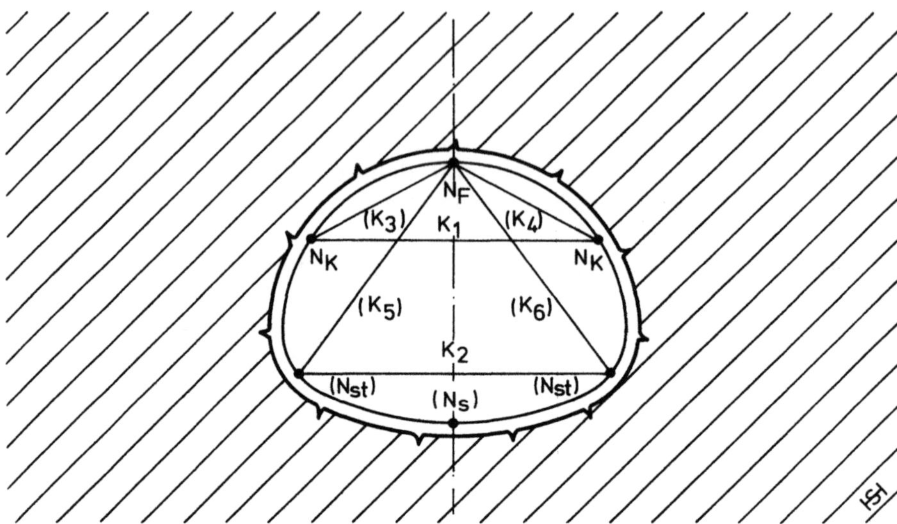

Abb. 11.14. Aufbau eines Standardmeßquerschnitts mit Konvergenzmessungen K und Nivellements N

Standardmeßquerschnitte sollten darüber hinaus an denjenigen Stellen eingerichtet werden, an denen Besonderheiten wie unsymmetrische Belastungen erwartet werden. Zusätzlich können in den Standardmeßquerschnitten die Ankerkräfte gemessen werden.

Hauptmeßquerschnitte. In den Hauptmeßquerschnitten sollen hauptsächlich die Eingangswerte wie Kennwerte der Gesteine bzw. des Gebirges und die Lastannahmen direkt überprüft werden. Gleichzeitig kann bei Übereinstimmung der Kennwerte die Konsistenz des gewählten Berechnungsmodells verifiziert werden. Hauptmeßquerschnitte werden auch aufgrund besonderer Anforderungen setzungsempfindlicher Bereiche, z.B. unter Bebauung oder bereits davor, angeordnet. Der Aufbau eines Hauptmeßquerschitts ist in Abb. 11.15 dargestellt.

Die folgenden relevanten Größen werden dabei gemessen [85]:

- Verformung des umgebenden Gebirges,
- radiale Drücke auf die Außenschale,
- Beanspruchung der Außenschale und der Stahlbögen,
- Beanspruchung der Anker.

Beispielhaft zeigt Abb. 11.16 die Ergebnisse eines typischen Hauptmeßquerschnitts am Tunnel Landrücken Nord.

Jeder Tunnelvortrieb sollte mindestens zwei Hauptmeßquerschnitte haben, um Vergleichsmöglichkeiten zu erhalten. Es ist zu empfehlen, ebensoviele Hauptmeßquerschnitte einzurichten, wie innerhalb der statischen Nachweisführung im Vorfeld Berechnungsmeßquerschnitte festgelegt werden sollten.

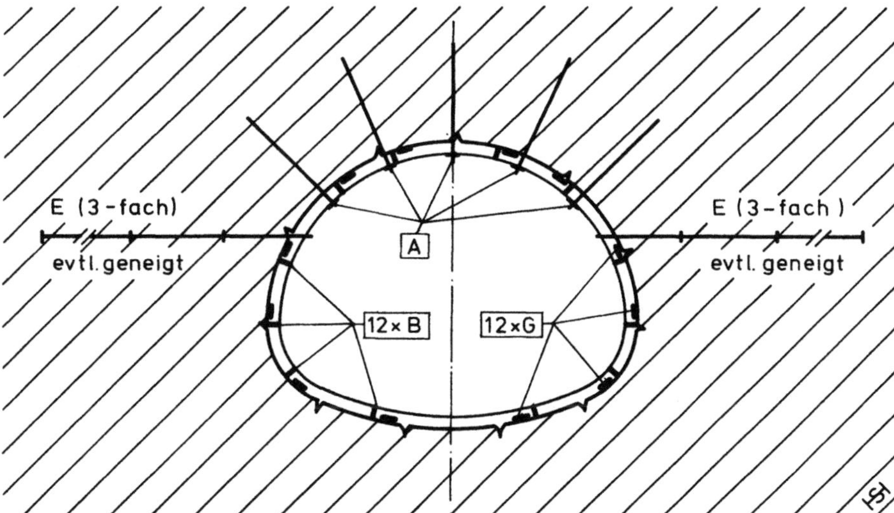

Abb. 11.15. Aufbau eines Hauptmeßquerschnitts für die Außenschale (A = Ankermeßteller, B = Betondruckmeßdosen, G = Druckmeßdosen, E = Extensometer)

Weiterhin sollte jeder Standardmeßquerschnitt, der auffällige Anomalitäten zeigt, die nicht durch besondere Umstände erklärt werden können, zu einem Hauptmeßquerschnitt ausgebaut werden. Die Aussagen des Hauptmeßquerschnitts dienen zum Festlegen des Zeitpunktes, zu dem die Innenschale eingebaut wird.

Oberflächenmessungen. Oberflächenmessungen werden im oberflächennahen Tunnelbau innerhalb bebauter Gebiete notwendig. In der Regel werden Präzisionsnivellements durchgeführt, um den Verlauf und die Größenordnung der Setzungsmulde dokumentieren zu können. In besonderen Fällen werden diese Nivellements durch Extensometer- und Gleitmikrometermessungen ergänzt. Ein Beispiel hierfür ist die Unterfahrung einer Bebauung mit nur 4 m Überdeckung beim Bau des S-Bahn Tunnels in Dortmund-Lütgendortmund (Abb. 11.17).

11.2.2
Messungen für den Endzustand

In besonderen Fällen werden die Hauptmeßquerschnitte für die Innenschale im Endzustand für eine Langzeitbeobachtung eingerichtet. Dies wird z.B. bei quellenden Gebirgen (Gipskeuper), Gebirgen mit tektonischen Belastungen oder Gebirgen mit stark wechelnden Grundwasserständen, die zu sich ständig verändernden Spannungszuständen in der Innenschale führen können, durchgeführt. Den Aufbau eines Hauptmeßquerschnitts zeigt Abb. 11.18.

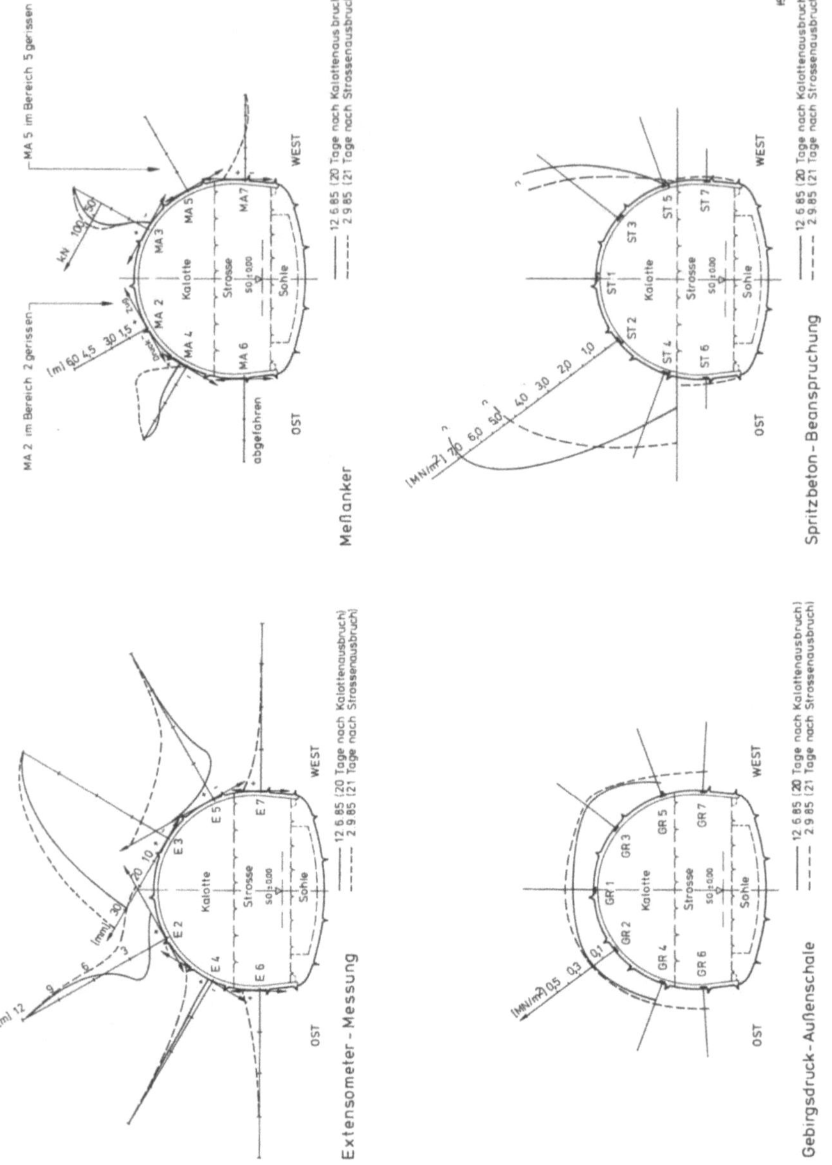

Abb. 11.16. Tunnel Landrücken Nord – Außenmeßquerschnitt Station 2863 m (Schlotrandbereich)

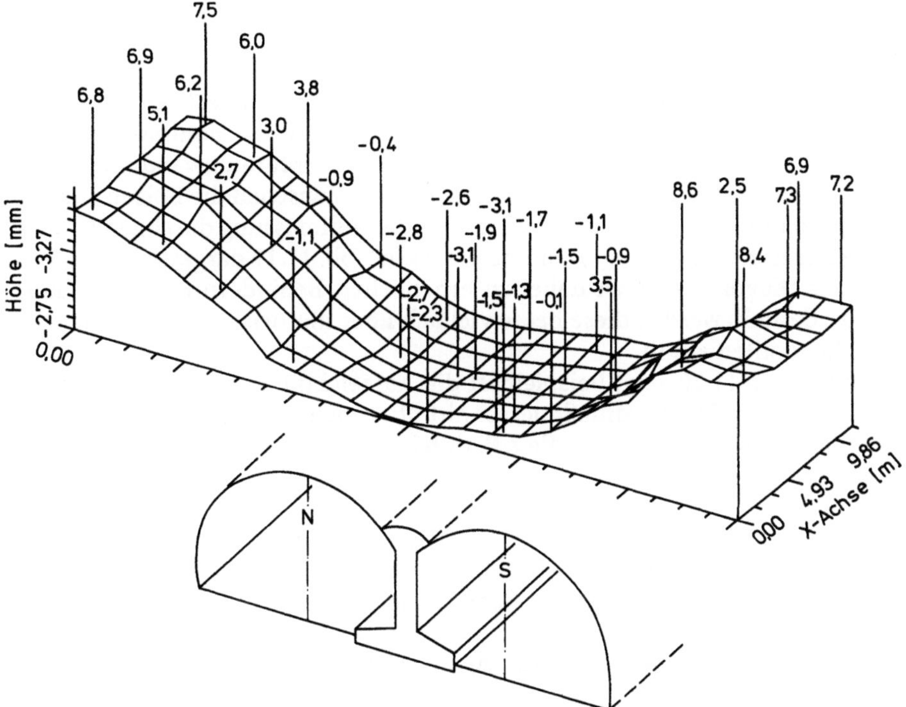

Abb. 11.17. Oberflächenmesssungen beim Bau des Tunnels Dortmund-Lütgendortmund [Interfels GmbH]

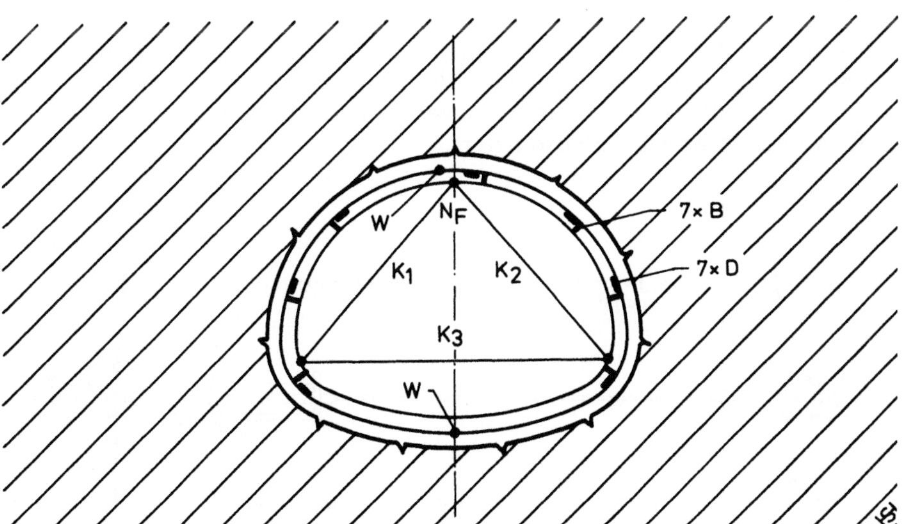

Abb. 11.18. Aufbau eines Hauptmeßquerschnitts für die Innenschale (W = Wasserdruckmeßdosen, D = Druckmeßdosen sowie Fortführung der Druckmeßdosen in der Außenschale)

11.2.3
Meßmethoden und -geräte

Konvergenzmessungen. Konvergenzmessungen dienen zur Feststellung von Relativverschiebungen zwischen Meßpunkten, die auf der Hohlraumwandung liegen [85]. Unmittelbar nach dem Freilegen der Hohlraumwandung werden Konvergenzmeßbolzen in die Wandung gesetzt. Zwischen die Bolzen wird ein Drahtseil mit einer Meßuhr gespannt und die Nullmessung durchgeführt. Das Funktionsschema des sog. Distometers ist in Abb. 11.19 dargestellt. Das Messen der Diagonalen führt dabei zu erheblichen Behinderungen des Baubetriebs, deshalb werden diese heute vielfach über motorisiert arbeitende Digital-Theodoliten erfaßt.

Abbildung 11.20 zeigt beispielhaft die Aufzeichnung der Konvergenzmessung an einem Standardmeßquerschnitt über mehrere Monate. Man erkennt deutlich die Veränderungen, die z. B. durch das Auffahren von Teilquerschnitten hervorgerufen werden.

Nivellements. Für die Nivellements werden Bolzen in der Firste, den Kalotten- und Ulmenfüßen in der Tunnelwandung befestigt. Das Nivellement selbst geschieht konventionell, wie es aus der Geodäsie bekannt ist.

Extensometermessungen. Zur Messung von Gebirgsverformungen werden sog. Extensometermessungen durchgeführt. Dazu werden entweder von der Geländeoberkante oder aus dem Tunnelinneren heraus Löcher gebohrt, in die dann das Extensometer eingeführt wird. Ein Einfach-Extensometer besteht im Prinzip aus einem Torstahlanker, der im Bohrloch einzementiert wird (Festpunkt), dem Meßgestänge und dem durch Steinschrauben im Bohrlochmund befestigten Extensometerkopf. Die Bewegungen des Gebirges werden durch die Änderung der über den Extensometerkopf freistehenden Länge des Meßgestänges angezeigt. Zur Messung der Verformungen in verschiedenen Tiefen werden sog. Mehrfach-Extensometer verwendet. Abbildung 11.21 zeigt den Aufbau eines Mehrfach-Extensometers.

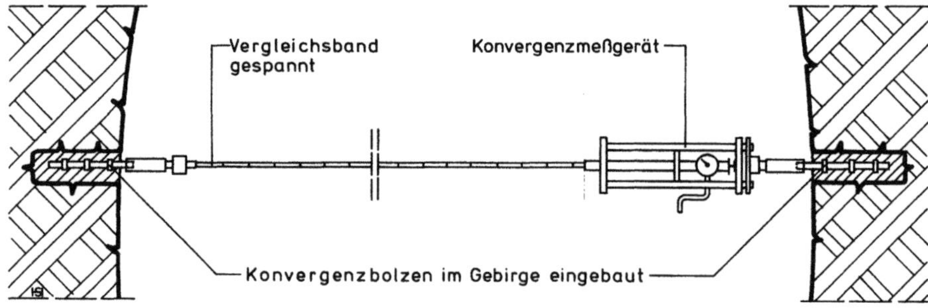

Abb. 11.19. Funktionsschema des Distometers zu Bestimmung der Längenänderung zwischen zwei Punkten A und B [Interfels GmbH]

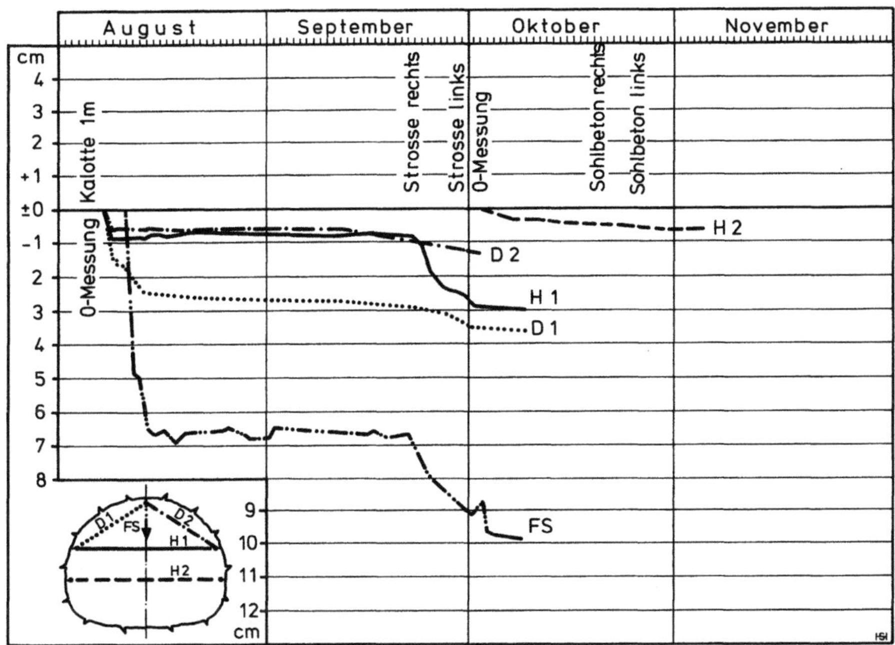

Abb. 11.20. Darstellung einer Konvergenzmessung am Sinnberg-Tunnel der DB-Neubaustrecke

Inklinometer- bzw. Deflektometermessungen. Zur kontinuierlichen Messung von Verschiebungen quer zur einer Bohrlochachse (Horizontalverschiebungen) in der Tunnelumgebung werden Inklinometermessungen durchgeführt. Beim Inklinometer wird ein mit vier Führungsnuten versehenes Kunststoffrohr in ein Bohrloch von ca. 100 mm Durchmesser eingebaut. Mit einer Meßsonde lassen sich die Neigungsänderungen gegenüber der Bohrlochachse in zwei im Winkel von 90° zueinander stehenden Richtungen bestimmen [37].

Grundsätzlich können alternativ zum Inklinometer auch Deflektometer verwendet werden. In ein verrohrtes Bohrloch werden in bestimmten Abständen Weggeber eingesetzt, die im allgemeinen durch einen gespannten Draht verbunden sind und die relative Verschiebung des Bohrlochs quer zu seiner Achse in einem Polygonzug messen. Das Prinzip ist in Abb. 11.22 dargestellt.

Soll der kontinuierliche Verlauf von Gebirgsverformungen entlang der Achse eines Bohrlochs gemessen werden, kommen die sog. Gleitmikrometer zur Anwendung. Dabei handelt es sich um sehr präzise Dehnungsmeßgeräte. Grundlage der hohen Genauigkeit von Gleitmikrometern ist das auf dem Kugel-Kegel-Prinzip beruhende Verspannen der portablen Sonde in den Meßmarken.

Bei Messung von Längs- und Querverschiebungen in einem Bohrloch wird ein Gerät genutzt, mit dem die normal zueinander stehenden Verschiebungs-

1 Torstahlanker, Befestigung durch Zementation
  im Bohrloch
2 Ankerkonus mit Meß- und Eichraste zur Prüfung der Funktionstüchtigkeit des Gerätes
3 Meßgestänge im Kunststoffschutzrohr, ankersei-
  tig Verschlußdorn, kopfseitig Tasteranschlag
4 Extensometerkopf mit Gestängeführungen und
  Steinschrauben zur Befestigung am Bohrlochmund
5 Meß- und Tasteranschlag zum Aufsetzen der Meßuhr oder der elektrischen Geber
6 Meßuhr mit Meßuhranschlag, mechanische Ab-
  lesevorrichtung

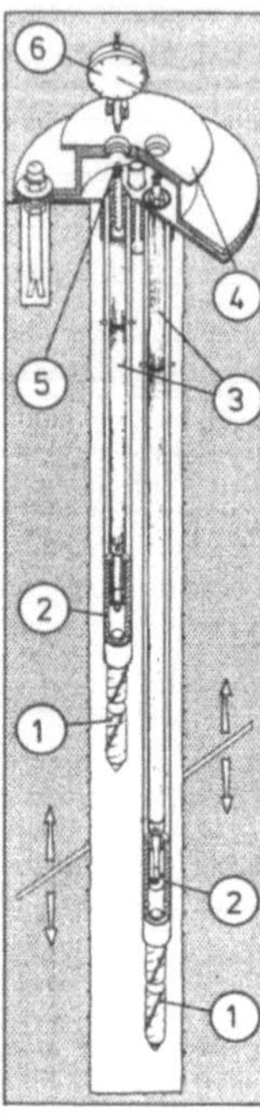

Abb. 11.21. Aufbau eines Mehrfach-Extensometers [Interfels GmbH]

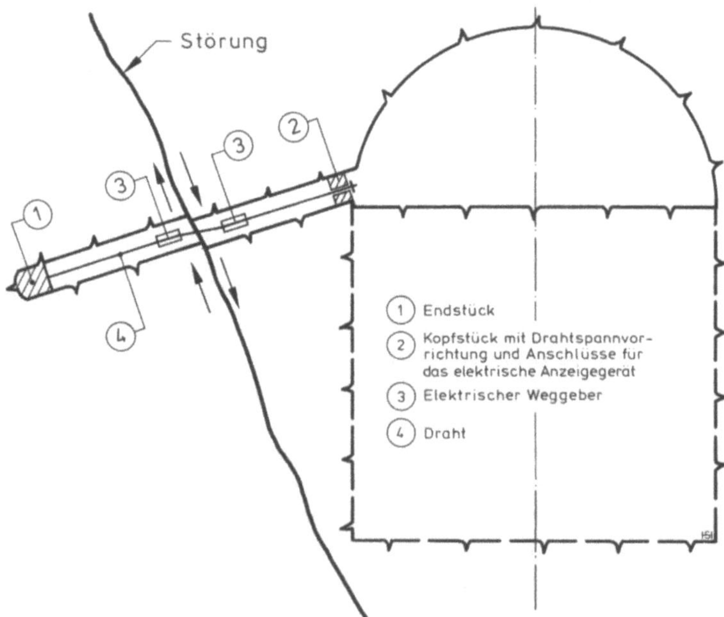

Abb. 11.22. Deflektormessung zur Messung von Verschiebungen quer zu einem Bohrloch
(Prinzipskizze)

richtungen gleichzeitig festgestellt werden können (z.B. Trivec-Meßgerät, im Prinzip ein Gleitmikrometer mit zusätzlichem Inklinometer).

Optische Verformungsmessungen. Mit den heute zur Verfügung stehenden digital arbeitenden Vermessungsinstrumenten und leistungsfähigen Computerprogrammen zur Datenauswertung können räumliche Verschiebungen beliebiger Meßpunkte entlang der Tunnellaibung in absoluten Koordinaten, d.h. auf ein dem Bauwerk übergeordnetes Bezugssystem, z.B. Landeskoordinaten, ermittelt werden. Dadurch sind lokale und großräumige Verformungen wesentlich leichter als bei den relativen Meßmethoden wie der Konvergenzmessung und dem Nivellement zu erkennen. Eine dreidimensionale Darstellung der Meßergebnisse ermöglicht dabei direkte räumliche Vergleichsmöglichkeiten zwischen den Verschiebungen aller Meßpunkte eines ausgewählten Bereichs. Ein wesentliches Merkmal der optischen Verformungsmessung ist die freie Positionierung der Meßstation (Abb. 11.23). Damit kann die Meßposition flexibel entsprechend den besten Sichtbedingungen und der geringsten Störung des Baubetriebs gewählt werden. Die Meßgenauigkeit wird im wesentlichen durch die geometrischen Verhältnisse und die Genauigkeit des Meßinstruments sowie der Zielmarken bestimmt.

Für die Messung wird eine sog. elektronische Totalstation mit koaxialem Distanzmesser verwendet.

Spannungsmessungen. Spannungsmessungen werden hauptsächlich in der Sicherung und hier dann im Beton durchgeführt. Grundsätzlich unterscheidet man zwei Arten:

1. Messungen nach dem hydraulischen Prinzip,
2. Messungen nach dem elektrischen Schwingsaiten-Prinzip.

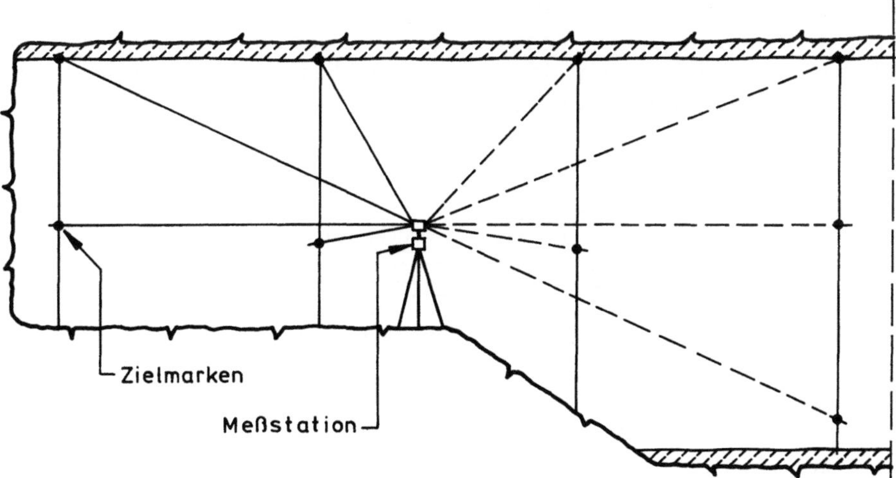

Abb. 11.23. Freie Positionierung der Meßstation bei der optischen 3D-Verformungsmesssung

Beim hydraulischen Prinzip wird die gesuchte Spannung durch einen im hydraulischen Meßgeber und in der Zuleitung während der Messung sich selbsttätig aufbauenden hydraulischen oder pneumatischen Druck kompensiert (Abb. 11.24). Dies ist dadurch möglich, daß der Meßgeber als Überdruckventil ausgebildet ist, das nach dem Einbau mit der gesuchten Spannung belastet und gesteuert wird.

Der so am Anfang der Leitung, also außerhalb des Bauwerks feststellbare Staudruck ist gleich der gesuchten Spannung.

Das Meßprinzip der elektrischen Schwingsaiten-Meßgeber beruht darauf, daß Änderungen der Meßgröße Änderungen der Dehnung und damit der Eigenfrequenz einer schwingfähig im Meßwertaufnehmer eingespannten Meßsaite hervorrufen. Die im Magnetfeld eines Elektromagnetsystems schwingende Saite induziert in der Magnetspule eine elektrische Schwingung gleicher Frequenz, die über Kabel auf das Empfangsgerät übertragen und dort zur Meßwertbildung weiterverarbeitet wird.

11.2.4
Vorauserkundungen vor Ort

Allgemeines. Schwierigkeiten während des Vortriebs treten in der Regel dadurch auf, daß sich die Geologie unerwartet ändert. Auf diese Weise kommt den Vorauserkundungen vor Ort immer größere Bedeutung zu. In der letzten Zeit wurden die bereits bekannten geophysikalischen Verfahren für den Tunnelbau weiterentwickelt. Die grundsätzlichen Methoden und die dazugehörigen petrophysikalischen Kenngrößen sind in der Tabelle 11.1 zusammengestellt.

Untersuchungen in den letzten Jahren haben ergeben, daß keines der Verfahren als selbständiges Verfahren zu nutzen ist, da bereits geringe Unterschiede in den einzelnen Gesteins- und Gebirgseigenschaften und Meßungenauigkeiten zu Fehlinterpretationen der Meßergebnisse führen können. Ein besonderes Problem bleiben die Eichung und die Interpretation. Erfolgversprechend sind diejenigen Verfahren, die zwei oder mehr geophysikalische Methoden kombinieren. Im folgenden soll kurz die Funktionsweise der einzelnen Methoden dargestellt werden.

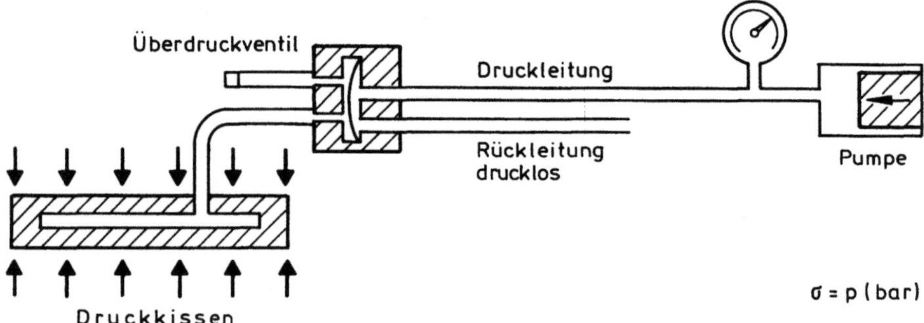

Abb. 11.24. Prinzipskizze eines hydraulischen Meßgebers [Glötzl GmbH]

Tabelle 11.1. Geophysikalische Untersuchungsmethoden und die dazugehörigen petrophysikalischen Größen [165]

Geophysikalische Methode	Petrophysikalische Größe
Seismik	Ausbreitung seismischer Wellen
Geoelektrik	spezifischer, elektrischer Widerstand
Gravimetrie	Dichte
Magnetik	Suszeptibilität
Radar	Dielektrizitätskonstante
Geothermie	spezifische Wärmeleitfähigkeit

Seismik. Mit Hilfe der angewandten Seismik wird die Ausbreitung künstlich erzeugter, elastischer Wellen untersucht. Dabei werden die Ausbreitungsgeschwindigkeit der Wellen, der Absorptionskoeffizient und die Schallhärte als Beurteilungsgrößen herangezogen. Durch eine vorherige Eichung kann dann auf das Gestein geschlossen werden. Man unterscheidet die folgenden Verfahren:

- direkte Laufzeitbestimmung,
- Refraktionsseismik,
- Reflexionsseismik.

Für den Tunnelbau eignet sich besonders die Reflexionsseismik, da in diesem Fall Sender und Empfänger sich an einem gemeinsamen Ort befinden können. Die direkte Laufzeitbestimmung benötigt dagegen zusätzliche Bohrungen von der Geländeoberfläche oder andere, bereits vorhandene Hohlräume in unmittelbarer Nähe des Vortriebs.

Geoelektrik. In der Geoelektrik wird die räumliche Verteilung der elektrischen Bodeneigenschaften entweder unter Nutzung natürlicher elektrischer Felder oder mit Hilfe künstlicher Stromeinspeisung in den Boden untersucht. Gemessene Parameter zur Charakterisierung des Gesteins sind dabei die elektrische Leitfähigkeit, der elektrische Widerstand und die Dielektrizitätskonstante. Vor allem die Radarmessungen eignen sich für Vorauserkundungen, da hier ebenfalls nach dem Reflexionsprinzip gearbeitet wird.

Gravimetrie. Mit Hilfe der Gravimetrie werden regional oder lokal begrenzte Abweichungen der Schwerebeschleunigung von ihrem normalen Verlauf gemessen. Besteht eine ausreichend große Differenz zum Nebengestein, kann das Vorhandensein, die Kontur und die Tiefenlage geologischer Strukturen bestimmt und dadurch auf abweichende geotechnische Situationen geschlossen werden.

Geomagnetik. Die Messung der Geomagnetik dient der Erfassung regional oder lokal begrenzter Anomalien des erdmagnetischen Feldes, um so auf die Struktur, Kontur und Tiefenlage geologischer Körper und geotechnischer Situationen zu schließen.

Geothermie. Die Geothermie informiert mit Temperaturmessungen auf der Erdoberfläche, unter Tage und in Bohrungen über die Temperaturverteilung in Abhängigkeit von Ort und Zeit. Sie bezieht natürliche und künstliche Wärmequellen, Wärmeaustauschprozesse im Innern der Erde sowie geothermische Parameter von Gestein und Gebirge ein und ermöglicht Betrachtungen über lagerstättenkundliche Prozesse und strukturelle Besonderheiten.

Beispiele und Erfahrungen. Unter der Berücksichtigung der in der Praxis beengten Verhältnisse eines Tunnelvortriebs und der nach Möglichkeit zu vermeidenden, zusätzlichen Bohrungen von der Geländeoberfläche aus, eignen sich für vortriebsbegleitende Vorauserkundungen vor allem diejenigen Maßnahmen, die auf dem Prinzip der Reflexion beruhen. Im folgenden sollen zwei Beispiele aus der Praxis zeigen, wie zukünftige Systeme für den Sprengvortrieb aufgebaut sein können.

Tunnelseismische Profilerkundung (TSP). Dieses reflexionsseismische Verfahren wird sowohl für die Vorauserkundung als auch für die Erkundung des den Tunnel seitlich umgebenden Gebirges genutzt. Erste Praxiserfahrungen konnten am Eisenbahntunnel der Centovalli-Bahn (Locarno) gesammelt werden [4], [135].

Bei der Vorauserkundung werden die seismischen Signale in einer etwa 100 m von der Tunnelbrust entfernten Seitenbohrung (Tiefe etwa 4 m) angeregt. Das wird z.B. durch kleine Sprengladungen (etwa 100 Gramm) erreicht. Die erzeugten Wellen breiten sich in Vortriebsrichtung aus, und die später eintreffenden Reflexionen aus dem Bereich vor der Tunnelbrust werden mit einer Reihe hochempfindlicher Beschleunigungsaufnehmer wieder aufgenommen. Aus den Echolaufzeiten ermittelt man durch Umrechnung mit der seismischen Geschwindigkeit des Gebirges die Raumlage des reflektierenden Ereignisses, den Schnittwinkel mit der Tunnelachse und die Distanz zur Ortsbrust (Abb. 11.25). Mit Hilfe dieser Meßeinrichtung konnte eine die Tunneltrasse kreuzende Grenze zwischen Fest- und Lockergestein im voraus geortet werden.

Schildpilot. Ein weiteres Beispiel ist der in Japan für Schildvortriebe entwickelte Schildpilot [89]. Bei diesem System werden die Bodenbeschaffenheit und mögliche Hindernisse aus dem Schildinneren untersucht. Hierbei werden Schallwellen und sog. Rayleigh-Wellen kombiniert, um ein möglichst genaues Untersuchungsergebnis zu bekommen. Während die Schallwellen nur über eine Länge von 5 bis 10 m eine Aussage mit genügender Genauigkeit liefern können, ergänzen die Rayleighwellen die Untersuchungen über den 10-m-Bereich hinaus und liefern damit erste Anhaltspunkte, die dann durch die Schallwellenuntersuchung verifiziert werden. Eine Nutzung dieses Systems für Voruntersuchungen beim Sprengvortrieb wäre denkbar (Abb. 11.26).

Insgesamt sind die Erfahrungen noch nicht so vielversprechend wie die dazugehörigen Darstellungen der Hersteller und Vertreiber. Verhältnismäßig brauchbare Ergebnisse konnten im Zusammenhang mit den üblichen In-situ-Erkundungen erzielt werden. Zweifelhaft sind jedoch die hohen Erwartungen an die zukünftigen Entwicklungen für die praktische Anwendung auf Tunnelbaustellen.

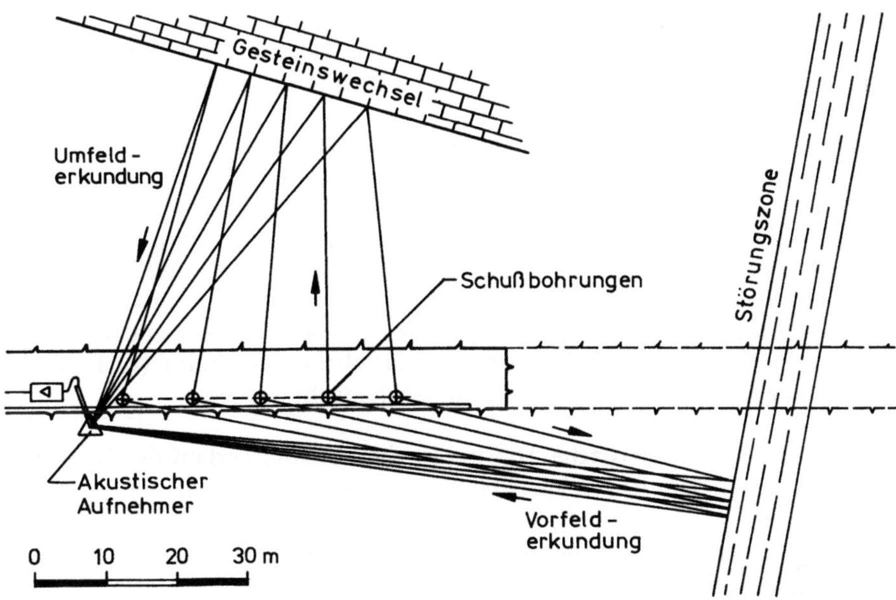

Abb. 11.25. Meßprinzip der seismischen Vorerkundung TSP

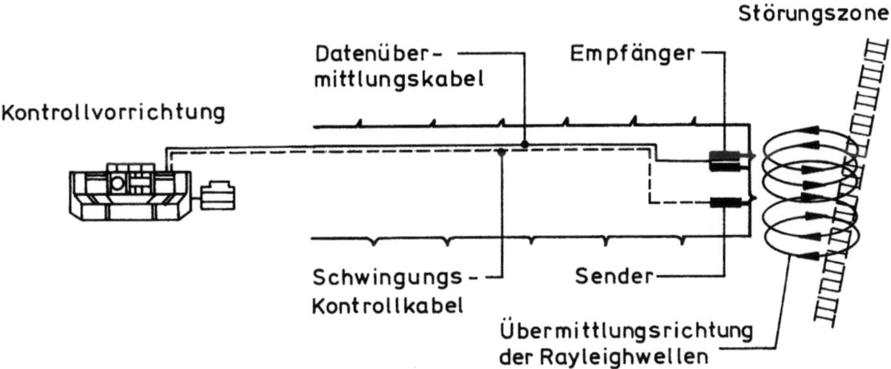

Abb. 11.26. Meßprinzip der Schildpilot-Vorerkundung

11.2.5
Auswertung der Messungen

Gibt es keine Echtzeitauswertungen, müssen die Meßergebnisse innerhalb von
24 Stunden ausgewertet werden. Dazu sind die Daten im Zusammenhang mit
den Vortriebsdaten graphisch aufzubereiten und der Bauüberwachung zur
Kontrolle vorzulegen. Offensichtlich ungewöhnliche Meßergebnisse müssen
dagegen unverzüglich der Baustelle und dem Auftraggeber mitgeteilt werden.

Die Meßergebnisse sind bei den regelmäßigen Besprechungen in überschaubarer Darstellung vorzulegen. Im Zusammenhang mit der elektronischen Planfreigabe werden die Meßauswertungen ebenfalls zu berücksichtigen sein.

Konvergenzmessungen und Extensometermessungen. Auswertungen von Konvergenzmessungen erhält man mit einem Verformungs-Zeit-Diagramm, dessen Koordinatenursprung der Nullmessung entspricht und in dem die Wiederholungsmessungen als Differenz gegenüber der Nullmessung aufgetragen werden. Die Optimierung der Sicherung bedeutet eine möglichst gute Annäherung an eine Endverformung, d.h., sie wird im Diagramm durch einen nahezu horizontalen Verlauf über die Kurve dargestellt. Aussagen über die absoluten Verformungen können durch die zusätzliche Anordnung von Extensometern oder durch geodätische Messungen gemacht werden.

Nivellements an der Oberfläche. Hierbei ist der Setzungsverlauf der Setzungsmulde in Abhängigkeit vom Vortrieb darzustellen.

Spannungsmessungen. Die Spannungsmessungen sind ebenfalls in einem zeitabhängigen Diagramm für jeden Meßpunkt darzustellen.

KAPITEL 12

Klassifizierung des Gebirges

12.1
Allgemeines

Eine der zentralen Aufgaben bei der Planung, Ausschreibung, Ausführung und Abrechnung von Tunneln kommt der Gebirgsklassifizierung zu. Dabei besteht die grundsätzliche Zielsetzung darin, das Gebirge entlang einer Tunneltrasse nach seinen Eigenschaften und seinem Verhalten für den Ausbruch und die Sicherung des Hohlraumes zu klassifizieren. Neben der Ausschreibung bildet die Klassifizierung vor Baubeginn die Grundlage für die Wahl des Bauverfahrens, die Festlegung der erforderlichen Sicherungsmaßnahmen und die Kalkulation. Während der Bauausführung besteht eine ständige Anpassung der Klasseneinteilung an das tatsächlich anstehende Gebirge, die als Grundlage für die Abrechnung dient.

Das Gebirgsverhalten beim Tunnelvortrieb wird durch miteinander in Wechselbeziehung stehende geologische, geomechanische und tunnelbautechnische Einflußfaktoren bestimmt. Aus dieser Komplexität folgt für einen Tunnelbauer die Forderung nach interdisziplinären Kenntnissen, auch im Bereich der Geotechnik.

12.2
Grundsysteme der Klassifizierung

Bis zum Beginn der 50er Jahre beruhte die Gebirgsklassifizierung für einen Tunnel auf einer vorwiegend geologischen, rein qualitativen Beschreibung des anstehenden Gebirges. Diese wurde in Beziehung zur möglichen Sicherung gesetzt, die nach den Erfahrungen der am Projekt beteiligten Fachleute festgelegt wurde. Erst durch die Verknüpfung von felsmechanischen und bautechnischen Gesichtspunkten mit der geologischen Beschreibung zu einer teilweise quantitativen Bewertung ergab sich ein praxisorientierter Bezug zum geplanten Bauwerk. Grundlagen neuer Klassifizierungen sind die Arbeiten von Terzaghi [180] und Stini [168], die als erste eine Beurteilung nach dem Gebirgsverhalten vorschlugen (Tabelle 12.1). Lauffer [78] wählte 1958 die Standzeit und die freie Stützweite als Kriterien für sein allgemein anerkanntes und angewandtes Klassifizierungsverfahren. Das 1957 im Zusammenhang mit der Verwendung von Spritzbeton entwickelte und später mehrfach überarbeitete

Tabelle 12.1. Vergleich der Grundsysteme der Klassifizierung

K. Terzaghi	11 Gebirgsklassen (1 bis 11) von „gesunder Fels" bis „locker gelagerter Sand"
G. E. Wickham	Keine festen Klassen, sondern RSR (Rock Structure Rating)-Werte von 25 bis 100, die mit steigendem Wert eine höhere Gebirgsqualität bezeichnen
J. Stini	5 Gebirgsklassen (1 bis 5) von „Fels mehr oder weniger gebräch" bis „Gebirge mild, sehr druckhaft"
H. Lauffer	7 Gebirgsklassen (A bis G) von „standfest" bis „sehr druckhaft"
G. Seeber	3 Gebirgsklassen (1 bis 3) von „standfest" bis „druckhaft"
F. Pacher, L. v. Rabcewicz	6 (5) Gebirgsklassen (I bis Vb) von „standfest" bis „rollig" (Tauerntunnel)
W. Berger	7 Verbauklassen (0 bis 6) von „ohne statischen Verbau" bis „Sondermaßnahmen"
Z. T. Bieniawski	5 Gebirgsklassen (I bis V) von „sehr guter Fels" bis „sehr schlechter Fels" mit Bewertungszahlen von 100 bis 1
N. Barton	Keine festen Klassen, sondern Q (Quality)-Werte von 0,001 bis 1000 für „außerordentlich schlechten Boden" bis „außerordentlich guten Fels"
K.W. John und M. Baudendistel	7 Vortriebsklassen (Tunneling Procedure Classes, TPC-1 bis TPC-7) von „sehr günstig" bis „sehr ungünstig" mit Bewertung von 100 bis 0 %

System von Müller, Rabcewicz, Pacher und anderen [105], [114], das auf technische Arbeitsweisen bezogene Gebirgseigenschaften aufbaut [vgl. 85], teilt die Gebirgsklassen nach der Beschaffenheit des Gebirges und nach seinem Verhalten bei der Herstellung des Hohlraumes ein. Seeber bemühte sich in seinem auf der Grundlage von Mohr entwickelten Klassifizierungsvorschlag, die Abgrenzung des druckhaften Gebirgsverhaltens vom gebrächen herauszustellen [150].

Dank der theoretischen Erkenntnisse in der Felsmechanik fanden zunehmend quantitative Parameter Eingang in die Klassifizierungssysteme. Besonders hervorzuheben sind die Arbeiten von Wickham [192], Barton [12], Bieniawski [16] sowie John und Baudendistel [63]. Seit Ende der 60er Jahre begann man, von den allgemeinen, überall anwendbaren Gebirgsklassifizierungen abzurücken und projektbezogen zu klassifizieren. Weitere Details werden in [85] behandelt.

12.2.1
Q-System (Quality-System)

Das Q-System der Gebirgsklassifikation wurde 1974 von Barton, Lien und Lunde in Norwegen entwickelt [12],[16]. Das System basiert auf der Analyse von mehr als 200 Tunnelbauprojekten aus Skandinavien. Aufgrund dieser Analyse kann man von einem quantitativen Klassifikationssystem sprechen. Es sollte ein Ingenieursystem sein, das die Planung der Tunnelsicherung erleichtert.

Das Q-System basiert auf der numerischen Einschätzung folgender sechs Parameter:

1. Bestimmung der Gebirgsqualität (RQD = Rock Quality Designation),
2. Anzahl der Kluftsysteme (J_n),
3. Rauhigkeit der ungünstigsten Kluft als Kluftrauhigkeitszahl (J_r),
4. Grad der Veränderung oder Verfüllung der schwächsten Kluft als Kluftveränderungszahl (J_a),
5. Wasserandrang als Kluftwasserreduktionszahl (J_w),
6. Spannungsverhältnisse als Spannungsreduktionsfaktor (SRF = Stress Reduction Factor).

Diese sechs Parameter werden zu drei Quotienten zusammengefaßt, die einen gewichteten mathematischen Wert der Gebirgsqualität Q wie folgt ergeben:

$$Q = \frac{RQD}{J_n} \times \frac{J_r}{J_a} \times \frac{J_w}{SRF} \tag{12.1}$$

Der mit dieser Formel ermittelte Wert für Q (= Felsqualität) liegt in einem Bereich von Q = 0,001 bis Q = 1000. Die Darstellung erfolgt in grafischer Form, wobei der Wert für Q auf einem logarithmischen Maßstab aufgetragen wird und die Gebirgsqualität daraus ablesbar ist (Abb. 12.1).

Vorgehensweise bei der Klassifikation: Die Tabellen 12.2 bis 12.7 geben die numerischen Werte für jeden der oben angeführten Faktoren an. Sie werden wie folgt interpretiert:

Die ersten beiden Faktoren, RQD und J_n (Kluftanzahl), geben einen Überblick über die Struktur des Gebirges, ihr Quotient ist ein relatives Maß für die Kluftkörpergröße im Bohrkern. Dabei gibt der von D.U. Deere und A.J. Hendron [24] als Gesteinscharakteristikum vorgeschlagene RQD-Index das

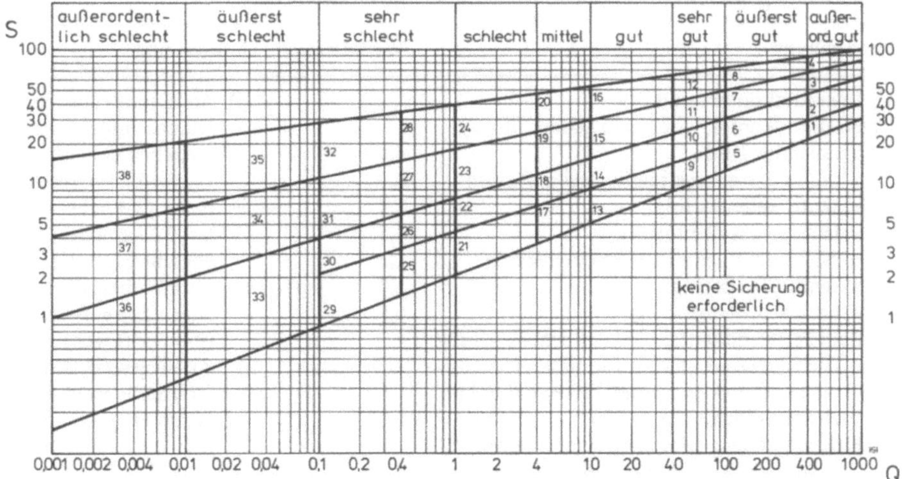

Abb. 12.1. Q-System: Bezugsgröße für die Sicherung im Vergleich zur Gebirgsqualität Q

Tabelle 12.2. Q-System: Bestimmung der Gebirgsqualität – RQD [12], [16]

Felsqualitätsbestimmung (RQD)

Beschreibung	Wertebereich	Anmerkung
Sehr schlecht	0 – 25	(i) Falls der gemessene Wert für RQD unter 10 liegt, kann in der Formel (12.1) der Wert für RQD = 10 gesetzt werden
Schlecht	25 – 50	
Annehmbar	50 – 75	
Gut	75 – 90	(ii) Die Staffelung des Wertes für RQD in Intervallen zu 5 ist für die weitere Betrachtung ausreichend
Sehr gut	90 – 100	

Tabelle 12.3. Q-System: Anzahl der Kluftsysteme – J_n

Anzahl der Kluftsysteme J_n

Beschreibung	Wertebereich	Anmerkung
massiver Fels, keine oder nur wenige Klüfte	0,5 – 1,0	(i) Für Verbindungen von Tunnel und Querschläge ist $(3,0 \times J_n)$ zu verwenden
ein Kluftsystem	2	
ein Kluftsystem plus zufällige Klüfte	3	
zwei Kluftsysteme	4	
zwei Kluftsysteme plus zufällige Klüfte	6	(ii) Für Portalbereiche ist $(2,0 \times J_n)$ zu verwenden
drei Kluftsysteme	9	
drei Kluftsysteme plus zufällige Klüfte	12	
vier oder mehr Kluftsysteme, zufällige Klüfte, stark zerklüftet, „zuckerwürfelartig" etc.	15	
zerlegter Fels, erdähnlich	20	

Tabelle 12.4. Q-System: Kluftrauhigkeitszahl – J_r

Kluftrauhigkeitszahl J_r

Beschreibung	Wertebereich	Anmerkung
(a) Felswandkontakt und		(i) Addiere 1,0 falls der Durchschnittsabstand zwischen den relevanten Kluftsystemen mehr als 3 m beträgt.
(b) Felswandkontakt vor 10 cm Scherklüftung		
• unstetige Kluft	4,0	
• rauh oder unregelmäßig, wellenförmig	3,0	
• sanft, wellenförmig	2,0	
• harnisch, wellenförmig	1,5	(ii) $J_r = 0,5$ kann bei ebenflächigen Harnischflächen, die eine Striemung aufweisen, verwendet werden, vorausgesetzt, die Striemung ist günstig orientiert.
• rauh oder unregelmäßig, ebenflächig	1,5	
• sanft, ebenflächig	1,0	
• harnisch, ebenflächig	0,5	
(c) Kein Felswandkontakt bei der Scherklüftung		
• Die Scherzone enthält Tonminerale, ausreichend dick, um einen Felswandkontakt zu vermeiden.	1,0	
• sandig, kiesig oder zerkleinerte Bereiche, ausreichend dick, um einen Felswandkontakt zu vermeiden.	1,0	

Tabelle 12.5. Q-System: Kluftveränderungszahl – J_a

Kluftveränderungszahl J_a

Beschreibung	Werte-bereich	ϕ_r (ungefähr)
(a) Felswandkontakt		
A dicht verfüllt, fest, nichtaufgeweicht, undurchlässige Verfüllung	0,75	
B unveränderte Kluftwände, nur verfärbte Oberfläche	1,0	25 – 35°
C leicht veränderte Kluftwände; nichtaufgeweichte, mineralische Oberfläche, sandige Partikel, tonfreie nichtgebundene Felsstücke	2,0	25 – 30°
D schluffige oder sandige Tonoberfläche, kleine Tonfraktionen (nichtaufgeweicht)	3,0	20 – 25°
E aufgeweichte oder geringe Reibung, aufweisende Tonmineraloberfläche	4,0	8 – 16°
(b) Felswandkontakt vor 10 cm Scherklüftung		
F sandige Partikel, tonfreie nichtgebundene Felsstücke	4,0	25 – 30°
G stark überkonsolidierte, nichtaufgeweichte Tonmineralfüllung (kontinuierlich, < 5 mm Dicke)	6,0	16 – 24°
H mittlere oder schwach überkonsolidierte, aufgeweichte Tonmineralfüllung (kontinuierlich, < 5 mm Dicke)	8,0	12 – 16°
J quellende Tonfüllungen, z.B. Montmorillonit (kontinuierlich, < 5 mm Dicke); der Wert für J_a hängt vom prozentuellen Anteil von quellfähigen tonartigen Partikeln u. dem Zutritt von Wasser ab	8,0 – 12,0	6 – 12°
(c) kein Felswandkontakt bei der Scherklüftung		
K Zonen oder Verläufe mit nichtgebundenen oder zerkleinerten Felsstücken und Tonen (vgl. auch G, H und J für die Tonbeschreibung)	6,0; 8,0 o. 8,0 – 12,0	6 – 24°
L Zonen oder Verläufe mit schluffigen oder sandigen Tonen, kleinen Tonfraktionen (nichtaufgeweicht)	5,0	
M Dicke, kontinuierliche Zonen oder Verläufe von Ton (vgl. auch G, H und J für die Tonbeschreibung)	10,0; 13,0 o. 13,0 – 20,0	6 – 24°

Anmerkung:
(i) Die Werte für ϕ_r sollen als ungefährer Anhaltswert für die mineralischen Eigenschaften der veränderten Produkte angesehen werden, falls solche vorhanden sind.

Verhältnis L_{10}/L in Prozent an, wobei L_{10} die in der Bohrprobenlänge L enthaltenen, über 10 cm langen Bohrkernstücke bezeichnet.

Der Quotient, der sich aus dem dritten, J_r (Kluftrauhigkeitszahl), und dem vierten Faktor, J_a (Kluftveränderungszahl), ergibt, kann als Indikator für die Scherfestigkeit an den Anschlußflächen zwischen den einzelnen Felsblöcken betrachtet werden.

Der fünfte Parameter, J_w (Abminderungsfaktor für Kluftwassereinfluß), ist ein Maß für den Wasserdruck, während der sechste Faktor, SRF (Spannungsreduktionsfaktor), unterschiedliche Interpretationen zuläßt:

a) Auflockerungsdruck im Fall von Scherflächen und tonhaltigem Fels,
b) Gebirgsdruck bei standfestem Gebirge und

Tabelle 12.6. Q-System: Kluftwasserreduktionszahl – J_w

Kluftwasserreduktionszahl J_w

Beschreibung	J_w	Ungefährer Wasserdruck [kg/cm²]	Anmerkung
A trockener Ausbruch oder geringer Wasserandrang, lokal bis zu 5 l/min	1,0	< 1	(i) Die Werte der Fälle C-F sind grobe Abschätzungen. Vergrößerung von J_w falls Wasserhaltungsmessungen vorhanden sind
B mittlerer Wasserandrang oder druckhafter Wasserverlust einzelner Klüfte	0,66	1,0 – 2,5	
C großer Wasserandrang oder großer Druck in standfestem Gebirge mit unverfüllten Klüften	0,5	2,5 – 10,0	
D großer Wasserandrang oder großer Druck, beträchtlicher Wasserverlust einzelner Klüfte	0,33	2,5 – 10,0	
E ausnahmsweise großer Wasserandrang oder Wasserdruck bei der Sprengung, der mit Zeit abnimmt	0,2 – 0,1	> 10,0	(ii) Spezielle Probleme, durch Eisbildung verursacht, wurden nicht betrachtet.
F ausnahmsweise großer Wasserandrang oder anhaltender Wasserdruck mit keiner merkbaren Abnahme	0,1 – 0,05	> 10,0	

c) **Druckhaftigkeit und Quelldrücke im plastischen, nicht standfesten Gebirge.**

Dieser sechste Parameter wird auch als der Gesamtdruckparameter betrachtet. Der Quotient aus dem fünften und sechsten Parameter beschreibt die aktive Spannung.

Barton betrachtet die Parameter J_n, J_r und J_a als diejenigen, die eine bedeutende Rolle spielen als die Kluftorientierung. Diese ist implizit in den Parametern J_r und J_a vorhanden, da sich diese auf die ungünstigste Kluft beziehen.

Mit Hilfe des Q-Wertes kann man indirekt auf die erforderlichen Stützmaßnahmen schließen unter Bezug auf die tatsächliche Querschnittsgröße und den zukünftigen Verwendungszweck des Hohlraums. Die Verhältniszahl für die Stützmaßnahmen ist eine Funktion der oben genannten Randbedingungen. Sie wird bestimmt, indem die Öffnungslänge, der Durchmesser oder die Höhe des Ausbruchsquerschnitts durch eine vom Bauwerkszweck bestimmte, definierte Größe, den Ausbruch-Stützmittel-Faktor (ESR = Excavation Support Ratio), dividiert wird:

$$S = \frac{A_L, D \text{ od. } H \text{ [m]}}{ESR} \qquad (12.2)$$

mit S   = äquivalente Stützmittelzahl
　　　A_L = Ausbruchslänge [m]
　　　D   = Hohlraumdurchmesser [m]
　　　H   = Querschnittshöhe [m]
　　　ESR = Ausbruch-Stützmittel-Faktor.

Tabelle 12.7. Q-System: Spannungsreduktionsfaktor – SRF

Spannungsreduktionsfaktor (SRF)

Beschreibung	Wertebereich	Anmerkung
(a) Schwachzonen bei Querschlägen, welche eine Auflockerung des Gebirges beim Ausbruch verursachen können.		Reduziere die angegebenen Werte für den SRF um 25 – 50 % falls die relevanten Scherzonen nur beeinflussen, aber den Ausbruch nicht kreuzen.
A mehrfaches Auftreten von Schwachzonen mit Ton oder mit chemisch stabilisiertem Fels, sehr aufgelockerter umgebender Fels (jede Überdeckung)	10,0	
B einzelne Schwachzone mit Ton oder mit chemisch stabilisiertem Fels (Überdeckung ≤ 50 m)	5,0	
C einzelne Schwachzone mit Ton oder mit chemisch stabilisiertem Fels (Überdeckung > 50 m)	2,5	
D mehrfache Scherzonen im standfesten Gebirge (tonfrei), aufgelockerter umgebender Fels (jede Überdeckung)	7,5	
E einzelne Scherzone im standfesten Gebirge (tonfrei) (Überdeckung ≤ 50 m)	5,0	
F einzelne Scherzone im standfesten Gebirge (tonfrei) (Überdeckung > 50 m)	2,5	
G aufgelockerte offene Klüfte; stark zerklüftet oder „zuckerwürfelartig", etc. (jede Überdeckung)	5,0	

Beschreibung	$\dfrac{\sigma_c}{\sigma_1}$	$\dfrac{\sigma_t}{\sigma_1}$	Wertebereich	Anmerkung
(b) standfestes Gebirge, Gebirgsspannungsprobleme				Für stark anisotrope Spannungsfelder (falls gemessen) gilt:
H geringer Druck, oberflächennah	> 200	> 13	2,5	wenn $5 \leq \sigma_1/\sigma_3 \leq 10$, ist
J mittlerer Druck	200 – 10	13 – 0,66	1,0	σ_c und σ_t auf $0,8 \times \sigma_c$
K hohe Spannung, sehr dichte Struktur	10 – 5	0,66 - 0,33	0,5 – 2,0	und $0,8 \times \sigma_t$ zu reduzieren;
L leichte Felsabplatzungen (massiver Fels)	5 – 2,5	0,33 – 0,16	5 – 10	wenn $\sigma_1/\sigma_3 > 10$, ist σ_c und σ_t auf $0,6 \times \sigma_c$ und
M starke Felsabplatzungen (massiver Fels)	< 2,5	< 0,16	10 – 20	$0,6 \times \sigma_t$ zu reduzieren; mit: σ_1 und σ_3 Haupt- und Nebenspannung, σ_c = einachsige Druckfestigkeit und σ_t = Zugfestigkeit

Beschreibung	Wertebereich	Anmerkung
(c) druckhaftes Gebirge, plastisches Fließen von nicht standfestem Gestein unter dem Einfluß großer Gebirgsdrücke		Es sind sehr wenige Fälle bekannt, bei denen die Tiefe der Kalotte unter der Oberfläche weniger
N leicht druckhafter Gebirgsdruck	5 – 10	als den Durchmesser
O stark druckhafter Gebirgsdruck	10 – 20	ausmacht. Für solche
(d) quellendes Gebirge, chemisch verursachte Quellung aufgrund der Reaktion mit Wasser		Fälle sollte man den
P leicht quellender Gebirgsdruck	5 – 10	Wert für SRF von 2,5 auf
R stark quellender Gebirgsdruck	10 – 15	5 erhöhen. (vgl. auch H)

Tabelle 12.8. Werte für ESR in Abhängigkeit vom Verwendungszweck

	Ausbruchskategorie	ESR
A	temporäre Ausbrüche	3–5
B	Schächte mit rundem Querschnitt	2,5
	Schächte mit rechteckigem Querschnitt	2,0
C	permanente Ausbrüche, nichtdruckhafte Wasserstollen für Wasserkraftanlagen, Pilotstollen, Stollen und Richtstollen für große Ausbrüche	1,6
D	Lagerkavernen, Wasseraufbereitungsanlagen, kleinere Straßen- und Eisenbahntunnel, Wasserschlösser und Zugangsstollen	1,3
E	Kraftwerke, große Autobahn- und Eisenbahntunnel, zivile Schutzbunker, Portalbereiche, Verbindungen von Tunnel	1,0
F	unterirdische Atomkraftwerke, Eisenbahnstationen, Fabriken	0,8

Der ESR bezieht sich auf die Verwendung des Hohlraums und den geforderten Sicherheitsgrad, s. dazu Tabelle 12.8.

Das Verhältnis zwischen dem Q-Index und der Bezugsgröße für die Sicherung bestimmt die passenden Sicherungsmaßnahmen. Für temporäre Sicherungen wird entweder der Q-Wert auf $5 \times Q$ oder ESR auf $1,5 \times$ ESR erhöht. Es sollte angemerkt werden, daß die erforderliche Ankerlänge wie folgt ermittelt wird, wobei B die Ausbruchsbreite darstellt:

$$L = \frac{2 + 0,15 \times B}{ESR} \tag{12.3}$$

Die maximale ungesicherte Abschlagslänge kann wie folgt angegeben werden:

$$\text{maximale Abschlagslänge (ungesichert)} = 2 \times ESR \times \sqrt[5]{Q^2} \tag{12.4}$$

Die Beziehung zwischen dem Q-Wert und dem permanenten Ausbaudruck P läßt sich aus folgender Gleichung ermitteln:

$$P = \frac{2,0}{J_r} \times \frac{1}{\sqrt[3]{Q}} \tag{12.5}$$

Falls die Anzahl der Kluftsysteme kleiner als drei ist, läßt sich die Formel wie folgt darstellen:

$$P = \frac{2}{3} \times \sqrt{J_n} \times \frac{1}{J_r} \times \frac{1}{\sqrt[3]{Q}}. \tag{12.6}$$

12.2.2
RMR-System (Rock Mass Rating-System)

Das RMR-System [17], [164], [16] ist hauptsächlich im amerikanisch beeinflußten Raum verbreitet. Es wurde von Z.T. Bieniawski in den Jahren 1972–1973 maßgeblich entwickelt. Andere zulässige Bezeichnungen für dieses System lauten „Rock-Mass-Rating-System" oder auch „Geomechanics Classification". Über die letzten 20 Jahre hat sich das System in über 350 Praxisfällen bestätigt und wurde laufend durch Erweiterungen verbessert. Es handelt sich bei dem RMR-System, wie beim Q-System, um ein quantitatives Klassifikationssystem, das aufgrund von ausgeführten Projekten kalibriert wird und so einer laufenden Verbesserung unterliegt.

Vorgehensweise bei der Klassifikation. Die folgenden sechs Parameter werden im RMR-System zur Gebirgsklassifikation verwendet:

1. einaxiale Druckfestigkeit des Felsmaterials,
2. Bestimmung der Gebirgsqualität (RQD),
3. Kluftabstand,
4. Zustand der Klüfte,
5. Wasserandrang,
6. Kluftorientierung.

Um die geomechanische Klassifikation anzuwenden, wird das Gebirge in Bereiche unterteilt, in denen der Zustand des Gesteins nahezu gleiche Eigenschaften hat. Obwohl das Gebirge von Natur aus nicht homogen ist, können einzelne Bereiche nach obigen Gesichtspunkten abgegrenzt und für die Untersuchung herangezogen werden (Homogenbereiche). Die charakteristischen Eigenschaften eines Bereichs werden in einem Datenblatt erfaßt und mit Hilfe von Tabelle 12.9 und Tabelle 12.10 bewertet. Hierbei ist es wesentlich, daß die Tabelle 12.9 unabhängig von der Orientierung möglicher Störungen verwendet werden kann und die daraus resultierenden Ergebnisse mittels Tabelle 12.10 auf ihre Orientierung und auf das zu errichtende Bauwerk hin korrigiert werden.

Addiert man die Ergebnisse aus den beiden Tabellen, so erhält man einen charakteristischen Wert, der mit Hilfe von Tabelle 12.11 eine Zuordnung zu einer Gebirgsklasse zuläßt. Je höher dieser Wert ist, desto besser ist der anstehende Fels. Der addierte Wertebereich liegt zwischen 0 und 100, schlecht bis sehr gut.

In Tabelle 12.12 wird die praktische Bewertung der einzelnen Gebirgsklassen anhand von Beispielen aus der Ingenieurpraxis erläutert. Da das Gebirge aus den verschiedensten Bereichen besteht, wird jener maßgebend, dessen Störungen für das künftige Bauwerk am ungünstigsten liegen. Auf diesen Bereich müssen künftige bauliche Maßnahmen ausgelegt werden, unabhängig von der sonst möglicherweise guten Situation der Gesteinsfestigkeit und anderer Parameter. Falls zwei Bereiche mit unterschiedlichen Parametern den gesamten Querschnitt dominieren, werden die Bewertungsziffern nach ihrer vorkommenden Fläche gewichtet und ergeben gemittelt einen charakteristischen Wert.

Stärken und Grenzen. Das RMR-System ist in der Anwendung sehr einfach, die Klassifizierungsparameter können entweder aus Bohrkernanalysen oder aus geomechanischen Aufzeichnungen gewonnen werden. Dieses Verfahren ist anwendbar und adaptierbar auf viele Situationen im Bergbau, bei der Böschungs- und Fundierungsstabilität sowie im Tunnelbau. Die geomechanische Klassifikation eignet sich sehr gut für die Anwendung in Expertensystemen.

Tabelle 12.9. Klassifikationsparameter und ihre Bewertung

	Parameter	Wertebereich							
1	Festigkeit des intakten Felsens [MPa]	Punktlastfestigkeitsindex	> 10	4 – 10	2 – 4	1 – 2	–		
		einaxiale Druckfestigkeit	> 250	100 – 250	50 – 100	25 – 50	5 – 25	1 – 5	< 1
	Bewertung		15	12	7	4	2	1	0
2	Bohrkernqualität RQD [%]		90 – 100	75 – 90	50 – 75	25 – 50	< 25		
	Bewertung		20	17	13	8	3		
3	Abstand der Störungen [m]		> 2	0,6 – 2	0,2 – 0,6	0,06 – 0,2	< 0,06		
	Bewertung		20	15	10	8	5		
4	Zustand der Störung		sehr rauhe Oberfläche, nicht kontinuierlich, keine Setzungen, unverwitterte Felswand	leicht rauhe Oberfläche Setzungen < 1 mm, angewitterte Wände	leicht rauhe Oberfläche Setzungen < 1 mm stark verwitterte Wände	Harnisch-Oberfläche oder Verwerfungen < 5 mm oder Setzungen 1 – 5 mm durchlaufend	weiche Verwerfungen > 5 mm oder Setzungen > 5 mm durchlaufend		
	Bewertung		30	25	20	10	0		
5	Grundwasser	Zufluß je 10 m Tunnellänge [l/min]	keiner oder	< 10 oder	10 – 25 oder	25 – 125 oder	> 125 oder		
		Spaltwasserdruck zu Hauptspannung	0 oder	< 0,1 oder	0,1 – 0,2 oder	0,2 – 0,5 oder	> 0,5 oder		
		genereller Zustand	komplett trocken	feucht	naß	Tropfen	Strömen		
	Bewertung		15	10	7	4	0		

Tabelle 12.10. Bewertungskorrektur in Bezug auf die Streichrichtung der Störung

Streich- und Fallrichtung der Störung		besonders günstig	günstig	annehmbar	ungünstig	sehr ungünstig
Bewertungen	Tunnel und Bergwerke	0	− 2	− 5	− 10	− 12
	Fundierungen	0	− 2	− 7	− 15	− 25
	Böschungen	0	− 5	− 25	− 50	− 60

Tabelle 12.11. Ermittlung der Gebirgsklassen aus der Gesamtbewertung

Bewertung	100 − 81	80 − 61	60 − 41	40 − 21	< 20
Gebirgsklasse	I	II	III	IV	V
Beschreibung	sehr guter Fels	guter Fels	annehmbarer Fels	schlechter Fels	sehr schlechter Fels

Tabelle 12.12. Bewertung der Gebirgsklassen

Gebirgsklasse	I	II	III	IV	V
mittlere freie Standzeit	20 Jahre bei 15 m freitragend	1 Jahr bei 10 m freitragend	1 Woche bei 5 m freitragend	10 Stunden bei 2,5 m freitragend	30 Minuten bei 1 m freitragend
Kohäsion des Gebirges [kPa]	> 400	300 − 400	200 − 300	100 − 200	< 100
Reibungswinkel des Gebirges [°]	> 45	35 − 45	25 − 35	15 − 25	< 15

Hingegen wirkt das Ergebnis der RMR-Klassifizierungsmethode eher konservativ, was meistens zu einer Überdimensionierung der Sicherungsmaßnahmen führt. Dies kann mit einer begleitenden Überwachung bei der Ausführung ausgeglichen werden, bei der das Bewertungssystem an die lokalen Bedingungen anpaßt wird.

12.2.3
Zusammenhang Q- und RMR-System

Auf Basis von über 100 Fallstudien konnte ein ursprünglich nicht beabsichtigter, empirischer Zusammenhang zwischen RMR- und Q-System hergestellt werden [17], [164], [16]. Für Tunnelbauwerke ergibt sich dieser wie folgt:

$$RMR = 9 \times \ln Q + 44. \tag{12.7}$$

Der Zusammenhang zwischen Q und RMR wird auch in Abb. 12.2 sehr gut sichtbar.

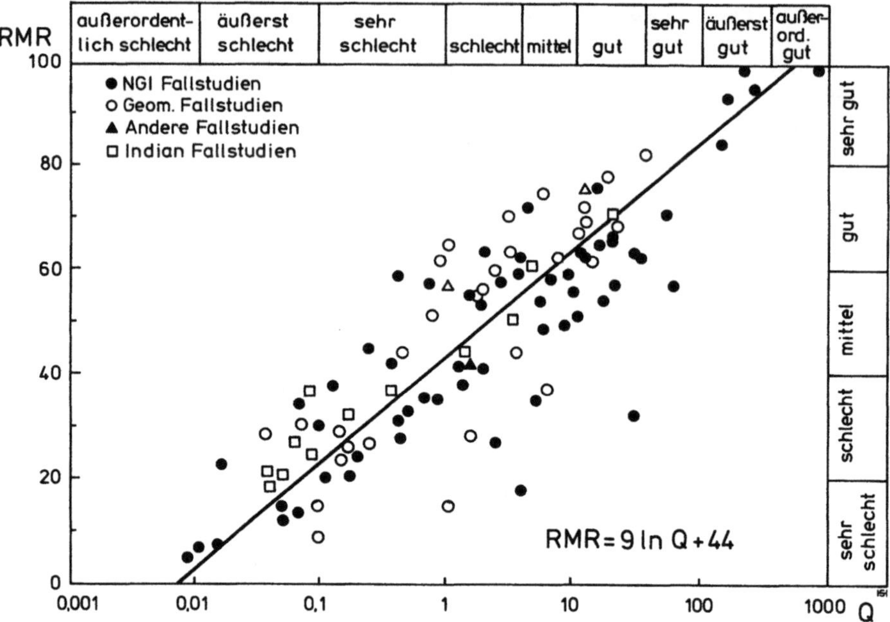

Abb. 12.2. Beziehung zwischen RMR- und Q-System

12.3
Normen, Richtlinien und Empfehlungen

Die sich heute im deutschsprachigen Raum durchsetzenden Klassifizierungen basieren auf einer Einteilung des Baustoffs Gebirge und dessen Verhalten beim Auffahren und Sichern des Tunnels. Die systematische Einstufung der leistungsbestimmenden Arbeiten beim Vortrieb und bei der Sicherung steht im Vordergrund. Auch der Einfluß auf die Zeit wird schon in Betracht gezogen, um Behinderungen zu quantifizieren. Gebirge und Sicherung werden in neueren Richtlinien generell in Vortriebsklassen zusammengefaßt, die sich auf die gesamten vortriebsbestimmenden Arbeiten beziehen. Die detaillierte, quantifizierende Klassifizierung bleibt der projektbezogenen Vortriebsklassifizierung vorbehalten.

In Österreich [111] wird die Klassifizierung vorgenommen nach den vortriebsbestimmenden Ausbruchs- und Sicherungsarbeiten, wie Ausbruchsart und Abschlagtiefe, unterschieden nach Kalotte, Strosse und Sohle, sowie Art, Umfang und Einbauort der Sicherung, in Abhängigkeit von dem zu erwartenden Gebirgsverhalten beim Tunnelvortrieb. Sie ist zusätzlich an eine Gebirgstypenbeschreibung gekoppelt.

In der Schweiz wird ebenfalls nach den vortriebsbestimmenden Ausbruch- und Sicherungsarbeiten klassifiziert. Das Gebirgsverhalten beim Vortrieb wird wie in Deutschland ohne eine zusätzliche Gebirgstypisierung direkt durch die gebirgsabhängige Ausbruchsart sowie durch Art und Umfang der Sicherung berücksichtigt [153].

Die Klassifizierungssysteme in Österreich und in der Schweiz sind durch die zahlenmäßige Abstufung der Abschlagtiefen und der Sicherung für den Normalfall unmittelbar in eine projektbezogene Klassifizierung übertragbar.

12.3.1
Klassifizierung in Deutschland

DIN 18312 „Allgemeine technische Vertragsbedingungen für Bauleistungen – Untertagebauarbeiten", Entwurf 4/1995 [34]. Die Vortriebsklassifizierung nach dieser Norm geht von der Voraussetzung aus, daß Form und Fläche des Hohlraumquerschnitts sowie das Bauverfahren vorgegeben sind und die jeweilige Einstufung in die einzelnen Klassen nur unter Beachtung dieser Vorgabedaten erfolgt. Abweichend vom Begriff der Ausbruchklasse (Ausgabe 12/92) wird die Bezeichnung Vortriebsklasse gewählt. In der allgemeinen Vortriebsklassifizierung werden nach dem Umfang der Sicherungsarbeiten und damit nach der Verzögerung oder der Behinderung des Vortriebs die Klassen 1 bis 7A unterschieden (Tabelle 12.13), beim Vortrieb mit Tunnelbohrmaschinen die Klassen TBM 1 bis 5 (Tabelle 12.14).

Tabelle 12.13. Allgemeine Vortriebsklassen [34]

VKL	Ausbruchart
1	Ausbruch, der keine Sicherung erfordert
2	Ausbruch, der eine Sicherung erfordert, die in Abstimmung mit dem Bauverfahren so eingebaut werden kann, daß Lösen und Laden nicht behindert werden
3	Ausbruch, der eine in geringem Abstand zur Ortsbrust (bei Vertikalschächten: Schachtsohle bzw. -firste) folgende Sicherung erfordert, für deren Einbau Lösen und Laden unterbrochen werden müssen
4	Ausbruch, der eine unmittelbar folgende Sicherung erfordert
4A	Ausbruch nach Vortriebsklasse 4, der jedoch eine Unterteilung des Ausbruchquerschnitts ausschließlich aus Gründen der Standsicherheit erfordert
5	Ausbruch, der eine unmittelbar folgende Sicherung und zusätzlich eine Sicherung der Ortsbrust erfordert
5A	Ausbruch nach Vortriebsklasse 5, der jedoch eine Unterteilung des Ausbruchquerschnitts ausschließlich aus Gründen der Standsicherheit erfordert
6	Ausbruch, der eine unmittelbar folgende und zusätzlich eine voreilende Sicherung erfordert
6A	Ausbruch nach Vortriebsklasse 6, der jedoch eine Unterteilung des Ausbruchquerschnitts ausschließlich aus Gründen der Standsicherheit erfordert
7	Ausbruch, der eine unmittelbar folgende Sicherung, eine Sicherung der Ortsbrust und zusätzlich eine voreilende Sicherung erfordert
7A	Ausbruch nach Vortriebsklasse 7, der jedoch eine Unterteilung des Ausbruchquerschnitts ausschließlich aus Gründen der Standsicherheit erfordert

Tabelle 12.14. Vortriebsklassen für den Vortrieb mit Tunnelbohrmaschinen (TBM) [34]

VKL	Ausbruchart
TBM 1	Ausbruch, der keine Sicherung erfordert
TBM 2	Ausbruch, der eine Sicherung erfordert, deren Einbau das Lösen nicht behindert
TBM 3	Ausbruch, der eine Sicherung unmittelbar hinter der Maschine oder bereits im Maschinenbereich erfordert, deren Einbau das Lösen behindert
TBM 4	Ausbruch, der eine Sicherung im Maschinenbereich unmittelbar hinter dem Bohrkopf erfordert, für deren Einbau das Lösen unterbrochen werden muß
TBM 5	Ausbruch, der Maßnahmen besonderer Art erfordert, für deren Durchführung das Lösen unterbrochen werden muß

Druckschrift 853 der Deutschen Bahn AG, aktualisierte Ausgabe 5/1996 [37]. Dieses Regelwerk sieht in Abs. 138 grundsätzlich die Einteilung des Tunnelvortriebs in der Leistungsbeschreibung in Ausbruchklassen nach DIN 18312 vor. Dabei sind bei der Festlegung der Ausbruchklassen vorhandene Erfahrungen mit ähnlichen Gebirgsverhältnissen zu beachten.

Die jeweils erforderlichen Sicherungs- und Stützungsmaßnahmen sind anzugeben. Ferner sollen für jeden Tunnelabschnitt alternative Ausbruchklassen ausgeschrieben werden.

Die Beschreibung der einzelnen Klassen soll Angaben enthalten über höchstens zugelassene Abschlagtiefen sowie Informationen darüber, in welchem Abstand von der Ortsbrust und in welcher Zeit nach dem Ausbruch die Sicherung eingebracht werden soll.

Zusätzliche Technische Vertragsbedingungen und Richtlinien für den Bau von Straßentunneln, Teil 1: Geschlossene Bauweise (Spritzbetonbauweise), (ZTV-Tunnel, T.1), Ausgabe 1995 [195]. Dieses Regelwerk sieht ebenfalls die Klassifizierung von Ausbruch und Sicherung in Ausbruchklassen nach DIN 18312 vor. In der Regel sind darüber hinaus projektbezogene Untergliederungen erforderlich. Wesentliche Gesichtspunkte für eine weitere Untergliederung sind dabei u. a.:

- die Standzeit des auszubrechenden Gebirgshohlraums zwischen Ausbruch und Wirksamwerden der Sicherungsauskleidung,
- die Möglichkeit, den Querschnitt in einem Arbeitsgang auszubrechen oder die Notwendigkeit, in mehreren Teilausbrüchen zu arbeiten,
- die Wahl der einzelnen Sicherungsmittel und der Zeitpunkt für deren Einbau,
- der Einfluß aus Wasserzutritt und
- die Abschlagtiefe.

Die bei den jeweiligen Ausbruchklassen erforderlichen Angaben (Ausbruch und Sicherung) werden dabei entsprechend der **RAB-BRÜ** (Richtlinien für das Aufstellen von Bauwerksentwürfen, Ausgabe 1995) [125] beschrieben und zeichnerisch dargestellt. Darüber hinaus werden die Abfolge und der Sicherungsumfang in den einzelnen Arbeitsschritten festgelegt. Eine ausreichende Bandbreite für Ausbruch und Sicherung soll vorgesehen werden. Die Abbildungen 12.3 und 12.4 zeigen hierzu ein in der ZTV-Tunnel, T.1 enthaltenes Musterbeispiel.

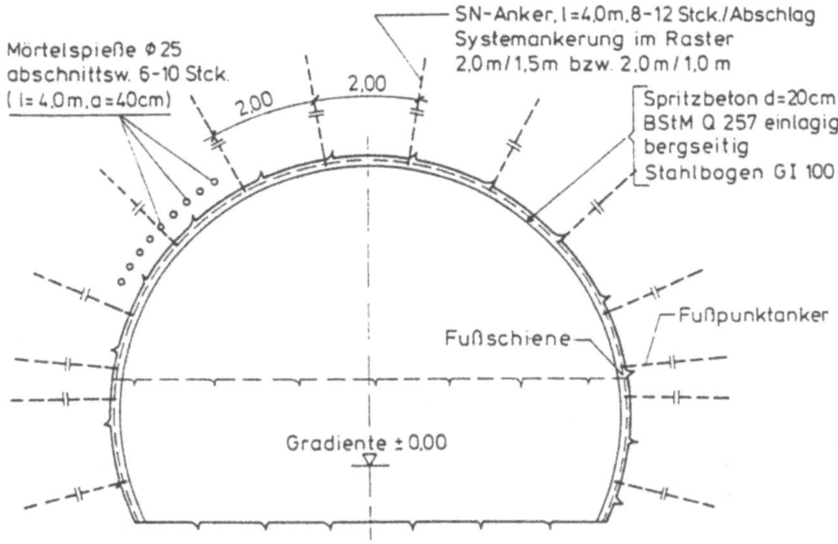

	Akl. 4.1 / 4.2	Kalotte
Ausbruch	Verfahren	Sprengen
	Abschlagstiefen	4.1 1,50 m 4.2 1,00 m
	Bemerkungen	-
Sicherung	Voraussicherung	Mörtelspieße Ø 25, abschnittsweise Anzahl 6 - 10 Stück
	Spritzbeton	d = 20 cm
	Bewehrung	einlagig Q 257, berg- seitig
	Anker	SN-Anker l = 4,00 m, Anzahl 8 - 12 Stück
	Bögen	Stahlbogen GI 100
	Kalottensohle	-
	Ortsbrust	d = 3 cm (im Bedarfs- fall nur auf Teilflächen)
	Bemerkungen	-

	Akl. 4.1 / 4.2	Strosse / Bankett
Ausbruch	Verfahren	Sprengen
	Abschlagstiefen	4.1 3,00 m 4.2 2,00 m
	Bemerkungen	-
Sicherung	Voraussicherung	-
	Spritzbeton	d = 20 cm
	Bewehrung	einlagig Q 257, berg- seitig
	Anker	SN-Anker, l = 4,00 m, Anzahl 2 - 4 Stück
	Bögen	Stahlbögen GI 100 (jeden 2. Bogen verl.)
	Sohle	-
	Bemerkungen	-

Abb. 12.3. Darstellung der Ausbruchklassen und der erforderlichen Sicherung im Querschnitt (Musterbeispiel nach ZTV-Tunnel, T.1)

Während des Baus wird die jeweils auszuführende Ausbruchklasse gemeinsam von Auftraggeber und Auftragnehmer festgelegt. Der Auftragnehmer schlägt die Ausbruchklassen vor. Mit mehrfachem Wechsel der Ausbruchklassen ist zu rechnen, wobei für das Wechseln selbst keine besondere Vergütung erfolgt [195].

Arbeitskreis „Tunnelbau" der Deutschen Gesellschaft für Geotechnik e. V. [32]. Dieser empfiehlt ebenfalls das generelle Klassifizierungsschema nach DIN 18312,

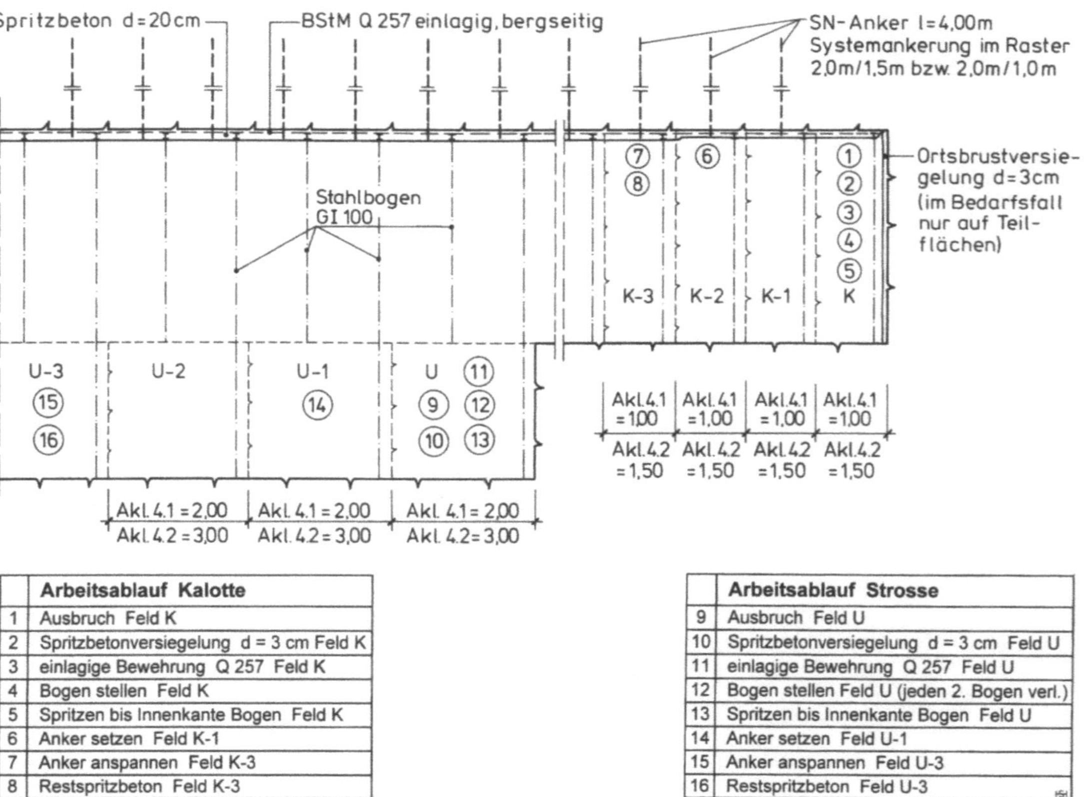

	Arbeitsablauf Kalotte
1	Ausbruch Feld K
2	Spritzbetonversiegelung d = 3 cm Feld K
3	einlagige Bewehrung Q 257 Feld K
4	Bogen stellen Feld K
5	Spritzen bis Innenkante Bogen Feld K
6	Anker setzen Feld K-1
7	Anker anspannen Feld K-3
8	Restspritzbeton Feld K-3

	Arbeitsablauf Strosse
9	Ausbruch Feld U
10	Spritzbetonversiegelung d = 3 cm Feld U
11	einlagige Bewehrung Q 257 Feld U
12	Bogen stellen Feld U (jeden 2. Bogen verl.)
13	Spritzen bis Innenkante Bogen Feld U
14	Anker setzen Feld U-1
15	Anker anspannen Feld U-3
16	Restspritzbeton Feld U-3

Abb. 12.4. Darstellung der Ausbruchklassen und der erforderlichen Sicherung im Längsschnitt (Musterbeispiel nach ZTV-Tunnel, T.1)

welches der projektbezogenen Klassifizierung eines Tunnelbauwerks im konkreten Fall als Grundlage nutzen soll. Es dient:

- vor der Ausführung der Umsetzung der Planung in Vortriebsklassen zur Ermöglichung einer leistungsgerechten Preisbildung für den Vortrieb in unterschiedlichem Baugrund,
- während der Ausführung der Regelung vor Ort zur gebirgsgerechten Auswahl der Ausbruch- und Sicherungsmaßnahmen und
- nach der Ausführung als Abrechnungsgrundlage sowie zur Vergleichbarkeit für nachfolgende Tunnelprojekte.

Das Lösen und das Sichern sowie ggf. das Stützen der Ortsbrust sind die leistungsbestimmenden Arbeiten im Vortrieb. Aus diesem Grund wird auch in der Empfehlung die Bezeichnung Vortriebsklasse gewählt, was der DIN 18312 (Entwurf 4/1995) entspricht.

Durch Einteilung in Unterklassen kann auf der Grundlage der generellen Vortriebsklassifizierung eine Verfeinerung, z.B. durch die Berücksichtigung zunehmender Erschwernisse, erreicht werden. Hierbei sind konkrete, projektbezogene Besonderheiten beim universellen Vortrieb (Sprengen, Teilschnittmaschinen, Bagger, Händisch) wie folgt zu erfassen:

- mengenmäßige Angabe von Art und Umfang der Sicherung in Bandbreiten (Spritzbetondicken, Ankeranzahl und -längen, Bogenart und -abstände, Art der Bewehrung: ein- oder zweilagig; eine gewisse Überlappung der Bandbreiten benachbarter Vortriebsklassen ist zweckmäßig),
- Angabe von Abschlagslängen und der freien ungesicherten Stützweite,
- Angabe von Einbauort und Einbaufolge der Sicherung für alle Ausbruchstufen,
- ggf. Einschränkung der Vortriebsgeschwindigkeit zur Erlangung der Tragfähigkeit der Sicherung (Spritzbeton/Ankermörtel),
- Einschränkungen aufgrund von Bebauung oder Anlagen bei geringer Überdeckung,
- ggf. Einschränkungen aufgrund zu berücksichtigender Sprengerschütterungen,
- Berücksichtigung umfangreicher vorauseilender Maßnahmen zur Gebirgsverfestigung/-abdichtung (Injektionen, Gefrieren) und ggf. Erfassung in Sonderklassen,
- Berücksichtigung von Besonderheiten bei Schächten und Kavernen,
- außergewöhnliche geologisch-hydrogeologische Verhältnisse,
- Wechsel der Vortriebsklasse (wird nicht durch die Vortriebsklasse selbst, sondern durch eine entsprechende Leistungsverzeichnis-Position berücksichtigt),
- Auswirkungen auf das Grundwasser und ggf. diesbezügliche Maßnahmen,
- Erschwernisse durch Grund- bzw. Bergwasser (i.a. durch entsprechende Erschwernis-Positionen im Leistungsverzeichnis und nicht durch die Vortriebsklassen erfaßt),
- Angabe von Vortriebsgeschwindigkeiten für die jeweiligen Vortriebsklassen durch die Bieter,
- Unterfahrung setzungsempfindlicher Bebauung/Anlagen.

Besonderheiten bei Tunnelbohrmaschinen (TBM) und Schildmaschinen werden hier nicht behandelt.

Tabelle 12.15. Bestimmung der Ausbruchklassen aufgrund der Ausbruchsicherung für Sprengvortrieb im Fels (SIA-198, Tabelle 8), [153]

	Klasse I	Klasse II
Ausbruchsklassen für Tunnel		
Brustbereich L1	–	$\leq$ n Anker am Profilumfang
Vortriebsbereich L2	Netz als Steinfallsicherung mit Anker und Bolzen befestigt	• $\leq$ 3 n Anker am Profilumfang • Spritzbeton mit oder ohne Netz auf $\leq$ 1/3 des Profilumfangs
Rückwärtiger Bereich L3	–	• > 3 n Anker am Profilumfang • Spritzbeton mit oder ohne Netz auf > 1/3 des Profilumfangs
Ausbruchklassen für aufgebrochene Schächte		
Arbeitsbereich H	Netz als Steinfallsicherung mit Anker und Bolzen befestigt	• $\leq$ p Anker am Profilumfang • Spritzbeton mit oder ohne Netz, jedoch nicht nach jedem Abschlag
Ausbruchklassen für abgestufte Vertikalschächte		
Arbeitsbereich S	Netz als Steinfallsicherung mit Anker und Bolzen befestigt	• $\leq$ p Anker am Profilumfang • Spritzbeton mit oder ohne Netz, jedoch nicht nach jedem Abschlag
Ausbruchklassen für Kavernen		
planmäßige Ausbruchsoberfläche	$\leq$ 0,4 Anker pro m^2	• > 0,4 Anker pro m^2 • Spritzbeton mit oder ohne Netz, jedoch nicht unmittelbar nach jedem Abschlag

Klasse III	Klasse IV	Klasse V
• > n Anker am Profilumfang • ≤ n Anker in der Brust • Spritzbeton mit oder ohne Netz auf ≤ 1/3 des Profilumfangs	• Nachführung der Ausbruchsicherung nach jedem Abschlag bis zur Brust • Stahleinbau mit oder ohne Anker und Netz auf > 1/3 des Profilumfangs • > n Anker in der Brust • Brustsicherung mit Spritzbeton auf ≤ 1/4 der Brustfläche	• Stahleinbau laufend während Ausbruch mit Marciavanti • Spritzbeton laufend während Ausbruch mit oder ohne Anker und Netz • Bruststützung auf > 1/4 der Brustfläche • Brustsicherung mit Spritzbeton auf > 1/4 der Brustfläche • Voraussicherung (z. B. Spieße)
• > 3 n Anker am Profilumfang • Spritzbeton mit oder ohne Netz auf > 1/3 des Profilumfangs • Stahleinbau in Serie (mind. 3 Bögen) mit oder ohne Verzug	nicht maßgebend	nicht maßgebend
nicht maßgebend	nicht maßgebend	nicht maßgebend
• Anker in der Brust • > p Anker am Profilumfang • Spritzbeton mit oder ohne Netz, nach jedem Abschlag	Stahleinbau mit oder ohne Verzug aber nicht als Marciavanti vorgetrieben	–
• > q Anker am Profilumfang • Spritzbeton mit oder ohne Netz, jedoch nicht nach jedem Abschlag	Stahleinbau mit oder ohne Verzug, aber nicht als Marciavanti vorgetrieben	–
Spritzbeton mit oder ohne Netz, unmittelbar nach jedem Abschlag	Stahleinbau mit oder ohne Verzug, aber nicht als Marciavanti vorgetrieben	–

12.3.2
Klassifizierung in der Schweiz (bzw. „Klassierung" nach SIA-Norm)

Ausbruchklassen nach dem Schweizerischen Ingenieur- und Architekten-Verein SIA 198 [153]. Die 1993 inkraftgetretene Norm SIA 198 – Untertagbau – dient in der Schweiz als Bestandteil der Ausschreibungsunterlagen und Werkverträge. Sie gilt für die Ausschreibung und Ausführung von Untertagebauten wie Tunnel, Stollen, Kavernen und Schächte, die bergmännisch erstellt werden und umfaßt Sprengvortrieb, Vortrieb mit Voll- und Teilschnittmaschinen sowie den Vortrieb im Lockergestein. Dem Abschnitt 5.2 der Norm über die Entschädigung der Ausbrucharbeiten beim Sprengvortrieb im Fels liegt der Gedanke zugrunde, daß die Kosten für die Erstellung eines unterirdischen Hohlraums unmittelbar mit der Art und dem Ausmaß der notwendigen Sicherungsarbeiten, aber auch mit dem Zeitpunkt, zu dem diese Maßnahmen wirksam werden müssen, zusammenhängen. Deshalb wählt die SIA 198 die Sicherungsmaßnahmen als Kriterium für die Ausbruchklassen. Maß gebend für die Einstufung sind dabei einerseits Art und Umfang der Sicherungsmaßnahmen, nämlich Anker, Spritzbeton, Stahleinbau mit oder ohne Verzug, und andererseits der Ausführungsort dieser Maßnahmen und damit indirekt der Zeitpunkt der Ausführung. Dabei wird unterschieden zwischen

- Brustbereich Ll,
- Vortriebsbereich L2 sowie
- rückwärtigem Bereich L3.

Die Verknüpfung von Art, Umfang und Ausführungsort der Sicherungsmaßnahmen ergibt die jeweilige Ausbruchklasse. Sicherungsmaßnahmen außerhalb des bezeichneten Arbeitsbereiches haben dabei keinen Einfluß auf die Klassifizierung des Ausbruchs. In der Tabelle 12.15 sind die fünf beim Sprengvortrieb im Fels verwendeten Ausbruchklassen für beliebige Querschnittsformen und -größen definiert. Quantitativ werden die Maßnahmen in der Norm nicht starr festgelegt, damit den unterschiedlichen örtlichen Verhältnissen Rechnung getragen werden kann. Es werden jedoch Richtwerte für die je nach Profilgröße einzusetzenden Werte gegeben (Tabelle 12.16).

Leitgedanke für die konkrete Definition der Ausbruchklassen soll in jedem Fall das Maß der Behinderung der Vortriebsarbeiten durch die Sicherungsarbeiten wie folgt sein:

I.   Die Ausbruchsicherung verursacht eine unbedeutende Behinderung des Ausbruchzyklus.
II. Die Ausbruchsicherung verursacht eine leichte Behinderung des Ausbruchzyklus.
III. Die Ausbruchsicherung verursacht eine erhebliche Behinderung des Ausbruchzyklus.

Tabelle 12.16. Richtwerte für L1, L2, L3, n, H, p, S und q (SIA-198, Tabelle 7), [153]

Max. Ausbruchweite [m]	3	6	10	15
Tunnel (Ziffer 5 23 2)				
L1 Brustbereich [m]	2	3	5	5
L2 Vortriebsbereich [m]	15	20	25	35
L3 Rückwärtiger Bereich [m]	150	200	250	300
n Anzahl Anker pro Laufmeter Tunnel	2	4	5	9
Aufgebrochene Schächte (Ziffer 5 23 3)				
H Arbeitsbereich	2	3	5	5
p Anzahl Anker pro Laufmeter Schacht	6	12	18	27
Abgeteufte Vertikalschächte (Ziffer 5 23 4)				
S Arbeitsbereich [m]	6	6	6	6
q Anzahl Anker pro Laufmeter Schacht	3	6	9	13

IV. Die Ausbruchsicherung verursacht eine Unterbrechung des Ausbruchzyklus (sofortige Sicherung nach jeder Ausbruchetappe).

V. Die Ausbruchsicherung erfolgt laufend mit dem Ausbruch und bedingt eine sofortige Stützung der Brust oder eine Voraussicherung.

Die Ausbruchklassen gelten grundsätzlich sowohl für den Sprengvortrieb im Fels als auch für Vortriebe mit Teilschnittmaschinen im Fels (Abschn. 5.3 der Norm) und für Vortriebe mit Tunnelbohrmaschinen im Fels (Abschn. 5.4 der Norm). Allerdings werden dafür unterschiedliche Bewertungen angeboten.

Der Aufwand für den Ausbruch beim Sprengvortrieb im Fels ist von der Ausbruchart und der Ausbruchklasse abhängig. Dem wird mit einer Staffelung der Ausbruchpositionen gemäß Tabelle 12.17 entsprochen, wobei jedes Feld einem Einheitspreis entspricht.

Die Tabelle 12.18 zeigt an einem Beispiel die Ausbruchklassen für einen Tunnel mit Ausbruchbreite b = 12 m, die Zuordnung der Sicherungsarten und dazugehörige Einbauorte.

Tabelle 12.17. Matrix der Ausbrucharten und Ausbruchklassen für den Sprengvortrieb (SIA-198, Tabelle 6), [153]

Ausbrucharten (s. Ziffer 5 22 1)	Ausbruchklassen (s. Ziffer 5 23 12)				
	I	II	III	IV	V
A Vollausbruch	A I	A II	A III	A IV	A V
B Kalottenausbruch	B I	B II	B III	B IV	B V
C Kalottenausbruch unterteilt			C III	C IV	C V
D Paramentstollen			D III	D IV	D V

Tabelle 12.18. Ausbruchklassen (AK) für Sprengvortrieb (vereinfacht)

	AK I	AK II	AK III	AK IV	AK V
L1...		< 9 Anker	< 9 Anker Netz u. Spribe < 1/3 U	Stahleinbau Spribe > 1/3U	HEB + Marciavanti
L2...	Netz + Anker gegen Steinfall	≤ 27 Anker Netz u. Spribe < 1/3 U	≤ 27 Anker Netz u. Spribe > 1/3 U		
L3...		> 27 Anker Netz u. Spribe > 1/3 U			

L1: Brustbereich .... 5 m
L2: Vortriebsbereich: .... 35 m
L3: Rückwärtiger Bereich .... 300 m ⎫ für Ausbruchbreite b = 12 m
n: Anzahl Anker pro Tunnel .... n = 9
U: Umfang

12.3.3
Klassifizierung in Österreich

Die Klassifizierung für die Herstellung von Untertagebauwerken wird in Österreich derzeit im Rahmen der **ÖNorm B 2203 „Untertagebauarbeiten"** geregelt [111]. Diese Verfahrensnorm geht von drei Gebirgstypen (A = standfestes bis nachbrüchiges Gebirge, B = gebräches Gebirge und C = druckhaftes Gebirge) aus, die das Gebirgsverhalten für zyklischen bzw. konventionellen Vortrieb und kontinuierlichen Vortrieb mittels offener Tunnelvortriebsmaschinen beschreiben. Diese Typen werden aufgrund der geomechanischen Beschreibung ermittelt und mit Hilfe der Tabellen 12.19a/b festgelegt. Zusätzlich geben die angeführten Tabellen Hinweise, welche Erfordernisse und Maßnahmen dem Verhalten der einzelnen Gebirgstypen im Regelfall zuzuordnen sind.

Für die prognostizierten Gebirgstypen werden innerhalb definierter Homogenbereiche die voraussichtlich erforderlichen Stütz- und Ausbaumaßnahmen festgelegt und mit Hilfe einer ebenfalls in der Norm angegebenen Tabelle 12.20, je nach Art des Vortriebs (zyklisch, kontinuierlich) bewertet und in eine charakteristische Stützmittelzahl umgerechnet.

Die Stützmittelzahl ergibt sich durch Division der Summe der bewerteten Stützmittel pro m Tunnel durch die jeweiligen Bewertungsflächen von Kalotte und Strosse gemäß Abb. 12.5. Diese Bewertungsflächen müssen für jedes Projekt in den Ausschreibungsunterlagen angegeben und definiert werden. Die so ermittelte Stützmittelzahl wird in der Vortriebsklassenmatrix (s. Abb. 12.6) als zweite Ordnungszahl eingetragen. In dieser Matrix stellt die erwartete maximale Abschlagslänge beim zyklischen Vortrieb bzw. der spätestmögliche Einbaubeginn der Stützmittel bei kontinuierlichem Vortrieb die erste Ordnungszahl dar. Die Schnittpunkte aus erster und zweiter Ordnungszahl ergeben Matrixfelder, in die vom Auftragnehmer garantierte Einheitspreise je m³ Ausbruch und garantierte Vortriebsleistungen je Arbeitstag einzusetzen sind. Die

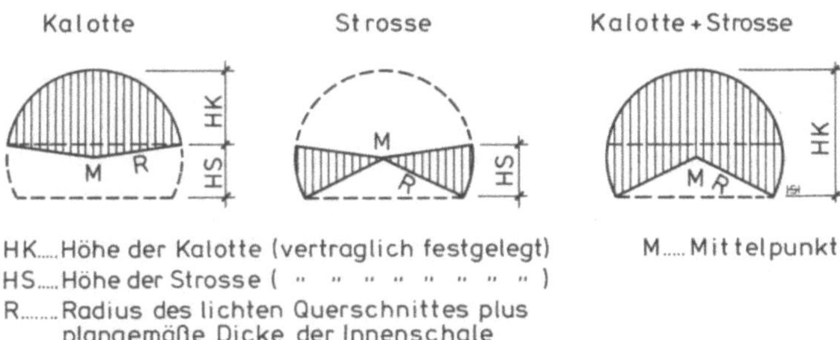

Abb. 12.5. Schematische Darstellung der Bewertungsflächen [111]

Erste Ordnungszahl	Abschlagslänge bis		Zweite Ordnungszahl — Stützmittelzahl								
	Kalotte oder Kalotte plus Strosse	Strosse	0,7	1,2	2,0	3,0	4,5	6,8	10,0	15,0	23,0
1	keine Vorgabe	ist projektbezogen festzulegen									
2	4,00 m			2/1,0							
3	3,00 m			3/1,2							
4	2,20 m				4/2,0	4/3,0					
5	1,70 m					5/3,75					
6	1,30 m						6/4,5				
7	1,00 m							7/5,65	7/8,4		
8	0,80 m								8/10,0		
9	0,60 m										
10	0,45 m										

Abb. 12.6. Vortriebsklassenmatrix für zyklischen Vortrieb [111]

ebenfalls auszufüllenden horizontalen Nachbarfelder der definierten Matrixfelder ergeben eine horizontale und vertikale Bandbreite der Vortriebsvergü-
tung innerhalb festgelegter Grenzen der Vortriebsklassifizierung. Sollten wi-
der Erwarten beim Vortrieb Bereiche aufgefahren werden, die in der Matrix
noch nicht berücksichtigt waren, so sind die neuen Felder der Matrix linear
aus den vorhandenen Feldern abzuleiten. Dies bringt für den Auftraggeber
eine gewisse Kostensicherheit und vermindert das Diskussionspotential bei
der Abrechnung.

Tabelle 12.19a. Gebirgstyp A und B für zyklischen und kontinuierlichen Vortrieb (ÖNorm B 2203, Tabelle 1), [111]

Gebirgstyp A:		Gebirgsverhalten:
standfestes bis nachbrüchiges Gebirge Dieser Gebirgstyp umfaßt jenes Gebirge, welches die Beanspruchung im wesentlichen ohne Brucherscheinungen ertragen kann	A1 standfest	sehr rasch abklingende, geringe Deformationen, keine Ablöseerscheinungen von Gesteinsteilen nach dem Entfernen loser Gesteinsteile
	A2 nachbrüchig	sehr rasch abklingende, geringe Deformationen, vereinzelt gefügebedingte Ablösungen von Gesteinsteilen aus der Firste und dem oberen Ulmenbereich

Gebirgstyp B:		
gebräches Gebirge Dieser Gebirgstyp umfaßt jenes Gebirge, welches wegen gefügebedingter mangelnder Verbandsfestigkeit und/oder mangelnder Verspannung zu Entfestigung neigt	B1 gebräch	sehr rasch abklingende geringe Deformationen; gefügebedingt verringerte Gebirgsfestigkeit und Sprengerschütterungen führen zur Auflockerung und zu Ablösungen des Gebirgsverbandes in der Firste und im oberen Ulmenbereich
	B2 stark gebräch	rasch abklingende Deformationen; gefügebedingt geringe Gebirgsfestigkeit, geringe Verspannung, hohe Teilbeweglichkeit und Sprengeinflüsse führen zu rascher, tiefreichender Auflockerung sowie Ablösung von Gestein aus freien ungestützten Flächen
	B3 rollig	Beim Öffnen auch nur kleiner Teilquerschnitte kommt es zum Hereinrieseln des Gebirges. Mangelnde Kohäsion und fehlende Verzahnung sind Ursache unzureichender Standsicherheit.

Erfordernisse für den Ausbruch und die Stützmaßnahmen bei	
zyklischem Vortrieb	kontinuierlichem Vortrieb
Stützmittel sind nicht erforderlich: Abschlagslängen sind lediglich arbeitstechnisch beschränkt.	Stützmittel sind nicht erforderlich: Standzeit: länger als 3 Wochen.
Stützmittel sind nur örtlich in der Firste, im Kämpfer und im oberen Ulmenbereich zur Sicherung einzelner Kluftkörper und zur Kerbversiegelung erforderlich. Abschlagslänge ist zur Begrenzung des Überprofils zu beschränken.	Stützmittel sind nur örtlich in der Firste, im Kämpfer und im oberen Ulmenbereich zur Sicherung einzelner Kluftkörper erforderlich. Einbau der Stützmittel im Arbeitsbereich 2 ohne Unterbrechung des Maschinenvortriebs. Standzeit: 3 Wochen bis 4 Tage.
Stützmittel sind systematisch, jedoch in geringem Umfang erforderlich. Die Abschlagslänge ist, der Standzeit und der Stützweite entsprechend, dem Zeitbedarf zum Einbringen der Stützmittel anzupassen. Vorausstützungen können lokal erforderlich sein.	B 1.1 systematischer Stützmitteleinbau in geringem Umfang, vornehmlich im First-, Kämpfer- und Ulmenbereich im Arbeits-freien bereich 2, ohne Unterbrechung des Maschinenvortriebs. Standzeit: 4 bis 2 Tage. B 1.2 systematischer Stützmitteleinbau im First-, Kämpfer- und Ulmenbereich in den Arbeitsbereichen 1 und 2. Der Maschinenvortrieb wird durch den Stützmitteleinbau beeinträchtigt. Standzeit: 2 Tage bis 10 Stunden.
Stützmittel sind systematisch über den gesamten Ulmen-, Kämpfer- und Firstbereich und meist für die Ortsbrust erforderlich. , Der Ausbruchsquerschnitt ist in Abhängigkeit von der Profilgröße zu unterteilen. Die Abschlagslänge ist der reduzierten Standzeit und der freien Stützweite anzupassen. Vorausstützungen sind systematisch zu verwenden.	B 2.1 systematischer Stützmitteleinbau, beginnend unmittelbar hinter dem Bohrkopf; die Dauer des Stützmitteleinbaues bestimmt im allgemeinen die Vortriebsgeschwindigkeit; das Fräsen erfolgt nur mehr in Teilhüben. Standzeit: 10 bis 5 Stunden. B 2.2 systematische Vorstützung im Bohrkopfbereich und systematischer Stützmitteleinbau am gesamten Querschnittsumfang im Arbeitsbereich 1. Standzeit: ohne Vorausstützung 5 bis 2 Stunden.
Vorausstützungen, gebirgsverbessernde oder standsicherheitsverbessernde Maßnahmen sind erforderlich, um in Teilquerschnitten vorgehen zu können. Stützmittel sind über den gesamten Querschnittsumfang und auch für die Ortsbrust erforderlich.	Kontinuierlicher Vortrieb mit offenen Tunnelbohrmaschinen ist nur mit Sondermaßnahmen möglich. Standzeit: kürzer als 2 Stunden.

Tabelle 12.19b. Gebirgstyp C für zyklischen und kontinuierlichen Vortrieb (ÖNorm B 2203, Tabelle 1), [111]

Gebirgstyp C:		Gebirgsverhalten:
druckhaftes Gebirge Dieser Gebirgstyp umfaßt jenes Gebirge, bei welchem die Gebirgsfestigkeit tiefreichend überschritten wird. Zu Bergschlag neigendes Gebirge und Gebirge mit ausgeprägten Quellerscheinungen werden diesem Gebirgstyp zugeordnet.	C1 Bergschlag	Bei hoher Primärspannung wird in meist massigem, hartem und sprödem Festgestein elastische Energie gespeichert. Durch plötzliches Umsetzen dieser Energie kommt es zu schlagartigen Bruchvorgängen mit Ausschleudern von Gesteinsteilen. Diese aus freigelegten Felsoberflächen herausgeschleuderten Gesteinsteile sind meist scherbenförmig, der Bruchvorgang reicht nur in geringe Tiefe.
	C2 druckhaft	ausgeprägte, lang andauernde und langsam abklingende Deformationen. Entwicklung von Bruchvorgängen bzw. von plastischen Zonen in plastischem, stark kohäsivem Gebirge.
	C3 stark druckhaft	große, lang andauernde und langsam abklingende Deformationen mit hoher Anfangsverformungsgeschwindigkeit. Entwicklung tiefreichender Bruchvorgänge bzw. plastischer Zonen.
	C4 fließend	sehr geringe Kohäsion und Reibung, weichplastische Konsistenz des Gebirges führt zum Hereinfließen des Gebirges auch bei sehr kleinen, nur kuzrfristig freigelegten und ungestützten Flächen.
	C5 quellend	Gebirgsarten mit Mineralanteilen, die in Abhängigkeit von der Entspannung durch Wasseraufnahme eine Volumenzunahme erfahren, z.B. quellfähige Tonminerale, Salze, Anhydrite.

Erfordernisse für den Ausbruch und die Stützmaßnahmen bei	
zyklischem Vortrieb	kontinuierlichem Vortrieb
Stützmittel sind sofort in Form kurzer, relativ dicht gesetzter Anker – erforderlichenfalls mit Baustahlgitter – meist nur über Teilbereiche erforderlich. Weitere Maßnahmen, der Bergschlaggefahr zu begegnen, bestehen im Entspannen des Gebirges, z. B. durch Entspannungsbohrungen oder Entspannungsschießen.	Einbau von kurzen, dicht gesetzten Ankern, erforderlichenfalls mit Baustahlgitter, im Arbeitsbereich 1; der Maschinenvortrieb wird nicht wesentlich beeinträchtigt.
Stützmittel sind systematisch über den gesamten Querschnittsumfang erforderlich, meist ist die Ortsbrust vorübergehend stabil. Die Größe der Ortsbrust ist so zu wählen, daß ihre stützende Funktion erhalten bleibt. Die Stützmittel haben die Funktion, die entstehenden Brucherscheinungen zu begrenzen. Die Abschlagslänge ist unter Berücksichtigung der Ortsbruststabilität zu wählen.	C 2.1 systematischer Stützmitteleinbau im First-, Kämpfer- und Ulmenbereich. Stufenweiser Einbau der Stützmittel in den Arbeitsbereichen 1 und 2; der Maschinenvortrieb wird durch den Stützmitteleinbau beeinträchtigt; Vorkehrungen gegen das Einklemmen der Tunnelvortriebsmaschine sind zu treffen. Standzeit: 2 Tage bis 10 Stunden. C 2.2 systematischer Stützmitteleinbau, beginnend unmittelbar hinter dem Bohrkopf; die Dauer des Stützmitteleinbaues bestimmt im allgemeinen die Vortriebsgeschwindigkeit; das Fräsen erfolgt nur mehr in Teilhüben; Vorkehrungen gegen das Einklemmen der Tunnelbohrmaschine sind zu treffen. Standzeit: 10 bis 5 Stunden.
Stützmittel sind systematisch über den gesamten Querschnittsumfang erforderlich, meist ist die Ortsbrust vorübergehend stabil. Die Größe der Ortsbrust ist so zu wählen, daß ihre stützende Funktion erhalten bleibt. Die Stützmittel haben die Funktion, die entstehenden Brucherscheinungen zu begrenzen. Die Abschlagslänge ist unter Berücksichtigung der Ortsbruststabilität zu wählen.	C 2.1 systematischer Stützmitteleinbau im First-, Kämpfer- und Ulmenbereich; stufenweiser Einbau der Stützmittel in den Arbeitsbereichen 1 und 2; der Maschinenvortrieb wird durch den Stützmitteleinbau beeinträchtigt; Vorkehrungen gegen das Einklemmen der Tunnelvortriebsmaschine sind zu treffen. Standzeit: 2 Tage bis 10 Stunden. C 2.2 systematischer Stützmitteleinbau, beginnend unmittelbar hinter dem Bohrkopf; die Dauer des Stützmitteleinbaues bestimmt im allgemeinen die Vortriebsgeschwindigkeit; das Fräsen erfolgt nur mehr in Teilhüben; Vorkehrungen gegen das Einklemmen der Tunnelbohrmaschine sind zu treffen. Standzeit: 10 bis 5 Stunden.
Vorausstützungen oder Sondermaßnahmen müssen das Gebirge in einen Zustand versetzen, der in der Folge zumindest einen Vortrieb mit Öffnen von Teilquerschnitten bei entsprechender Ortsbruststützung ermöglicht.	Vortrieb mit offenen Tunnelbohrmaschinen ist nur mit Sondermaßnahmen möglich. Standzeit: kürzer als 2 Stunden.
Auf Dauer wirksame Stützmittel nehmen die Quelldrücke auf oder Vorkehrungen ermöglichen das schadlose Auftreten von Quellhebungen.	Auf Dauer wirksame Stützmittel nehmen die Quelldrücke auf oder Vorkehrungen ermöglichen das schadlose Auftreten von Quellhebungen. Vortrieb mit offenen Tunnelbohrmaschinen ist nur mit Sondermaßnahmen möglich. Standzeit: ohne Angabe.

Tabelle 12.20. Bewertung der Stützmittel für zyklischen Vortrieb (ÖNorm B 2203, Tabelle 2c), [111]

Stützmittel		Bewertungsfaktor je Mengeneinheit	Mengeneinheit	Bemerkung
Anker	Swellex- und Keilanker	1,0	m	
	SN-Mörtelanker	1,5	m	
	Selbstbohranker	2,0	m	
	Verpreßanker	2,5	m	
	Vorgespannte Mörtelanker	3,0	m	
Baustahlgitter	erste Lage	1,0	m^2	
	zweite Lage	1,5	m^2	
	Sohle/Kalottensohle	0,5	m^2	alle Lagen
Bogen- und Lastverteiler		2,0	m	
Spritzbeton	Kalotte	15,0	m^3	theoretische
	Strosse	15,0	m^3	Massen ohne
	Kalottensohle	15,0	m^3	Überprofil und
	Kalottenfuß	15,0	m^3	ohne Rückprall
	Ortsbrust	15,0	m^3	
Verformungsschlitze		4,0	m	m Schlitzlänge
Spieße	unvermörtelte Spieße	0,7	m	
	vermörtelte Spieße	1,0	m	
	Selbstbohrspieße	1,5	m	
	Verpreßspieße	2,0	m	
	Injektionsspieße	3,0	m	
Dielen	Verzugsdielen	2,5	m^2	eingebaute
	Getriebedielen	4,0	m^2	Dielen

Querschnittswerte Regelprofil	
Firstradius R1	5,50 m
Strossenradius R2	7,50 m
Plangemäße Dicke der Innenschale	0,25 m
Kreismittelpunkt First-radius (m über 0- Kote)	2,24 m
Kalottensohle (m über 0- Kote)	3,00 m
Strossensohle (m über/unter +/- 0- Kote)	-0,75 m

Bewertungsflächen	
Kalotte	47,70 m²
Strosse	22,19 m²

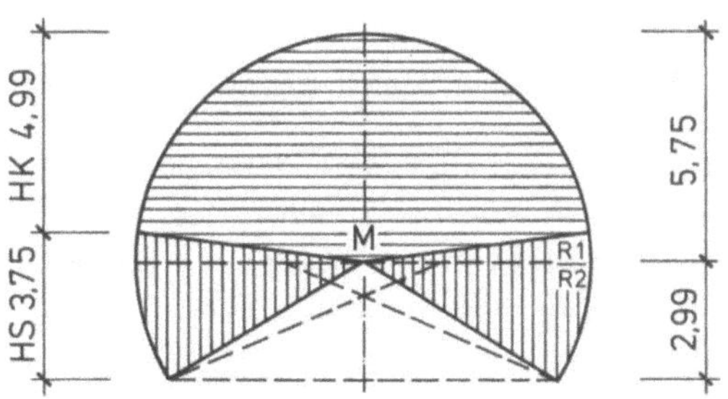

Kalotte: Stützmittelzahl für Abschlagslänge 1,00 m

Stützmittel:	je lfm Tunnel	Dicke /Länge	Menge	Bewertungsfaktor je Mengeneinheit	Summen-Faktor
Spritzbeton	16,60 m²	0,25 m	4,15 m³	15,00	62,25
Spritzbeton,Ortsbrust	40,00 m²	0,03 m	1,20 m³	15,00	18,00
Baustahlgitter, erste Lage	16,60 m²	1,00	16,60 m²	1,00	16,60
Tunnelbogen	16,60 m	1,00	16,60 m	2,00	33,20
Anker SN	3,50 Stk.	3,90 m	13,65 m	1,50	20,48
Anker SN	8,00 Stk.	6,00 m	48,00 m	1,50	72,00
Spiesse, vermörtelt	4,00 Stk.	3,00 m	12,00 m	1,00	12,00
Lastverteiler	0,40 m	1,00	0,40 m	2,00	0,80

Summe = 235,33

Stützmittelzahl = 235,33 : 47,70 = 4,93

Obergrenze + 20 % = 5,92

Untergrenze - 20 % = 3,95

Strosse: Stützmittelzahl für Abschlagslänge 2,00 m

Stützmittel:	je lfm Tunnel	Dicke / Länge	Menge	Bewertungsfaktor je Mengeneinheit	Summen-Faktor
Spritzbeton	7,60 m²	0,25 m	1,90 m³	15,00	28,50
Baustahlgitter	7,60 m²	1,00	7,60 m²	1,00	7,60
Tunnelbogen	7,60 m	1,00	7,60 m	2,00	15,20
Anker SN	5,00 Stk.	3,90 m	19,50 m	1,50	29,25

Summe = 80,55

Stützmittelzahl = 80,55 : 22,19 = 3,63

Obergrenze + 20 % = 4,36

Untergrenze - 20 % = 2,90

Abb. 12.7. Beispiel für die Ermittlung der zweiten Ordnungszahl (Stützmittelzahl)

12.4
Beispiel einer projektbezogenen Klassifizierung nach DIN 18312

Anhand des im Sprengvortrieb aufgefahrenen Straßentunnels Oerlinghausen (Bauzeit 9/1994 bis 3/1996), der im Zuge des Neubaus der L 751 errichtet wurde, soll die projektbezogene Klassifizierung nach DIN 18312 [36] beispielhaft verdeutlicht werden.

12.4.1
Allgemeines

Auf der Grundlage der geotechnischen Vorerkundungen und des vorgesehenen Bauverfahrens wurde für die Ausbruch- und Sicherungsarbeiten eine projektbezogene Vortriebsklassifizierung mit Sicherungstypen nach DIN 18312 entwickelt. Gebirgsverhalten, Ausbruch und Sicherung wurden dabei durch jeweils eine Vortriebsklasse definiert (Abb. 12.8).

Der Ausbruch des Gesamtquerschnitts wird grundsätzlich nicht nur aus Gründen der Standsicherheit, sondern auch aus bauverfahrenstechnischen Gründen in Kalotte, Strosse und Sohle unterteilt (Abb. 12.9).

In den Bereichen Kalotte, Strosse und Sohle gilt innerhalb eines Querschnitts dieselbe Vortriebsklasse. Maßgeblich sind die Verhältnisse in der Kalotte. Innerhalb einer Vortriebsklasse werden Abschlagslänge und Sicherung für die Bereiche Kalotte, Strosse und Sohle unterschiedlich festgelegt. Zur Festlegung der Vortriebsklassen während der Ausführung dient die geologische und felsmechanische Dokumentation und die Interpretation der geotechnischen Messungen.

Die einzelnen Sicherungsmaßnahmen werden entsprechend dem tunnelbautechnischen Verhalten des Gebirges vor Ort festgelegt.

Die Sicherungen werden innerhalb der in den Plänen (Abb. 12.9) angegebenen Bandbreite auf die örtlichen Gegebenheiten abgestimmt. Hieraus kann jedoch keine Änderung der Vortriebsklasse abgeleitet werden, so lange die Klassifizierungskriterien für den Ausbruch gleich bleiben. Die in den Vortriebsklassen angegebenen Abschlaglängen sind Maximalwerte.

Tabelle 12.21. Anteile der erwarteten Vortriebsklassen beim Tunnel Oerlinghausen

Bereich	Länge	erwartete Vortriebsklasse					
		4.1	4.2	4.3	4.4	6	7
	[m]	[m]	[m]	[m]	[m]	[m]	[m]
1	32	–	–	–	–	16	16
2	224	–	90	74	45	15	–
3	85	55	30	–	–	–	–
4	51	–	15	20	13	3	–
5	50	–	–	–	–	25	25
Summe	442	55	135	94	58	59	41
Summe %	100	12	31	21	13	13	10

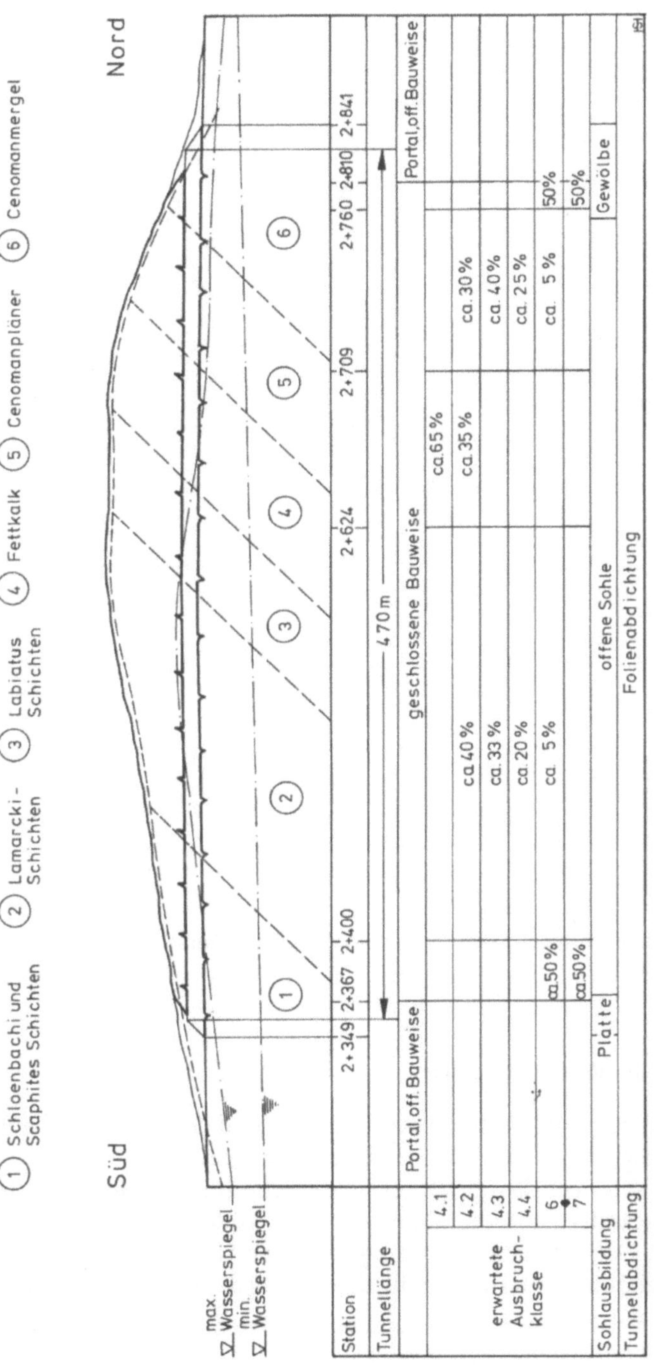

Abb. 12.8. Verteilung der Vortriebsklassen über den Längsschnitt beim Tunnel Oerlinghausen (1995)

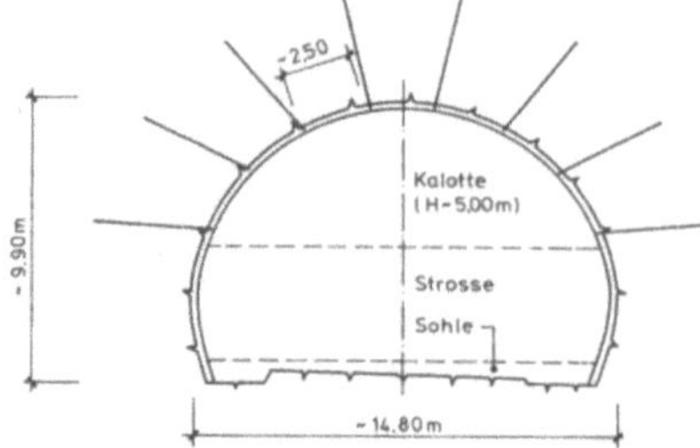

Vortriebsklasse 4.1

	Ausbruch + Sicherung in den Bereichen			
	Kalotte	**Strosse**	**Sohle**	**Menge /m**
Ausbruch	~53,4 m³/m	~59,0 m³/m	~5,7 m³/m	~118,1 m³/m
Spritzbeton	d = 10 cm (~1,86 m³/m)	d = 10 cm (~0,97 m³/m)	-	~2,81 m³/m
Bewehrung	Q 188; 1- lagig	Q 188; 1- lagig	-	~28,1 m²/m
Anker	8-10 Stck./L= 4,0m Raster 2,5 × a	-	-	i.M. ~3,2 Stck./m
Bogen	-	-	-	-
Spieße	-	-	-	-
Dielen	-	-	-	-
Ausbr.-Tiefe	2,5 - 3,5 m	3,5 - 6,0 m	-	-

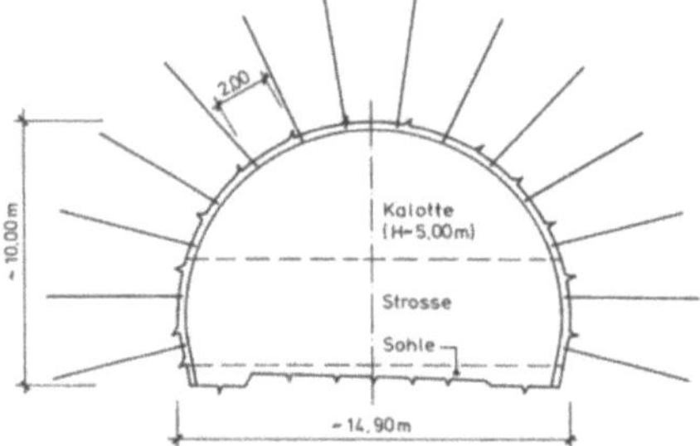

Vortriebsklasse 4.2

	Ausbruch + Sicherung in den Bereichen			
	Kalotte	**Strosse**	**Sohle**	**Menge /m**
Ausbruch	~54,3 m³/m	~59,5 m³/m	~5,7 m³/m	~119, 5 m³/m
Spritzbeton	d = 15 cm (~2,79 m³/m)	d = 15 cm (~1,46 m³/m)	-	~4,22 m³/m
Bewehrung	Q 188;1- lagig	Q 188;1- lagig	-	~28,1 m²/m
Anker	10-12 Stck./L= 4,0m Raster 2,0 × a	4-6 Stck./L= 4,0m Raster 2,0×a	-	i.M. ~7 Stck./m
Bogen	GI 110; a= 2,0-3,0 m	GI 110; a= 4,0-6,0m	-	i.M. ~9,4 lfm./m
Spieße	-	-	-	-
Dielen	-	-	-	-
Ausbr.-Tiefe	2,0 - 3,0 m	3,0 - 6,0 m	-	-

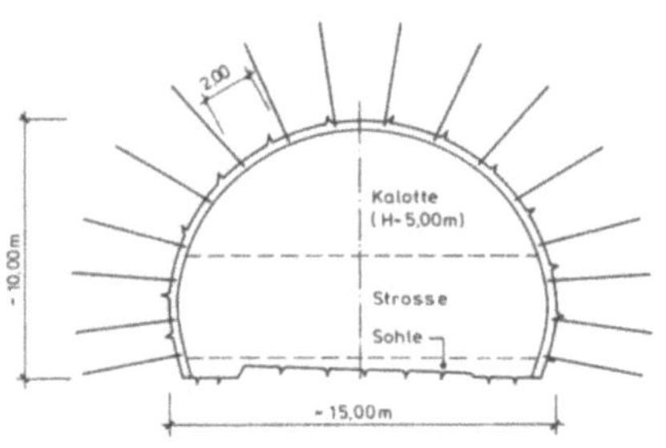

Vortriebsklasse 4.3

	Ausbruch + Sicherung in den Bereichen			
	Kalotte	**Strosse**	**Sohle**	**Menge /m**
Ausbruch	~55,3 m³/m	~59,9 m³/m	~5,7 m³/m	~120,9 m³/m
Spritzbeton	d = 20 cm (~3,27 m³/m)	d = 20 cm (~1,93 m³/m)	-	~5,62 m³/m
Bewehrung	Q 257; 1- lagig	Q 257;1- lagig	-	~28,1 m²/m
Anker	10-12 Stck./L= 4,0m Raster 2,0 × a	4-6 Stck./L= 4,0m Raster 2,0 × a	-	i.M. ~9 Stck./m
Bogen	GI 110; a= 1,5-2,5 m	GI 110; a= 3,0-5,0 m	-	i.M. ~11,9 lfm./m
Spieße	-	-	-	-
Dielen	-	-	-	-
Ausbr.-Tiefe	1,5 - 2,5 m	2,5 - 5,0 m	-	-

Abb. 12.9a. Zusammenstellung der Vortriebsklassen beim Tunnel Oerlinghausen (VKL 4.1/ 4.2/4.3)

12.4.2
Beschreibung der Vortriebsklassen

Entsprechend der geologischen Vorerkundung und dem geologischen Gutachten werden insgesamt sechs Vortriebsklassen zugeordnet.

Die in den Vortriebsklassen dargestellten Sicherungen können bei Bedarf geringfügig abgeändert werden, ohne daß sich dadurch der Typ der Vortriebsklasse ändert. Dafür stehen Alternativpositionen zur Verfügung. Die wesentlichen Klassifizierungskriterien für die Einstufung der Gebirgsverhältnisse sind:

- die von der wirksamen Stützweite abhängige Standzeit des Gebirgshohlraums vom Ausbruch bis zum Wirksamwerden der Sicherung,
- die Möglichkeit oder die Notwendigkeit in kleineren Teilausbrüchen zu arbeiten,

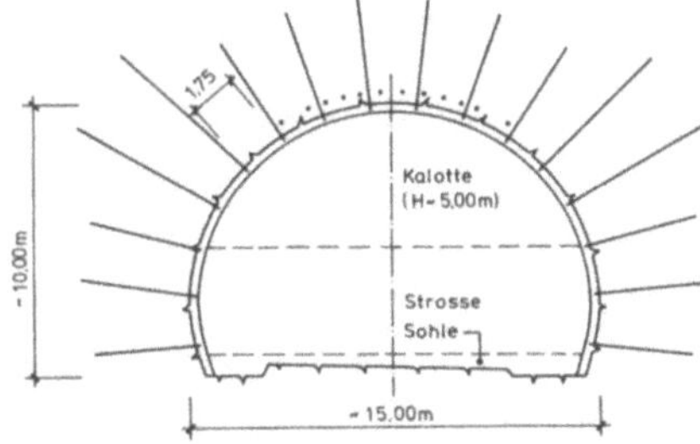

Vortriebsklasse 4.4

	Ausbruch + Sicherung in den Bereichen			
	Kalotte	Strosse	Sohle	Menge /m
Ausbruch	~55,7 m³/m	~60,1 m³/m	~5,7m³/m	~121,5 m³/m
Spritzbeton	d = 20-25 cm (~4,16 m³/m i.M.)	d = 20-25 cm (~2,17 m³/m i.M.)	-	i.M. ~6,33 m³/m
Bewehrung	Q 257 2- lagig	Q 257 2 - lagig	-	i.M. ~56,2 m²/m
Anker	10-12 Stck. L= 4,0 u. 6,0 m Raster 1,75 × a	4-6 Stck. L= 4,0 m Raster 1,75 × a	-	i.M. ~11,5 Stck./m
Bogen	GI 110 a= 1,0-1,5 m	GI 110 a= 2,0-3,0m	-	i.M. ~18,7 lfm/m
Spieße	evtl.Ø 25; örtlich	-	-	-
Dielen	-	-	-	-
Ausbr.-Tiefe	1,0 - 1,5 m	2,0 - 3,0 m	-	-

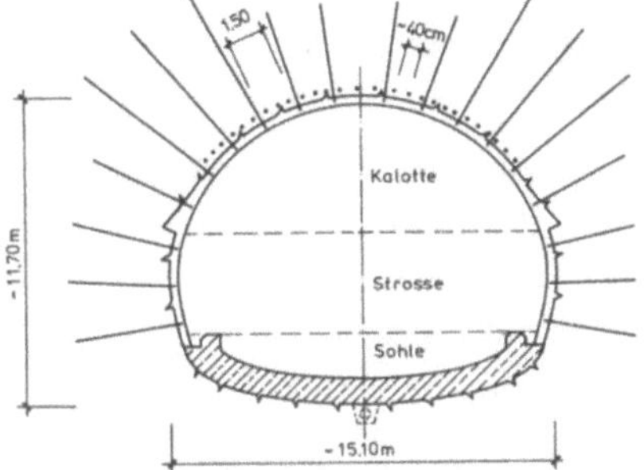

Vortriebsklasse 6

	Ausbruch + Sicherung in den Bereichen			
	Kalotte	Strosse	Sohle	Menge /m
Ausbruch	~56,8 m³/m	~60,4 m³/m	~5,7 m³/m evtl. ~26,5 m³/m	~143,7 m³/m
Spritzbeton	d = 25 cm (~4,69 m³/m)	d = 25 cm (~2,42 m³/m)	evtl.d=20 cm (~3,2 m³/m)	~10,32 m³/m
Bewehrung	Q 257; 2 - lagig	Q 257; 2 - lagig	Q 257; 1- lagig	~84,7 m²/m
Anker	10 - 12 Stck. L= 4,0 u. 6,0 m Raster 1,5 × a	4 - 6 Stck. L= 4,0 m Raster 1,5 × a	-	i.M. ~18,7 Stck./m
Bogen	GI 110 a= 0,8-1,2 m	GI 110 a= 0,8-1,2 m	-	i.M. ~28,1 lfm/m
Spieße	Anzahl n. E.; Ø 25 mm, L= 2,5-3,0 m	-	-	~30 Stck./m
Dielen	-	-	-	-
Ausbr.-Tiefe	0,8 - 1,2 m	1,6 - 2,4 m	max. 20 m	-

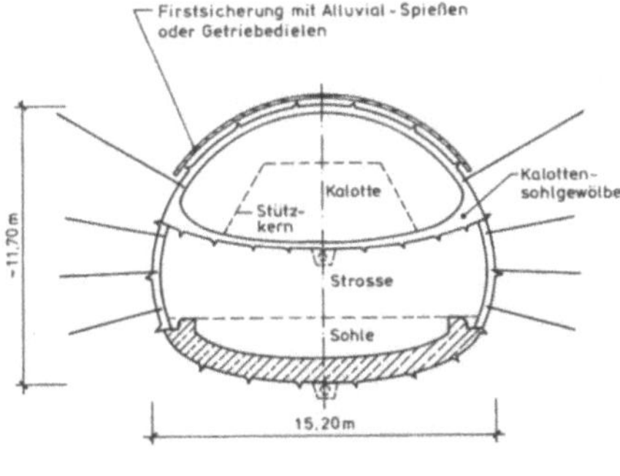

Vortriebsklasse 7

	Ausbruch + Sicherung in den Bereichen				
	Kalotte	Strosse	Sohle	Kalotten- sohl- gewölbe	Menge /m
Ausbruch	~67,5 m³/m	~50,4 m³/m	~26,5 m³/m	-	~144,4 m³/m
Spritzbeton	d = 30 cm (~10,2 m³/m)	d = 30 cm (~2,5 m³/m)	evtl. 25 cm (~4,0 m³/m)	evtl. 20 cm (~3,0m³/m)	~12,7 m³/m
Bewehrung	Q 377; 2 - lagig	Q 377; 2 - lagig	evtl. Q 377 2 - lagig	evtl. Q257; 2 - lagig	~86,2 m²/m
Anker	2 Stck. L= 6,0 m	6 Stck. L= 4,00 m	-	-	~10,7 Stck./m
Bogen	GI 110; a= 0,6-0,9m	GI 110; a=0,6-0,9m	-	-	i.M. ~37.5 lfm/m
Spieße	evtl.Ø25 mm	-	-	-	-
Dielen	2,0 - 2,5 m lang voreil. eingetrieben	-	-	-	~45,6 m²/m
Ausbr.-Tiefe	0,6 - 0,9 m	1,2–2,4 m	max.10,0 m	-	-

Abb. 12.9b. Zusammenstellung der Vortriebsklassen beim Tunnel Oerlinghausen (VKL 4.4/ 6/7)

- Art und Ausbauwiderstand der Sicherung und
- der Zeitpunkt für den Einbau der einzelnen Sicherungsmittel.

Die aus den unterschiedlichen Gebirgsverhältnissen resultierenden Vortriebsklassen werden wie folgt beschrieben (Abb. 12.9a, b):

Vortriebsklasse 4.1 (Abb. 12.9a). Die VKL 4.1 gilt für Strecken in nachbrüchigem Gebirge.

Der frisch ausgebrochene Hohlraum bleibt ohne größere Auflockerungserscheinungen bis zum nächsten Abschlag frei stehen. Die Trennflächen sind mechanisch nur wenig wirksam und verursachen nur geringe Ablösungen und Abplatzungen. Eventuelle Bergwässer sind ohne Einfluß auf die Standfestigkeit des Gebirges.

Die Abschlagslänge beträgt in der Kalotte 2,50 m bis max. 3,50 m und in der Strosse 3,50 m bis max. 6,00 m.

Die Vortriebssicherung besteht aus:

- einer Spritzbetonschale von 10 cm Dicke,
- einer Lage Betonstahlmatten Q 188 außenliegend und
- einer systematischen Ankerung der Kalotte.

Die gesamte Sicherung ist vor dem nächsten Abschlag in vollem Umfang einzubringen.

Eventuell weiter erforderlich nach örtlicher Festlegung:

- Ankerung gefährdeter Schichtpakete,
- Spritzbetonversiegelung direkt nach dem Abschlag.

Vortriebsklasse 4.2 (Abb. 12.9a). Die VKL 4.2 gilt für Stecken in stark nachbrüchigem Gebirge.

Das Gebirge ist deutlich durchtrennt. Die Trennflächen sind mechanisch wirksam. Mit Auflockerungserscheinungen in ungesichertem Zustand und bei Wasserzutritten aus Klüften, welche die Standfestigkeit kleinerer Gebirgsbereiche beeinträchtigen können, ist zu rechnen.

Die Abschlagslänge beträgt in der Kalotte 2,00 m bis max. 3,00 m und in der Strosse 3,00 m bis max. 6,00 m.

Die Vortriebssicherung besteht aus:

- Stahlbögen im gegenseitigen Abstand entsprechend der Abschlaglänge,
- einer Spritzbetonschale von insgesamt 15 cm Dicke,
- einer Lage Betonstahlmatten Q 188 außenliegend und
- einer systematischen Ankerung in der Kalotte und Strosse.

Die gesamte Sicherung ist vor dem nächsten Abschlag in vollem Umfang einzubringen.

Eventuell weiter erforderlich nach örtlicher Festlegung:

- Ankerung gefährdeter Schichtpakete und
- Spritzbetonversiegelung direkt nach dem Abschlag.

Vortriebsklasse 4.3 (Abb. 12.9a). Die VKL 4.3 gilt für Strecken in leicht gebrächem Gebirge.

Die Trennflächen sind deutlich ausgebildet und teilweise vollständig durchtrennt. Sie führen zu Nachbrüchen überwiegend im Firstbereich. Die

Trennflächen sind teilweise geöffnet oder mit Tonstein-Zwischenmitteln gefüllt. Insbesondere bei Wasserzutritten kann ein Herausgleiten einzelner Kluftkörper bzw. können Nachbrüche mit Ablösungen an Trennflächen auftreten.

Die Abschlaglänge beträgt in der Kalotte 1,50 m bis max. 2,50 m und in der Strosse 2,50 m bis max. 5,00 m.

Die Vortriebssicherung besteht aus:

- Stahlbögen im gegenseitigen Abstand entsprechend der Abschlaglänge,
- einer Spritzbetonschale von insgesamt 20 cm Dicke,
- einer Lage Betonstahlmatten Q 257 außenliegend und
- einer systematischen Ankerung in der Kalotte und Strosse.

Die gesamte Sicherung ist vor dem nächsten Abschlag in vollem Umfang einzubringen.

Eventuell weiter erforderlich nach örtlicher Festlegung:

- Ankerung gefährdeter Schichtpakete und
- Spritzbetonversiegelung direkt nach dem Abschlag.

Vortriebsklasse 4.4 (Abb. 12.9b). Die VKL 4.4 gilt für Strecken in gebrächem bzw. leicht druckhaftem Gebirge.

Die Gebirgsfestigkeit wird örtlich überschritten. Es kommt zu einer Gebirgsauflockerung mit stärkeren Nachbrüchen.

Die geringe Standzeit des Gebirges bedingt unmittelbar nach dem Abschlag eine Versiegelung der Tunnellaibung (vom Haufwerk aus).

Die Abschlaglänge beträgt in der Kalotte 1,00 m bis max. 1,50 m und in der Strosse 2,00 m bis max. 3,00 m.

Die Vortriebssicherung besteht aus:

- einer Versiegelung der Tunnellaibung mit 3–5 cm Spritzbeton,
- Stahlbögen im gegenseitigen Abstand entsprechend der Abschlaglänge,
- einer Spritzbetonschale von insgesamt 20–25 cm Dicke,
- zwei Lagen Betonstahlmatten Q 257 und
- einer systematischen Ankerung in der Kalotte und Strosse.

Bei großen Wasserzutritten s. Sondermaßnahmen.

Unmittelbar nach dem Abschlag ist eine Versiegelung der Tunnellaibung mit 3–5 cm Spritzbeton erforderlich.

Eventuell weiter erforderlich nach örtlicher Festlegung:

- Kalottenfußverbreiterung $d = 60–80$ cm,
- Sicherung der Ortsbrust und
- vorauseilende Sicherung mit Spießen $\varnothing$ 25 mm.

Vortriebsklasse 6 (Abb. 12.9b). Die VKL 6 gilt für Strecken in stark gebrächem bzw. druckhaftem Gebirge und für Störzonen mit starken Karsterscheinungen.

Die starke Gebirgsauflockerung kann zu größeren Nachbrüchen führen, weshalb eine vorauseilende Sicherung erforderlich wird. Bruchvorgänge im Gebirge und der Gebirgsdruck erfordern einen frühzeitigen Sohlschluß und führen zu einer deutlichen Einschränkung in der Zeitabfolge zwischen Kalotten-, Strossen- und Sohlvortrieb.

Die Abschlaglänge beträgt in der Kalotte 0,80 m bis max. 1,20 m und in der Strosse 1,60 m bis max. 2,40 m.

Die Vortriebssicherung besteht aus:

- vorauseilendem Einbau von Stahlspießen in der Kalotte,
- Stahlbögen im gegenseitigen Abstand entsprechend der Abschlaglänge,
- einer Spritzbetonschale von insgesamt 25 cm Dicke,
- zwei Lagen Betonstahlmatten Q 257,
- einer systematischen Ankerung in der Kalotte und Strosse und
- dem Einbau einer Lastverteilungsschiene und einer Kalottenfußverbreiterung.

Bei großen Wasserzutritten s. Sondermaßnahmen.

Unmittelbar nach dem Abschlag ist eine Versiegelung der Tunnellaibung mit 3–5 cm Spritzbeton erforderlich.

Eventuell weiter erforderlich nach örtlicher Festlegung:

- Sicherung, Unterteilung oder Stützung der Kalottenbrust,
- Sicherung der Sohle mit Spritzbeton von 20 cm Dicke und einer Lage Bewehrung Q 257 und
- vorauseilende Sicherung mittels eines Injektionsschirmes.

Vortriebsklasse 7 (Abb. 12.9b). Die VKL 7 gilt für Strecken in stark druckhaftem Gebirge, im Lockermaterial und in Störungszonen mit starken Karsterscheinungen.

Es treten starke Druckerscheinungen im Querschnitt und der Ortsbrust auf.

Zusätzlich zur vorauseilenden Sicherung wird eine Stützung der Ortsbrust erforderlich bzw. ein Ausbruch in Teilquerschnitten mit sofortiger Sicherung.

Die Abschlaglänge beträgt in der Kalotte 0,60 m bis max. 0,90 m und in der Strosse 1,20 m bis max. 2,40 m.

Die Vortriebssicherung besteht aus:

- vorauseilendem Einbau von Getriebedielen oder Stahlspießen,
- einer Versiegelung der Tunnellaibung mit 3–5 cm Spritzbeton,
- Stahlbögen im gegenseitigen Abstand entsprechend der Abschlaglänge,
- einer Spritzbetonschale von insgesamt 30 cm Dicke,
- dem Einbau einer Kalottensohle aus Spritzbeton,
- zwei Lagen Betonstahlmatten Q 377 und
- einer systematischen Ankerung im Bereich der Ulmen.

Bei großen Wasserzutritten s. Sondermaßnahmen.

Während des Ausbruchvorganges ist eine Sofortsicherung der Teilausbrüche und der Ortsbrust erforderlich. Spätestens nach 3 Bogenabständen muß in Kalotte und Strosse die Sicherung vervollständigt werden.

Eventuell erforderlich nach örtlicher Festlegung:

- zusätzliche Unterteilung des Kalottenquerschnitts,
- unmittelbar nach Sohlausbruch Sicherung der Sohle mit bewehrtem Spritzbeton und
- voreilende Sicherung mittels eines Injektionsschirms.

Sondermaßnahmen. In dem vorliegenden Gebirge ist zu jeder Zeit mit dem Auftreten von Karsthohlräumen zu rechnen. In der Regel handelt es sich hierbei um Karstspalten mit einer mittleren Breite von ca. 10 cm. Es ist aber auch mit Hohlräumen bis zu mehreren Metern zu rechnen. Hohlräume, die im tunnelnahen Bereich verlaufen, sind mit geeignetem Material dauerhaft zu verfüllen (z. B. mit Mörtel zu injizieren).

In Gebirgszonen mit stärkerer Verwitterung werden u.U. Injektionen mit Zementsuspensionen erforderlich, um den Gebirgsverband zu festigen.

Beim Anfahren der Karsthohlräume ist mit größeren Wasserzutritten zu rechnen. Dies gilt besonders für Bereiche, in denen der Tunnelquerschnitt in Höhe des Karstwasserspiegels bzw. des Bergwasserspiegels liegt.

Hier wird es erforderlich, das den Tunnel umgebende Gebirge planmäßig durch Drainagebohrungen und Abschlauchungen zu entwässern. Die Durchführung dieser Arbeiten kann dem Vortrieb vorauseilend oder aber auch noch nachträglich (u. U. kurz vor Einbau der Abdichtung) erforderlich werden.

Weiterhin ist mit dem Ausfließen von Bodenfüllungen aus Karsthohlräumen zu rechnen. Aus diesem Grund kann es jederzeit erforderlich werden, zusätzliche Sicherungsmaßnahmen durchzuführen, z. B. Einbau von Verzugsdielen, Spießen oder eines Injektionsschirmes.

Der örtliche Einsatz der angegebenen Sondermaßnahmen berechtigt grundsätzlich nicht zu einer Umklassifizierung. Die Mehrkosten, einschließlich der betriebsbedingten, sind in die Positionen der Sondermaßnahmen einzukalkulieren.

Literaturverzeichnis

1. ADR: Europäisches Übereinkommen über die internationale Beförderung gefährlicher Güter auf der Straße vom 30.09.1957
2. Agricola, G.: Zwölf Bücher vom Berg- und Hüttenwesen (De re metallica). Basel 1556
3. Ahrens, H.; Lindner, E.; Lux, K.-H.: Zur Dimensionierung von Tunnelausbauten nach den „Empfehlungen zur Berechnung von Tunneln in Lockergestein (1980)". Bautechnik 59 (1982) 8, S. 260–273 und 9, S. 303–311
4. Amberg Meßtechnik AG: TSP 202: Seismische Vorauserkundung im Untertagebau
5. Andersens Mek. Verksted: Efficient equipment for accurate round drilling. Produktbeschreibung, Flekkefjord (Norwegen): Verlag Jahr
6. Arge Vereinatunnel-Süd: Nachlaufkonstruktion. Federführung: Zoschkke AG, Chur; Hersteller: Rowa AG, Wangen
7. Atlas Copco MCT: Gesteinsbohrwerkzeuge – Leitfaden für den Strecken- und Tunnelvortrieb. Atlas Copco Rock Tools 1994
8. Atlas Copco MCT: Gesteinsbohrwerkzeuge – Produktkatalog. Atlas Copco Rock Tools 1995
9. Atlas Copco MCT: Hydraulischer Gesteinsbohrhammer COP 1440. AC Produktbeschreibung 10/1987
10. Atlas Copco MCT: Tunnelling guidance system – Bever data
11. Atlas Copco MCT: Underground rock excavation, know-how and equipment. AC Prospekt 1994
12. Barton, N.; Lien, R.; Lunde, J.: Engineering classification of rock masses for the design of tunnel support. Rock Mechanics, Vol. 6, 1974, S. 189–236
13. Bauarbeiterschutzverordnung (BauV): Österreichisches BGBl. Nr. 340, 1994
14. Baudendistel, M.: Wechselwirkung von Tunnelauskleidung und Gebirge. Veröffentlichung des Instituts für Boden- und Felsmechanik der Universität Fridericiana, Karlsruhe, H. 51, 1972
15. Beer, G.; Watson, J.D.: Introduction to finite and boundary element methods for engineers. Chichester: John Wiley & Sons 1992
16. Bieniawski, Z.T.: Engineering rock mass classifications. Wiley-Intersiece 1989, S. 51–90
17. Bieniawski, Z.T.: Geomechanics classification of rock masses and its application in tunneling. 3. Kongreß der IGFM Denver,1974. Advances in Rock Mechanics, Bd. IIa, S. 27–32
18. Bock, H.: Messungen im Tunnelbau. Vortrag im Rahmen der Veranstaltung „Sonderkapitel Tunnelbau" am Lehrstuhl für Bauverfahrenstechnik, Tunnelbau und Baubetrieb an der Ruhr-Universität Bochum 1995
19. Bodamer, A.: Vortriebssicherung im Crapteig-Tunnel – Zeitgewinn durch Stahlfaserspritzbeton. Beton 42 (1992) 6, S. 313–316
20. Burkhardt, G.: Skripten: „Bauen unter Tage I" und „Baumaschinen". TH München 1967
21. Burkhardt, G.; Maidl, B.: Skriptum: „Bauen unter Tage". TU München 1969
22. Busch, K.-F.; Luckner, L.: Geohydraulik. Leipzig: VEB Deutscher Verlag für Grundstoffindustrie 1972
23. BUWAL (Bundesamt für Umwelt, Wald und Landwirtschaft): Grundwasserschutz bei Tunnelbauten, Grundlagenbericht. Schriftenreihe Umwelt Nr. 231, Bern 1994

24. Cording, E.J.; Hendron, A.J.; Deere, D.U.: Rock engineering for underground caverns. Symposium on Underground Rock Chambers, Phoenix 1972
25. DBV (Deutscher Beton Verein): Merkblatt Bemessungsgrundlagen für Stahlfaserbeton im Tunnelbau. Wiesbaden: Eigenverlag 1991
26. DBV: Merkblatt Grundlagen zur Bemessung von Industriefußböden aus Stahlfaserbeton. Wiesbaden: Eigenverlag 1991
27. DBV: Merkblätter Faserbeton. Wiesbaden: Eigenverlag 1992
28. Deutsche Bundesbahn: Abschlußbericht der Arbeitsgruppe „Hoher Wasserdruck", 1993
29. DGEG (Deutsche Gesellschaft für Erd- und Grundbau e.V.): Grundbegriffe der Felsmechanik und der Ingenieurgeologie. Essen: Glückauf 1982
30. DGEG: Empfehlungen zur Berechnung von Tunneln in Lockergestein 1980. Arbeitskreis der Deutschen Gesellschaft für Erd- und Grundbau e.V., Essen. Bautechnik 57 (1980) 10, S. 349–356
31. DGGT (Deutsche Gesellschaft für Geotechnik e.V.): Empfehlungen des Arbeitskreises „Numerik in der Geotechnik" der Deutschen Gesellschaft für Geotechnik e.V. Geotechnik 14 (1991) 1, S. 110 und Geotechnik 19 (1996) 2, S. 99–108
32. DGGT: Empfehlungen des Arbeitskreises „Tunnelbau" ETB der Deutschen Gesellschaft für Geotechnik e.V. Berlin 1995
33. Dietrich, J.: Zur Qualitätssicherung von Stahlfaserbeton für Tunnelschalen mit Biegezugbeanspruchung. Technisch-wissenschaftliche Mitteilungen des Instituts für Konstruktiven Ingenieurbau, Nr. 92–4, Diss. Ruhr-Universität Bochum 1992
34. DIN 18312: Allgemeine Technische Vertragsbedingungen für Bauleistungen (ATV); Untertagebauarbeiten. Ausg. 12/1992 und Entwurf 4/1995
35. DIN 4150, T3: Erschütterungen im Bauwesen – Einwirkungen auf bauliche Anlagen. 5/1986
36. Distelmeier,H.; Ensinger, W.: Umweltprobleme bei der Fassung, Klärung und Ableitung des Bergwassers bei einem Felsvortrieb in Spritzbetonbauweise. Forschung + Praxis 29 (1984) 29, S. 130–136
37. DS 853: Eisenbahntunnel planen, bauen und instandhalten. München: Deutsche Bahn AG, Ausg. 10/1993, aktualisiert 5/1996
38. Duddeck, H.: Was Finite-Element-Methoden im Grund- und Felsbau leisten und leisten sollten. In: Finite Elemente, Anwendungen in der Baupraxis. Berlin: Ernst & Sohn 1985
39. Duddeck, H.: Zu den Berechnungsmodellen für die Neue Österreichische Tunnelbauweise. Rock Mechanics, Suppl. 8, 1979
40. Dynamit Nobel GmbH: Sprengtechnische Ratschläge. Wien: Eigenverlag 1989
41. Eisenstein, Z.D.: Large undersea tunnels and the progress of tunneling technology. International symposium on technology of bored tunnels under deep waterways, 3.–5.11.1993. Kopenhagen: Teknisk Forlag 1993
42. Fechtig, R.; Kovari, K.; Kradolfer, W.: Historische Alpendurchstiche in der Schweiz – Gotthard, Simplon, Lötschberg. Bd. 2. Zürich: Gesellschaft für Ingenieurbaukunst 1996
43. Feistkorn, E.: Bohr- und Sprengtechnik. Teil A: Bohrtechnik. In: Taschenbuch für den Tunnelbau 1988. Essen: Glückauf 1987
44. Feyerabend, B.: Zum Einfluß verschiedener Stahlfasern auf das Verformungs- und Rißverhalten von Stahlfaserbeton unter den Belastungsbedingungen einer Tunnelschale. Technisch-wissenschaftliche Mitteilungen des Instituts für Konstruktiven Ingenieurbau, Nr. 95–8. Diss. Ruhr-Universität Bochum 1995
45. Fliegner, E.: Baubetriebsplanung von Stollen- und Tunnelbauten. In: „Taschenbuch für den Tunnelbau 1981/82". Essen: Verlag Glückauf 1981/82
46. Gefahrengütergesetz-Straße (GGSt): Österreichisches BGBl. Nr. 209, 1979
47. Grob, H.; Meili, P.: Felsbau – Grundlagen der Sprengtechnik. Vorlesung an der ETH Zürich 1970/1980
48. Grob, H.; Schmid, L.R. et al: Die Lüftung der Tunnel während dem Ausbruch. Mitt. Nr. 20 des ISETH Zürich (Vereinigung Schweizerischer Tiefbauunternehmen) 1970
49. Grosche, K.W.: ... mehr S-Bahn – Eine Dokumentation – S-Bahnbau an Rhein und Ruhr. Waldbröl: Verlagsges. FlammDruck 1992

50. Grüter, R.; Schuck, W.: Tunnelbautechnische Grundsatzentscheidungen für den Bau neuer Eisenbahn-Schnellfahrstrecken für die Deutsche Bahn AG. Forschung + Praxis 36 (1995) 36, S. 38–44

51. Haerter, A.; Burger, R.: Lüftung im Untertagebau. Grundlagen für die Bemessung von Baulüftungen. Mitt. Nr. 39 des ISETH Zürich 1978

52. Heim, A.: Mechanismus der Gebirgsbildung. Basel 1878

53. Heinze, H. et. al: Sprengtechnik. Leipzig, Stuttgart 1993

54. Hengstmann, K.R.: Erfahrungen mit elektronischen Zündern beim Bau der Wasserentlastungsstollen für den Tunnel Olpe. Nobel-Hefte 62 (1996) 1/2, S. 40–51

55. Hermann, W.; Knittel, A.: Bewältigung eines Vortriebs mit Bergwasser am Beispiel des Erkundungsstollens Kaponig. Felsbau 12 (1994) 6, S. 510–514

56. Hetzel, K.: Vorlesung „Tunnel- und Stollenbau". TH München 1956

57. Hochleistungsstrecken-AG: Schienen in die Zukunft: Umfahrung Krumnußbaum–Säusenstein.

58. Holluba, H.: Sprengtechnik. Wien: Österr. Gewerbeverlag 1994

59. Hüster, F.: Leistungsberechnung der Baumaschinen. Düsseldorf: Werner 1992

60. Jodl, G.: Skriptum zur Vorlesung „Ausgewählte Bauverfahren". Institut für Baubetrieb und Bauwirtschaft, TU Wien 1995

61. Jodl, G.: Skriptum zur Vorlesung „Bauverfahrenstechnik". Institut für Baubetrieb und Bauwirtschaft, Technische Universität Wien 1995

62. Jodl, G.; Wruss, W.: Zammertunnel. Bewertung von Tunnelausbruch aus abfalltechnischer Sicht. Gutachten (unveröffentlicht)

63. John, K.W., Baudendistel, M.: A compromise approach to tunnel design. 22. US-Symposium für Felsmechanik am MIT, 7/1981

64. John, M.; Benedikt, J.: Lösung schwieriger Planungsaufgaben für den Inntaltunnel. Felsbau 12 (1994) 2, S. 77–86

65. John, M.; Pöttler, R.; Wogrin, J.: Ist ein Kalottensohlgewölbe bei tiefliegenden Tunneln sinnvoll ? Felsbau 4 (1986) 2, S. 85–92

66. Kastner, H.: Statik des Tunnel- und Stollenbaues auf der Grundlage geomechanischer Erkenntnisse. Berlin: Springer 1971

67. Kirnbauer, F.: Geschichte der Sprengarbeit im Bergbau. Wien: Montan 1977

68. Kirschke, D.: Der Freudensteintunnel – ein neuer Maßstab für den Stand der Technik. AET Archiv für Eisenbahntechnik, Ingenieurbauwerke der Neubaustrecken der Deutschen Bundesbahn, Darmstadt 44 (1992)

69. Könnings, H.D.: Anforderungen an die Baustofftechnik der Tunnel der geplanten Neubaustrecke Ebensfeld–Erfurt. Tunnel 13 (1994) 4, S. 43–51

70. König, R.; Ludwig, M.: Sprengbilder als Grundlage eines leistungsfähigen Tunnelvortriebs. Nobel-Heft 62 (1996) 1/2, S. 23–30

71. Kovari, K.: Gibt es eine NÖT? Vortrag am 14. Oktober 1993 anläßlich des XLII. Geomechanik-Kolloquiums in Salzburg 1993

72. Kühn, G.: Der maschinelle Erdbau. Stuttgart: Teubner 1984

73. Kühn, G.: Der maschinelle Tiefbau. Stuttgart: Teubner 1992

74. Kühn, G.: Mechanik des Baubetriebs, Teil 1 und 2. Wiesbaden, Berlin: Bauverlag 1974 u. 1977

75. Kühn, G.: Radlader. In: Taschenbuch für den Tunnelbau 1984. Deutsche Gesellschaft für Erd- und Grundbau e.V. Essen: Glückauf 1983

76. Lang, A.: Einflüsse des Bergwassers auf den Baubetrieb im Tunnelbau. Diplomarbeit am Institut für Baubetrieb und Bauwirtschaft, TU Wien 1996

77. Lauffer, H.: Entwicklungen der Vortriebstechnik – eine Gesamtübersicht. Porr-Nachrichten Nr. 116, 1993

78. Lauffer, H.: Gebirgsklassifizierung für den Stollenbau. Geologie und Bauwesen 24 (1958) 1, S. 46–1

79. Louis, C.: Strömungsvorgänge in klüftigen Medien und ihre Wirkung auf die Standsicherheit von Bauwerken und Böschungen im Fels. Veröffentlichung des Institutes für Boden- und Felsmechanik, Universität Karlsruhe, H. 30, 1967

80. Maidl, B.: Arbeits- und Gesundheitsschutz durch die Reduzierung der Staubentwicklung im Düsenbereich. Schlußbericht zum Forschungsvorhaben gefördert durch die TBG, 2/1995

81. Maidl, B.: Ausstellung „Persönlichkeiten der Geschichte des Tunnelbaus" am Lehrstuhl für Bauverfahrenstechnik, Tunnelbau und Baubetrieb der Ruhr-Universität Bochum

82. Maidl, B.: Bohrbarkeit von Gesteinen als Parameter zur Bohrzeitermittlung im Untertagebau. Diskussionsbeitrag zum Thema Gesteinszerkleinerung beim 2. Internationalen Kongreß für Felsmechanik, Belgrad 1970. Straße Brücke Tunnel 24 (1972) 6, S. 148–150

83. Maidl, B.: Grundlegende konstruktive Unterschiede in der Ausführung von Tunnelschalen. DBV-Arbeitstagungen „Tunnelschalen – Planung, Bemessung und Ausführung" in Duisburg, München, Berlin. Wiesbaden: Eigenverlag-DBV 1995/96

84. Maidl, B.: Handbuch des Tunnel- und Stollenbaus. Bd. I, 2. Aufl. Essen: Glückauf 1994, Bd. II, Essen: Glückauf 1988

85. Maidl, B.: Der Bohrhammereinsatz im Untertagebau – Kennwerte, Bohrzeitberechnung, Einfluß der Gesteine. München: Ernst & Sohn 1970

86. Maidl, B.: Handbuch für Spritzbeton. Berlin: Ernst & Sohn 1992

87. Maidl, B.: Konstruktive und wirtschaftliche Möglichkeiten zur Herstellung von Tunneln in einschaliger Bauweise. Schlußbericht zum Forschungsvorhaben im Auftrag des Bundesministeriums für Verkehr, 12/1993

88. Maidl, B.: Maschinelle Herausforderungen im Tunnel- und Stollenbau. Tunnels & Tunnelling – Bauma Special Issue 3/1995

89. Maidl, B.: Shield-Pilot – Japanisches Voruntersuchungssystem für Schildvortriebe. Bauingenieur 71 (1996) 5, S. 228–230

90. Maidl, B.: Stahlfaserbeton. Berlin: Ernst & Sohn 1991

91. Maidl, B.; Berger, Th.: Empfehlungen für den Spritzbetoneinsatz im Tunnelbau. Bauingenieur 70 (1995) 1, S. 11–19

92. Maidl, B.; Feyerabend, B.: Über den Einsatz von Stahlfaserbeton im Bauwesen. Jahrbuch der VDI-Gesellschaft Bautechnik. Düsseldorf: VDI-Verlag 1994

93. Maidl, B.; Geißler, E.: Ein Beitrag zur Bewertung von Bauzuständen im Tunnelbau. Festschrift Wolfgang Zerna, Konstruktiver Ingenieurbau in Forschung und Praxis, Bochum 1976

94. Maidl, B.; Gipperich, Ch.; Siaken, G.: Grundlagen für den Einsatz von Spritzbetonrobotern im Tunnelbau. Abschlußbericht zum Forschungsvorhaben der Deutschen Forschungsgemeinschaft 1994

95. Maidl, B.; Guthoff, K.; Rolf, T.; Gipperich, Ch.: Versuche mit dem Spritzbetonroboter auf der Versuchsgrube Tremonia. Glückauf Forschungshefte 52 (1991) 4, S. 179–183

96. Maidl, B.; Handke, D.: Zum Verbruch beim Bau des Karawankentunnels. Tunnel 11 (1993) 1, S. 14–20

97. Maidl, B; Herrenknecht, M; Anheuser, L.: Maschineller Tunnelbau im Schildvortrieb. Berlin: Ernst & Sohn 1994

98. Maidl, B; Sommavilla, P.: Equipment for the production of sprayed concrete. In: Austin, S.; Robins, P. (Hrsg.): Sprayed concrete – Properties, design and application. Caithness: Whittles Publishing 1995

99. Maidl, B; Tallarek, F.; Rohrbeck, M.: Prüfverfahren zum Nachweis der Umweltverträglichkeit von Spritzbeton. Bauingenieur 71 (1996) 11, S. 497–503

100. Markl, S.-W.; Pontow, K.-H.: Untertagebauten. München: Ernst & Sohn 1968

101. Michelis, J.; Margenburg, B.: Sicherheitstechnische Untersuchungen mit neuen Sprengmitteln und -verfahren im Sprengversuchsbetrieb der Versuchsgrube Tremonia. Nobel-Hefte 59 (1993) 3, S. 109–123

102. Milenkovic, V.; Huang, B.: Kinematics of major robot linkages. Proceedings of the 13th Conference „Industrial Robots" 1983

103. Mochida, Y.: Seikan Tunnel The first of the great under-sea projects. Proceedings of the International Symposium on Technology of Bored Tunnels Under Deep Waterways, 3.5.11.93. Kopenhagen: Teknisk Forlag 1993

104. Möschlin, F.: Wir durchbohren den Gotthard. 2. Aufl. Zürich, Stuttgart: Artemis 1957
105. Müller, L.: Der Felsbau. Bd. 1. Stuttgart: Enke 1963
106. Müller, L.: Der Felsbau. Bd. 3. Stuttgart: Enke 1978
107. N.N.: Buch der Erfindungen. Bearb. von Wilhelm Berdrow. Düsseldorf: VDI-Verlag 1985
108. N.N.: Rechnergestützte Bohrtechnik verkürzt Vortriebszeit und sichert Profilqualität. BBB (1995) 11
109. Nakajima, H.; Mio, K.; Ichihara, Y.: Development of shotcrete robot. 5th Intern. Symposium on Robotics in Construction, Tokyo, Japan, 6.8. Juni 1988
110. Neumann, Ch.: Untersuchung zweier unterschiedlicher Abbaukonzepte Tunnelbagger – Bandlader für den innerstädtischen Tunnelvortrieb im Lockerboden. Diplomarbeit TU Wien, Inst. für Baubetrieb und Bauwirtschaft 1995
111. ÖNorm B 2203: Untertagebauarbeiten-Werkvertragsnorm. Ausg. 10/1994
112. ÖNorm B 2503: Straßenkanäle, Ortskanalanlagen. Ausg. 1988
113. ÖNorm S 9020: Bauwerkserschütterungen – Sprengerschütterungen und vergleichbare impulsförmige Immissionen. Ausg. 8/1986
114. Pacher, F., Rabcewicz, L.v., Golser, J.: Zum derzeitigen Stand der Gebirgsklassifizierung im Stollen- und Tunnelbau. XXII.Geomechanik-Kolloquim Salzburg 1973
115. Petri, P.: Der künftige Arbeitsschutz auf Baustellen – die Bau-Richtlinie der EG und ihre Umsetzung. VEÖ-Journal (1995)
116. Petri, P.: Die Bau-Koordinatoren – Neue Aufgaben, neue Jobs in der Baubranche, Sichere Arbeit. AUVA 1994
117. Petri, P.: Gesetzliche Neuerungen für den Sprengbefugten. WIFI Niederösterreich 1996
118. Petri, P.: Schadstoffkonzentrationen in den Schwaden bei gelatinösen Sprengstoffen und bei Emulsionssprengstoffen, Messungen im Semmeringpilotstollen. Unveröffentlichtes Arbeitspapier 1995
119. Petzold, J.: Sprengstoffe und Zündmittel für die Anforderungen des Tunnelbaus von heute. Nobel-Hefte 62 (1996) 1/2, S. 3 – 13
120. Pietzsch, W.; Rosenheinrich, G.: Erdbau. Düsseldorf: Werner 1983
121. Prinz, H.: Abriß der Ingenieurgeologie. Stuttgart: Enke 1982
122. Prinz, J.: Bohren und Sprengen beim Vortrieb von Strecken und Tunnels. Nobel-Hefte 59 (1993) 2, S. 62 – 75
123. Prinz, J.: Gebirgsschonendes Sprengen. TBG-Sonderheft 1988
124. Quellmelz, F.: Die Neue Österreichische Tunnelbauweise. Berlin, Wiesbaden: Bauverlag 1987
125. RAB-BRÜ: Richtlinien für das Aufstellen von Bauwerksentwürfen. Bundesministerium für Verkehr, Abteilung Straßenbau, Bonn 1995
126. Rabcewicz, L. v.: Gebirgsdruck und Tunnelbau. Wien: Springer 1944
127. Rechtern, J.; Wittke, W.: Dreidimensionale Berechnung von Tunneln. In: Taschenbuch für den Tunnelbau 1993. Essen: Glückauf 1992
128. Reuther, F.: Lehrbuch der Bergbaukunde. 1. Bd. 11. Aufl. Essen: Glückauf 1989
129. Richtlinie 92/57/EWG des Rates vom 24. Juni 1992 über die auf zeitlich begrenzte oder ortsveränderliche Baustellen anzuwendenden Mindestvorschriften für die Sicherheit und den Gesundheitsschutz (8. Einzelrichtlinie im Sinne des Art. 16 Abs. 1 der Richtlinie 89/391/EWG)
130. Richtlinie 93/15/EWG des Rates vom 5. April 1993 zur Harmonisierung der Bestimmungen über das Inverkehrbringen und die Kontrolle von Explosivstoffen für zivile Zwecke
131. Richtlinie des Rates vom 12. Juni 1989 über die Durchführung von Maßnahmen zur Verbesserung der Sicherheit und des Gesundheitsschutzes der Arbeitnehmer bei der Arbeit
132. RID: Regeln der Ordnung für die internationale Eisenbahnbeförderung gefährlicher Güter vom 09.05.1980
133. Rziha, F.: Lehrbuch der gesammten Tunnelbaukunst. Berlin: Ernst und Korn 1874
134. Saitz, H.-H.: Tunnel der Welt Welt der Tunnel. Berlin: VEB Verlag für Verkehrswesen 1988
135. Sattel, G.; Frey, P.; Amberg, R.: Geophysikalische Vorauserkundung von Schwächezonen. Erfahrungen am Centovalli-Tunnel, Locarno. Schweizer Ingenieur und Architekt 109 (1991) 40, S. 941 – 945

136. Schaffler GmbH: Praxis der elektrischen Zündung. Eigenverlag 1989

137. Schieß- und Sprengmittel-Monopolsverordnung: Österreichisches BGBl. Nr. 204, 1935

138. Schieß- und Sprengmittelgesetz: Österreichisches BGBl. Nr. 196, 1935

139. Schikora, K.; Eierle, B.: Bemessung mit Beschränkung der Rißbreiten bei Tunnelschalen aus WU-Beton. Bauingenieur 72 (1997) Zur Veröffentlichung angenommen

140. Schlick, H.: Gleisförderung im Tunnelbau. Teil 1 und 2. BMT 33 (1986)10, S. 447–453 und 11, S. 471–488

141. Schlick, H.: Gleisförderung im Tunnelbau. In: Taschenbuch für den Tunnelbau 1987. Deutsche Gesellschaft für Erd- und Grundbau e. V. Essen: Glückauf 1986

142. Schmid L. R. et al: Methangasführung Bahn 2000. Muttenz–Olten, Rapperswil 1991, Interner Bericht

143. Schmid, L. R.; Kälin, J.: Sicherheitsplan. Erneuerungsarbeiten Tunnel San Bernardino. Rapperswil 1994

144. Schmid, L. R.; Vogel, M.: Erdgasschutzmaßnahmen für Sprengvortrieb, TBM- und TSM-Vortriebe. Unveröffentlichtes Arbeitspapier 1996

145. Schneider, J.: Sicherheit und Zuverlässigkeit im Bauwesen. Stuttgart: Teubner 1994

146. Schockemöhle, B.: Einflüsse der Spritzdüsen auf Staub, Qualität und Wirtschaftlichkeit für das Trocken- und Naßspritzverfahren. Diplomarbeit am Lehrstuhl für Bauverfahrenstechnik, Tunnelbau und Baubetrieb der Ruhr-Universität Bochum 10/1994

147. Schoen, J. G.: Vorlesungen über Tunnelbau. K. K. polytechn. Inst. Wien: C. J. Bartelmus + Comp. 1866

148. Schweiger, H. F.: Ein Beitrag zur Anwendung der Finite-Element-Methode in der Geotechnik. Mitteilungsheft Nr. 12 des Instituts für Bodenmechanik und Grundbau der Technischen Universität Graz 1995

149. Schweiger, H. F.; Beer, G.: Numerical Simulation in Tunnelling. Felsbau 14 (1996) 2, S. 87–92

150. Seeber, G.: Problematik der Gebirgsklassifikation in druckhaftem Gebirge. XXII. Geomechanik-Kolloquium Salzburg 1973

151. SIA (Schweiz. Ingenieur- und Architektenverein): Baulüftung von Untertagebauten. Empfehlung Nr. 196, 1983 (ab 1995 in Revision)

152. SIA-Norm 118: Allgemeine Bedingungen für Bauarbeiten. Ausg. 1977, aktualisiert 1991

153. SIA-Norm 198: Untertagebauarbeiten. Ausg. 1993

154. Siding, H.: Tunnelbau in der Praxis. Linz: Gutenberg 1987

155. SIG: Construction et Mines. SIG Prospekt Nr. GB-BB 2.101/1.88/2.12.

156. smh Tunnelbau AG: Tunnel San Bernardino, Schacht Sasso – Erneuerungsarbeiten, Erschütterungsmessungen. Rapperswil 1994

157. SN 640 312a: Erschütterungseinwirkungen auf Bauwerke. Hrsg.: VSS (Vereinigung Schweizer Straßenfachleute), Zürich 04/1992

158. Spaun, G.; Thuro, K.: Untersuchungen zur Bohrbarkeit und Zähigkeit des Innsbrucker Quarzphyllits. Felsbau 12 (1994) 2, S. 111–122

159. Sprengmittelzulassungsverordnung für den Bergbau: Österreichisches BGBl. Nr. 215, 1963

160. Sprengstoffgesetz (SprengG): Gesetz über explosionsgefährliche Stoffe in der Fassung der Bekanntmachung vom 17.04.1986. Deutsches BGBl. S. 577, Teil 1, 1986

161. Sprengstoffverordnung (SprengV): Verordnung über explosionsgefährliche Stoffe zum Sprengstoffgesetz vom 31.01.1991 mit Anlagen 1 bis 4. Deutsches BGBl. S. 169ff., Teil 1, 1991

162. Stack, B.: Handbook of Mining and Tunnelling Machinery. Chichester: John Wiley & Sons 1982

163. Standardleistungsbuch für das Bauwesen: Leistungsbereich 007 Untertagebauarbeiten. Berlin: Beuth 1988

164. Steiner, W.; Einstein, H. H.: Empirical methods in rock tunneling Review and recommendations. MIT 1980

165. Steinhauser, P.; Brückl, E.; Aric, K.: Anwendung geophysikalischer Verfahren bei der geotechnischen Vorerkundung von Tunnelbauten. Schriftenreihe des Österreichischen Ingenieur- u. Architektenvereins, Heft 235, 1984

166. Steinheuser, G.; Maidl, B.: Äußerst schwierige Umweltbedingungen beim Bau des Autobahntunnels Westtangente Bochum. Tagungsband der Eurotunnel Conference Basel 1983
167. Stempkowksi, R.: Kosten und Leistungsanalysen im maschinellen Tunnelbau. Diss. TU Wien 1996
168. Stini, J.: Tunnelbaugeologie. Wien: Springer 1950
169. Stratmann, M.: Moderne Bohr- und Sprengverfahren beim Vortrieb des Mitholztunnels. Nobel-Hefte 62 (1996) 1/2, S. 23–30
170. SUVA (Schweiz. Unfallversicherungsanstalt): Richtlinien für die Bemessung und den Betrieb der künstlichen Lüftung bei der Durchführung von Untertagearbeiten. Nr. 1484, 1/1993
171. SUVA, TBG, AUVA: VERT Bessere Luft im Tunnelbau. 1995–1996
172. SUVA: Erläuterungen zur Richtlinie 1484. 1995
173. SUVA: Rettungskonzept für den Untertagebau. Nr. 88112, 1996
174. SUVA: Richtlinien zur Verhütung von Unfällen durch Brände und Explosionen bei der Erstellung von Bauten in erdgasführenden Gesteinsschichten. Nr. 1497, 5/1994
175. Swoboda, G.; Lässer, K.; Petrovšcek, B.: Numerische Modellierung der geschlitzten Spritzbetonschale. Felsbau 11 (1993) 1, S. 36–41
176. Swoboda, G.; Zenz, G.: Numerische Analyse des Sprengvortriebes im Tunnelbau. Felsbau 6 (1988) 1, S. 511
177. Széchy, K.: Tunnelbau. Wien: Springer 1969
178. TBG (Tiefbau-Berufsgenossenschaft): Sicherheitsregeln für Bauarbeiten unter Tage. Nr. 309, 1995
179. TBG: Tunnelbau „Sicher arbeiten". Leitfaden für Tunnelbauer. Nr. 484, 10/1990
180. Terzaghi, K.: Rock deefects and loads on tunnel supports. Proctor; White (Hrsg.): Rock tunneling with steel supports. Youngstown, Ohio: The Comm. shear. and stamp Co. 1946, Reprint 1977
181. Terzaghi, K.: Theoretical soil mechanics. London: Chapman and Hall 1947
182. Theiner, J.: Hydraulikbagger. In: Taschenbuch für den Tunnelbau 1983. Deutsche Gesellschaft für Erd- und Grundbau e. V. Essen: Glückauf 1982
183. Thuro, K.: Bohrbarkeit beim konventionellen Sprengvortrieb. Münchner Geologische Hefte, Reihe B: Angewandte Geologie. München 1996
184. Trimborn, F.; Lück, H.: Zur Geschichte der Sprengstoffe und der Sprengarbeit. Nobel-Hefte 47 (1981) 2, S. 50–79
185. Umbeck, H.: Gleislose Fahrzeuge zum Laden, Fördern, Entladen in engen Querschnitten. In: Taschenbuch für den Tunnelbau 1991. Deutsche Gesellschaft für Erd- und Grundbau e.V.. Essen: Glückauf 1990
186. Unfallverhütungsvorschrift Sprengarbeiten (VBG 46): Hauptverband der gewerblichen Berufsgenossenschaften 1994
187. Vandewalle, M.: Tunnelling the world. 2. Aufl. Zwevegem (Belgien): N.V. Bekaert S.A. 1992
188. von Romocki, S.-J.: Geschichte der Explosivstoffe. Originalausgabe Berlin 1895. Reprographischer Nachdruck: Hildesheim: Gerstenberg1976
189. Weber, H.: Möglichkeiten zur Abdichtung und Ableitung von Bergwasser bei Stollen-, Tunnel- und Schachtarbeiten. BHM 133 (1988) 6, S. 264–270
190. Wennmohs, K.H.: Elektronik und Computerunterstützung bei Hochleistungsbohrwagen. Bohr- und Sprengtechnik Symposium Atlas Copco/Dynamit Nobel, Nürnberg 1996
191. Wennmohs, K.H.: Elektronik- und computergestütztes Bohren im Tunnelbau. Nobel-Hefte 62 (1996) 1/2, S. 14–22
192. Wickham, G.E; Tiedemann,H.R.; Skinner,E.H.: Support determinations based on geological predictions. 1st North American Tunneling Conference, AIME New York 1972
193. Wild, H.-W.: Die geschichtliche Entwicklung der bergmännischen Sprengtechnik - 350 Jahre Sprengarbeit im Oberharz. Nobel-Hefte 48 (1982) 2, S. 56
194. Wild, H.-W.: Sprengtechnik. Essen: Glückauf 1984
195. ZTV-Tunnel, Teil 1: Zusätzliche Technische Vertragsbedingungen und Richtlinien für den Bau von Straßentunnel, Teil 1: Geschlossene Bauweise (Spritzbetonweise). Bundesministerium für Verkehr, Abteilung Straßenbau, Bonn 1995
196. Zwick, H.: Neuer Tunnelbau. Leipzig 1893

Sachverzeichnis

Springer
und
Umwelt

Als internationaler wissenschaftlicher
Verlag sind wir uns unserer besonderen
Verpflichtung der Umwelt gegenüber
bewußt und beziehen umweltorientierte
Grundsätze in Unternehmens-
entscheidungen mit ein. Von unseren
Geschäftspartnern (Druckereien,
Papierfabriken, Verpackungsherstellern
usw.) verlangen wir, daß sie sowohl
beim Herstellungsprozess selbst als
auch beim Einsatz der zur Verwendung
kommenden Materialien ökologische
Gesichtspunkte berücksichtigen.
Das für dieses Buch verwendete Papier
ist aus chlorfrei bzw. chlorarm
hergestelltem Zellstoff gefertigt und im
pH-Wert neutral.

Springer

MIX
Papier aus verantwortungsvollen Quellen
Paper from responsible sources
FSC® C105338

If you have any concerns about our products,
you can contact us on
ProductSafety@springernature.com

In case Publisher is established outside the EU,
the EU authorized representative is:
Springer Nature Customer Service Center GmbH
Europaplatz 3, 69115 Heidelberg, Germany

Printed by Libri Plureos GmbH
in Hamburg, Germany